国家出版基金项目
NATIONAL PUBLICATION FOUNDATION

张海鹏　总主编

中國海域史

渤海卷

朱亚非　刘大可　主编

目　　录

概　　述

渤海是中国四大海域之一,位于中国北部北纬 37.7—41 度,东经 117.35—121.10 度。三面环陆,北、西、南分别为辽宁、河北、天津、山东三省一市所环绕,东面与黄海相通。辽东半岛与山东半岛将其合抱。渤海是辽东半岛和山东半岛通向域外朝鲜半岛的门户,也是环卫首都北京的天然屏障。

渤海岸线长 2 668 公里,海域面积 7.7 万平方公里。渤海平均水深 18 米,水温受季节变化影响。渤海有大小岛屿 200 多个,其中主要的岛屿有庙岛群岛、长兴岛、西中岛、菊花岛等,沿岸有大连港、旅顺港、秦皇岛港、龙口港、蓬莱港等著名港口。

渤海名称的起源众说不一。《淮南子·天文训》有"贲星坠而渤海决",高诱注:"渤,大也。"指水域广大者而言,泛指大海。从考古发掘看,自旧石器时代起,渤海区域已有人类活动遗迹。商周时期,以东夷人为主体的东夷部族在渤海区域建立政权,在山东半岛北部建立起莱子国等诸侯国,开始了早期的航海、渔业活动。西周初年,周天子封姜尚于齐国(山东北部)、召公于燕国(河北沿海地区),后两国势力逐渐壮大,燕国占据了今河北大部和辽东半岛,齐国占据了山东半岛。战国时期,两国均位列著名的"战国七雄"。

秦朝统一后,秦始皇三次东巡渤海区域,并加强了对这一地区的控制,设置了辽东、辽西、右北平、渔阳、广阳、巨鹿、济北、临淄、胶东各郡。

汉武帝也是一位具有雄才大略的皇帝,除北征匈奴,向西开辟丝绸之路,向南开疆拓土外,也极为重视对东部渤海区域的统治。元封五年(前 106 年),设幽州刺史部和青州刺史部,对渤海区域实行了有效统治。自此以后,历代政权,包括少数民族政权都重视对渤海区域的管理,并建立了相应的行政机构。尤其是元明清三代,国家政权定都北京,环渤海地区作为北京的门户和屏障,战略地位十分重要,环渤海区域的政治稳定、经济发展以及海防建设受到了封建王朝的高度重视,因此渤海区域也是明清以来社会相对安定、经济文化发展较快的地区之一。

渤海因为有黄河、海河、滦河、辽河四大水系注入,海中饵料源源不断,渔业资源丰富,自古以来,沿海居民就主要以捕鱼为生,逐步形成辽河湾、渤海湾、莱州湾三大天然渔场。近代以来,随着交通工具的发展,渤海沿岸渔民开始走出渤海,深入远洋进行捕捞作业,渔业加工、制作也成为这一区域发展兴盛的产业。

除了渔业以外,这里也是传统的盐业生产基地,并形成东北盐区、山东盐区、长芦盐区等产盐基地,盐田总面积30多万公顷,占全国盐业生产的80%以上,成为国内食盐的主要来源地。

渤海矿业资源丰富,有石油及铜、铁等有色金属。渤海湾南岸的胜利油田,也是我国目前主要的石油生产基地之一。

渤海的航运业自先秦时期开始出现,秦汉以后日渐繁盛,自辽东半岛(渤海北岸、东岸)至南岸山东半岛以及西岸天津、河北港口的航运业在国家处于和平时代始终繁荣,即使在魏晋南北朝、五代十国、辽宋、宋金、明朝与后金政权对峙,国家处于分裂状态时期,渤海区域内民间经济文化交流也始终没有间断。自渤海港口驶向黄海、东海、南海及其他海域的商船和渔船,自古以来均畅通无阻,在史书中也多有记载。沿海渔民、商人的活动已将四大海域融为一个整体,有力地推动了南北四大海域经济文化交流。

渤海区域历史文化积淀十分丰厚。山东半岛是齐鲁大地,是儒家文化的发源地,对中国的历史文化产生了深远的影响。除了儒家思想,先秦墨家、道家、法家、兵家、阴阳家等各种学派的产生与发展都与此地有着密切的关系。

自先秦以来,生活在海边的渔民靠海吃海,也敬畏海,逐渐形成了各种形式的海神信仰。各地渔民各种各样的祭神活动持之以恒,一直持续至今,成为本地民俗文化不可或缺的一个组成部分。

渤海风光独特,汹涌澎湃的大海波涛以及奇幻壮丽的海市蜃楼,自古以来吸引了无数的文人墨客在此驻足,写下了无数脍炙人口的诗篇。

明清以降,各种形式的曲艺在渤海区域逐渐发展起来,如胶东梆子、胶东大鼓、天津快板、东北二人转等当地民众喜闻乐见的地方文艺蓬勃兴盛。另外像雕塑、书法、绘画、剪纸等多种工艺活动也颇具地方特色,共同形成丰富多彩的区域文化。

渤海及其沿海区域也是历代中国政权在海防上的要地,自秦汉政权开始即在此驻扎重兵,建立海防设施。唐朝在山东半岛设置重兵驻防,以应对东北渤海政权的入侵。北宋与辽隔渤海对峙,北宋政府在登州(今蓬莱)设置"刀鱼寨",成为渤海南岸早期海防基地。明初在辽东半岛南岸和山东半岛北部沿渤海设置登州卫等一批卫所,登州卫兼具渤海沿岸防倭重任。清朝时期,继续巩固在渤海沿岸的海防。鸦片战争以后,清朝为防止西方势力从海上入侵北京,更是在渤海区域层层设防。甲午战争时期,为防止日本军队进入山东半岛,也在此建立起严密的防御设施。但由于清朝后期国势衰微,政府腐败无能,在外来入侵面前节节败退,渤海地区的海防并没有发挥出应有的效能。

渤海沿岸的山东半岛和辽东半岛与朝鲜半岛隔海相望,自古以来就是中国与朝鲜交往的门户。前11世纪周武王灭商后,商朝贵族箕子不愿接受周朝的统治,率领封地箕地(今山东莱州、龙口一带)五千余众渡过渤海到辽东半岛,后又从辽东半岛辗转至朝鲜北部,建立了朝鲜半岛历史上的第一个政权——古朝鲜国,后被周武王封为朝鲜国王。古朝鲜国直到汉初,才被燕将卫满所灭,其国人许多南下至朝鲜半岛南部以及日本九州地区。

秦始皇统一中国后,相信方士传播的海外有仙山、仙人、仙药之说,追求长生不死之术,派方士徐福去海外求仙药,徐福带领数千童男童女,携带五谷、百工、弓箭手自山东半岛北部乘船出发,经辽东半岛,再沿朝鲜西海岸南下,经济州岛过对马海峡进入日本九州地区。秦末汉初,山东半岛和辽东半岛居民为躲避战乱,纷纷渡过渤海进入朝鲜半岛,在这里寻求一块可以生存和发展的家园。以徐福东渡为代表的中国早期移民,为朝鲜半岛和日本列岛经济发展和社会进步做出了贡献。

隋唐时期,中国封建王朝与朝鲜高丽王朝发生多次军事冲突。渤海也成为隋唐王朝对朝鲜半岛用兵的前沿阵地。隋炀帝三次征高丽,在莱州造船屯粮,并派遣水军配合陆军进攻高丽。唐太宗时期,曾派遣大将刘仁愿率水军从登州、莱州进入朝鲜半岛。唐高宗时期,朝鲜半岛的新罗与百济两个政权发生战争,日本军队进入朝鲜半岛与百济军联合,新罗向唐朝求援,唐朝派大将刘仁轨率军渡渤海驰援新罗。白江口一战,唐与新罗联军大败日军,迫使日军退出朝鲜半岛,为新罗统一朝鲜半岛奠定了基础。隋唐时期,日本在大化革新前后,多次派遣隋使和遣唐使来学习中国文化,其中隋朝与唐前期都是经朝鲜西海岸渡过渤海到山东登州、莱州一带登陆,再西行长安。中国古代第一次正式出使日本的使节,隋朝文林郎裴世清也是自登州渡海到日本的。

明朝初年和明末,由于辽东半岛先后为元残余势力和后金政权控制,作为朝贡国的朝鲜,其使节也自朝鲜半岛渡过渤海经山东半岛再到南京或北京,他们与山东沿海一带文人多有交往。明末朝鲜使节还与入明传教的西方传教士有所交往,并将西方科技知识和火器、历法等从登州、莱州带回朝鲜。

清朝前期,由于中日之间恢复了双方的贸易往来,从登州、莱州也有商船经朝鲜到日本,日本商船也曾出现在山东半岛。这一时期,登、莱沿海居民还多次救助遇海难漂至渤海山东、辽东半岛的日本、朝鲜渔民和商人,谱写了中日朝三国人民之间友谊的佳话。

近代以来,西方传教士开始进入这一区域,他们在传教的同时,还在渤海区域开办学校、医院等慈善机构,也把西方文化传入这一区域。渤海沿岸也是国内中西文化交流与融合比较快的地区之一。渤海从历史到今天,战略地位都十分重要,在 21 世纪的今天,它既是拱卫首都北京的门户,又是环渤海经济圈的依托,也是实施"一带一路"倡议的北方海上重要通道。

纵观渤海区域的历史,又是一部内容丰富、五彩缤纷的历史画卷。习近平总书记在致第二十二届国际历史科学大会的贺信中指出:历史研究是一切社会科学的基础……重视历史、研究历史、借鉴历史,可以给人类带来很多了解昨天、把握今天、开创明天的智慧。深入研究渤海区域的历史,发掘前人创造的渤海区域物质文明和精神文明,可以收获更多的经验和借鉴,不仅有助于推动渤海区域经济文化的全面发展和社会进步,而且对于建成社会主义强国,实现中华民族的伟大复兴,仍具有时代的价值和意义。

第一章　渤海海域概况

　　渤海一面临海,三面环陆,是一个半封闭型的内海。渤海北面、西面和南面被辽宁省、河北省、天津市和山东省所环绕,仅东部以渤海海峡与黄海相通。渤海沿岸有秦皇岛港、天津新港、东营港等著名港口,渤海海峡是华北、西北和东北各省出海要道。渤海地处北温带,由于受陆地气候影响,海水温度冷暖分明,季节变化较大。辽河、滦河、海河、黄河等众多河流汇入渤海,从陆地上带来了大量有机物质,使渤海成为盛产对虾、蟹和黄花鱼的天然渔场。渤海沿岸淤泥滩蓄水条件良好,利于产盐,沿岸盐田较多,以西岸的长芦盐场最著名,是中国最大的海盐场。渤海的主要岛屿有庙岛群岛、长兴岛、西中岛、菊花岛等。渤海海底发现有丰富的石油和天然气资源,并已大规模开采,产量逐年增加。

第一节　海域范围与海洋地理

　　渤海地处中国大陆东部沿海的北端,周围被东北平原、华北平原、辽东半岛、山东半岛和庙岛群岛包围,辽东半岛南端的老铁山角与山东半岛北岸的蓬莱角间的连线即为渤海与黄海的分界线。由于沿岸河流等带来大量泥沙的沉积,不断改变着渤海海底和海岸的地貌。随着大量泥沙的堆积,渤海深度有逐渐变浅的趋势,海底平坦。渤海地区多年平均气温为 10.7℃,降水量 500—600 毫米,海水表层盐度年平均值为 29‰—30‰。由于渤海海水温度受陆地的影响较大,表层水温季节变化明显,夏季水温可达 24—25℃,冬季水温在 0℃ 左右。除秦皇岛、葫芦岛一带外,冬季普遍有结冰现象,但冰层不厚,一般为 15—30 厘米,冰期 1—3 个月不等。虽然渤海海面风浪较小,沿岸平均浪高 0.3—0.6 米,但渤海时有发生的风暴潮却能使海水泛滥形成重大灾害。

一、海域范围

渤海古称沧海,又因地处北方,也有北海之称,是中国北部一个近封闭的内海,主要由五部分组成:北部的辽东湾,西部的渤海湾,南部的莱州湾,中部的中央浅海盆地以及东部的渤海海峡。渤海海峡南北相距约 109 公里,有 30 多个岛屿,其间构成 8 条宽狭不等的水道,扼渤海的咽喉,是京津地区的海上门户,地理位置极为重要。

渤海与黄海的分界线有多种说法,常见的是以辽东半岛的老铁山岬与山东半岛北岸的蓬莱角间的连线为分界。按照这种划分方法,渤海的大陆海岸线长 2 668 公里,海域面积约为 7.7 万平方公里。渤海完全位于大陆架上,海底比较平坦,水深较浅,是我国四个海域中深度最小的一个,特别是河流注入的地方由于泥沙淤积的缘故,一般在 10 米左右。有的河口还浅,如辽河口和海河口,水深不到 4 米,黄河口最浅处只有 0.5 米。渤海全海区 50% 以上水深不到 20 米,平均水深约为 18 米。东部的老铁山水道最深,平均水深在 60 米以上,最深处达到 86 米。渤海南北长而东西窄,南北长约 550 公里,东西宽约 330 公里。从辽河河口到莱州湾的弥河河口,直线距离为 480 公里,东西最宽处仅 300 公里。

渤海之称在我国古代很早就已出现,并专指山东半岛北岸的海区。"渤",有时也写作"勃"字,《史记·高祖本纪》说齐国"北有勃海之利"。渤海,有时也叫"渤澥",如"浮渤澥,游孟诸",[1]"东海之别有渤澥,故东海共称渤海,又通谓之沧海"。[2]"渤澥,海别枝也"。[3] 渤海在春秋时代也曾被称作"北海",如《左传·僖公四年》记载,齐国要讨伐楚国,楚王闻讯派人对齐桓公说:"君处北海,寡人处南海,惟是风马牛不相及也。不虞君之涉吾地也,何故?"[4]元人于钦《齐乘》卷二解释渤海时说:"'海岱惟青州',谓'东北跨海,西南距岱',跨小海也。本名渤海,亦谓之渤澥,海别枝名也。盖太行、恒岳、北徼之山循塞东入朝鲜(今高丽),海限塞山,有此一曲,北自平州碣石,南至登州沙门岛,是谓渤海之口。阔五百里,西入直沽几千里焉。"[5]

明嘉靖四十四年修《青州府志·山川》说:"按海一也,有东海、北海之名。

〔1〕 (汉)司马相如:《子虚赋》,《文选》卷七。
〔2〕 (唐)徐坚:《初学记》卷六《地部中》。
〔3〕 李善《子虚赋》注引应劭文。这里的"海"指"渤海"(含今天的渤海和黄海,古代也称"东海",又称为"沧海"),而"渤澥",则是渤海的"别支"或"分支",即一部分的意思。
〔4〕 (清)洪亮吉撰,李解民点校:《春秋左传诂》卷七《僖公四年》,中华书局,1987 年。
〔5〕 (元)于钦撰,刘敦愿、宋百川、刘伯勤校释:《齐乘校释》卷二《山川》,中华书局,2012 年。

今青州属县,东南近海,太公赐履所谓东至于海是也。乐安、寿光北近海,则《汉书》所谓北海也,古称曰小海,本谓之渤海,亦谓之渤澥。……今沙门岛对岸之铁山,正当渤海之口,由是沙门大海以西皆为青州北海云。"从这一资料看,古今渤海的海域范围大体相当,沙门岛至铁山一线以西的海域均为渤海范围。沙门岛即现今的庙岛。所谓青州北海,是区别于古代漠北的北海而设定的专用名称。[1] 青州在古代是山东渤海沿岸政区的代表,因而古人常以青州地名来标识渤海。嘉靖《山东通志·图考》说:"山东三面濒海,登莱二府岛屿环抱,其在青济则乐安、日照、滨州、利津、沾化、海丰诸境皆抵海为界,称渤海云。"

二、海底地质地貌

渤海海底在地质上属于华北地台的一部分,可分为基底和盖层两部分。从海底地貌上看,渤海海底主要表现为堆积地貌,多为泥沙和软泥质,地势平坦,呈现出由三湾向渤海海峡倾斜态势。

（一）海底地质

渤海是一个中、新生代沉降盆地,其基底是前寒武纪变质岩。渤海海底地质构造的演化与太平洋板块的运动有关。

1. 渤海的基底

渤海的基底以郯庐断裂带的渤海延伸段——营潍断裂带为界,分为东、西两个部分。渤海湾地区基底属泰山群花岗片麻岩与混合岩,辽东湾基底属鞍山群,西部属五台群和滹沱群。渤海东部的基底以太古代和早元古代的结晶片岩和片麻岩组成。渤海西部基底与燕山和鲁西出露的太古界和元古界结晶变质基底相同。渤海构造发展与华北地台有相当的一致性。吕梁运动(约18.5亿年前)最终形成了包括渤海在内的华北地台的统一变质结晶基底。[2] 根据渤海西部的钻孔资料,古生界地层之下见有花岗片麻岩,可见渤海的基底与相邻陆地的基底是一致的。[3]

2. 渤海的盖层

渤海的盖层包括了震旦亚界、古生界、中新生界,可分为三个构造层:

〔1〕"北海"和"少海"都不是渤海的专有名称。古人也称今贝加尔湖一带为北海。山东的胶州湾古称胶海,也称少海,如道光二十五年《胶州志》考订讹疑说:史称表海乃渤海也,胶海名曰少海,在淮子口内。

〔2〕山东省地方史志编纂委员会:《山东省志·海洋志》,海洋出版社,1993年,第58、59页。

〔3〕中国科学院海洋研究所、海洋地质研究室:《渤海地质》,科学出版社,1985年,第136、137页。

（1）下构造层以下古生界海相碳酸盐岩为主,上古生代石炭—二叠纪海陆交互相地层极薄,且分布不广。

（2）中构造层是侏罗纪、白垩纪及老第三纪的陆相、湖泊相地层,与上下构造之间有轻微不整合。中生代以来,渤海周围大部分地区上升隆起,而渤海地区则相对下沉。新生代是渤海盆地发展的全盛时期,在中生代的基础上继续下降,形成受北东—北北东向断裂控制的裂谷盆地。在整体下降的基础上又伴随有差异运动,内部形成四个次一级的坳陷：莱州湾坳陷、辽东湾坳陷、渤海湾坳陷以及渤中坳陷。

（3）上构造层是晚第三纪陆相湖泊沉积与第四纪海相沉积层。喜马拉雅运动结束了早第三纪隆坳差异不均衡的局面,晚第三纪逐渐形成统一的稳定下沉的大坳陷,沉积中心迁移至渤海中部的渤中坳陷。第四纪渤海进入一个新的发展时期,湖盆大幅度下沉而被海水淹没形成现今之渤海。在莱州湾发现大批古牡蛎礁,证明在5 500年以来海平面有较大幅度的下降。在天津地区钻探中发现距今22 900年及距今10 000—8 000年海平面又有两次明显的上升。由此可见渤海形成较晚,以升降运动为特征的新构造运动是强烈的。[1]

（二）海底地貌

渤海海底地貌的形成与发展受渤海海底的水动力、海流与潮流、河流输沙、沉积物流运行等的影响。渤海海底可划分为南北地貌截然不同的两大地貌组合区,即辽东湾—渤海海峡北部侵蚀—堆积波状平原地貌组合区和渤海湾—莱州湾南部堆积平原地貌组合区。

辽东湾—渤海海峡地区是渤海海底地形最复杂、地貌类型变化最大的地区。辽东湾海底地形平缓,向海湾中部微微倾斜,岸线蜿蜒曲折,地形复杂。辽东湾水下沟谷众多,几乎每条河口外都有蜿蜒曲折的水下谷地延伸。辽东湾西岸北部的菊花岛附近有多列水下沙垄,滦河口外有微微起伏的水下沙波,成群分布。辽东湾口东侧为沙脊形成的辽东浅滩,浅滩北缓南陡。渤海海峡海底崎岖不平。

渤海湾—莱州湾地区主要为海底堆积平原地貌。这一地区由渤、莱两大海湾组成,以黄河水下三角洲为界,海底平坦开阔,湾口外连成一片,成为渤海中部平原地区。渤海湾海底地形由西南向东北缓慢倾斜。莱州湾湾底地形极其单调,由南向北缓慢倾斜,只在东岸附近有范围不大的莱州浅滩和登州浅滩,其最

---

〔1〕 山东省地方史志编纂委员会：《山东省志·海洋志》,第59—61页。

浅处水深只有 1—3 米。

渤海海底地貌类型主要有海蚀地貌、海积地貌两种类型,以海积地貌为主。海蚀地貌有潮流冲蚀谷地、冲蚀洼地两种类型。潮流冲蚀谷地集中分布在渤海海峡的南、北侧及渤海湾北面的曹妃甸南侧。老铁山水道的北支已经被海流冲蚀成"U"形谷地。登州水道的谷底起伏较大,为砂砾沉积覆盖。强潮流对老铁山冲蚀谷地岸壁、海底进行强烈的冲刷,致使谷地西侧的辽东浅滩遭受冲刷,形成巨大的潮流地貌。渤海湾口北侧与曹妃甸之间有近东西向潮流冲蚀谷地,谷底为细砂及粉砂沉积。冲蚀洼地分布在渤海海峡的中部岛屿,即庙岛群岛的北隍城岛与南长山岛之间的水道内,其形态近乎椭圆形。由于岛间水道流急,以冲蚀作用为主,洼地内主要保存一些砂砾堆积,并有基岩裸露,保持了原始地貌形态。

海积地貌有滨岸水下浅滩、潮流堆积、浅海堆积平原、海湾堆积平原、滨岸倾斜平原、河口水下三角洲、残留浅滩等多种类型。滨岸水下浅滩分布在莱州湾顶及西部水深 5 米等深线内,主要受湾顶河流入海泥沙的冲填,而逐渐形成宽阔的水下浅滩。莱州湾西岸主要受到黄河入海物质影响而形成宽平的水下浅滩。莱州湾东岸水下浅滩为具有水下沙坝的砂质浅滩,浅滩宽度基本上在水深 10 米等深线内。潮流堆积主要为辽东湾口的辽东浅滩地区,北接辽中洼地、东南接渤海海峡北段的潮流冲蚀谷地,西侧为残留浅滩。辽东浅滩由细砂沉积,组成规模巨大的水下沙脊与潮沟相间的呈扇形分布的潮流堆积地貌。浅海堆积平原分布于渤海中央岔地,大致相当于渤中坳陷位置,与辽、渤、莱三湾相接。海湾堆积平原主要在渤海湾、莱州湾及辽东湾的大部地区。滨岸倾斜平原主要分布在辽东湾口的东、西两侧及六股河、滦河口两侧。河口水下三角洲主要在新老黄河、海河、套儿河、蓟运河、潍河、小清河及滦河等河口的水下,其中以黄河口外的三角洲形态最为突出,面积最大。残留浅滩在辽东浅滩的西侧,有一大块凸起地形,面积约 30 平方公里,称之为"渤中浅滩"。[1]

总的说来,渤海海底虽较平缓单调,但普遍存在相对凸起的水下沙脊、阶地和水下三角洲以及相对低洼的水下谷地等地貌形态。

(三)渤海的海陆变迁

渤海的形成,在地质史上经历了沧海桑田的巨变。大约 10 亿年前(即相当于地质年代的元古代),现在渤海的位置还是一片陆地,后来因受地壳运动的影

---

〔1〕 中国科学院海洋研究所、海洋地质研究室:《渤海地质》,第 42—49 页。

响,渤海所在的地方凹陷了下去(称渤海凹陷)。到古生代初期(大约距今 5 亿年),太平洋海水侵入,渤海及其邻近地区成了一片汪洋。到古生代中期(距今约 4.4 亿年),渤海及整个华北地区隆起为陆地,海水退出。到古生代后期(距今约 2.7 亿年),又发生了一次较大规模的地壳运动,渤海及其附近地区再次凹陷下去,海水侵入,重新沦为海洋。到古生代末期(2.25 亿年以前),渤海地区随着地壳运动重新隆升成了陆地,一直延续了一亿多年之久。到中生代末期,因受燕山运动的影响,渤海又开始下沉。到新生代的第三纪,因受喜马拉雅造山运动(距今约 4 000 万年)的影响,太平洋板块向西推移,渤海和整个华北平原的地壳下沉加剧,形成了面积巨大的古渤海。到晚更新世后期,世界进入第四纪冰川期,海平面大幅度下降,使渤海干涸。[1] 在距今 15 000 年左右海面降至最低点后,因第四纪冰川期结束,全球进入冰后期,气候转暖,冰雪消融,海水又逐渐上升,发生了大海侵。这次海侵在距今 6 000 年左右达到顶点,在前次冰川期时露出的大陆架和沿海地区,几乎全被海水淹没。据考证,在冰后期海侵极盛时,今天的华北平原遭到渤海海侵,渤海海岸线向西扩展到今昌黎、滦县、文安、任丘、献县、德州、济南一线。[2]

有学者曾对渤海地貌作过深入研究,复原了距今 12 000 年前后的海岸线,认为当时海岸线大致在北黄海水深 50 米线附近,海水尚未进入渤海。到距今 10 000 年前后,海水开始进入渤海海峡;至距今 8 000 年前后,尚未抵达现代海岸位置而处于现今至少 10 米水深线附近。此后海面受间冰期暖期的暖湿气候影响迅速抬升;到距今 6 000 年前后,深入内陆达到最高海面。[3] 介于辽东千山和辽西医巫闾山之间的辽东湾顶部,东起西崴子(盖平角),西至小凌河口的滨海平原,新生代时期继续处于沉陷之中。在五六千年以前,海面上升到最高位置,根据辽河下游平原 50—60 米深处海相地层和海相化石的分布,海侵达到盘山以北地区。[4] 介于黄河口与滦河口之间的渤海湾,在距今 8 000—5 000 年的冰后期,因冰川消融,海面上升,渤海湾海岸线约与今 4 米等高线(大沽零点)相当。据在今天津市北距海岸 50 公里的大杨庄钻孔推断,约 7 000 年前,海水已逼近今洼淀腹地。[5] 根据碳十四测定,天津地区地下海生动物的遗骸,距今多在五六千年。由此可见五六千年以前天津平原还是一片汪洋大海,当时正处于

〔1〕 孙光圻:《中国古代航海史》,海洋出版社,1989 年,第 13 页。

〔2〕 彭德清:《中国航海史·古代航海史》,人民交通出版社,1988 年,第 1、2 页。

〔3〕 陈智勇:《中国海洋文化史长编·先秦秦汉卷》,中国海洋大学出版社,2008 年,第 15 页。

〔4〕 张树常:《下辽河平原第四纪地层划分》,《辽宁地质学报》1981 年第 1 期。

〔5〕 王一曼:《渤海湾西北岸全新世海侵问题的初步探讨》,《地理研究》1982 年第 2 期。

大海侵时期,沿海的低地皆成海域,海生动物的遗骸就是在这个时候留下来的。此后气候转冷,海水消退,海岸线逐渐向东推进,天津一带才逐渐开始成陆。据近年考古调查,天津附近渤海湾西岸有三条高出地面呈带状的古贝壳堤。据碳十四测定第三条贝壳堤距今3 800—3 000年,约相当殷商时期。[1] 如果从环渤海地区早期新石器文化与海岸变迁的关系来看渤海沧桑巨变的话,那么大量的考古资料同样可以证明这一时期渤海的海陆变迁。

现今渤海的海底仍在缓慢下沉中,据计算下沉幅度大致每年约一厘米。同时,渤海周围的黄河、海河、辽河等河流带来的大量泥沙,不断地在渤海底部堆积。由于渤海下沉的速度和泥沙堆积的速度大致相等,所以几千年过去了,渤海的形状变化不大,只是稍为收缩了一些。

三、波浪、潮汐、海流与气候

海水运动的形式主要有三种:波浪、潮汐和海流。波浪是海水作高低起伏形成的有规律的现象,潮汐是海水周期性的涨落现象,海流是海水按照一定方向不断地流动的现象。渤海的波浪主要受冬季风和夏季风的影响。渤海的潮汐,因受地形、气压和风向等因素的影响,主要为半日潮和全日潮两类,各地潮差和潮流速度也不相同。渤海中的海流大体可分两类,一类是属于大洋系统的寒、暖流;一类是属于渤海区内的沿岸流。由于受大气环流、地理位置以及海流和太阳辐射等因素的制约,渤海沿线基本上属于季风型大陆气候。

1. 波浪

渤海的波浪主要是由风力作用引起的,波浪的大小取决于风力的强弱。渤海冬季受蒙古高压控制多偏北风,夏季受夏威夷高压影响多偏南风。冬季西北风为强大的陆风,当强烈的西北风吹来时,渤海北部海水往往后退很多。冬季的东北风也是一种吹经渤海海面的强力风,对沿岸一带波浪、水流影响也很大。夏季多东南风及西南风,东南风吹经较阔的水面,常造成较大的风浪。西南风虽是渤海海域频率较高的常向风,但因风力小,经过的海面也不如东南风大,所以形成的风浪也较小。渤海的波浪,在吹东北风、东东北风及东东南风时波浪最大,波高可达3—4米,平均有1—1.5米,在开阔的外海平均波高为2米,波长平均为30—31米,最长达41米。一年中以东南及东向来的波浪最多。[2]

---

〔1〕 邹逸麟:《中国历史地理概述》,福建人民出版社,1993年,第64页。
〔2〕 陈可馨:《渤海》,天津人民出版社,1977年,第27、28页。

2. 潮汐

由于受地形、气压、海水深浅和风向等因素的影响,渤海的潮汐是比较复杂的,各地潮差、潮流速度不同,涨潮与落潮的方向、时间也不一样。渤海平均潮差1—4米,秦皇岛附近与莱州湾潮差最小,平均潮差不到1米。辽东湾和渤海湾潮差最大,平均潮差4米左右,最大潮差达5米以上。

渤海潮汐的类型主要为半日潮和全日潮两类。渤海大部分海域为不正规半日潮类型,莱州湾(蓬莱至黄河口一线)、辽东湾大部和渤海湾最北部属不正规半日潮;辽东半岛南部、山东半岛北部、渤海海峡和渤海湾最西部属正规半日潮;秦皇岛外、旧黄河口外无潮点区为正规日潮,向外依次为不正规日潮和不正规半日潮。[1]

3. 海流

渤海中的海流主要有两类,一类是属于大洋系统的海流;一类是属于渤海内部的沿岸流。渤海中属于大洋系统的海流,有台湾暖流和东中国寒流。台湾暖流进入渤海,主要在春末夏初至夏末秋初期间。每年5月在东南季风影响下,台湾暖流西支经黄海沿渤海海峡的北部进入渤海。9月末至10月初以后随着东南季风的消失,台湾暖流退出渤海。随着冬季的来临,气温降低,加之西伯利亚寒流的影响,渤海北部水温降低,在西北季风的吹送下,便形成一股寒冷的水流,自渤海南部沿山东半岛南下,成为东中国寒流。

渤海中的沿岸流主要有两支:一支北起秦皇岛,南到渤海湾,大致呈东北—西南向,主要受东北风影响。这支沿岸流从水面到底层都很稳定,并且流势较强。另一支南起黄河口附近,北到渤海湾,主要受南风和东南风影响,呈东南—西北向。这支沿岸流季节变化较大,春、夏两季较强,入秋后逐渐减弱,随着冬季风的增强,常被北部南下沿岸流所取代。此外,在渤海海峡,常年有北部流进南部流出的海流,流速夏天强冬天弱。

4. 气象

渤海的面积虽然不大,但是气象条件复杂,变化较大。渤海水浅又深入陆地,因而受陆地气候的影响很大,再加上渤海海面平滑,各种气候因素的影响更加明显。所以渤海的气候既有海洋性,又具有大陆性、海水温度冷暖分明、季节变化大等特征。风暴潮是渤海的一个重要气象特征。

(1)渤海的气候

渤海地区基本上都属于季风型大陆性气候。季风环流系统是影响渤海气候

---

〔1〕 齐继光、丁剑玲:《渤海宝藏》,中国海洋大学出版社,2014年,第95页。

的一个重要因素,渤海地区的季节变化和季风进退都比较明显。总体来说,渤海地区四季分明,但冬夏长而春秋短。渤海地区与同纬度内陆相比,具有气候温和、雨量充沛、气温和日照适中等特点。渤海气候还有一个特点是多雾。

春季,由于太阳直射北移,处于中纬度的渤海与高纬度的西伯利亚一带的气温和气压差异显著,每当冷空气从西伯利亚南下,渤海就会发生西北或东北大风。这一时期,来自太平洋的季风也逐渐增强并影响渤海。海面多大风是渤海春季气候的显著特征。由于海陆比热容的不同,春季的渤海气温开始逐渐低于周围的陆上气温。

夏季,由于西太平洋的副热带高压势力显著升抬,东南季风自低纬度洋面带来大量水气,形成渤海地区高温多雨的气候。但与周围陆上气温相比,夏季渤海的气温明显较低。

秋季,由于是冬季风与夏季风的过渡季节,渤海的风向不定,风力也比较微弱。这个季节,渤海的海上气温开始逐渐高于周围陆上气温。

冬季,由于冷空气不断南下,给渤海地区带来降温降雪。此时的渤海多吹偏北风,风速比陆地要大一些,从西伯利亚来的寒流,经常影响到渤海,使气温和水温都降到0℃以下,沿岸海水完全冰冻,冰冻期自南而北逐渐加长,平均冰冻期都在两个月以上。冬季的渤海气温比周围陆地要高些。

渤海由于所处纬度较高,水温是中国四大海域中最低的。渤海水温受气象条件影响较大,季节变化比较明显。冬季除秦皇岛和葫芦岛外,渤海沿岸大都冰冻,每年11月份开始结冰,12月上旬进入冰期。冰情严重期为12月下旬至2月,3月初融冰时还常有大量流冰发生。结冰范围大致以5米等深线为限,冰层厚度一般为30厘米。个别冰情严重的年份,整个海区几乎全被浮冰覆盖。[1]

(2)风暴潮[2]

渤海是受风暴潮影响较多的海域,特别是莱州湾顶和黄河口一线,发生率较为频繁。辽东半岛和渤海湾沿岸受温带风暴影响较小,其灾害程度弱于莱州湾。渤海风暴潮的生成、分布及其季节变化,是和作用于渤海的天气系统及半封闭型内海的地形特征分不开的。当暴风所导致的增水波从渤海海峡传入时,渤海海面显著升高,之后辗转传进渤海湾和莱州湾时,水深急剧变浅,产生非线性效应。

---

〔1〕 张震东、杨金森:《中国海洋渔业简史》,海洋出版社,1983年,第2、3页。

〔2〕 由气象作用特别是寒潮大风和台风的作用使海洋沿岸发生较大的增水,称为"风暴潮",又称"气象海啸"。

渤海沿岸的风暴潮,除由气象扰动(大风)所产生的直接振动外,尚存在着自由振动现象。[1] 由于渤海这种特殊的地理环境,风暴潮造成的灾难性事故也非常多。

莱州湾和渤海湾是风暴潮的多发区。只要有较强的东南风,把黄海水送进渤海,然后转成较强的东北风,莱州湾及其偏西海域必定发生增水,[2] 在历史上多次形成重大灾害。据《汉书·天文志》记载,西汉初元元年(前48年),"五月,勃海水大溢。六月……琅邪郡人相食"。山东地方志对此有记载,如万历《莱州府志》记述:"初元元年癸酉,北海溢流,杀人民。"东汉时期莱州湾及其西偏发生的风暴潮,有史可查者为四起,为本初元年(146年)、永康元年(167年)、建宁四年(171年)、熹平二年(173年),其中熹平二年的风暴潮,《后汉书·灵帝纪》记载:"东莱、北海海水溢。"此后,晋代记录1次,北魏2次,唐代2次,宋代2次,元代1次。其中唐代的一次风暴潮横溢无棣,无棣县信阳乡奇楼村的《唐枣碑铭》记载:"唐元和八年,海啸潮溢,棣域百里顿成泽国,田园禾稼皆毁,村屯树木尽杀。唯此树大难不殁,独与贞观时所建大觉寺塔比邻而立,昭示唐风,称奇于世。"

明清两代,渤海沿岸各州县地方志对风暴潮仍有记录。如康熙《济南府志·灾祥》记载明嘉靖三十六年,海潮南溢八十余里。又记明嘉靖三十七年,海潮南溢六十里。乾隆《武定府志·祥异》记载明嘉靖三十六年,青城、蒲台、沾化大水,海丰海潮南溢八十余里,坏庐舍禾稼。嘉庆《寿光县志·食货》载明万历四十一年癸丑,海水溢,潮逾百里,坏民产无算。咸丰《武定府志·祥异》记载康熙七年,利津、沾化海溢数十里,人畜多伤。海丰潮水南溢八十里,溺死者无算。《羊角沟觇见录》记载,乾隆四十七年八月初五日,大潮汹涌,直至海南四十余里,单南、宅科等庄水势汪汪。《沧县志·事实志·大事年表》记载,渤海湾在光绪二十一年四月海啸,海防各营死者二千余人。

近代以来,渤海沿岸风暴潮依然经常发生。辽东湾东部沿岸,1915年7月一次台风过程曾使营口市区积水1米以上,但其严重程度和多发性均远不及莱州湾和渤海湾。据莱州湾西岸羊角沟站的水位记录资料,1952—1969年间水位

〔1〕 中国科学院海洋研究所、海洋地质研究室:《渤海地质》,第25页。

〔2〕 中国古代人们通常把海上刮来的大风称为"飓风",称风暴潮引起的增水为"海溢",也称"大风海潮"。如乾隆《潍县志》卷六称:"大潮溢,名为海笑。"有"大风海潮,澛四十余里"的记录。此外,风暴潮也被称为风潮、海沸、海涨、海变、海决、海翻等。《唐国史补》卷下说:"海风四面而至,名曰飓风。"《田家五行》卷中说:"大风及有海沙云起,俗呼谓之风潮,古人名之曰飓风。风具四方之风,故名飓风。有此风必有霹雳大雨同作,其则拔木偃禾,坏房舍,决堤堰。"《升庵全集》卷七四说:"飓风……凡海潮溢,皆此风为之。"

5米以上的有30次,其中1969年4月23日发生的风暴潮,是有水位记录以来最大的一次,3米以上的增水持续8小时,1米以上的增水持续了38小时,在长达70公里的岸线上,暴风潮侵入内陆30多公里。蓟运河下游和河北省黄骅市、盐山县等地,也曾先后发生过不同程度的风暴潮现象。1972年7月下旬,台风造成了一次较大的风暴潮,这次台风经渤海海面时造成十一级暴风,卷起巨浪,大量海水涌到离海岸有近3公里的沿岸陆地上。[1]

第二节　岛屿、海湾、河口与港口

渤海海域中有大大小小的岛屿近百个,主要分布在辽东湾、渤海湾和莱州湾三大海湾以及渤海海峡中,这些岛屿大多数面积不大,一般距离大陆都很近。渤海沿岸地区海湾密集,又有众多的内河入海,由此形成了许多河口。人们通过改造河口、海湾,建筑泊位码头,使其成为港口。随着港口的繁荣,附港城镇相继扩张,商民逐渐增多,许多大港因而发展成为沿海城市。

清乾隆时期,齐召南撰《水道提纲》[2]一书,其中《海》卷对渤海的岛屿、海湾、河口与港口作了较为详备的描述,现录于下:

> 海为百川之汇,自鸭绿江口,西襟盛京南、京师直隶东南,又南襟山东之北而东,古所谓渤海也。……
> 盛京:海自旅顺城折而北,经城西,其西为铁山岛(又西为双岛)。又北而东为宁海县,西又北稍西为复州城,有小水口三。复州城西南为长兴岛(岛大数十里,海中洲之巨者)。又北而东为永宁监城、李官屯、熊岳城,盖平县之西有小水口三(熊岳水口西有兔儿岛,盖平县西有连云岛,皆小洲)。又北有耀州河口,又西北为海城县西南之大辽河口(自河以左为辽东,以右为辽西,漕运由此口入)。海自辽河口西北,经右屯卫南有小水口二,至卫南为大凌河口。又西经锦州府南为小凌河口,又西稍南经松山、杏山东南塔山村东(东有小笔架、大笔架二岛)。又西南经连山、双桥二城,宁远州东南水口(口东南有桃花、菊花二岛。菊花即明所称觉华岛也)。又西南经沙河所、中后所、高儿河、前卫、中前所五城。南有小水口五。又西为山海关南。

---

〔1〕　陈可馨:《渤海》,第28页。
〔2〕　传经书屋本。

直隶：东北自山海关之南，经山海卫南，又西南经抚宁县东南，有小水口四。又西南经昌黎县东南，有小水口二。又西南经乐亭县南之齐家庄，为永平府之滦河口。又西有小水口。又西经滦州南，又西经顺天丰润县南之涧河庄南，有小水口三。又西经神堂、韩沽南宝坻县东南境，为蓟运河口。海折而南，经武清县东南境为新河镇，东即天津直沽口也。口曰大沽，有海神庙，当天津府之东南（东北至山海关六百里，南至山东界二百五十里，东南至山东之登州府八百余里，古黄河入海之口也）。海自直沽南经静海县东，又南稍西为青县东之济沟小口。……

山东地：东北、正东、东南三面滨海。海自武定府之海丰县东北，有大沽口。……又东南为利津县东北之大清河口（俗曰牡蛎口。东省巨川惟大清河）。又东南经蒲台县东北，又东为青州府之博兴县、乐安县东北，即小清河口也。又东南经寿光县北、莱州府之潍县东北、昌邑县北，有小水口五，潍水口其大者（自小清河口而东为涨河口，为黑洋，为于河口，为白狼河口，又东为潍口，俗曰淮河）。又东为北胶河口，又东为海仓口，又东北经莱府治掖县北（北有海庙口，其西曰芙蓉岛）。又北为三山口。又东北经登州府之招远县西北，有界河口。又东北有地悬入海中，曰坶矶岛。又东北经黄县北（有小水口，西北曰桑岛）。

一、岛屿

辽宁省境较大的岛屿是长兴岛（又名景杭岛），为渤海最大的岛屿，面积220平方公里，大古山横贯岛的南部。长兴岛南面有花椒岛、西中岛（也叫莲花岛）、凤鸣岛三个岛。兴城县南面海中有菊花岛，距陆岸约6公里，四周有山环绕，中部是较低的山谷。菊花岛西南面不远有两个小岛，叫小张山岛和大张山岛（总称张家岛）。辽宁省较大岛屿还有小海山岛、大猫石岛、桃花岛、高粱垛、龟山头、大笔架山、兔儿岛、耗子岛、东蚂蚁岛、西蚂蚁岛、湖平岛、猪岛、小龙山岛、海蟒岛等。大笔架山岛位于锦州市东南的辽东湾中，岛上三峰，形如笔架，又因其东部海中也有一形如笔架的小山与之遥相对应，故称为大笔架山。大笔架山岛地貌奇特，地质构造复杂。小龙山岛又名蛇岛，共有大小有毒蝮蛇几十万条。海蟒岛又名海猫岛，在蛇岛东南面不远，岛上栖息着无数海鸥，当地群众把海鸥叫"海猫"，故又名海猫岛。

河北省较有名的岛屿是曹妃甸岛（又名沙垒甸岛），在渤海湾东北面，由六个沙岛组成，东北—西南走向，是渤海最大的泥沙堆积岛，组成该岛物质主要是长石和石英质细沙和软泥。此外,还有石臼坨、月坨、蛤坨、白马岗和大港沙嘴等,均是离岸不远,由沉积作用形成的沙岛。石臼坨岛,也叫菩提岛,位于乐亭县西南部,面积约 3.1 平方公里,岛上荒草丛生,植被丰富。石臼坨岛上鸟类很多,真是名副其实的"鸟岛"。[1]

山东省境内的岛屿,均属大陆岛,岛上岩石嶙峋,石壁峭立,主要岛屿有庙岛群岛(又名长山列岛)、桑岛、岠嵎岛、沙岛及太平湾内的虎风岛(芙蓉岛)等。[2] 庙岛群岛,位于山东半岛与辽东半岛之间的黄、渤海交汇处,渤海海峡的中部和南部,今属长岛县,南北长约 56.4 公里,由 32 个岛屿组成,最大的岛屿为南长山岛,面积 12.8 平方公里。群岛总面积 53.17 平方公里,是山东沿海最大的群岛。庙岛群岛中较大的岛屿有南长山岛、北长山岛、大黑山岛、小黑山岛、庙岛、砣矶岛、高山岛、车由岛、大竹山岛、小竹山岛、大钦岛、小钦岛、猴矶岛、南隍城岛、北隍城岛等。[3] 庙岛群岛植被茂密,水源充足,具有良好的气候环境,在古代航海历史中起到过重要作用。桑岛在今龙口市北部渤海之中,因火山喷发而形成,为国家地质地貌保护单位。岠嵎岛位于龙口市西北,是中国三大"陆连岛"之一,面积为 4 平方公里。芙蓉岛位于莱州市西北处,渤海南部,其地形风貌独特,据《掖县志》描述:"芙蓉岛,隔海岸五十里,翠螺一点,泛泛烟波中,状若蜉蝣。"故芙蓉岛又名蜉蝣岛。

二、海湾

海水一部分深进陆地就形成海湾。渤海周围由于海岸类型复杂,优良的海湾较多,除中部海区外,有三个主要海湾:北面的辽东湾、西面的渤海湾、南面的莱州湾。除了三大海湾,渤海沿岸还有众多的小港湾。

辽东湾位于渤海东北部,西起辽宁省西部六股河口,东到辽东半岛西侧长兴岛。广义的辽东湾则以河北省大清河口到辽东半岛南端的老铁山一线为其南界。辽东湾是中国边海水温最低、冰情最重的海湾。辽东湾滩涂宽广,沿岸为淤泥质平原海岸,内侧为海滨低地,部分为盐碱地或芦苇地,外侧为淤泥滩。辽东湾海底地形自湾顶及东西两侧向中央倾斜,湾东侧水深大于西侧,河口大多有水下三角洲。湾顶与辽河下游平原相连,水下地形平缓,东西两岸水下地形较陡,为基岩—砂砾质海岸。湾中央地势平坦,淤泥沉积。

---

〔1〕 杨立敏:《渤海印象》,中国海洋大学出版社,2014 年,第 10 页。

〔2〕 陈可馨:《渤海》,第 20 页。

〔3〕 山东省长岛县志编纂委员会:《长岛县志》,山东人民出版社,1990 年,第 45—47 页。

渤海湾位于渤海西面,向西深入陆地,大致以河北省乐亭县大清河口至山东省利津县新黄河口一线为界,北接辽东湾,南邻莱州湾。渤海湾湾口也有从滦河口到黄河口的划法。渤海湾海底平缓,海底地势由岸向湾中缓慢加深。海底地形大致自南向北,自岸向海倾斜,沉积物主要为细颗粒的粉砂与淤泥。渤海湾沿岸为典型的粉砂淤泥质海岸,海底沉积物均来自河流挟带的大量泥沙。渤海湾北部是著名的旅游和度假区。

莱州湾位于渤海南面,山东半岛北部,西起新黄河口,东至龙口的屺坶角一线为其北界,形状如半圆形。莱州湾海底地形单调平缓,由于沿岸河流特别是黄河泥沙的大量携入,海底堆积迅速,浅滩变宽,海水渐浅,湾口距离不断缩短。莱州湾沿岸属淤泥质平原海岸,岸线顺直,坡度极缓,多沙土浅滩。东段(屺坶角—虎头崖)为海成堆积沙岸,南段(虎头崖—羊角沟口)是淤泥质堆积海岸,西段(羊角沟口—老黄河口)为黄河三角洲堆积沙岸。

除了三大海湾之外,渤海沿岸还有金州湾、普兰店湾、复州湾、锦州湾、营城子湾、葫芦山湾、太平湾、龙口湾、白沙湾和连山湾等众多的小海湾。金州湾(又名金州澳)位于辽东半岛南部西侧,湾内海底地形平浅,水底以泥质为主,有一较深水道。复州湾位于复州城西,湾内岩石耸立,湾口比较宽阔,是辽东半岛西侧的重要渔场。龙口湾位于龙口市正西,屺坶岛东南,属莱州湾的一部分,湾内建有龙口港。

三、河口

渤海沿岸有 100 余条河流流入,其中辽河、滦河、海河、黄河等 40 多条河流常年流入渤海,这些河流的入海口即为河口。

辽河口现位于辽东湾东北端辽宁省盘锦市内,口内河道迂回曲折,并伴有沙滩和岛屿,东西两浅滩和口外拦门沙随着自然条件的变化而不断变迁。在历史上,辽河的入海口有过数次变动。据《汉书·地理志》及《水经注》记载,汉唐时,辽河下游在今辽阳附近小北河—小河口段纳入太子河,然后向南在海城附近入海。到明代,随着渤海湾海岸线向西南后撤,辽河入海口已从小河口—海城西迁到古城子—营口(市)。《奉天通志》卷七〇载,清咸丰十一年(1861 年),“辽水盛涨,右岸冷家口溃决,顺双台子潮沟刷成新槽,分流入海,是为减河之起始”。光绪二十年(1894 年)疏浚开挖新河 30 里,双台子河凿通。1958 年,在六间房堵截了外辽河,将辽河干流来水全部引向双台子河从盘山入海。辽河口自汉代在海城附近西迁到今天位置已有 70 公里之遥。辽河口有两个水道,西水道为主排水河道,东水道为排沙河道。现在辽河口是一个不断向西南发展的淤涨型河口,河口附近滩槽的冲淤变化是造成河口不断向海洋延伸的一个重要原因。[1]

滦河口现位于河北乐亭县境内。在历史上,由于滦河下游的河道径流量年变差及含沙量过大,又因地质构造活动频繁,滦河入海口多次发生变化。12世纪以前,滦河在唐海县境入海;到12世纪以后,经昌黎县境入海。大约在元朝泰定元年(1324年)之前,滦河又改由如今的滦南县境入海。清朝同治时期,滦河泛滥,河道又向东北移动,由昌黎县境的甜水沟(拗榆树东南)入海。1938年,甜水沟淤塞,滦河开始经现河道入海,同时也基本确定现河口的位置。现今河口处形成新三角洲向海中延伸的速度较快。自滦河改由今河口入海后,昌黎县南部平原被分割为河南部分和河北部分。河口两边有乐亭和昌黎的渔港。

海河口位于天津东南,渤海湾西岸的湾顶,俗称大沽口,为淤泥质河口,是冲积平原型陆海双相河口。海河口海岸属堆积型平原海岸,河口两侧的海岸线平直,底坡平缓。河口呈半喇叭形入海,河口之外为大沽沙浅滩。海河口的变迁与黄河有很大关系。历史上的黄河下游河道曾多次南北迁徙,据史书记载,从春秋时期以来的两千多年中,黄河决口改道1 500多次,其中重要改道26次,多次经海河河道入海。在春秋时期周定王五年(前602年),黄河从浚县改道,经河北省大名县、交河县至天津东南入海。后来,由于黄河的迁徙改道,曾几次侵夺海河水系。如宋庆历八年(1048年)黄河从河南濮阳决口,改道北流,由青县、天津入海。为防海水倒灌,天津市于1958年修建了海河防潮闸。建闸后,随着下泄径流的减少,入海沙量大幅度减少。海河口如今处于环渤海经济开发区的中心地带。

黄河口现位于山东省东营市垦利县黄河口镇境内,地处渤海湾与莱州湾的交汇处,1855年黄河决口改道而成。自1855年至1988年之间,已淤成陆地约2 600平方公里。随着黄河入海口的淤积—延伸—摆动,入海流路常相应改道变迁。由于历史上黄河河道决口改道十多次,黄河入海口多次变迁。据史书记载,西汉以前,黄河经河北在天津附近入海。当时,今利津县南境为滨海陆地。王莽新朝始建国三年(11年)黄河改道,从利津南境入海,此后约八百年间,河口地区淤出大片陆地,海岸线向东北方向推移近50公里。唐朝末年,黄河又在今惠民县境改道北流,至无棣入海。此后近千年,黄河中游改道频繁,元朝以后基本南流入淮。直至清朝咸丰五年黄河在河南铜瓦厢决口,夺大清河道东北流,复由利津铁门关东北入海。黄河口是渤海海岸最不稳定的地理区。受黄河冲击的影响,河口地带形成了巨大的三角洲平原,由于黄河屡有改道,废弃河道众多,沉积

---

[1] 潘桂娥:《辽河口演变分析》,《泥沙研究》2005年第1期。

与蚀退现象共同存在,因而呈现出繁杂的地貌形态。现今的黄河河口入海流路,是 1976 年人工改道后经清水沟淤积塑造的新河道,利津以下为黄河河口段,是一个弱潮陆相河口。

四、港口

渤海沿岸有众多水深条件良好的海湾和河口,为港口的建设和发展提供了优良的港址。渤海港口分布密度高,有许多大型港口及能源出口港。经过多年勘探开发,渤海沿岸建成了以天津为主枢纽港,包括营口、锦州、葫芦岛、秦皇岛、黄骅、东营、莱州、龙口、蓬莱等在内的港口运输体系,形成了独具特色的现代化的港口群。

辽宁渤海沿岸的主要港口有营口、葫芦岛港和新金港。营口港位于辽东湾东北侧,为辽河下游的出海口,在辽河左岸,距辽河入海口十余海里,为辽河平原的天然门户。营口港腹地广阔,地理位置适中,交通方便,具有良好的水域条件,内航道及码头前沿水深非常优越。营口港自 1891 年开港以来,曾是辽河流域第一大港。港口最深处达 24 米,海轮停泊区域长达 13.5 公里。但因冬季结冰,港内日渐淤浅,其外航道水深欠佳,已严重影响它的发展。葫芦岛港位于辽东湾西岸的连山湾内,突出海中,成半岛形势,形似葫芦。整个半岛东南高西北低,中部略为隆起,北、东、南三面都是岩石峭壁,山丘环绕,倚山面海,冬季对来自内陆的偏北寒风起到阻挡的作用,是我国北方较好的不冻良港。码头设在南面的葫芦套内,港内水深达 13 米,万吨以上巨轮可自由进出。

河北境内渤海沿岸,除了山海关至洋河口一段基本上属岩岸外,其余多为泥质砂岸,海岸线平直,天然港口较少,沿海大中型港址主要集中在唐山、秦皇岛岸段。河北省已建成的重要港口主要有秦皇岛港、京唐港、黄骅港、新开河港、山海关港、大清河港等。秦皇岛港位于河北省东北部,南临渤海,北倚长城,东与辽宁省毗连。清同治以前,秦皇岛还是一片盐碱荒地,1898 年辟为商埠,1902 年及 1904 年先后建成小码头和大码头,从此秦皇岛遂成为开滦煤的输出港。秦皇岛港背山面海,地势由北向南倾斜,北部为燕山余脉,海岸地带均属岩岸,港阔水深,是渤海不冻港之一。宽阔的码头可同时停泊数艘万吨巨轮,为河北省重要运送煤炭、石油等的港口。此外,黄骅市的岐口、乐亭县的南堡等,既是渔港,又可装卸一定数量的货物。[1]

天津港既是海港又是河港,主要由天津、塘沽和新港组成,位于渤海湾西部

---

〔1〕　陈可馨:《渤海》,第 15、16 页。

海岸中心位置,海河下游五大支流的汇合及其入海口处,是北京以及华北海上交通的门户。天津港的历史悠久,最早可以追溯到秦汉时期。秦汉时期,为了巩固北部边防,曾经通过渤海和海河联运的形式运送兵员、转运漕粮。天津港自唐代以来形成海港,1860年正式对外开埠,是我国最早对外通商的港口之一。天津新港始建于1939年,经过疏浚的航道,万吨以上海轮可以畅行无阻。天津港在环渤海港口群中居于非常重要的地位,是我国华北、西北和京津地区的重要水路交通枢纽,也是欧亚大陆桥的东端起点之一,是华北地区最大的综合性港口和重要的对外贸易口岸。

山东渤海沿岸的港口主要集中在莱州以东,主要有东营、莱州、龙口、蓬莱等港,较好的渔港还有海庙口、三山和石虎嘴等。东营港位于东营市东北部,北邻京津塘经济区,南连胶东半岛,濒临渤海西南海岸,地处黄河经济带与环渤海经济圈的交汇点。东营港建成于1997年,是国务院批准的国家一类开放口岸。莱州港地处渤海莱州湾东岸,其历史可以追溯到秦汉时期,到隋朝时发展成中国北方第一大港,并成为重要的航海造船基地。唐朝初年,为远征高丽,曾大力扩建莱州港。当时的莱州港设在太平湾,港水深阔,条件优良。元明以后,莱州沿海开发出许多港口,但主港位置已不明确。明代梁梦龙《海运新考》记录莱州港口有五处,分别在三山岛、芙蓉岛、海神庙后、虎头崖和海仓口。龙口港位于太平湾东北部,北、东、南三面均为山地环绕,是鲁东北部的重要海港。龙口曾建有古港,从曹魏开始到清代一直在使用,地点在黄河入海处的黄河营一带,其遗址被清人称为"黄县老岸"。据《元和郡县志·河南道》记载,龙口北二十里有"大人故城","司马宣王伐辽东,造此城,运粮船从此入。今新罗、百济往还,常由于此"。蓬莱港自唐代开始修建,一直是山东渤海沿岸的主要港口,也曾是古代中国北方航海基地。庙岛群岛中也有许多港口,其中庙岛和长岛为其主要岛湾港口。

第三节 海 洋 资 源

渤海海洋资源种类丰富,有海洋植物和海洋动物等多种海洋生物资源,海底蕴藏着石油、天然气、煤炭等多种矿产资源,此外还有海水化学资源与海水动力资源。渤海海水中含有多种元素,对综合利用海水资源、发展化学工业具有重要意义。渤海丰富的生物资源、矿产资源,众多的滩涂、湿地资源以及广阔的海盐盐场,为自古以来生活在渤海沿岸的居民提供了优越的条件。

一、海洋生物

渤海有丰富的海洋生物资源。渤海的海洋植物和动物种类繁多,海洋植物主要有海藻类的海带、紫菜、石花菜等;海洋动物有哺乳类的海豹、各种鱼类,软体动物有乌贼与鱿鱼,甲壳类有虾、蟹,棘皮动物有海参,腔肠动物有海蜇等,其中主要的鱼类就有100多种。由于渤海位置和海流等自然条件的影响,温水性鱼类最多,其次是寒水性鱼类。

二、海底矿产

渤海海底的矿产资源主要是石油、天然气和煤炭,此外还有铁、铜、硫和金等矿物,藏量也相当丰富。渤海的石油和天然气十分丰富,整个渤海地区就是一个巨大的含油构造,滨海的胜利、大港、辽河油田和海上油田连成一片。龙口煤田是我国唯一的滨海煤田,其中海底煤炭的探明储量13亿吨。

渤海海底埋藏着极为丰富的石油和天然气。渤海及其附近地区钻探资料证明,渤海的地质和古地理环境具有生成石油和天然气的良好条件。1959年,我国科学家采用海上地震勘探和高精度重力测量的方法首次勘探出渤海油田,基本查明了渤海油气盆地的地质构造。1967年渤海海域的"海1井"完钻,并获得工业油流,标志着中国海上油田的开发活动真正起步。渤海油气盆地是指陆地上胜利、大港和辽河等油气田向海底延伸的部分,有辽东、石臼坨、渤西、渤南、蓬莱五个构造带。渤海油气盆地的凹陷面积大、第三纪地层厚、储油构造多、含油层系也多,是目前我国探明石油地质储量最多、原油产量最高的油气聚集地。渤海地区的海上油气田与沿岸的胜利、大港和辽河三大油田,构成了我国极其重要的产油区,全国50%以上的海洋油气工业贡献出自该地区。[1]

三、沿岸资源

环渤海沿岸是全国唯一兼备海洋、平原、丘陵、山地和高原等各种地形的地区,拥有约占全国1/3的漫长海岸线和多种滨海地貌类型,沿岸矿产、滩涂、湿地、盐田等资源丰富。

(一)渤海海岸

海岸是陆地和海洋之间的重要分界线。在地质活动、气候、河流、海浪的影

---

〔1〕 齐继光、丁剑玲:《渤海宝藏》,第83—85页。

响下,渤海海岸在历史上历经变迁。时至今日,渤海海岸仍旧处在不断的变化之中。受地质构造的影响,渤海海岸主要有砂岸和岩岸两种类型。

1. 渤海海岸变迁

由于受海岸动力、海岸物质本身和新构造运动以及世界性洋面变化等因素的影响,渤海海岸一直处于变化之中。大约到中更新世后期,气候转暖,海面上升,又因渤海海峡断裂,大量海水涌入形成渤海并海侵河北平原。到晚更新世后期,世界进入第四纪冰川期(即大理、玉木冰期),海平面大幅度下降,渤海干涸。距今 15 000 年左右,第四纪冰川期结束,全球进入冰后期,气温渐暖,海面开始回升。在距今 6 000 年左右达到顶点,当时的渤海海域向西扩展到今昌黎、文安、任丘、献县、德州与济南一线。[1]

辽东湾北部下辽河平原在第四纪冰后期海侵后,滨海部分被淹没。西汉时期,今辽宁黑山以南、台安以西、北镇以东的近海地区可能为大片沼泽化滩地。盖县、大石桥(今营口)西北,经牛庄达沙岭一线为公元前形成的古海岸线,长时间内无明显延伸。10 世纪起,因西辽河上游耕垦,辽河含沙量渐增,海岸伸展显著。明代辽河河口在今营口附近的大白庙子。营口在明末清初原为辽河口外一沙岛,因泥沙淤积,至 19 世纪二三十年代与大陆相连,河口延伸至营口之外。辽东湾西部的大凌河三角洲伸展缓慢。大凌河三角洲和辽河三角洲之间的盘锦湾,随两侧三角洲的发展而逐渐缩小。清光绪年间,为排泄辽河洪水,开挖了双台子河,促进了盘锦湾的淤积。1958 年后,拦断了辽河,分泄营口流路与浑河、太子河等分流,全辽之水均由双台子河入海。原已淤为沼泽的盘锦湾逐渐疏干,成为农田和苇场。

黄河口与滦河口之间的渤海湾,在距今 8 000—5 000 年的冰后期,渤海湾海岸线约与今 4 米等高线(大沽零点)相当。据在今天津市北距海岸 50 公里的大杨庄钻孔资料推断,7 000 年前左右,海水已逼近今洼淀腹地。此后气候转冷,海水消退,海岸线逐渐向东推进。考古工作者在天津平原地下发现埋藏有大量海生动物的遗骸,如距海岸 70 公里范围以内,在宁河县蓟运河下游汉沽及武清以东的 11 个地点,集中出土了鳁鲸的骨骼,其中在宁河县乐善庄出土的一具,全长 12 米,下颌骨长达 2.5 米,说明远古时期天津东部平原曾是大型海生动物栖息的深水区域。在距海岸 100 多公里的宝坻以东地区,地下还广泛分布着魁蛤、文蛤、毛蚶、海螺、蛏等介壳物质。其中最引人注目的是俗称"千层蛤"的长牡蛎,大者长一尺多,其所分泌的黏液,使自身相互粘结成块,坚硬如石,在天津南郊、

---

〔1〕 孙光圻:《中国古代航海史》,第 13、14 页。

西郊、宁河、宝坻等地都有发现。这种只能在浅海区域形成的海生动物的堆集，是天津中部地区曾是浅海区域的证明。据近年考古调查，天津附近渤海湾西岸有三条高出地面呈带状的古贝壳堤。据碳十四测定第三条贝壳堤距今 3 800—3 000 年，约相当于殷商时期。第二条贝壳堤其北段发现战国时期遗址，南段发现唐宋时期文物。经碳十四测定，南段岐口附近，下层距今 2 020±100 年，上层距今 1 080±90 年；北段在白沙岭附近距今 1 460±95 年，说明这条贝壳堤经历了约千年时间塑造而成。

渤海湾北岸的岸线受滦河三角洲发育的直接影响。据考古资料证明，冰后期海水消退后，约前 3500—前 2000 年，海岸线大约在七里海附近，与文献上记载前 2—3 世纪时在今昌黎县北碣石山南能望到海的情况相似。秦皇、汉武均曾登临碣石山以观海。东汉以后，滦河入海口尾闾在三角洲上时而西南时而东南，往返游荡，三角洲不断向外延伸。6 世纪《水经注》成书时代，海岸已在今乐亭以南。明代海岸线西南方约在今柏各庄附近，东南方在碣石山南 15 公里。19 世纪以前，滦河三角洲发展缓慢，这是因为清初以来，滦河上游山林为封禁地的缘故。清末开禁，森林砍伐严重，水土流失加剧，海岸线延伸较快。1938 年以来三角洲平均每年以 200 米左右的速度向海里推进。

渤海湾海岸线的伸展与黄河入海地点的变迁至为相关。自新石器时代以来，黄河长期从渤海湾入海，但西汉以前中上游植被覆盖良好，泥沙输送到海口并不很多；另一方面，下游又分成多股，在天津、河北黄骅和山东无棣之间游荡，其主流则于黄骅一带入海。自 70 年黄河改在今山东利津、滨州间入海后，三角洲推展迅速，在堤外堆积了海滨平原。天津附近泥沙显著减少，海岸线由淤泥质海岸转变为沙质海岸。1048 年以后，黄河约有 80 年的时间在天津入海。当时黄河含沙量很高，大量泥沙排入海口。12 世纪黄河夺淮后，原先三角洲海岸受波浪的侵蚀，有所后退。1855 年黄河又改由山东利津入海，新三角洲迅速向外扩展。河口每年以两三公里的速度向海中伸展。据统计，1855—1933 年（实际行水 64 年）河口地区造陆 1 510 平方公里，年均造陆面积约 23.6 平方公里。1954—1982 年（行水 28 年）河口造陆 1 100 平方公里，年均造陆 39 平方公里，近百余年来，黄河三角洲新造陆 2 600 平方公里。海口的泥沙又由海流向北搬运，在渤海湾西岸第三条贝壳堤外堆积了广阔的淤泥滩地。[1]

2. 渤海海岸类型

渤海周围的大陆岸线长约 2 500 多公里（从辽东半岛南端的老铁山西角至

---

〔1〕 渤海海岸变迁主要参见邹逸麟的《中国历史地理概述》，第 61—67 页。

山东半岛北端的蓬莱头）。渤海海岸的类型主要有砂岸和岩岸两种,也可细分为粉沙淤泥质岸、沙质岸和基岩岸三种类型。渤海湾、黄河三角洲和辽东湾北岸等沿岸为粉沙淤泥质海岸,滦河口以北的渤海西岸属砂砾质岸,山东半岛北岸和辽东半岛西岸主要为基岩海岸。

砂岸主要特点是海岸外形非常平直而低平,海滩宽阔,连绵很长。在海滩上堆积着颗粒比较细的细砂、粉砂和淤泥等物质,海岸形势十分单调,很少曲折,缺少天然的港湾。沿岸海区,看不见岩岛,只看到平坦、宽广的浅滩和沙洲。这种海岸是由泥沙堆积起来形成的,因而也可以叫作堆积岸。砂岸在渤海周围分布比较普遍,除岩岸地区外,均属这类海岸。盖平角至葫芦岛角是长约 370 公里的河流冲积和海水沉积平原海岸,岸线平直,坡度极缓,利于盐田的开辟,是辽宁省重要产盐区。自洋河口向西南至滦河北岸,长约 40 公里,分布着高大的风成沙丘,为沙丘海岸。滦河北岸至乐亭沂河河口,长约 130 公里,是滦河三角洲海岸。冀鲁交界处的大口河至山东小清河口,长约 321 公里,是黄河三角洲海岸。盖平角至小龟山,长约 257 公里,是辽河及大小凌河三角洲海岸。其中小清河以北为黄河三角洲平原海岸,小清河以东至潍河之间为鲁中山地北麓诸河流冲积平原,海岸为我国典型的粉沙淤泥质海岸。这些海岸共同特点,是河口均有浅滩,海岸不断向海区伸展,对河、海交通影响较大。北起乐亭沂河,南至山东太平湾,长达 420 公里,是低平的堆积海岸。这段海岸,岸域开阔,地势低平,极利于盐田的开辟,是天津、河北和山东主要产盐区。

岩岸,由坚硬的岩石组成,比较陡峭,海岸线曲折,形似锯齿状,多天然港湾,又名港湾式海岸。港湾海岸的突出地段是岬角。岩岸地区,半岛、岛屿和海岬都比较多,在靠近岩岸的地方,通常没有平缓的海滩,而只有陡峭的海蚀崖。当海浪冲到这样的海岸的时候,常常形成破坏力很强的拍岸浪,拍打着海岸带的岩石,对海岸造成强烈的破坏。因此,这种海岸常常是被侵蚀的海岸。这种海岸在渤海周围的分布是不连续的。原始的渤海岩岸蜿蜒曲折,海湾、岬角交替分布。后来,不少地段被大河挟带的泥沙堆积,形成平缓的砂岸。结果形成岩岸、砂岸交替出现。只有远离大河河口或山地、丘陵逼近海岸的地方,才能见到原始的渤海岩岸。渤海岩岸的分布大致是:第一段从老铁山西角至盖平角,长约 625 公里,海岸线曲折,沿海多岛屿、半岛和港湾;第二段葫芦岛角至洋河河口,长约 263 公里,这段海岸具有明显的海侵港湾式的海岸特点,尤其北戴河海滨岬角区,小型岬湾参差不齐,锯齿交错,是渤海周围最明显的冲刷海岸地区;第三段山东太平湾嘴至蓬莱角,长约 138 公里,这段也是侵蚀作用比较明显的海岸,沿岸区域以遍布的破碎丘陵地形及其山前发育的低缓起伏的剥蚀平原为主要特征。[1]

(二)矿产资源

渤海沿岸陆域蕴藏着丰富的矿产资源,主要有砂矿资源、地热资源、煤炭资源、黄金资源等,其能源、黑色金属、有色金属和非金属矿产基础储量均在全国占有重要地位。能源矿产中如石油基础储量6.8亿吨,占全国的24.7%,煤炭基础储量221.2亿吨,占全国的6.63%。黑色金属矿产有铁、锰、铬、钒、钛五种,其中铁矿资源最为丰富,基础储量122.23亿吨,占全国总量的一半以上。有色金属已探明储量的有铜、铅、锌、铝土、菱镁、硫铁、磷矿等十余种,以铜、铅、锌、铝土、菱镁、磷矿为主,特别是菱镁矿,其基础储量为18.95亿吨,占全国储量的99.88%,居全国首位。渤海沿岸也是我国重要的贵金属矿产资源分布区,已探明的贵金属矿种以金矿、银矿为主,少量铂矿。其中渤海南岸山东沿海地区的金矿往往成矿条件好,类型多,资源储量大,主要储藏在莱州、招远、龙口三市,至今已探明的储量居全国第二位,产量居全国首位。渤海沿岸的非金属矿产品种繁多,分布广泛,资源丰富,经济效益明显。[2]

在渤海沿岸,还富含着大量的锆石矿、钛铁矿和石榴石等。锆石,也叫锆英石,是提炼金属锆和铪的主要矿物原料,常与金红石、独居石、刚玉等伴生,其物理化学性质很稳定,具有很高的硬度、熔点,导热性高,热膨胀性低,耐腐蚀,是国防尖端工业中重要的矿物材料。渤海沿岸的锆石矿主要位于辽东半岛,尤其以金厂湾最为著名,这里的锆石矿不仅储量大,而且质量上乘。渤海西部的山海关—秦皇岛—北戴河一带也存在锆石矿。渤海南部的山东半岛也有锆石矿分布,但含量较少。钛铁矿是钛和铁的氧化物矿物,又称钛磁铁矿,是提炼钛的主要矿石。渤海北部的钛铁矿含量很高,尤其以辽东湾地区最为丰富。在渤海南部和莱州湾地区,钛铁矿也有分布,但较为稀少。石榴石,中国古时称为紫鸦乌或子牙乌,因其晶体与石榴籽的形状、颜色十分相似,故名"石榴石"。石榴石主要产于辽东湾浅滩和辽东湾东部,渤海的其他地方也均有石榴石的踪迹,不过数量相对较少。

辽宁、河北、天津沿海地区有丰富的地热资源。山东省沿海矿产种类多,储量丰富,广泛分布玻璃石英砂和建筑用砂等,菱镁矿和花岗岩矿在国内居重要位

---

[1] 陈可馨:《渤海》,第11、12页。

[2] 黄瑞芬:《环渤海经济圈海洋产业集聚与区域环境资源耦合研究》,中国海洋大学博士学位论文,2009年。

置。在渤海沿岸有辽河、冀东、大港和胜利油田等环绕,这些油田向海延伸部分,有效勘探面积约为 6 万平方公里。自 20 世纪 80 年代以来,陆上油田向极浅海延伸部分进行了石油勘探,发现了埕岛油田,90 年代探明储量 3.6 亿吨,并已配套建成 280 万吨生产能力,已经获得了较好的经济效益。[1]

（三）滩涂与湿地资源

渤海沿岸滩涂十分宽广,环渤海地区约有潮间带滩涂资源 7 224.6 平方公里,占本地区海岸带陆地面积的 60%,占全国海涂面积的三分之一,其中辽宁 2 418.0 平方公里（占环渤海地区的 33.5%）、河北 833.3 平方公里（占 11.5%）、天津 586.6 平方公里（占 8.1%）、山东 3 386.7 平方公里（占 46.9%）。此外,渤海滩涂每年淤涨面积达 20 平方公里。潮间带滩涂宜于围海造田,发展农垦事业,又宜于发展晒盐业、滩涂养殖和筑港养殖以及建滨海浴场等。丰富的滩涂资源为解决沿海地区人多地少的矛盾提供了广阔的生存和发展空间。

渤海沿岸湿地资源丰富,主要集中在河口地区。渤海沿岸江河纵横,较大河流有 50 条,其中莱州湾沿岸 19 条,渤海湾沿岸 16 条,辽东湾沿岸 15 条,形成渤海沿岸三大水系和三大海湾生态系统。入海河流每年携带大量泥沙堆积于三个海湾,在湾顶处形成宽广的辽河口三角洲湿地、黄河口三角洲湿地、海河口三角洲湿地,年造陆达 20 平方公里。湿地生物种类繁多,植物有芦苇、水葱、碱蓬、三棱藨草和藻类等,鸟类有 150 多种。辽河口三角洲湿地、海河口三角洲湿地和黄河三角洲湿地是中国芦苇的主产区。辽河三角洲的芦苇面积近 100 万亩,是全国沿海最大和最集中的芦苇产区。芦苇属于沼生和水生植被,很有经济价值。光绪九年《利津县志·舆地》这样记载:"《旧志》牡蛎嘴即河入海处,闻诸土人,此地出牡蛎。自黄河入境,河淤增长,牡蛎痕迹俱湮。而海门之上,萧圣庙以下数十里,葭苇繁茂,名曰苇荡,小民资以为利。"过去这些芦苇是陆岸居民樵采的对象,现在这些三角洲地区芦苇依然丛生,每年为中国造纸业提供了大量优质原料。近些年来,由于沿海海带无序开发、近海海域利用密度过大,滨海湿地不断退化,湿地环境容量持续减少,净化能力不断降低。[2]

（四）盐田资源

渤海沿岸滩涂宽阔,地势平坦,盐田底质好,加上气候干燥,蒸发量大,雨量

---

〔1〕　张耀光等:《渤海海洋资源的开发与持续利用》,《自然资源学报》2002 年第 6 期。
〔2〕　王军:《渤海资源、环境与海洋经济可持续发展研究》,北京交通大学硕士学位论文,2006 年。

集中,对发展盐业极为有利。渤海周围盐田遍布,我国四大海盐产区中,渤海就有长芦、辽东湾、莱州湾三个,是我国最大的盐业生产基地。此外,在辽东湾、渤海湾和莱州湾(简称"三湾")一带有丰富的地下卤水资源。

1. 辽东湾盐区。也叫东北盐区,分布在老铁山至山海关1 000多公里的海岸线上。辽东湾盐区气候干燥,很适宜于晒制海盐。辽东湾盐区的盐田面积和原盐生产能力占辽宁盐区的70%以上。营口盐场是辽宁省最大的盐场。复州盐场是历史悠久的盐场之一。据《东三省盐法新志》记载,"明辽东盐场十有二","复州卫西有盐场","金城子村尚有旧城遗迹,其门额有'盐场堡'三字"。可见,在明朝初期,复州沿海一带已经开始用海水煮盐了。到光绪三年,政府为了更好地管理复州一带的盐业,设立了复州盐厘局,复州有了盐务专官,这也就是复州盐场的前身。[1]

2. 长芦盐区。地处渤海湾西岸,是我国最大的产盐地区,占全国海盐总产量的1/4,其中以塘沽盐场规模最大。长芦盐区历史悠久,至今已有数千年的历史,最早可追溯到西周。到辽金之时,长芦盐场的制盐业已经颇具规模。[2] 长芦盐区北起山海关南,南至黄骅市,完全在河北、天津境内,长约370多公里,共有盐田230多万亩,天津、河北省沿海所产之盐,叫"长芦盐"。长芦是地名,本在沧县境内,明永乐初年设都转运使于长芦,管理盐课,因此称它管辖境内的盐叫作长芦盐。清朝也在长芦驻有盐运使,后来移驻天津。但是,长芦盐的名称一直沿用下来。长芦盐区濒临渤海湾,地势低平,海岸比较平直,便于引导海水入内,加上雨天少、晴天多的大陆性气候的特征,为大量产盐创造了优越条件。其中塘沽、汉沽、大清河和黄骅市等几个盐场,产量都很高,粒大色白,质量很好。[3]

3. 山东盐区。是我国历史悠久的盐产区,也是我国重要的海盐产区之一。早在春秋时期,这里的制盐事业就相当发达。尤其是靠近莱州湾一带,因地面平坦,且湾内海水含盐度较高,加上雨天少晴天多,具有晒盐的良好条件,这里生产的盐早就驰名全国。莱州湾沿岸的地下卤水储量大,而且埋藏浅、浓度高,分布面积大约为1 500平方公里,总净储量达74亿立方米,可折合盐6.46亿多吨。[4]

---

〔1〕 齐继光、丁剑玲:《渤海宝藏》,第78、79页。
〔2〕 齐继光、丁剑玲:《渤海宝藏》,第75页。
〔3〕 陈可馨:《渤海》,第36、37页。
〔4〕 齐继光、丁剑玲:《渤海宝藏》,第77页。

第四节　战　略　地　位

　　渤海作为我国半封闭的内海,自古以来就是我国北方各地出海的通道。早在两千多年前,秦始皇、汉武帝就曾多次巡视渤海,并数次派人下海远航。元、明、清时期先后在燕京(即今北京)建都,渤海成为首都的海上门户,战略位置日渐重要。近代史上,八国联军通过渤海登陆天津进而入侵北京,由此可见作为京津的出海口、北方的门户,渤海是一道天然的屏障,战略地位突出。中华人民共和国成立后,渤海成为首都北京和天津的海上门户,是我国海防要地,是促进国内外经济文化交流必经之地和保障国防安全的重要基地。东北、华北、西北和华东部分地区的工农业产品,不仅要通过渤海这个海上航道,与国内其他地区进行交流,而且渤海也是这些地区对外经济联系的重要路线,是与世界160多个国家和地区贸易往来的通道。自然,渤海也是外敌入侵的重要通道。渤海在我国经济与军事中的战略地位极为重要。以渤海为中心的环渤海地区处于东北亚经济圈的中心地带,是面向东北亚、贯通欧洲及太平洋地区的重要结合部,对带动我国北方经济的发展有着极其重要的战略意义。

　　渤海在我国四大海区中虽然面积最小,但却是资源最为集中的地区。渤海是我国内海,全部海洋水域及资源均属我国所有。渤海自然条件优越,海洋资源蕴藏丰富,以三大池(鱼池、盐池、油池)著称于世。渤海拥有大陆架渔场面积770万公顷,占全国的2.75%;海洋可养殖面积达121.39万公顷,占全国的47%,[1]渔业资源丰富。渤海水质肥沃,营养盐含量高,饵料生物十分丰富,是多种鱼、虾、蟹、贝类繁殖、栖息、生长的良好场所,有"聚宝盆"之称。对虾、毛虾、小黄鱼、带鱼是渤海最重要的经济种类。由于黄河、海河、辽河和滦河等大河流入渤海,携带大量泥沙及有机质堆积于渤海的三个海湾,海湾深度较浅,地势平坦,水质肥沃,适宜养殖的范围大,易于控制,是发展海洋渔业的良好基地。

　　渤海海盐资源丰富,是我国最大的盐业生产基地。渤海地质和气候条件非常适宜盐业生产,海盐产量占全国海盐总产量的70%以上,其中莱州湾沿岸地下卤水储量丰富,是罕见的"液体盐场"。环渤海区域一直是我国重要的海盐化学工业基地,在我国盐业系统中占有重要的地位。渤海周围的大多数盐场都能够综合利用海水,提取海盐之后再利用制盐液或制盐苦卤生产氯化钾、氯化镁、溴

---

〔1〕　黄瑞芬:《环渤海经济圈海洋产业集聚与区域环境资源耦合研究》,中国海洋大学博士学位论文,2009年。

素、无水芒硝等海洋化工系列产品。据统计,每年这里的氯化钾、氯化镁、溴素的产量均占全国同类产量的 80% 以上,无水芒硝的产量则占全国总产量的 90%。[1]

渤海石油和天然气资源十分丰富,整个渤海地区就是一个巨大的含油构造,环绕渤海的胜利油田、大港油田、辽河油田和海上油田连成一片,渤海已成为我国第二个大庆。位居我国前六位的海上油田均在渤海,渤海油田的油气产量仅次于大庆油田、胜利油田,是我国第三大油田,并且与南海等深海相比,渤海石油开采难度相对要小。渤海丰富的油气资源为沿岸石化产业的发展提供了有利条件。渤海地区的其他矿产资源也十分丰富,除油气资源外,其他如砂矿、煤炭、贵金属、黑色金属、有色金属等矿产资源储量也很大,在全国占有重要地位。

除了自然资源丰富外,渤海港口的地位也十分重要。渤海港口具有分布密度高、大型港口及能源出口港多、自然地理条件好、经济发达、腹地广阔、资源丰富等优势,是我国北方对外贸易的重要海上通道。渤海沿岸已建成了包括大连、秦皇岛、天津等重要港口在内的 60 多个大小港口,有已建和宜建港口 100 多处,形成了以大连港、秦皇岛港、天津港等亿吨大港为主体,中小港如营口港、沧州港(黄骅港)、东营港等快速发展的港口群,构成了中国最为密集的港口群。环渤海地区是我国交通网络最为密集的区域之一,也是我国海运、铁路、公路、航空、通信网络的枢纽地带,交通、通讯联片成网,形成了以港口为中心、陆海空为一体的立体交通网络。

渤海地区还有极为丰富的旅游资源。渤海沿岸风景优美,名胜古迹众多,其自然旅游资源、人文旅游资源异彩纷呈,集海、岛、山、泉、城、文物古迹等各类旅游资源于一体,充分具备了以阳光、海水、沙滩、绿色、动物为主题的温带海滨旅游度假资源条件。渤海沿岸的辽东半岛、山东半岛以及西部海岸的河北、天津,海滨风光秀丽,有许多沙滩、名胜古迹、疗养地广布,而且气候宜人,冬无严寒,夏无酷暑。大连、北戴河、秦皇岛等都是全国著名的疗养和旅游胜地。

渤海丰富的渔业、海盐、石油、港口、旅游等资源及其宜人的自然环境条件,为渤海地区的经济发展注入了无限生机,海洋资源的开发和海洋工业成为该地区经济发展重要的领域之一。除直接利用海洋资源的海洋产业部门外,渤海沿岸利用海洋资源的产业,如海洋盐化工、海洋水产加工、海洋石油化工、船舶制造修理、滨海旅游服务等,也都比较集中地分布在渤海沿岸各处,是我国海洋产业最为集中的地区,其海洋总产值和增加值在全国占有重要地位,优势明显。过去

----

[1] 齐继光、丁剑玲:《渤海宝藏》,第 80 页。

的数十年中,丰富优质的渔业、海盐、石油、港口和旅游资源,使得环渤海地区经济具有快速发展的显著特征,尤其是海洋交通运输业、海洋渔业和滨海旅游业发展迅速。

渤海地区是我国北方地区通向海洋的门户,也是我国华北、东北经济核心区所在,腹地范围几乎包括半个中国。环渤海地区的天津、辽宁、河北和山东三省一市,连接海陆,地理位置重要、区位条件优越、自然资源丰富,是目前我国人口素质和密度最高、经济和文化教育最发达、科技力量和工业基础最雄厚的地区之一,在我国国民经济发展中占有举足轻重的地位,该区域协同持续发展已成为国家的重大战略。环渤海经济带是我国北方最发达的经济开发带,具有重要的战略地位,这里的经济总量和对外贸易占到全国的1/4,在环渤海地区5 800公里的海岸线上,近20个大中城市遥相呼应,数千家大中型企业密集,以京津两个直辖市为中心带动的两侧扇形区域,成为中国乃至世界上城市群、工业群、港口群最为密集的区域之一。[1]

改革开放以来,环渤海区域经济发展迅速,经济增长速度一直高于全国平均水平,不仅是中国经济发展的新热点地区,而且也是世界经济发展最活跃的地区之一。进入21世纪以后,环渤海地区与"珠三角"和"长三角"并驾齐驱,成为我国经济发展迅速的三个地区,是拉动我国北方地区经济发展的发动机。

渤海所具有的独特区位优势及其重要的地理位置,加之腹地广阔,资源丰富,在中国社会发展的历程中、中外交往的历史上都发挥了重要作用。今天,渤海依然是我国北方对外贸易的重要海上通道,发展潜力巨大。渤海地区是我国最具综合优势和发展潜力的经济增长极之一,正在成为我国北方对外开放的门户、高水平的现代制造业和研发转化基地、北方国际航运中心和国际物流中心,在对外开放和现代化建设全局中具有重要战略地位。

---

〔1〕 黄瑞芬:《环渤海经济圈海洋产业集聚与区域环境资源耦合研究》,中国海洋大学博士学位论文,2009年。

第二章　先秦与秦汉时期的渤海

　　早在原始社会时期,渤海沿岸就有人类活动与定居。渤海沿岸至今尚存的各类遗址,即是当年先民在此定居,进行海洋活动的有力证据。这些活动与定居在渤海沿岸的先民,对渤海进行了最初的开发,开创了渤海沿岸的早期文明。此后,先民们在渤海沿岸一代又一代地繁衍下去,继续开发着渤海;许多内陆居民也不断迁徙海滨,给渤海沿岸注添着新的活力。这些居住在渤海沿岸的先民在对渤海进行开发的同时也进行了早期的航海活动,对近海区域交通进行了初步开拓。

　　居住在渤海边的先民在长期的海洋生活过程中,对海洋从物质和精神两个层面进行了认识:对海洋自然资源的认识属于物质层面,对海洋的信仰或崇拜属于精神层面。对于海洋物质层面的认识主要体现于海洋生物资源、海盐以及海洋环境的认识,海洋自然资源的开发和利用主要基于物质层面的认识。对于海洋精神层面的认识具有神秘、模糊的特征,尤其是在人类社会的早期,无论是海上仙山的传说,还是对蓬莱仙境的追求,抑或海神的崇拜,都具有这样的特征。早期的神话与传说,是在沿海先民的早期海洋开发过程中逐渐产生并丰富的。

第一节　远古时期渤海的
开发与航海活动

　　远古时期,在当时海水尚未淹没的黄、渤海平原上,就有先民生活于此,后来由于海水的入侵呈现出海进人退的情况。这已被考古所证实,由于渤海的海陆变迁,因此迄今已知环渤海早期新石器文化遗址大多发现于沿海地带,呈现面海分布的地理特点。当时随着年平均气温的逐渐增高,海平面逐渐上升,海水侵入到原本是陆地而现在已经变成渤海的部分地区,山东半岛和辽东半岛被隔离开来。因此,史前时期环渤海区域先民的海洋活动遗迹,与后来的文化发展相比有两大显著特征,即地理上大多分布于沿海地带,形成面向现代渤海和北黄海的独特分布格局;文化上,在跨越渤海、北黄海的东西和南北方向上有着比较广泛的联系。〔1〕 到约前五六千年之际,海平面已逐渐回升到接近现今海面的高度,基本上形成了现代的海陆分界线。从那时起,沿海而居的先民常常将居住点设置在山林、草泽和浅海等各种生态系统交汇的海滨或小河入海口的近旁,依据海陆交汇的自然优势条件而生存。〔2〕

渤海沿岸地区分布着自旧石器时代以来的大量贝丘遗址和诸多活动史迹,从这些遗迹看,当时人们对渤海已经进行了最初的开发和利用。当然,人们开始能够利用的海洋资源都属于近海资源。随着各种原始的捕捞工具的出现,先民们对海洋资源进行更进一步的开发,原始海洋经济开始萌芽。根据考古出土的遗物,可知渤海沿岸的先民对海洋生存环境、海洋生物资源、海洋渔业捕捞、海洋航行已有初步的认知和掌握,对海潮、台风等海洋气候特征已有所了解,对近海区域已进行初步开拓。这表明,自古以来生活在渤海沿岸和岛屿地区的居民在对渤海海洋资源进行开发的同时也在努力地辨别它,认识它。

一、先民的海洋开发活动

原始社会时期,渤海沿岸的先民已经开始掌握渡海技术,开发和利用海洋生物资源,对渤海海洋资源进行了初步开发。至今尚存的贝丘遗址,即是当年先民与开发海洋、以海为生的明证。虽然海洋的开发比陆地的开发要复杂得多,需要船,需要渔具,需要包括天文、地理、气象、导航等在内的航海技术,但是由于大海能够给人类提供各种生活资源,特别是食物资源,所以当人类还处于自然觅食的历史阶段时,渔业就已经产生,它的历史远远早于农业。翦伯赞说:"我们又可以想到在当时渤海沿岸及东海沿海的诸氏族的人们,他们拿着枪铦、弓矢,组织了集体的渔捞。他们乘着小舟,使用共同编制共同使用之大网,以进行渔捞。"〔3〕

渤海沿岸地区分布着的自旧石器时代以来内涵十分丰富的海洋贝丘遗址,〔4〕反映着原始海洋开发的滥觞。通过贝丘遗址和出土渔具及渔业生产物的遗骸等,可以了解先民早期的海洋开发活动。河北宁河县发现有几个贝丘遗

---

〔1〕 王青:《环渤海地区的早期新石器文化与海岸变迁·环渤海环境考古之二》,《华夏考古》2000年第4期。

〔2〕 赵希涛、耿秀山、张景文:《中国东部20 000年来的海平面变化》,《海洋学报》1979年第2期。

〔3〕 翦伯赞:《先秦史》,北京大学出版社,1990年,第87页。

〔4〕 贝丘遗址,又被称为贝丘,是古人类居住遗址之一,含有大量古代人类食剩、抛弃的贝壳。据考证,贝丘中存在着牡蛎、蛤蜊、鲍鱼、海螺、玉螺等20余种贝类化石。贝丘在历史上早已发现并记载过,如《左传·庄公八年》记载:"齐侯游于姑棼,遂田于贝丘。"

址,这些贝丘现距海已有 30 余公里,说明古今海岸线位置发生了较大变化。[1]
山东发现的贝丘遗址也较多,主要分布在离海不远的丘岗高地,如龙口贝丘遗
址、蓬莱南王绪贝丘遗址等,都是极为典型的贝丘遗址。在远离大陆的庙岛群岛
也有发现。贝丘遗址的形成,很多是古代先民把吃剩的贝壳抛弃在居住地附近,
日积月累堆积而成的。在这些遗址中,海洋生物种类十分丰富,有海生贝类牡
蛎、鱼鳞、海鱼骨、绣凹螺、荔枝螺、红螺、耳螺、蛛螺、凤螺、毛蚶、泥蚶、文蛤、魁
蛤、青蛤、紫房蛤、伊豆布目蛤、砂海螂、海蚬等大量的海洋生物遗骸,又有出土的
网坠、骨鱼卡、蚌器、海参形罐器、陶器、打制石器、磨制石器等生产工具及航海的
木桨等器物,还有一些被打磨得十分精致并且有穿孔的贝类饰品。贝丘遗迹是
远古时期海洋渔猎的产物和历史见证,也是先民认识海洋、利用海洋、开发海洋
的历史见证。

　　除了贝丘遗址,旧石器时代渤海沿岸的诸多遗址也反映出当时先民们对渤
海开发的状况。从现存旧石器的文化遗存来看,当时渤海沿岸的居民已经进化
到了智人阶段,他们能够打制石器,用作生产和生活工具。虽然这些遗址、遗迹
较少,但它向我们展示了早期居住在渤海沿岸的先民们对海洋的认识和开发利
用。辽宁海城小孤山洞穴遗址发现了一批制作精美的骨角器,包括有标枪头、鱼
叉等,据测定遗址距今约两三万年,为旧石器时代晚期,表明辽宁沿岸先民在那
一时期就已经开始了利用海洋的活动。北京周口店山顶洞文化层出土的渔猎物
遗迹中有渔网坠、石镖枪、海蚶壳及草鱼的上眶骨等,据测算距今 18 000 年。[2]
按照现今地理的位置分析,这种海蚶壳可能获得的最近之地,应该是距洞穴东南
方向的渤海沿岸。当然,也可能是由于当时华北平原渤海沿岸一带遭到海侵,山
顶洞人的居住地离海很远。无论是哪种情况,都能说明居住在渤海沿岸的先民
已经对渤海进行了最初的开发。此外,河北省唐山市玉田县孟家泉旧时器时代
文化遗址出土了部分鱼牙等动物化石。考古工作者还在龙口、蓬莱等地发现许
多远古人类遗迹,出土物中有牡蛎、毛蚶、文蛤等各种贝壳,还有鱼骨,说明早在
原始社会,当地即已开发利用了浅海和滩涂水产资源。[3]

　　进入新石器时代之后,居住在渤海沿岸的先民逐渐增多,渤海沿岸发现的文化
遗址逐渐丰富。山东庙岛群岛发现过距今 6 000 年前后的人类生活痕迹。这说
明,在 6 000 年前或更早的阶段,先民曾在这里居住并有过海上航行活动。从渤海

〔1〕　安志敏:《河北宁河县先秦遗址调查记》,《文物参考资料》1954 年第 4 期。
〔2〕　乐佩琦、梁秩燊:《中国古代渔业史源和发展概述》,《动物学杂志》1995 年第 4 期。
〔3〕　张震东、杨金森:《中国海洋渔业简史》,海洋出版社,1983 年,第 23 页。

沿岸新石器时代遗址中多次出土渔钩、渔叉、渔镖、石网坠等渔业生产工具和海鱼骨骼、鱼鳞、贝壳、牡蛎壳、螺壳等,可以看出当时渤海海洋渔业的生产状况。在渔业中,已经由渔叉、渔镖扎鱼发展到用网捕鱼,而且能够驾船出海捕鱼。从出土的大量海产动物遗骸如白笠贝、盘大鲍、蝾螺、锈凹螺、纵带锥螺、红螺、扁玉螺、疣荔枝螺、贻贝、魁蚶、僧帽牡蛎、大连湾牡蛎、蛤仔、青蛤,以及生活在较深海域的海胆、鲍鱼等,可以看出先民的渔业生产已达到相当高的水平。

渤海沿岸的新石器遗址能够体现先民海洋开发较多的省份是辽宁省和山东省。辽宁省大连市旅顺口区江西镇大潘家村遗址,因地中散布许多贝壳,当地称之为“蚬壳地”。该遗址中出土有石网坠,可分两类:一类为体形较大、打制的亚腰长方形石网坠;另一类为磨石,形状不规则,正背面都有长期使用留下的沟槽。出土了骨渔镖1件,残,上端磨成三角形尖部,横剖面呈三角形,单脊,残长8.4厘米。骨鱼卡12件,分为圆棒状和片状两种类型。A型7件,圆棒状,梭形,两端磨成尖,中间刻有凹槽,长6.3厘米;B型5件,片状,以骨片磨制,棱形,两端磨出尖,长5.5厘米。骨鱼卡属于无钩钓具,是渔业捕捞史上的重要发明。还出土了数量较多的镞,有131件,不排除其既用作狩猎陆地动物,还曾被用来射猎鱼类。遗址中出土海产动物遗骸有红螺、蛤仔、牡蛎、疣荔枝螺、扁玉螺、毛蚶、魁蚶、贻贝、扇贝等,以牡蛎、蛤仔为最多。海产甲壳类动物有螃蟹以及海胆等。遗址中大量的石镞和鱼骨卡、骨梭,陶器上的刻划网格纹、海参形罐和成堆鱼骨、鱼鳞等说明早期居住在这里的先民已有发达的海洋捕捞业。[1]

大连市旅顺口区郭家村下层遗址出土渔猎工具285件,在出土生产工具中占大多数,可看出渔猎是当时先民重要的生存手段。遗址中出土距今5 000年的骨梭一件,横剖面扁圆形,圆锥尖,长方孔,残长6.5厘米,可能是当时的织网工具。出土的海产动物遗骸有锈凹螺、红螺、牡蛎、海胆、鱼下颚等。郭家村上层遗址出土渔猎工具202件,有三种类型的石网坠5件,一种为扁平椭圆形,中间两侧打成缺口,一种为环梁马蹄形,一种为舟形。这三种石网坠均形制较大,个体较重,其中的穿孔型石网坠,形如石锁,重达2 000克,可以用来在海中捕捞较大的鱼,可能用于远洋深水区域的捕捞。骨鱼卡7件,两头尖,中间粗并有一圈凹槽,横剖面呈圆形,大小不一。舟形器一件,灰褐色,器表粗糙。骨锥1件,用骨片制成丁字形柄,便于拴绳,扁圆尖,长13.5厘米,可能是作渔叉使用。还有一件距今4 000年的鹿角制的渔叉,尖端十分锋利,有倒刺,柄尾有横柄,呈“丁”

〔1〕　大连市文物考古研究所:《辽宁大连大潘家村新石器时代遗址》,《考古》1994年第10期。

字形,便于拴绳,长 8.5 厘米。[1] 在上层遗址中出土了鲸鱼的第一颈椎骨,属须鲸类,多分布在黄海北部和渤海湾附近。"其来源估计可能是被海水冲到海滩上,后经人工搬运到遗址的"。[2]

大连市旅顺口区北海乡王家屯遗址,北距渤海 100 余米,遗址面积约 20 000 平方米,文化层厚 2—3 米,夹杂有贝壳等。采集遗物石器中有网坠 2 件,分为二式,一式椭圆形,上端略小,周边有凹槽,以利系绳,长 8.2 厘米,高 5.7 厘米;另一式椭圆形,中间打出亚腰,似利用废弃石器加工而成,长 8 厘米,宽 36 厘米,厚 1.2厘米。[3] 大连市旅顺口区于家村遗址位于一处伸入渤海内,东、南和西北三面临海的半岛上,当地俗称"砣头"。出土遗物有镞、网坠等。除个别网坠为打制外,其他均为磨制。渔具有石网坠 4 件,均为天然石块磨成,可分为二式:一种是上窄下宽,并刻有凹槽以系绳;另一种为平面呈长方形,两端上翘刻有凹槽。骨鱼卡 2 件,均为棒形,中间粗,两端尖。[4] 于家村砣头积石墓地出土了铜制渔钩模范 1 件,残,双范合铸,残长 3.8 厘米。舟形器 1 件,器口弧形,两侧低,中间高,器体似船形,小凹底。高 7 厘米,口径 12.4 厘米、底径 4 厘米。装饰品骨贝有 2 枚,系用骨头磨制成海贝状,两侧有小孔,以便穿线。长 1.5 厘米。它应同海贝一样,是作为财富的象征。[5]

大连市甘井子区双坨子遗址,位于甘井子区营城子镇后牧城驿村北渤海岸边双坨子山的阳坡上,三面环海,只有南面通向陆地,文化堆积最厚处达 6 米以上。双砣子一期遗址出土渔具有陶网坠 5 件,分三式:Ⅰ式为扁平椭圆形,两侧带凹槽,横穿两孔;Ⅱ式为长方形,中间纵穿一孔;Ⅲ式为打磨陶片,两侧凿有小缺口,以便系绳。双砣子二期遗址出土陶网坠 3 件,分二式:Ⅰ式为扁平长方形,中间竖穿一孔;Ⅱ式为扁平长方形,一端稍残,周边有一圈凹槽,横穿一孔。石网坠 3 件,均利用天然的砾石穿孔制成,孔皆由两面对穿。骨鱼卡 5 件,利用骨条两端磨成尖刃,棒状,中间有凹槽。双砣子三期遗址中出土渔具有石网坠 3 件,均利用天然石块打成亚腰形。其中大砣子遗址出土石网坠 2 件,形状不规则,采用天然石块在一侧或两侧加工凹槽,一个一侧有凹槽,另一个两侧有凹槽。

〔1〕 辽宁省博物馆,旅顺博物馆:《大连市郭家村新石器时代遗址》,《考古学报》1984 年第 3 期。
〔2〕 傅仁义:《大连郭家村遗址的动物遗骨》,《考古学报》1984 年第 3 期。
〔3〕 刘俊勇、王玑:《辽宁大连市郊区考古调查简报》,《考古》1994 年第 4 期。宽应为3.6厘米,但原文为"长 8、宽 36、厚 1.2 厘米"。
〔4〕 旅顺博物馆、辽宁省博物馆:《旅顺于家村遗址发掘简报》,《考古学集刊(一)》,中国社会科学出版社,1981 年,第 88—103 页。
〔5〕 旅顺博物馆、辽宁省博物馆:《大连于家村砣头积石墓地》,《文物》1983 年第 9 期。

陶网坠 11 件,有圆球形、扁圆形、椭圆形、圆柱形、长方形等形状。其中,只有椭圆形器身刻有"十字形"凹槽。另有骨鱼卡 2 件,利用条形骨棒将两端磨成尖刃,中间刻有凹槽。[1] 大砣子上层遗址出土的两件陶网坠呈鹅卵状,纵向穿孔,一个表面磨光,另一个表面刻两条对称弧线。大砣子上层遗址还出土骨梭 1 件,一端残,另一端为三角尖,体扁平,中间有两个三角形孔。[2] 在双砣子上层 17 号房址中发现一堆完整的鱼骨,鱼骨长 10—15 厘米,共百余条。[3]

大连市甘井子区营城子镇四平山南麓下低洼地中的文家屯遗址,东距渤海约 500 米。遗址东西约 130 米,南北约 150 米。断崖和地面可见大量的海产软体动物、贝壳等。文化层厚 0.3—1 米。在文化层 35—50 厘米处采集的未被扰乱的贝壳、骨头,碳十四测定结果为距今 4 180±90 年、4 180±50 年、4 550±100 年。1989 年 11 月对该遗址进行了调查,采集到的石器中有石网坠 2 件,整体平面呈圆形,周边及中央加工出凹槽,直径 6.6 厘米,厚 3.7 厘米。[4]

大连市金州区七顶山乡老虎山村的金州庙山遗址,早期遗址出土渔具有陶网坠 5 件,均呈椭圆形,中贯一纵向圆孔,外表有纵横两道凹槽。晚期遗址出土石网坠 3 件,分为不规则形和亚腰长方形两种类型。陶网坠 12 件,分圆柱状、橄榄状、不规则形三种。舟形器 1 件,夹细砂黑皮陶,敞口、圆唇、浅腹、小平底,口呈椭圆形,两端低中间高,有凹凸痕,形制较其他时期出土的舟形器大。遗址中还出土有蚌饰、蚌贝、蚌珠。遗址内堆积多为海产软体动物贝壳,如牡蛎、疣荔枝螺、锈凹螺、蛤仔、青蛤、砂海螂、魁蚶、纵带锥螺等,其中又以蛤仔、青蛤和红螺为最多,海产甲壳类动物有螃蟹等。[5]

瓦房店市长兴岛三堂村遗址一期遗址中出土的生产工具中农业生产工具很少,渔具种类相对较多。其中出土石网坠 1 件,扁平椭圆形,卵石制成,在两侧打出缺口。骨鱼卡 5 件,均为两端有尖,有的中间有系绳的凹槽。二期遗址出土农业工具种类增多,但渔具依然占很大比例,其中有石网坠 2 件,圆饼状,较厚,有系绳用的十字形凹槽,周边也有系绳用的凹槽。骨鱼卡 1 件,为两头有尖的圆形小棒,中间较粗,无系绳凹槽,一端磨制较细,长 5.5 厘米。骨渔镖 2 件,形制相同,一件链

〔1〕 中国社会科学院考古研究所:《双砣子与岗上——辽东史前文化的发现和研究》,科学出版社,1996 年,第 15—50 页。

〔2〕 大连市文物考古研究所、辽宁师范大学历史文化旅游学院:《辽宁大连大砣子青铜时代遗址发掘报告》,《考古学报》2006 年第 2 期。

〔3〕 许明纲、刘俊勇:《大嘴子青铜时代遗址发掘纪略》,《辽海文物学刊》1991 年第 1 期。

〔4〕 刘俊勇、王玞:《辽宁大连市郊区考古调查简报》,《考古》1994 年第 4 期。

〔5〕 吉林大学考古学系、辽宁省文物考古研究所、旅顺博物馆、金州博物馆:《金州庙山青铜时代遗址》,《辽海文物学刊》1992 年第 1 期。

残,镖头为三角形,两侧有刃,长铤,铤上有绳勒痕迹,长 8 厘米。遗址中出土的海产动物遗骸有红螺、褶牡蛎、锈凹螺、疣荔枝螺、青蛤、文蛤、蛤仔和沙海郎等。[1]

河北省渤海沿岸出土的新石器遗址也有一部分体现了当时渔业开发的状况,如位于滦县油榨镇石梯子村北的石梯子遗址中采集有石网坠等,网坠多为圆饼状河卵石双侧打制而成。从出土的打制石网坠,到烧制精致的橄榄形陶网坠,可以看出当地当时已有很发达的渔业。位于唐山市路北区陡河西岸的大城山遗址,发掘骨器有骨镞、骨渔钩等。[2] 位于任丘市哑叭庄村西北岗地上的哑叭庄遗址,共出土包括蚌器在内的各种器具 1 300 余件。

山东省渤海沿岸能够体现先民海洋开发的新石器遗址也较多,如距今 5 000 年左右的山东大汶口文化遗存,约为母系氏族社会过渡到父系氏族社会时期。在这一文化遗存中,有海产鱼骨和成堆的鱼鳞。生物学家根据鱼骨鉴定,认为包括鳓鱼、黑鲷、梭鱼和蓝点马鲛鱼四种。这些鱼类既有河口性近海鱼类,又有外海性洄游鱼类。能够捕捞游泳迅速的蓝点马鲛,说明到了母系氏族社会后期和父系氏族社会时期,先民们的海洋捕捞技术已有相当高的水平,人们已经能够乘船到海洋中从事捕捞活动。[3] 位于东营市广饶县城南的傅家遗址,为大汶口文化中晚期遗存,是目前鲁北地区发现的最有代表性的大汶口文化遗址。该遗址文化堆积层厚约 1—3 米,内涵丰富。该遗址出土的生产工具有蚌镰、双孔蚌刀等。另外还发现较多的动物骨骸和蚌壳,这些骨骸以野生动物为主,水生动物有鱼类及蚌类,其中文蛤等为栖息在海水盐度较低的河口区域的贝类。

蓬莱市北沟镇南王绪遗址,位于南王绪村南 150 米处的一个高台地上,北距渤海约 3 公里,原始文化堆积层厚 0.3—3.2 米。遗迹的西部有贝壳堆积,地面有散见贝壳。采集的标本有贝壳束发器和贝壳等。贝壳以牡蛎为主占 59.8%,蛤仔次之占 39.5%。说明当时先民们临海择高而居,并获取贝类作为食物来源。贝壳束发器经鉴定是以文蛤为原料,长 85 毫米,宽 20 毫米,两端钻有 3 毫米直径的孔,利用壳边缘的弧形来束锢发型。可见,先民们不仅以贝类为日常食物,同时,还将贝壳加工成生活用品。烟台蓬莱城西门外的紫荆山遗址灰坑里也发现有鱼的椎骨、蚌壳等。[4]

---

〔1〕 辽宁省文物考古研究所、吉林大学考古学系、旅顺博物馆:《辽宁省瓦房店市长兴岛三堂村新石器时代遗址》,《考古》1992 年第 2 期。

〔2〕 河北省文物管理委员会:《河北唐山市大城山遗址发掘报告》,《考古学报》1959 年第 3 期。

〔3〕 高梁:《中国古代渔业概述》,《农业考古》1992 年第 1 期。

〔4〕 袁晓春、朱龙、隋凤美:《山东蓬莱贝丘遗址研究》,《中国海洋文化研究》第 4、5 合卷,海洋出版社,2005 年。

庙岛群岛是黄、渤海的分界,群岛周围的海域是鱼虾洄游的必经之地,环岛水位适中,岛边礁石较多,有许多浅滩和暗礁,又是各种海贝和海参等的栖息场所,盛产海参、贻贝、扇贝、鲍鱼、牡蛎和海胆等。岛上气候温和,雨量适中,无霜期长,自然条件优越,至少从前5000开始,庙岛群岛的主要岛屿已经不断有人居住,并开始从事以渔猎为主导的生产活动。据考古工作者发现,庙岛群岛上存有很多史前文化遗址,在这些文化遗址中往往既有农业工具如石刀、石铲、石磨盘和石磨棒等,又有渔猎工具如网坠、石矛和箭头等;既有大量的猪骨,也有鹿骨、鸟骨、鱼骨,而更多的是牡蛎、贻贝等软体动物的皮壳。[1]

在南长山岛的乐园、后沟、王沟等文化遗址中出土有大量海砾石、贝壳以及石网坠等。后沟出土的石网坠高12厘米,形如秤砣,系用海砾石琢磨而成。网坠上端钻一孔,孔上刻一竖槽,以利于拴绳索,底下有碰损的疤痕,说明已使用多次。此种式样的网坠在长岛各遗址中发现很多,形成一种鲜明的地方特色。[2]在北长山岛的北城村、店子村和珍珠门文化遗址中夹存有大量牡蛎壳、贻贝壳等。大黑山岛的北庄遗址中发现的渔猎生产工具有石网坠、石镞、蚌镞、骨矛、骨鱼钩等,其中有一种方形砺石,中间穿孔,下端磨光,上端有砥磨的沟槽。此外还出土有蚌镯、蚌饰以及大量鱼骨和贝壳等。[3]从出土的渔猎生产工具来看,无论是工具的种类和数量都较多,可见当时渔猎经济在人们的生活中占有重要的地位。砣矶岛的大口、后口遗址中有大量牡蛎、贻贝和强刺红螺的皮壳、灰烬等,还有少量鱼骨。大钦岛的东村南坡、北村三条沟遗址中散布着许多牡蛎、强刺红螺、贻贝皮壳、海卵石锤子、鱼骨等。[4]

新石器时代渤海沿岸的渔业生产活动遍布各地。从辽东半岛到渤海西岸再到山东半岛以及海上诸岛,到处都留有人们从事渔业生产的遗迹,这些原始海洋文化遗址表明渤海沿岸的先民对海洋已经进行了初步的开发。人们不断改良海洋生产工具,扩大捕捞的范围,并尽可能多渠道、大幅度地利用海洋资源。从生产工具看,当时的生产方式主要是用渔钩钓鱼、用渔镖刺鱼、用网捕鱼等。这一时期出现的骨制钩针,呈梭形,体态瘦长,两端有尖,中部有凹槽,应是人们根据多年的经验改进的一种钓鱼工具。有学者根据各地出土的新石器时代质料不同、数量可观的箭镞分析,认为渤海沿岸渔民当时已有了用箭射鱼的方式。渔业工具的改进促进了捕鱼作业方式的多样化,遗址中出土的大量这一时期的陶、石

〔1〕　严文明:《史前考古论集》,科学出版社,1998年,第224页。
〔2〕　严文明:《史前考古论集》,第207页。
〔3〕　严文明:《史前考古论集》,第230页。
〔4〕　严文明:《史前考古论集》,第214—223页。

网坠,反映出网捕方式已经得到广泛使用。这种捕捞方式,比钓鱼、镖鱼、射鱼等方式大幅度地提高了产量。"此时,近海捕捞已经不能满足人们的需要,郭家村、吴家村遗址中出土的舟形陶器就是人们向较深海域进军的见证,出土的大型石网坠也可证明这一时期的人们已经具备在较深海域捕捞作业的能力,并使渔业产量不断增加"(图一)。[1] 从出土的大量鱼鳞、鱼骨和贝类遗物来看,当时渤海沿岸的古先民捕捞对象很广泛,已能捕捉大量的海鱼。伴随着海洋捕捞业的发展和种植业的进步,人们同时食用谷物和鱼类,提高了生活水平。广饶傅家大汶口文化遗址中曾出土过两件陶鼎,一件内盛有粟,一件内放有鱼骨(估计为食用鱼的遗骸),这种搭配表明了当时谷鱼同享的饮食结构,也同时反映了先民渔农并重的经济形态。[2]

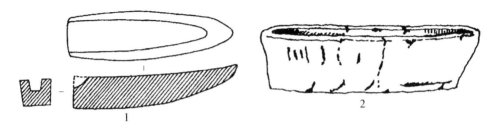

图一　大连地区出土新石器时代舟形陶器

1. 大连市长海县吴家村遗址出土[3]
2. 大连市旅顺口区郭家村遗址出土[4]

考古资料表明,新石器时期渤海沿岸的农业和饲养业都取得了明显的进展,但先民们并未因此减少海洋作业。由于近海地带独特的自然优势,各类海洋生物仍是先民们所要获取的重要食物来源。新石器时期诸多遗址中留下的大量贝壳,随处可见海鱼、海蛤和牡蛎的遗骸,说明当时的近海采集活动十分频繁。为了更好地利用海洋资源,这一时期居民更多地集中到海滨居住,发挥近海及河口的地理优势。蓬莱紫荆山遗址反映了先民们这种趋往海边的定居现象,这处遗址位于蓬莱市西门外一座三面环水的山丘的东南山坡上,西、北两面傍海,东有金沙泉流过,可以十分便捷地利用海洋资源。庙岛群岛的各个岛屿中,居民定居点也逐渐增多,根据所发现的用于海上活动的网坠、石矛,可知当时居住在这里

〔1〕 刘俊勇、刘倩倩:《辽东半岛早期渔业研究》,《辽宁师范大学学报(社会科学版)》2010年第5期。
〔2〕 何德阳亮、颜华:《山东广饶新石器时代遗址调查》,《考古》1985年第9期。
〔3〕 引自王冠倬《中国古船图谱》,生活·读书·新知三联书店,2001年,第14页。
〔4〕 引自席龙飞《中国造船通史》,海洋出版社,2013年,第14页。

的人们仍然重视渔猎。从考古出土的网坠数量要大大多于以往各时期来看,这一时期的渔业生产非常兴旺,海洋捕捞能够有较大收获,人们获取的海洋生物种类不断增多。

进入青铜时代后,先民开始制作和使用铜制渔具。在大连尹家村大坨崖遗址中出土一件铜渔钩,长 6 厘米,尾端有系线的凹槽,钩端弯度较大且有倒钩。铸造铜渔钩的石范也有发现。尹家村大坨崖遗址出土铸铜渔钩石范是砂岩质,长 10.7 厘米,宽 6.5 厘米,厚 2.2 厘米,此范共有两面,一面是铜渔钩铸范,另一面是铜斧铸范,所铸铜渔钩长 8.3 厘米,尾端较粗且有系线的凹槽,钩端弯度较大且有倒钩。除渔钩、渔卡外还有渔叉。渔叉的柄尾可栓绳索,捕鱼时手持绳索将渔叉投入水中,就能把鱼钩上来。[1] 青铜时代的渤海沿岸的渔业经济已很发达,除原始的采拾方式外,捕捞方式呈多元化发展,出现网鱼、射鱼、叉鱼、钓鱼等捕捞方式。陶制舟形器的出现、鱼类的大量储存以及海产种类的增多,表明此时渤海沿岸的居民已掌握了到较远海域捕捞的能力,对渤海的开发进入了一个新的阶段。

原始社会末期,居住在渤海南岸的先民可能已经会从海水中生产出海盐。段玉裁《说文解字》对"盐"的注释是:"天生曰卤,人生曰盐。"盐是由人为生产的,而非天生得来,自然产生的不叫"盐"而被称为"卤"。《世本·作篇》中"夙沙氏煮海为盐"是公认的古史中关于煮盐的最早记载。《说文解字·盐》:"古者夙沙初作鬻海盐。"以此可推有史可寻的"夙沙氏"是最早掌握煮盐技术的人(部落),是为制盐的鼻祖,被后世尊为"盐宗"。关于夙沙氏所在的时代,根据文献记载早于夏代,大约处于原始社会末期。《吕氏春秋·用民》曰:"夙沙氏之民,自攻其君而归神农。"南宋成书的《路史》引东汉人宋衷注《世本》的说法,也认为夙沙氏是"炎帝之诸侯"。汉代高诱注《吕览》认为夙沙氏在大庭氏末世。《庄子·胠箧》记载:"昔者容成氏、大庭氏……神农氏。"按照庄子的这种说法,大庭氏应早于炎帝神农氏,夙沙氏也应早于炎帝。后世学者多认为夙沙氏为炎黄时期人,而其煮盐地点是渤海南岸的莱州湾地区。关于夙沙氏存于齐地的说法,《左传·襄公二年》载:"齐侯伐莱,莱人使正舆子赂夙沙卫以索马牛,皆百匹,齐师乃还。"《左传》中鲁襄公十七、十八、十九年又数次提及了齐灵公多次问政夙沙卫,由此可以间接证明齐地夙沙氏的存在。自 2003 年夏至 2007 年,北京大学中国考古学研究中心与山东省文物考古研究所等单位联合考古发掘了寿光双王

---

〔1〕　于临祥、王宇:《从考古发现看大连远古渔业》,《中国考古学会第六次年会论文集》,文物出版社,1990 年,第 67—73 页。

城盐业遗址群,发现古盐业遗址 81 处,其中龙山文化遗址 3 处,发现有成片的灰土和烧土堆积,出土有龙山文化中期的遗物。[1] 这进一步证明了原始社会末期居住在渤海南岸的先民可能已经会制盐。

总之,远古时期的渤海沿岸的居民已经开发利用了海洋的种种资源,即使后来农业生产力提高了,人们有了较为稳定的食物来源,他们也没有缩小海洋开发的进度,其海洋作业的能力与当时的农业、饲养业一样都取得了进步。

二、先民的航海活动

渤海沿岸先民在对渤海海洋资源进行开发的同时,又试图跨越海洋,与外界进行接触,进行了早期的航海活动。渤海沿岸最初的航海活动,根据有关远古神话传说与考古文物分析,可能在旧石器时代晚期已经萌始。考古发现的多处原始文化遗址表明渤海沿岸海域在旧石器时代已有先民聚居生息。从北京周口店龙骨山山顶洞遗址中发现的一系列海洋生物骨骼与贝壳来看,约一万多年前的以渔猎为生的原始祖先不但已开始与海洋发生了接触,而且也许已能用植物蔓茎来捆扎树干或竹子以进行短距离的海上漂浮了。[2] 居住在渤海沿岸早期先民的生活是与海洋和航海活动分不开的。

石器时代,先民们已经开辟了山东半岛和辽东半岛之间的海上交通。庙岛群岛早在旧石器时代晚期,就已成为我国华北地区旧石器文化向日本和朝鲜半岛传播、交流的通道。从日本许多旧石器遗址发现的打制石器,无论是器物形态,还是工艺,均与我国华北地区的相似,证实是从华北地区传入的。[3] 位于华北地区与日本、朝鲜半岛之间的庙岛群岛发现的许多打制石器,虽然也属华北系统,但也与日本出土的打制石器有较多的相似性,这反映出庙岛群岛在我国华北旧石器文化传入日本和朝鲜半岛过程中所起到的作用。

人类走向海洋之初,由于当时的生产力极其低下,航海器具极其简陋,航行知识与技能极其贫乏,航海起点只能是从视界所及的沿岸或邻近的岛屿之间短距离航行开始,这不但是由于一旦丢失熟悉的陆地,就会失去前进的目标,而且还由于一旦在航行中发生什么困难与危急,就可以尽快地回到较为安全的海湾与泊地。随着原始社会生产力与航海能力的渐次提高,新石器时代的航海踪迹与范围亦有了相应发展,人们开始驾着舟筏,小心翼翼地沿着海岸向较远的未知

---

〔1〕 鲁北沿海地区先秦盐业考古课题组:《鲁北沿海地区先秦盐业遗址 2007 年调查简报》,《文物》2012 年第 7 期。

〔2〕 孙光圻:《中国古代航海史》,海洋出版社,1989 年,第 5 页。

〔3〕 袤文中:《从古文化及古生物上看中日的古交通》,《科学通报》1978 年第 12 期。

水域与彼岸前进。[1]

　　考古调查表明,早在旧石器时代晚期,庙岛群岛各岛屿之间就有着航海活动。至少从前5000年开始,庙岛群岛就不断地有人居住着,据考古发掘,群岛已发现距今五六千年的古文化遗址30余处。群岛上多丘陵,一般海拔一二百米,背山面海之处往往有很好的港湾。从地理条件来说,这些海岛相距不远,像链环一样一个连接着一个。从蓬莱港出发,一直到最北边的隍城岛,中间有很多岛屿,这一个个相隔不远的岛屿,为独木舟提供了休息、补充淡水和给养的场所。两岛之间的距离,最多不过十几公里。独木舟在大海中航行时,如果采取逐岛分段航行的方法,就会安全得多,顺利得多,如果再会利用海流和风向、风力,会比较容易到达下一个岛屿。具体地说,以蓬莱港为起点,北行7公里到南长山岛;南长山岛至北长山岛仅1公里,西侧即庙岛;由北长山岛北行19公里至砣矶岛,再北行13公里至大、小钦岛;又北行4公里至南隍城岛。南隍城岛至北隍城岛仅隔1千多米。夏秋季节,大多数时日风平浪静,先民们完全可以驾着独木舟来往于各岛之间。庙岛群岛发现的古文化遗址,与同期的蓬莱紫荆山遗址原始文化颇为一致,说明在五六千年前蓬莱沿海的先民与庙岛群岛的人们有直接的交往。蓬莱与庙岛群岛之间的水道水流较急,先民们可能已经熟悉掌握当地的潮汐、海流规律,并且拥有较为坚固的海上交通工具,从而进行两地的往来。

　　虽然早在约6 000年之前的早期,山东半岛北部的居民已将水上航行范围扩大到庙岛群岛,但是从山东半岛与辽东半岛的古代文化特征来看,尚未明显发现有彼此交流与渗透的迹象。如小朱山下层出土的陶器,在质地上,多夹滑石粉末,主要器型为压印纹或刻划弧纹的平口筒形罐;而在断代时限与之相当的山东半岛烟台地区白石村遗址下层中出土的陶器,却不见滑石粉末,其主要器型亦为乳钉纹附加堆纹(偶有刻划与压印纹)的鼎、钵、壶、釜等。由此比较可知,其时双方基本上尚处于相互隔绝的状态,这很可能是由于人们还暂无能力渡越位于庙岛群岛北端的北隍城岛与辽东半岛南端旅顺口老铁山之间宽达22.8海里的老铁山水道。[2]

　　到了距今5 000年左右,从北隍城岛北往辽东半岛老铁山有了海上交通往来。有的学者甚至认为,原始时代的海上交通要比陆上的还要方便,早在新石器时代,就有一部分山东半岛的移民坐着木筏或者独木舟到达了辽东半岛,继而又

〔1〕　孙光圻:《中国古代航海史》,第42页。
〔2〕　孙光圻:《中国古代航海史》,第42、43页。

渡海抵达锦西、兴城一带。这条远古时代的海上交通线,在沿途各地都留下了不少遗物、遗迹。[1] 辽东半岛的小珠山、吴家村、郭家村等遗址出土的盆形鼎、实足鬶、觚形杯、小口罐、钵、彩陶以及特征明显的蘑菇形把手,无论是从陶质、陶色,还是从器形均与紫荆山一期文化几乎无异,觚形杯由平底演变为三足也与紫荆山一期文化的完全一致。[2] 蓬莱、庙岛群岛、辽东半岛发现的五六千年前的古文化遗址有许多相似之处,如陶器器形、花纹相同,据此可以断定当时蓬莱通过庙岛群岛与辽东半岛进行文化交流,这也进一步证实了胶东半岛和辽东半岛的古代居民,从五六千年前就存在着经济和文化上的密切联系。[3] 此外,庙岛海域发现有远古时期重十余斤的石锚,这些石锚可以驻泊两三吨的船只,这种吨位的船只足以航行于山东与辽东的航线。由此判断,先民们已经能够驾驭小型船只活动于渤海海峡之间,从山东到达辽东半岛也应是人力可为的事情。古代航行限于当时的能力,大抵以目击物为航行参照物,傍岸航行,或通过岛与岛之间的推进,来贯通整条航线,从当时舟船技术和航行水平来看,也是可以做到的。或者说,蓬莱至老铁山的航程,有递进的过程,分三个阶段实现,即蓬莱和庙岛群岛之间;庙岛群岛和辽东半岛之间;辽东半岛和长海县诸岛之间。也就是说,山东半岛和辽东半岛间史前时代的航海活动,是以庙岛群岛为桥梁来实现的。[4]

　　航海离不开舟船。从甲骨文中的舟字和与舟有关的字来看,长方形的木板船在商代已经出现。考古资料证明,当时的造船技术已达到了一定的水平。1983 年,山东庙岛群岛的大黑山岛大濠村发现了龙山文化层,层上还叠压着一艘已经腐烂的残木船和一支残断木桨。从残木船碎片分析,该船木板厚约 5 厘米,板面加工十分平整,交接处榫卯结构清晰可见;船桨与近代大体相同。这只残船的年代,经考古工作者初步鉴定,至迟为 4 000 多年前的遗物,即龙山文化时期的遗物。[5] 这是迄今发现的中国最早的木板船。其榫口非常整齐,制造水平已相当高超。另外,考古工作者在庙岛群岛周围海域不断发现的原始石锚等物,说明当时航行的船舶已有相当吨位。20 世纪 80 年代,在南长山岛浅海曾打捞到一具石锚(今存长岛航海博物馆),该锚呈哑铃形,两端为扁锥形,长约 1

〔1〕 马洪路:《远古之旅——中国原始文化的交融》,陕西人民出版社,1989 年。

〔2〕 辽宁省博物馆:《大连市郭家村新石器时代遗址》,《考古学报》1984 年第 3 期。

〔3〕 袁晓春、朱龙、隋凤美:《山东蓬莱贝丘遗址研究》,《中国海洋文化研究》第 4、5 合卷,第 196 页。

〔4〕 刘敦愿、逢振镐:《东夷古国史研究》第二辑,三秦出版社,1990 年,第 291 页。

〔5〕 曲石、袁野:《我国古代莱夷的造船与航海技术》,《太平洋文集》,海洋出版社,1988 年,第 171 页。

米,重数十斤。据考古学家推算,该锚沉水底可稳住排水量 6 吨左右的船只。关
于石锚的年代,虽无定论,但多数学者倾向于距今 4 000 年,为龙山文化时期器
物。[1] 这表明至迟从龙山文化时期起,渤海沿岸的船舶制造已具相当水平,渤
海沿岸先民的航海活动已经达到一个新的层级。

　　随着航海能力的提高,渤海沿岸各地的原始文化在先民航海能够达到的地方
交流传递。考古表明,山东的原始文化,特别是兴起于山东半岛的龙山文化,[2]
随着人们的海上活动,向北曾到达辽东半岛,有的已经到丹东地区,并进入朝鲜
半岛。1958 年,考古工作者在大连市的大台山和王庄寨发现了龙山文化的遗
存,两处出土文物与在山东半岛西北部沿海所见基本相同。大连皮子窝贝丘遗
址发现的红褐或青灰陶器,也与隔海相对的山东龙口贝丘中的遗存物类似。从
考古发现的龙山文化分布状况来看,证明是当时人们通过海上活动将这些文物
传播到辽东的。[3] 在辽东半岛以小珠山上层为代表的文化类型中有许多龙山
文化的典型器物,如鬶、带舌形足的筒形杯、环足盘、圈足盘、豆和罐等。在旅顺
北海镇王家村东岗遗址、郭家村一期文化遗址出土的一些陶器和饰物同山东大
汶口文化几乎一致,特别是彩陶的质料、纹饰,与山东蓬莱紫荆山、栖霞杨家圈、
黑山岛北庄接近;郭家村上层发现的又黑又亮又薄、轮制磨光的黑陶及精制而成
的三足杯之类的陶器,东岗遗址第三期、旅顺老铁山、将军山和四平山出土的泥
质黑陶杯等遗物,都表明山东半岛的大汶口和龙山文化已渗透到了辽东半岛沿
海地区。辽宁旅顺双砣子遗址出土的腹部带凸棱的尊形器和带蘑菇状把手的器
盖,与山东平度东岳石发现的相同,是典型的岳石文化遗物。[4] 烟台白石村一
期文化出土的石斧、石球和用于骨器磨制的石磨石等石器,无论是所选用的石料
还是器形,几乎与辽东半岛长海县小珠山遗址下层文化出土的完全相同,证实了

---

　　〔1〕　陈智勇:《中国海洋文化史长编·先秦秦汉卷》,中国海洋大学出版社,2008 年,第 281、282 页。
　　〔2〕　龙山文化是中国北方沿海地区早期文明的代表。1928 年在山东章丘县龙山镇发现的新石器
文化遗存,按考古界惯例定名为龙山文化。1959 年,在山东泰安、宁阳两县交界处,考古工作者发现了大
汶口文化遗存,经测定,为 6 600 多年前的遗物,得知龙山文化是由大汶口文化演变而成的,两者是一个体
系中的早晚两个阶段,是史前期东部沿海地区自成体系的一种文化。它主要分布在山东省的汶、泗、沂、
淄、潍等水的流域和沿海各地。龙山文化的典型器物有半月形偏刃石刀、长方偏刃石锛、矩形石斧和黑色
细泥陶器。专家考证,其中的偏刃石锛和百越文化的有段石锛,同为加工独木舟的专用工具。龙山人是
长期生息在沿海地区乘舟弄潮的先民。随着他们早期的海上活动,将龙山文化的器物和民俗,从山东半
岛漂过黄海和渤海,传播到辽东半岛各地(张炜、方堃:《中国海疆通史》,中州古籍出版社,2003 年,第
6 页)。
　　〔3〕　张炜,方堃:《中国海疆通史》,第 6 页。
　　〔4〕　陈杰:《先秦时期山东半岛与东北亚地区海上交流的考古学观察》,《中国海洋文化研究》第 6
卷,海洋出版社,2008 年,第 30、31 页。

两地是通过航海进行的文化交流。[1] 朝鲜半岛南部的"全罗道、庆尚道各地,均发现了龙山石棚墓葬的遗存","并在朝鲜、日本、太平洋东岸和北美阿拉斯加等地,还发现了龙山文化的有孔石斧、有孔石刀和黑质陶器。标志着龙山人在远方海上活动的行踪"。[2] 这些地方与中国之间都远隔重洋,除由海上传递以外别无他途。从这些史前遗存的分布,或从海外发现的龙山文化遗址分布状况来看,当时居住在山东的先民是从山东半岛的蓬莱经庙岛群岛,渡过渤海至辽东半岛的老铁山,沿着黄海北岸到达朝鲜半岛南端,然后借左旋环流漂航到日本北部出云地区,再穿过津轻海峡,趁北太平洋暖流向东漂航的。这股海流在北纬40°,长年西风、东流,顺风顺水,流速每日 20—25 海里,可以一直漂航到北美洲西海岸。近代考古工作者在朝鲜、日本、阿拉斯加、太平洋东岸发现的龙山有孔石刀、石斧和陶器,分布在左旋环流和北太平洋暖流所流经地区的附近,证明了龙山人的这两条海上漂航路线。[3]

辽东半岛的原始文化通过航海活动对山东半岛也有影响。[4] 山东半岛的蓬莱,特别是庙岛群岛,吸收融合了若干辽东文化元素。从出土遗物来看,北庄遗址的筒形罐,无论是器形还是纹饰均与吴家村和小珠山等遗址出土的相同,显然是来自辽东半岛。[5] 蓬莱紫荆山遗址中出土了辽东半岛新石器文化的典型器物直口筒形罐,还出土了作为辽东小珠山中层文化主要特征的几何形纹、压纹等纹饰的如平行斜线纹、叶脉纹、网络纹、压印纹的陶器等。长岛县北庄一期出土的刻划纹的筒形罐,与大连长海县广鹿岛小珠山遗址下层出土的筒形罐,在陶质、颜色、器形、纹饰方面几乎完全一致,前者显然是受后者影响产生的。[6] 黄海大长山岛的马石贝丘中,发现了辽宁新乐文化的篦纹陶器,而且是叠压在龙山文化遗物之下,经测定为 6 600 年前的遗物,可见当时辽东沿海的先民带着自己的文化通过海上航行,与龙山文化时期山东先民交会于此海岛。在渤海及黄海北部沿岸和岛屿上,都遗留有先民逐岛航行前进的足迹。[7] 不过,"山东半岛

〔1〕 辽宁省博物馆等:《长海县广鹿岛大长山岛贝丘遗址》,《考古学报》1981 年第 1 期。

〔2〕 彭德清、杨熺:《中国航海史(古代部分)》,人民交通出版社,1988 年,第 7 页。

〔3〕 张炜、方堃:《中国海疆通史》,第 9 页。

〔4〕 山东半岛与辽东半岛的原始交流许多学者已有论述,如佟伟华:《胶东半岛与辽东半岛原始文化的交流》,《考古学文化论文集(二)》,文物出版社,1989 年;李步青、王锡平:《试论胶东半岛与辽东半岛史前文化的交流》,《中国考古学会第六次年会论文集》,文物出版社,1990 年;侯建业:《山东半岛与辽东半岛早期的文化交流》,《胶东考古研究文集》,齐鲁书社,2004 年等。

〔5〕 严文明、张江凯:《山东长岛北庄遗址发掘简报》,《考古》1987 年第 5 期。

〔6〕 陈杰:《先秦时期山东半岛与东北亚地区海上交流的考古学观察》,《中国海洋文化研究》第 6 卷,第 30 页。

〔7〕 张炜、方堃:《中国海疆通史》,第 6 页。

的原始文化对辽东半岛原始文化的传播和影响,是诸种关系中的主流"。[1] 辽东半岛上的新石器时期遗址中,包含山东半岛的原始文化因素较多,如大汶口文化和龙山文化时期,辽东半岛使用的陶器就带有山东沿海的式样和风格,这从辽东小珠山二期文化遗址和大连双砣子遗址中可以得到印证。辽东半岛与胶东半岛之间存在着的这种文化交流,应该是通过航海往来进行的。到岳石文化时期,这种海上交流的动作已经十分清晰。辽东半岛貔子窝发现的陶甗,应当是从胶东输入,或是在岳石文化影响下的产物。[2] 这也说明山东半岛与辽东半岛之间已经开辟了海上航线。

通过航海活动而形成的海上文化交流,不仅存在于山东半岛与辽东半岛之间,在环渤海周边地区同样存在。河北抚宁县下庄乡赵庄村遗址、山海关区南么河小毛山遗址下层等处出土的陶器,都发现了具有山东大汶口文化特征的绳纹彩陶、夹砂红陶和褐陶三足瓮形器及盆形鼎。秦皇岛地区发现众多的远古时代的出土文物,有明显的山东龙山文化特征,这种具有典型山东龙山文化类型的遗址在华北地区也仅见于渤海北岸,而且这类遗址绝大部分位于秦皇岛的滨海地区,尤为集中在与山东隔海相望的山海关、抚宁县、昌黎县等沿海海岸和海中岛屿上,这些遗址显然受到了山东龙山文化的强烈影响。[3] 从地理上分析,这种文化的流传是通过海路进行的。

孙光圻先生认为,如果辽东半岛滨海文化中的山东古代文化因素是通过陆路传播的,从原始人群的迁徙规律和途径来说,不但应在渤海西岸、北岸及辽东半岛北部的广大地区相应地留有山东古代文化遗址,而且在数量上应比辽南滨海地区更为密集。而事实上,典型的大汶口与龙山文化在东北地区仅见于辽南,由此往北则鲜有发现。在华北渤海沿岸或偶遇类似遗址,如河北唐山地区大城山,但其出土陶器的质地、色彩、纹饰、器形,与山东古代文化类型相差很大:前者多为夹砂和泥质灰陶,后者多为黑薄乌亮的蛋壳陶;前者多为绳纹和篮纹,后者多为素面磨光或划纹和弦纹;前者多为瓮和罐,后者则多为甗和鼎。因此,山东原始文化通过陆路经河北津唐地区、燕山山脉、辽西走廊一线,传至辽南地区的可能性不能说绝对没有,但也是微乎其微的。[4] 从距今 5 400 年的长岛北庄一期文化与隔海相望的辽东南部的小珠山中层文化的交流,也可以看出山东半

〔1〕 许玉林:《我国辽东半岛、山东半岛及朝鲜半岛原始文化对东亚的影响》,《太平洋文集》,第177 页。
〔2〕 严文明:《夏代的东方》,《史前考古论集》。
〔3〕 王庆普:《古代秦皇岛航海地位沿革概述》,《中国航海》1994 年第 2 期。
〔4〕 孙光圻:《中国古代航海史》,第 44 页。

岛和辽东半岛的原始文化交流是通过海上进行的。长岛北庄一期文化,其陶器上刻划的斜线三角纹、人字纹、菱形纹等纹饰,与小朱山遗址中层文化类同,北庄筒形罐也与小朱山筒形罐酷似。与长岛北庄一期文化同一时期的遍布今烟台等地的紫荆山文化,其一期文化遗址出土的筒形罐,和某些刻划、压印、锥刺纹饰等,都明显受小珠山中层文化器型的影响;而小珠山中层文化遗址出土的环底鼎、觚形杯、鬶和各种彩陶纹饰,又明显受紫荆山一期文化器型的影响。而小珠山中层文化与燕山地区同期文化遗址的器型联系却不紧密。

庙岛群岛海域经常发现史前时代的遗物,这些遗物也反映出先民们出海航行或海外交流的某些情况。20 世纪 60 年代,渔民曾在山东长山列岛的南五岛与北五岛之间砣矶岛附近的海域中,打捞出完整的岳石文化陶罐,其表面布满细小的海生生物遗骸。由于器物完整,可推测是当时在航海过程中落入海底的。1979 年,在山东庙岛西海塘近岸处的海底,发现了数片龙山文化和岳石文化的陶片。北隍城岛西北方向约 10 公里的海域曾经打捞出一件夹砂黑褐陶鬶,可能是一件介于龙山文化和岳石文化之间的器物。[1] 这些远离陆地沉入大海的陶器或陶片,应该是沉船或者航船上丢弃的。另外,从大钦岛以东约 200 米的海底也曾捞起一个三足深腹盆,夹细砂质,表里黑灰色,轮制,无论从陶质、陶色、制法到器形都和旅顺于家村遗址下层的深腹盆相像。山东沿海的岳石文化遗址中至今还没有发现这样的器形,但它的三足呈舌形外撇,则是岳石文化的典型风格。它可能是辽东居民受岳石陶器影响的产物,在航经大钦岛附近时掉入海底的。[2]

1982 年 10 月初在庙岛群岛大竹山岛以南约 30 米的海底打捞起一批陶器,[3]这些陶器中有一件为圜底釜,侈口,宽斜缘,最大腹径明显下垂,腹部饰松散的竖绳纹和数道弦纹。同样形状的器物只是在江苏南部和浙江北部一带才有发现,其年代从崧泽期、良渚文化到当地的早期印纹陶文化,是当地的一种传统器物,胶东一带没有发现过。这件陶釜应为苏南浙北早期印纹陶文化的产物,时代大约相当于山东岳石文化时期。这应是当时居民进行海上文化交流的遗物。[4] 由此可见,渤海沿岸的先民与江浙沿海的先民在这个时代就经由海上

〔1〕 严文明:《夏代的东方》,《史前考古论集》。
〔2〕 陈杰:《先秦时期山东半岛与东北亚地区海上交流的考古学观察》,《中国海洋文化研究》第 6 卷,第 30 页。
〔3〕 吴汝祚:《开展史前时期海上交通的研究》,《中国文物报》1990 年 1 月 11 日。
〔4〕 陈杰:《先秦时期山东半岛与东北亚地区海上交流的考古学观察》,《中国海洋文化研究》第 6 卷,第 30 页。

取得了联系或进行了海上的交往。

第二节　神 话 与 传 说

茫茫无际的大海神秘莫测,给了人们充分发挥想象力的广阔空间,由此产生了无尽的猜测和遐想。这些猜测和遐想,最早是以神话的形式活跃在人们的思维之中的,尤其是在科学极不发达的远古时期,人们倾向于用神话来解释这些自然现象。

一、海上仙山的千古传说

居住在渤海之滨的先民,他们崇拜海洋的自然力,很早就对大海产生了浓厚的兴趣,虽然他们无力进入海洋的深处,寻找海洋的奥秘,但是他们却能驰骋自己的想象力,去勾画海洋深处的世界。可能是受海洋气象变幻的启发,也可能是受烟波浩渺的海面上经常出现的海市蜃楼奇观的影响,先民们将自然现象与神秘的想象结合在一起,创造出了海上仙山的神话传说,并且一代一代流传下来。随着人们对海上仙山的不断渲染,由此产生了寻找海上仙山的方术。久而久之,海上仙山从一种神话传说,演变成了人们理想追求的境界。

先民最早构想出的渤海海上仙山是蓬莱山,认为那是海中一片美丽的山地,只有神仙才能在那里居住。仙山之上,长满灵药仙草,出产奇异宝贝。《山海经·海内北经》记载说:“蓬莱山在海中,大人之市在海中。”晋人郭璞注云:“上有仙人宫室,皆以金玉为之,鸟兽尽白,望之如云,在渤海中也。”郭璞《游仙诗》描绘说:“吞舟涌海底,高浪驾蓬莱。神仙排云出,但见金银台。”托名东方朔集《十洲记》这样描绘:“蓬丘,蓬莱山是也,对东海之东北岸,周回五千里,外别有圆海绕山。圆海水正黑,而谓之冥海也。无风而洪波百丈,不可得往来……唯飞仙有能到其处耳。”王嘉《拾遗记》说:“蓬莱山亦名防丘,亦名云来,高二万里,广七万里。水浅,有碎石如金玉,得之不加陶冶,自然光净,仙者服之。东有郁夷国,时有金雾。诸仙说此上常浮转低昂,有如山上架楼,室常向明以开户牖,及雾灭歇,户皆向北。其西有含明之国,缀鸟毛以为衣,承露而饮。”张君房《云笈七签》说:“海外蓬莱阆苑,有五岳灵山。一曰广乘之山,天之东岳也……上有碧霞之阙,琼树之林,紫雀翠鸾,碧藕白橘,主岁星之精,居九气青天之内。”

人们认为蓬莱仙山是浮在海上的,之所以没有沉入大海,是因为有神龟驮负,即所谓“巨鳌背负”:人们传说,有一只巨大的神龟背着蓬莱仙山,戏舞于沧海之中。《太平御览》引《玄中记》云："东南之大者巨鳌焉，以背负蓬莱山。"《列子·汤问》提到海上仙山时，记述说："五山之根，无所连著，常随潮波上下往还，不得暂峙焉。"北海之神禺强乃"使巨鳌十五举首而戴之，迭为三番，六万岁一交焉"，如此，"五山始峙"。也就是说，由于大海波潮常将海上仙山推来推去，天帝为了使其常在渤海之东，用巨鳌轮番背负，以求峙立。

蓬莱山并不是孤悬海中，与之相伴者还有方丈和瀛州，这便是上古流传下来的"三神山"的传说。《史记·封禅书》记述："蓬莱、方丈、瀛洲。此三神山者，其传[1]在勃海中，去人不远；患且至，则船风引而去。盖尝有至者，诸仙人及不死之药皆在焉。其物禽兽尽白，而黄金银为宫阙。未至，望之如云；及到，三神山反居水下。临之，风辄引去，终莫能至云。世主莫不甘心焉。"此外，还有一种"五神山"的传说，即在三神山之外，又多出了岱舆、员峤二山。《列子·汤问》记述："渤海之东，不知几亿万里……其中有五山焉，一曰岱舆，二曰员峤，三曰方壶，四曰瀛洲，五曰蓬莱。其山高下周旋三万里，其顶平处九千里。山之中间相去七万里，以为邻居焉。其上台观皆金玉，其禽兽皆纯缟，珠玕之树皆丛生，华实皆有滋味，食之皆不老不死。所居之人，皆仙圣之种，一日一夕飞相往来者，不可数焉。"由于五神山的传说与三神山的传说有冲突，所以有人又想象出龙伯钓六鳌，丢失两神山的故事，海中常在者仍为三神山。《列子·汤问》又说："而龙伯之国，有大人，举足不盈数步而暨五山之所，一钓而连六鳌，合负而趣归其国，灼其骨以数焉。于是岱舆、员峤二山流于北极，沈于大海，仙圣之播迁者巨亿计。"

蓬莱仙山的传说之所以最早产生于渤海之滨，是因为这片陆海是我国古代率先开发的区域，这里经济发达，早期文明的积淀深厚，加之滨海地带特殊的地理环境与社会条件，都有利于海上仙山传说的产生。一方面，滨海地带的居民原本就盛行各类原始崇拜，在滨海的地理环境下，仙人思想也起源很早。《左传·昭公二十年》齐景公问晏子："古而无死，其乐若何？"这反映了早期的长生观念。另一方面，海上仙山产生的起因和基础，也是居住在渤海沿岸的先民们作为"海人""海民"长期生活于海滨、航行于海上的"知识""经验"的精神感知与心灵信仰的产物。再者，浩瀚的大海中包含着很多难以解释的自然奥秘，又有似真亦幻的海市蜃楼景象的影响，也激起了渤海沿岸先民对海中世界的兴趣，引发了人们对海洋的思索与想象，由此也就产生了自然神力与美好追求相结合的仙山神话。

---

〔1〕 原文作"傅"，但此处"傅"为"传"之讹。《汉书》卷二五《郊祀志》及《史记》卷六《秦始皇本纪》注皆为"傅"（传），即"世人相传"。

在渤海早期文明的神话体系当中，"蓬莱"一词是美好的象征，它既代表一座海上仙山，又成为海外众多神山仙洲的总称。后世人们描述海上仙山的传说时一方面从上古仙山传说中吸取大量的神话成分，另一方面又会掺入自己的想象，并充分地去渲染和发挥，从而使蓬莱仙山的传说更加完美。

燕齐方士及后世阴阳家是海上仙山的主要传播者和发展者。尽管海上仙山是一种传说，但在科学尚不发达的古代社会，人们对海洋世界知之甚少，加之那个时期神仙思想弥漫，藏有不死之药的海上仙山对人们是有很大吸引力的。围绕着海上仙山话题，在燕齐两国形成了人员众多的方士群体。这些方士活跃在渤海之滨，他们利用齐人邹衍的"终始五德之运"的五行阴阳学说来解释方术，形成了所谓的神仙家，世人称之为"方仙道"。他们利用海上仙山来阐述自己的仙家思想，向世人宣扬蓬莱仙境，极力渲染海上仙山的深奥与奇妙，并认为海上仙山可以到达，只要进入这个仙境，就可以成为仙人，能够长生不老。因此，入海求仙，寻找不死之药，便成了人们早期航海活动的精神动力之一。渴望长生不老的齐国和燕国的君主都曾被方士们的宣传所吸引，开启了入海求仙的举动。《史记·封禅书》记载，战国时期齐威王、齐宣王、燕昭王都曾经"使人入海求蓬莱、方丈、瀛洲"。

相传战国时期齐国方士安期生是一个能够前往蓬莱仙山并且得道成仙的人物。刘向《列仙传》记载："安期先生者，琅琊阜乡人也。卖药于东海边，时人皆言千岁翁。秦始皇东游，请见，与语三日三夜，赐金璧度数千万。出于阜乡亭，皆置去，留书以赤玉舄一量为报，曰：'后数年，求我于蓬莱山。'始皇即遣使者徐市、卢生等数百人入海。未至蓬莱山，辄逢风波而还。立祠阜乡亭海边十数处云。"在历史上，安期生确有其人，他是齐国的一个方士，大约生活在战国晚期，到秦朝初年已经很有名气，相传秦末动乱时他尚在人世。可能是由于安期生的方术学说影响较大，他本人高寿，因此获得了求仙者的崇拜。在后代方士心目中，安期生是一个进入蓬莱仙境的并由此成仙的高人，谁若能与安期生会面，得到他的指点，便也能够成仙。《史记·封禅书》记载李少君向汉武帝讲述："臣尝游海上，见安期生……安期生仙者，通蓬莱中。"《汉书·郊祀志》说方士公孙卿："齐人，与安期生通。"因此，汉武帝本人也曾"遣方士入海求蓬莱安期生之属"，幻想与这位蓬莱仙人会晤。

二、海神的传说与崇拜

早期活动在渤海沿岸的先民，在海洋开发的过程中，感觉到海洋的自然力异常强大，并且他们认为其中必有一种能够左右海洋的力量，这个力量的化身就是海神。由于先民还不具备认识海洋和征服海洋的能力,他们只能抱着一种敬畏的心理来看待海洋,在对海洋的崇拜中也产生了"海神"的崇拜。先民们想象出海神的形象,建造了众多的海神庙宇,以最隆重的仪式来祭祀,希望海神能够赐福人类,禳解灾害。

古代渤海称为北海,在早期的海神传说中,人们塑造出了北海之神,将其作为海洋的主宰。按照先民的传说,北海之中有一位法力强大的海神,号称北海之帝,名字叫"忽",他控制着整个渤海海区,是北方海域的主宰神。《庄子·应帝王》曾记述了北海之帝"忽"与南海之帝"儵"共同给中央之帝混沌凿窍的故事。《庄子·秋水》还记载了北海之帝"若"。"若"是海神的总名,通称"海若",北海之帝叫北海若,南海之帝叫南海若,东海之神则叫东海若。在我国古代海神传说当中,"海若"之称最为常用。《初学记·海》就说:"海神曰海若。"《庄子·秋水》有河伯与北海若的一番对话:"秋水时至,百川灌河。泾流之大,两涘渚崖之间,不辨牛马。于是焉河伯欣然自喜,以天下之美为尽在己。顺流而东行,至于北海,东面而视,不见水端。于是焉,河伯始旋其面目,望洋向若而叹……"北海若告诉河伯"井蛙不可以语于海者","天下之水,莫大于海。万川归之,不知何时止而不盈;尾闾泄之,不知何时已而不虚"。这使河伯在海神若面前自感卑小,体现了人们对海神的崇拜。

还有传说,北海海神名叫"禺强",又叫"禺京"。禺强是禺䝞之子,字玄冥,具有超强的法力,骑着两条龙巡视海洋。在先民的传说中,海神是黄帝的后代,人面鸟身。《山海经·大荒东经》记载:"东海之渚中,有神人面鸟身,珥两黄蛇,践两黄蛇,名曰禺䝞。黄帝生禺䝞,禺䝞生禺京。禺京处北海,禺䝞处东海,是为海神。"郭璞注:䝞,一本作号。由此可知,禺䝞即禺号,是东海的海神。同书《海外北经》记载:"北方禺强,人面鸟身,珥两青蛇,践两青蛇。"郭璞注:禺京,即禺强也。禺䝞与禺强除了所珥、践之蛇的颜色不同外,其神容是相同的。禺强这个半人半鸟的海神,以蛇(龙)贯耳,践两蛇(龙),具有图腾神的特征。郭璞注:北方禺强,黑身手足,乘两龙。在《山海经》中,凡是"乘两龙"的形象都是古代地位较高的神祇。禺强不仅是海神,而且是风神。《淮南子·墬形训》:"隅强,不周风之所生也。"由于禺强兼有风神和海神的双重身份,因而作为海神的禺强既有鸟的外在形象,又有鱼的外在形象。

渤海海神还有其他名称,如《太平广记·四海神》列出海神之号:"东海之神曰勾芒,北海之神曰颛顼。"《玉芝堂谈荟·四海神姓名》记载北海之神有三名,其一姓喻,名渊元;其二姓吴,名禽强;其三姓禹,名怅黑。一海之中海神有多个名称,是由于有关海神传说的起源地或起源时间的不同造成的。

由于海神具有巨大的力量,人们在崇拜海神的过程中开始建造海神庙,树立海神像,开展一系列的祭祀活动。渤海海神祭祀的中心地点在莱州,那里曾经建有一座古老的海神庙,常年都有祭祀活动。雍正《山东通志》卷三五之一八载有明朝人任万里《海庙祀典考》,记载了这座海神庙历代海神祭祀的情况:"东莱郡城之西北十八里,海神庙在焉。规制宏阔,不知创于何时,然祀典攸存,其所从来远矣。盖四海于此乎汇同,则固有神以主之。其在东方者谓之渤海,通灵虹,王百谷,尤为最巨焉。考诸黄帝祭山川,厥典聿重。舜东巡守,望秩于山川,已有祀海之礼矣。其在三代,禹玄圭以告成功,汤大告于山川神祇(祇),周制建四望坛,亦必于海焉祀之。不然,何曰三王之祭川也,皆先河而后海。鲁僖公卜郊,不从,乃免牲,犹三望。所谓三望者,海固在乎其中。齐侯礼群神,海加以牲帛。但昔皆秩望,未有往祭者。迨始皇即位之三年,东游海上;汉武惑方士之言,临海以望蓬莱,意者二君始亲祀焉。若以海为百川之大,令官以严时祀,则宣帝之诏也。恢复之后即祭海神四渎,则光武之命也。晋成帝遣使以祈祷,隋祭东海于会稽。……唐武德贞观之制,四海年别一祭,牲用太牢,祀官以当界都督刺史充之……自是而后,皆因旧以增饬之。"

在古代社会皇权至上的环境中,古书记载中的海神虽然法力强大,但在帝王面前又带有人格化的特点。《水经注·濡水注》引《三齐略记》:"始皇于海中作石桥,海神为之竖柱。始皇求与相见,神曰:'我形丑,莫图我形,当与帝相见。'乃入海四十里,见海神,左右莫动手,工人潜以脚画其状。神怒曰:'帝负约,速去。'始皇转马还,前脚犹立,后脚随崩,仅得登岸,画者溺死于海。"《中华古今注》说:"秦始皇巡狩至海滨,亦有海神来朝,皆戴袜额绯衫,大口裤,以为军容礼。"

三、海市蜃楼的景象与传说

在烟波浩渺的海面上,常常会出现有物体影像的一种奇幻景象,这就是海市蜃楼[1]。海市蜃楼在中国古代有不少名称,如海市、蜃气、蜃楼、蜃市、鲛室、海市蜃楼等。海市蜃楼是一种大气光学现象,是由于大气变化而造成的视觉上的幻景,通常发生在海滨地区。当海边空气各层的密度出现较大的差距时,远处的光线通过密度不同的空气层就会发生折射或全反射,将远处景物显示在空中和

---

〔1〕　海市蜃楼,中国古代主要在海中见到,海市前首先见到海面雾气上涌,云脚齐敷海上,所以古代普遍称海市蜃楼为蜃气,即海中动物"蜃"吐的气。蜃在古代有两种解释:大多人认为是大蛤,《礼记·月令》:"雉入大水为蜃。"注:"大蛤曰蜃。"《国语·晋九》说:"雉入于淮为蜃。"注:"小曰蛤,大曰蜃。皆介物,蚌类也。"明确指出蜃是蚌类。《古今图书集成》也采此说,书中《蜃图》所画为大蛤正露出水面吐蜃气显现出海市蜃楼幻景。也有人认为蜃是蛟龙。

海面上,这时海面上就会出现远处景物的影像。海市蜃楼实际上是现实世界投射在空中的影像。但在遥远的过去,古人受科学水平的限制,还不能正确地解释这一现象,就把它很自然地与来自域外的"世界"信息联系在一起,给海市蜃楼涂抹上神化的色彩。

海市蜃楼的奇异景观,最常出现的地点是庙岛海域,因而世人常把庙岛群岛比作海上仙境。《齐乘》卷一载:"海市现灭,常在五岛之上……慕之为仙,亦不为过。"桑岛海域也时而可见海市蜃楼的奇幻景象,同治十年《黄县志·疆域》就说桑岛:春夏之交,蜃气幻成楼市,或为城郭、舟楫、旌旗之状,飘回倏变,眩人耳目。与蓬莱毗邻的莱州同样有海市蜃楼出现的历史记载,所以古人常以"登莱海市"来概称渤海南岸的蜃景现象。寿光市周疃附近霜晨烟夕之际,也时常出现海市蜃楼景象,当地将"周疃海市"列为"寿光八景"之一。

海市蜃楼的景象漂浮于海上,犹如仙境,使得人们常把它与三神山尤其是蓬莱仙山附会在一起。《史记·天官书》记载:"海旁蜃气象楼台,广野气成宫阙然。云气各象其山川人民所聚积。"《汉书·天文志》有同样记载,描述了海市蜃楼的景象。"蓬莱"原为古代方士传说中仙人所居神山。汉武帝东巡之时于今蓬莱之地望海中山,因而筑城,以"蓬莱"为名。古代蓬莱仙境的传说不仅和齐、燕等国航海发达地区的域外地理知识积累有关,而且也可能与登州海市时而显现的海市蜃楼有关。

对于海市蜃楼与海上仙山关系,古人也进行过探讨。元人于钦在《齐乘》卷一中说:"《史》《汉》所称三神山,蓬莱、方丈、瀛洲,望之如云,未能至者,殆此类耳。且秦汉入海方士,仅能往来于矶岛之间,偶见此异,慕之为仙,亦不为过。"他认为,从海市蜃楼的角度来理解蓬莱仙话和齐燕方士的神山之说,"足破千古之惑矣"。这就是说,早期海上仙山的传说可能来源于偶然出现的海市蜃楼景象。生活在渤海岸边的齐燕方士在航海的过程中见到了海市蜃楼的景象,他们将本来属于客观事物的海市蜃楼与虚无缥缈的三神山联系在了一起,并且加以渲染,使人们信以为真。对于秦皇汉武入海求仙之事,也有人认为是受海市蜃楼的迷惑。嘉靖《山东通志·图说》说:"《十洲记》谓东海中五百里有不死草、返魂树,此固秦皇汉武所以纵其侈心求之而不得也。顾其说虽荒唐不经,然观登莱海市,楼台城郭、人物旌旗之状,成于瞬息,千态万像而不可摹写……固亦理之所宜有也。"钱泳《履园丛话》卷三引用王仲瞿的话说:"始皇使徐福入海求神仙,终无有验。而汉武亦蹈前辙,真不可解。此二君者,皆聪明绝世之人,胡乃为此捕风捉影、疑鬼疑神之事耶?后游山东莱州,见海市,始恍然曰:'秦皇、汉武俱为所惑者,乃此耳。'"

第三节　早期的海洋文献

虽然中国是一个临海的国家,古人认为中国四周有海环绕,称中国为"海内",称外国为"海外",称中国四周的海为"四海",但是由于那时没有来自海上的入侵,人们对海洋的重视程度远不及陆地,文献中人们对海的记述较少,而对渤海的记述更是少而又少。纵观先秦三大地理经典,《禹贡》《山海经》《穆天子传》,关于海的描述,实在少得可怜。[1] 中国最古老的地理文献《禹贡》,内容基本上是"禹定九州"的事,关于大海的记述少而简单,多为"东渐于海,西被于流沙"的简略描述。写海内容最多的是《山海经》,但《海经》里的海也有些荒诞不经。不过从当时的生存环境来看,人们基本上都是在陆地上从事活动,重视陆地而轻视海洋也就不足为怪了。

先秦时期是中国地理文献的萌芽期,海洋文献也在这一时期产生,此时的海洋文献都还没有独立成书,基本是存在于一些文献之中,如《尚书》之《禹贡》,《周礼》之《职方》,《吕氏春秋》之《有始》,《尔雅》之《释水》等。先秦时期的文献,成书都经历了较长时间,有些著作甚至是在汉代成编、定稿的;一些作品有不同时期的资料不断加入。文献的内容大多真假相杂,将传说与真实混为一谈。先秦时期的海洋文献尽管存在一些缺陷,但其价值仍是巨大的。汉朝建立后,随着社会的进步和人们认识的深入,海洋文献编著有了一定的发展。东汉时期,班固根据各地上报的资料和中央档案资料以及刘向的《域分》、朱赣的《风俗》,加以总结而写成《汉书·地理志》。《汉书·地理志》概述了先秦至汉代的地理沿革,描述了中国的海洋疆界:东北至日本海,南至越南的万里海疆。

有关渤海的早期海洋文献资料的搜集和研究还比较薄弱,要深入、扎实地开展渤海海域史的研究,须从海洋文献的搜集、整理、研究入手。有关渤海的早期海洋文献,对渤海海域史的研究具有基础性的重要意义。

一、早期史籍中的渤海资料

1.《左传》

《左传》中提及渤海的记载只有一处:

---

〔1〕 梁二平、郭湘玮:《中国古代海洋文献导读·古代中国的海洋观》,海洋出版社,2012 年。

楚子使与师言曰:"君处北海,寡人处南海,唯是风马牛不相及也。不虞君之涉吾地也,何故?"(卷七《僖公四年》)

2.《战国策》

《战国策》有关渤海的记载有两处:

齐南有太山,东有琅邪,西有清河,北有渤海,此所谓四塞之国也。齐地方二千里,带甲数十万,粟如丘山。齐车之良,五家之兵,疾如锥矢,战如雷电,解如风雨。即有军役,未尝倍太山,绝清河,涉渤海也。(卷八《齐策》)

秦攻燕,则赵守常山,楚军武关,齐涉渤海,韩、魏出锐师以佐之。秦攻赵,则韩军宜阳,楚军武关,魏军河外,齐涉渤海,燕出锐师以佐之。(卷一九《赵策》)

3.《史记》

《史记》有多处关于渤海的记载:

齐南有泰山,东有琅邪,西有清河,北有勃海,此所谓四塞之国也。(卷六九《苏秦列传》)

(武帝太初元年)十二月甲午朔,上亲禅高里,祠后土。临渤海,将以望祠蓬莱之属,冀至殊庭焉。(卷一二《孝武本纪》)

(武帝元封二年)其秋,遣楼船将军杨仆从齐浮渤海;兵五万人,左将军荀彘出辽东:讨右渠。(卷一一五《朝鲜列传》)

汉之二年冬,项羽遂北至城阳,田荣亦将兵会战。田荣不胜,走至平原,平原民杀之。遂北烧夷齐城郭室屋,皆阬田荣降卒,系虏其老弱妇女。徇齐至北海,多所残灭。齐人相聚而叛之。(卷七《项羽本纪》)

于是乃并勃海以东,过黄、腄,穷成山,登之罘,立石颂秦德焉而去。(卷六《秦始皇本纪》)

夫齐,东有琅邪、即墨之饶,南有泰山之固,西有浊河之限,北有勃海之利。地方二千里,持戟百万,县隔千里之外,齐得十二焉。(卷八《高祖本纪》)

八神:一曰天主,祠天齐。天齐渊水,居临菑南郊山下者。二曰地主,祠泰山梁父。盖天好阴,祠之必于高山之下,小山之上,命曰"畤";地贵阳,祭之必于泽中圜丘云。三曰兵主,祠蚩尤。蚩尤在东平陆监乡,齐之西境也。四曰阴主，祠三山。五曰阳主，祠之罘。六曰月主，祠之莱山。皆在齐北，并勃海。七曰日主，祠成山。成山斗入海，最居齐东北隅，以迎日出云。八曰四时主，祠琅邪。琅邪在齐东方，盖岁之所始。皆各用一牢具祠，而巫祝所损益，珪币杂异焉。（卷二八《封禅书》）

自威、宣、燕昭使人入海求蓬莱、方丈、瀛洲。此三神山者，其传[1]在勃海中，去人不远；患且至，则船风引而去。盖尝有至者，诸仙人及不死之药皆在焉。其物禽兽尽白，而黄金银为宫阙。未至，望之如云；及到，三神山反居水下。临之，风辄引去，终莫能至云。世主莫不甘心焉。及至秦始皇并天下，至海上，则方士言之不可胜数。始皇自以为至海上而恐不及矣，使人乃赍童男女入海求之。船交海中，皆以风为解，曰未能至，望见之焉。其明年，始皇复游海上，至琅邪，过恒山，从上党归。后三年，游碣石，考入海方士，从上郡归。后五年，始皇南至湘山，遂登会稽，并海上，冀遇海中三神山之奇药。不得，还至沙丘崩。（卷二八《封禅书》）

（武帝太初元年）十二月甲午朔，上亲禅高里，祠后土。临勃海，将以望祀蓬莱之属，冀至殊廷焉。（卷二八《封禅书》）

于是禹以为河所从来者高，水湍悍，难以行平地，数为败，乃厮二渠以引其河。北载之高地，过降水，至于大陆，播为九河，同为逆河，入于勃海。（卷二九《河渠书》）

秦攻燕，则赵守常山，楚军武关，齐涉勃海，韩、魏皆出锐师以佐之。（卷六九《苏秦列传》）

齐南有泰山，东有琅邪，西有清河，北有勃海，此所谓四塞之国也。齐地方二千余里，带甲数十万，粟如丘山。三军之良，五家之兵，进如锋矢，战如雷霆，解如风雨。即有军役，未尝倍泰山，绝清河，涉勃海也。（卷六九《苏秦列传》）

齐东陼巨海，南有琅邪，观乎成山，射乎之罘，浮勃澥，游孟诸，邪与肃慎为邻，右以汤谷为界，秋田乎青丘，傍偟乎海外，吞若云梦者八九，其于胸中曾不蒂芥。（卷一一七《司马相如列传》）

4.《汉书》

《汉书·地理志》以记述西汉政区地理为主，也论述了夏、商、周三代的地理，以及春秋、战国、秦和新朝的地理。《汉书·地理志》是我国第一部记录历史地理沿革的文献,较早地记载了我国古代海路与海疆的情况。《汉书·地理志》关于海疆记载,主要表现在州郡四至的描述中,它已明确了当时中国的海疆东北至日本海,南至越南。《汉书》有关渤海的记载较多:

故中国山川东北流,其维,首在陇、蜀,尾没于勃海碣石。(卷二六《天文志》)

渤海左右郡岁饥,盗贼并起,二千石不能禽制。上选能治者,丞相、御史举遂可用,上以为渤海太守。时,遂年七十余,召见,形貌短小,宣帝望见,不副所闻,心内轻焉,谓遂曰:"渤海废乱,朕甚忧之。君欲何以息其盗贼,以称朕意?"遂对曰:"海濒遐远,不沾圣化,其民困于饥寒而吏不恤,故使陛下赤子盗弄陛下之兵于潢池中耳。今欲使臣胜之邪,将安之也?"上闻遂对,甚说,答曰:"选用贤良,固欲安之也。"……渤海又多劫略相随,闻遂教令,即时解散,弃其兵弩而持钩锄。盗贼于是悉平,民安土乐业。(卷八九《循吏传》)

(宣帝本始四年)夏四月壬寅,郡国四十九地震,或山崩水出。诏曰:"盖灾异者,天地之戒也。朕承洪业,奉宗庙,托于士民之上,未能和群生。乃者地震北海、琅邪,坏祖宗庙,朕甚惧焉。丞相、御史其与列侯、中二千石博问经学之士,有以应变,辅朕之不逮,毋有所讳。令三辅、太常、内郡国举贤良方正各一人。律令有可蠲除以安百姓,条奏。被地震坏败甚者,勿收租赋。"(卷八《宣帝纪》)

(元帝初元二年)秋七月,诏曰:"岁比灾害,民有菜色,惨怛于心。已诏吏虚仓廪,开府库振救,赐寒者衣。今秋禾麦颇伤。一年中地再动。北海水溢,流杀人民。阴阳不和,其咎安在?公卿将何以忧之?其悉意陈朕过,靡有所讳。"(卷九《元帝纪》)

成帝永始元年春,北海出大鱼,长六丈,高一丈,四枚。哀帝建平三年,东莱平度出大鱼,长八丈,高丈一尺,七枚,皆死。京房《易传》曰:"海数见巨鱼,邪人进,贤人疏。"(卷二七《五行志》)

胶东南近琅邪,北接北海,鲁国西枕泰山,东有东海,受其盐铁。偃度四郡口数、田地,率其用器食盐,不足以并给二郡邪?将势宜有余,而吏不能也?何以言之?偃矫制而鼓铸者,欲及春耕种赡民器也。(卷六四《严朱吾丘主父徐严终王贾传》)

秦,形胜之国也,带河阻山,县隔千里,持戟百万,秦得百二焉。地势便利,其以下兵于诸侯,譬犹居高屋之上建瓴水也。夫齐,东有琅邪、即墨之饶,南有泰山之固,西有浊河之限,北有勃海之利,地方二千里,持戟百万,县隔千里之外,齐得十二焉。此东西秦也。(卷一《高帝纪》)

(武帝元光)三年春,河水徙,从顿丘东南流入勃海。(卷六《武帝纪》)

(成帝鸿嘉四年)秋,勃海、清河河溢,被灾者振贷之。(卷一〇《成帝纪》)

自威、宣、燕昭使人入海求蓬莱、方丈、瀛洲。此三神山者,其传在勃海中,去人不远。盖尝有至者,诸仙人及不死之药皆在焉。其物、禽兽尽白,而黄金、银为宫阙。未至,望之如云;及到,三神山反居水下,水临之。患且至,则风辄引船而去,终莫能至云。世主莫不甘心焉。(卷二五《郊祀志》)

元帝初元元年四月,客星大如瓜,色青白,在南斗第二星东可四尺,占曰:"为水饥。"其五月,勃海水大溢。(卷二六《天文志》)

于是禹以为河所从来者高,水湍悍,难以行平地,数为败,乃厮二渠以引其河,北载之高地,过洚水,至于大陆,播为九河。同为迎河,入于勃海。(卷二九《沟洫志》)

河出昆仑,经中国,注勃海。是其地势西北高而东南下也。(卷二九《沟洫志》)

自塞宣房后,河复北决于馆陶,分为屯氏河,东北经魏郡、清河、信都、勃海入海,广深与大河等,故因其自然,不堤塞也。(卷二九《沟洫志》)

(成帝鸿嘉四年)是岁,勃海、清河、信都河水湓溢,灌县邑三十一,败官亭民舍四万余所。(卷二九《沟洫志》)

大司空掾王横言:"河入勃海,勃海地高于韩牧所欲穿处。往者天尝连雨,东北风,海水溢,西南出,浸数百里,九河之地已为海所渐矣。禹之行河水,本随西山下东北去。《周谱》云定王五年河徙,则今所行非禹之所穿也。又秦攻魏,决河灌其都,决处遂大,不可复补。宜却徙完平处,更开空,使缘西山足乘高地而东北入海,乃无水灾。"(卷二九《沟洫志》)

举奏刺史二千石劳徕有意者,言勃海盐池可且勿禁,以救民急。(卷七一《隽疏于薛平彭传》)

(武帝元封二年)其秋,遣楼船将军杨仆从齐浮勃海,兵五万,左将军荀彘出辽东,诛右渠。(卷九五《西南夷两粤朝鲜传》)

齐东陼巨海,南有琅邪,观乎成山,射乎之罘,浮勃澥,游孟诸,邪与肃慎为邻,右以汤谷为界。秋田乎青丘,仿偟乎海外,吞若云梦者八九,其于匈中曾不蒂芥。(卷五七《司马相如传》)

5.《汉纪》

《汉纪》有关渤海的记载有四条：

> 夫齐,东有琅邪、即墨之饶,南有泰山之固,西有浊河之阻,北有渤海之利,地方二千里,带甲百万众。(《高祖皇帝纪》)
>
> (武帝元光)三年春,河水徙,自顿丘东南入于渤海。(《孝武皇帝纪》)
>
> 河入渤海,地高于韩牧所欲穿处。往者天尝连雨,东北风,海水溢,西南出,浸数百里,九河地悉为海水渐矣。(《孝平皇帝纪》)
>
> 永始元年春正月……北海出大鱼,长六丈,高一丈,四枚。(《孝成皇帝纪》)

6.《后汉书》

《后汉书》有关渤海的记载如下：

> (质帝本初元年五月)海水溢。戊申,使谒者案行,收葬乐安、北海人为水所漂没死者,又禀给贫赢。(卷六《孝顺孝冲孝质帝纪》)
>
> (灵帝熹平二年)六月,北海地震。东莱,北海海水溢。(卷八《孝灵帝纪》)
>
> 质帝本初元年五月,海水溢乐安、北海,溺杀人物。是时帝幼,梁太后专政。(《五行志》)
>
> 永康元年八月,六州大水,勃海海溢,没杀人。(《五行志》)
>
> 熹平二年六月,东莱、北海海水溢出,漂没人物。(《五行志》)
>
> (安帝元初六年夏四月)沛国、勃海大风,雨雹。(卷五《孝安帝纪》)
>
> (安帝元初)六年夏四月,沛国、勃海大风,拔树三万余枚。(《五行志》)
>
> (桓帝永康元年)八月,六州大水,勃海(盗贼)[海溢]。(《五行志》)
>
> (桓帝永康元年秋八月)六州大水,勃海海溢。(卷七《孝桓帝纪》)

二、其他典籍中的渤海资料

1.《尚书》之《禹贡》

《禹贡》是中国地理学的开山之作,书中有少量关于海的内容,为我们留下了一些古代先民对海洋的认识。《禹贡》有关渤海的记载如下：

海岱惟青州。嵎夷既略,潍、淄其道。厥土白坟,海滨广斥。厥田惟上下,厥赋中上。厥贡盐缔,海物惟错。岱畎丝、枲、铅、松、怪石。莱夷作牧。厥篚靥丝。浮于汶,达于济。

导岍及岐,至于荆山,逾于河;壶口、雷首至于太岳;厎柱、析城至于王屋;太行、恒山至于碣石,入于海。

导河积石,至于龙门;南至于华阴,东至于厎柱,又东至于孟津,东过洛汭,至于大伾;北过降水,至于大陆;又北,播为九河,同为逆河,入于海。

导沇水,东流为济,入于河,溢为荥;东出于陶丘北,又东至于菏,又东北会于汶,又北东入于海。

2.《山海经》

《山海经》以人与神为主体,以山和海为背景,记述了古代的先民生活与生存环境。《山海经》中海经占了很大一部分内容,被学者们看作中国海洋文化的开山之作。《山海经》有关渤海的记载较多:

又东五百里,曰丹穴之山,其上多金玉。丹水出焉,而南流注于渤海。(郭璞云:渤海,海岸曲崎头也。)(《南山经》)

又东五百里,曰发爽之山,无草木,多水,多白猿。泛水出焉,而南流注于渤海。(《南山经》)

又北三百里,曰敦题之山,无草木,多金玉。是錞于北海。(《北山经》)

又东次四经之首,曰北号之山,临于北海。有木焉,其状如杨,赤华,其实如枣而无核,其味酸甘,食之不疟。食水出焉,而东北流注于海。(《东山经》)

又南水行五百里,流沙三百里,至于无皋之山,南望幼海(郭璞云:"即少海也;淮南子曰:'东方大渚曰少海。'"),东望榑木,无草木,多风。是山也,广员百里。(《东山经》)

河水出东北隅,以行其北,西南又入渤海,又出海外,即西而北,入禹所导积石山。(《海内西经》)

北海内有兽,其状如马,名曰騊駼。有兽焉,其名曰驳,状如白马,锯牙,食虎豹。有素兽焉,状如马,名曰蛩蛩。有青兽焉,状如虎,名曰罗罗。(《海外南经》)

琅邪台在渤海间,琅邪之东。其北有山,一曰在海间。(《海内东经》)

济水出共山南东丘,绝巨鹿泽,注渤海,入齐琅槐东北。(《海内东经》)

潦水出卫皋东,东南注渤海,入潦阳。(《海内东经》)

虖沱水出晋阳城南,而西至阳曲北,而东注渤海,入越章武北。(《海内东经》)

漳水出山阳东,东注渤海,入章武南。(《海内东经》)

黄帝生禺䝞,禺䝞生禺京。禺京处北海,禺䝞处东海,是惟海神。(《大荒东经》)

北海之渚中,有神,人面鸟身,珥两青蛇,践两赤蛇,名曰禺强。(《大荒北经》)

东海之内,北海之隅,有国名曰朝鲜、天毒,其人水居,偎人爱之。(《海内经》)

北海之内,有蛇山者,蛇水出焉,东入于海。有五采之鸟,飞蔽一乡,名曰翳鸟。又有不距之山,巧倕葬其西。(《海内经》)

北海之内,有反缚盗械、带戈常倍之佐,各曰相顾之尸。(《海内经》)

北海之内,有山,名曰幽都之山,黑水出焉。其上有玄鸟、玄蛇、玄豹、玄虎、玄狐蓬尾。有大玄之山。有玄丘之民。有大幽之国。有赤胫之民。(《海内经》)

3.《韩非子》

《韩非子》中有两处有关渤海的记载:

齐景公游少海,传骑从中来谒曰:“婴疾甚,且死,恐公后之。”景公遽起,传骑又至。(卷一一《外储说左》)

景公与晏子游于少海,登柏寝之台而还望其国,曰:“美哉! 泱泱乎,堂堂乎! 后世将孰有此?”晏子对曰:“其田成氏乎!”景公曰:“寡人有此国也,而曰田成氏有之,何也?”晏子对曰:“夫田氏甚得齐民。其于民也,上之请爵禄行诸大臣,下之私大斗斛区釜以出贷,小斗斛区釜以收之。杀一牛,取一豆肉,余以食士。终岁,布帛取二制焉,余以衣士。故市木之价,不加贵于山;泽之鱼盐龟鳖蠃蚌,不加贵于海。君重敛,而田成氏厚施。齐尝大饥,道旁饿死者不可胜数也,父子相牵而趋田成氏者不闻不生。故周秦之民相与歌之曰:‘讴乎,其已乎! 苞乎,其往归田成子乎!’《诗》曰:‘虽无德与女,式歌且舞。’今田成氏之德而民之歌舞,民德归之矣。故曰:‘其田成氏乎!’”(卷一三《外储说右》)

4.《庄子》

《庄子》中除了《秋水》篇河伯与北海若的对话外,有关渤海的记载还有两处:

> 天子之剑,以燕溪石城为锋,齐岱为锷,晋卫为脊,周宋为镡,韩魏为夹;包以四夷,裹以四时;绕以渤海,带以常山;制以五行,论以刑德;开以阴阳,持以春夏,行以秋冬。(卷一〇《说剑》)

> 南海之帝为儵,北海之帝为忽,中央之帝为浑沌。儵与忽时相遇于浑沌之地,浑沌待之甚善。儵与忽谋报浑沌之德,曰:"人皆有七窍以视听食息,此独无有,尝试凿之。"日凿一窍,七日而浑沌死。(卷三《应帝王》)

5.《管子》

《管子》中有两处关于渤海的记载:

> 管子曰:"阳春农事方作,令民毋得筑垣墙,毋得缮冢墓;丈夫毋得治宫室,毋得立台榭;北海之众毋得聚庸而煮盐。然盐之贾必四什倍。君以四什之贾,修河、济之流,南输梁、赵、宋、卫、濮阳。恶食无盐则肿,守围之本,其用盐独重。君伐菹薪、煮沸水以籍于天下,然则天下不减矣。"(《地数》)

> 管子对曰:"孟春既至,农事且起,大夫无得缮冢墓,理宫室,立台榭,筑墙垣,北海之众,无得聚庸而煮盐,若此,则盐必坐长而十倍。"(《轻重甲》)

6.《海内十洲记》

《海内十洲记》中有多处关于渤海的内容:

> 玄洲在北海之中,戌亥之地,方七千二百里,去南岸三十六万里。上有太玄都,仙伯真公所治。多丘山,又有风山,声响如雷电。对天西北门,上多太玄仙官。仙官宫室各异,饶金芝玉草。乃是三天君下治之处,甚肃肃也。

> 元洲在北海中,地方三千里,去南岸十万里。上有五芝玄涧,涧水如蜜浆,饮之长生,与天地相毕。服此五芝,亦得长生不死,上多仙家。

> 武帝天汉三年,帝幸北海,祠恒山。

> 沧海岛在北海中,地方三千里,去岸二十一万里。海四面绕岛,各广五千里。水皆苍色,仙人谓之沧海也。岛上俱是大山,积石至多。石象八石,石脑石桂,英流丹黄子石胆之辈百余种,皆生于岛。石服之神仙长生。岛中

有紫石宫室,九老仙都所治,仙官数万人居焉。

其北海外,又有钟山。在北海之子地,隔弱水之北一万九千里,高一万
三千里,上方七千里,周旋三万里。

7.《释名》

《释名》中有一条与渤海有关的内容:

齐,齐也,地在勃海之南,勃齐之中也。(《释州国》)

第四节　夏商周时期对渤海的
初步开发

虽然早在石器时代渤海沿岸地区的人们已经开始了海洋采集和海洋捕
捞,但这种对海洋资源的获取方式还是很原始的,还谈不上有目的和有意识的
开发。到了夏商周时期,随着社会生产力的提高和海洋交通工具以及捕捞工
具的不断进步,人们对海洋资源的认识也不断深入,对海洋渔业资源的开发力
度逐步增强,海洋渔业得到了较快的发展。周王朝后期,尤其是春秋战国时
期,先民对渤海的认识和开发达到了前所未有的高度。这一时期,随着人们对
盐认识的深入和社会需要的增加,渤海的海盐资源得到了初步的开发利用,其
中齐国的盐业发展已经完全超出自身食用和物物交换的阶段,远销内陆各地,
成为地区经济的支柱性产业。随着以渔业和盐业为主体的海洋资源开发,渤海
沿岸出现了较早的城市。以这些城市为基点,伴随着这一时期出现的航海能力
较强的海运船只,渤海海上交通更加发达,海上运输贸易成了渤海沿岸经济基础
的重要构成部分。

一、海洋渔业的发展与保护

夏商周时期,由于海洋捕捞技术有了初步发展,海产品已经成为重要的贡品
和商品,远离海洋的中原地区能够见到和吃到的海鱼、海贝、海龟和海蛤蜊等海
产品很多都出自渤海,渤海沿岸与内地之间已经有了以海产品为商品进行交换
的商业经济行为。此外,海洋渔业在渤海沿岸诸侯国的经济发展中已开始占有
重要地位,这更突出地反映了当时海洋经济发展的程度。这种情况在春秋战国
时期尤为突出。

渤海沿岸的渔业活动见于文字记载很早,《尚书·禹贡》中青州的贡品,就有渤海的鱼类。从文献记载看,夏代渤海地区特有的海产品开始以进贡的方式向中原王朝输送。《禹贡》记载,冀州、青州临海地区有丰富的海洋资源,冀州有"岛夷皮服",而"海岱惟青州。嵎夷既略,潍、淄其道……厥贡盐𫄨,海物惟错","错"是杂的意思,非止一种,而海中之物,当是海洋渔业产品。另据《路史·后记》记载,禹还对渤海贡品的名称做了规定:"北海、鱼石、鱼剑。"从这些记载来看,渤海地区的鱼类资源等已经开始成为中原王朝输入资源的一部分。

商朝时期,居住在渤海南岸的东夷人可能已经从渤海中捕获鲸鱼。根据安阳殷墟的发掘报告,殷墟遗物中有极多的咸水贝、绿松石,并有鲸鱼骨。咸水贝和鲸鱼骨来自渤海沿岸,绿松石来自山东半岛。[1] 东夷人是渤海南岸地区最早的土著居民,古史记载夏代已有"九夷"的名号。商朝时,随着商人势力的向东扩张,东夷人受到了商人势力的挤压。原先东夷人的地域较大,今山东中部以及西部的一部分,都属于东夷人的活动范围。随着商人东向,夷人活动区域被压缩,到商朝晚期和西周初期,古史中以服色为区别的九夷逐渐消失,只有莱夷、淮夷等以地域为标识的部落还十分活跃,其中莱夷控制了包括渤海南岸在内的整个胶东半岛地区。殷商末年,商朝与莱夷发生过一次较大的冲突,这便是古史所说的"东夷之叛"与"纣克东夷",《左传》书中对此屡有提及。如《左传·昭公四年》所载椒举谏楚子,其中有云:"商纣为黎之蒐,东夷叛之。"同书《昭公十一年》记载韩宣子与叔向对话:"纣克东夷,而陨其身。"纣王为了控制东夷,曾经使用武力远征,这一点有卜辞可证。郭沫若《卜辞通纂》和董作宾《殷历谱》都有论证。民国时期第四次发掘殷墟时,在村北滨洹之地发现了鹿头的刻辞,同坑出土有"征人方"的骨板。据董作宾考释,人方就是夷方,即东夷。在出土"征人方"骨板的旁边,还同时发现了一块鲸鱼的肩胛骨,而卜用的牛胛骨料也堆积在鲸鱼骨的上面。这种鲸鱼骨得自海滨,应是殷人从东夷人那里获取的战利品,而靠海而居的东夷人必是莱夷无疑。有关商纣与莱夷发生冲突的具体缘由与过程,已无法确知,单就现存的史料和骨刻文字分析,似乎莱夷不愿意受到商王朝的过多控制,而好大喜功的纣王偏要迫使莱夷就范,于是那枚"征人方"的骨刻就表达了商王军队东征的去向。最终结果,商纣的军队凭借优势打了胜仗,把原属莱夷崇拜的鲸鱼骨带回了殷都。[2]

〔1〕　张炜、方堃:《中国海疆通史》,第17、18页。
〔2〕　王赛时:《山东沿海开发史》,齐鲁书社,2005年,第44、45页。

　　西周初年,周王室封太公吕望于齐地时,其国土面积只有方圆百里,而且政治形势不稳定,自然条件很差。面对这片背靠渤海,自然条件显然不宜于发展农耕而宜于发展渔业生产的盐碱地,太公采取了"修政,因其俗,简其礼,通商工之业,便鱼盐之利"〔1〕的治国方针,发展渔业便是其重要措施之一。齐国发展渔业的措施收到了良好的效果,《史记·货殖列传》引《周书》说:"太公劝其女功,极技巧,通鱼盐,则人物归之,缲至而辐凑。故齐冠带衣履天下,海岱之间敛袂而往朝焉。"齐太公所确定的发展渔业的基本国策也为齐国后来的执政者所继承和发扬。春秋时期,齐国名相管仲执政之始便"设轻重鱼盐之利",他不仅注重渔业的生产,还注重渔业产品的域内、域外流通,使得"鱼盐之利"通输海内,搞活了渔业经济,大大促进了海洋渔业的生产。从《管子·禁藏》的记载也可以看出,春秋战国时期居住在渤海南岸的齐国渔人已通过入海捕鱼获利,在开发海洋渔业方面显示出了前所未有的信心和勇气:"渔人之入海,海深万仞,就波逆流,乘危百里,宿夜不出者,利在水也。"齐国渔人把海洋物产转化为财富,为此不惜冒风涛之险。此外,《国语·齐语》不仅记载了渤海盛产鱼类,还反映了通商和政治、军事活动使诸侯之间交流海产品的情况:"通齐国之鱼盐于东莱……以为诸侯利。"另据《史记·货殖列传》记载,燕亦"有鱼盐枣栗之饶"。这说明春秋战国时期,渤海沿岸的居民已经非常重视鱼类等海洋生物资源的利用,所在地区的经济生活中,海洋渔业的开发占有重要地位。

　　考古出土的资料也反映了当时渤海海洋渔业发展的状况。1964 年、1965年,天津考古工作者在大厂县大坨头遗址和蓟县张家园遗址发掘到大量夏、商、周的文化遗存,从遗存中出土有可以用来捕鱼的石簇、网坠等。2003 年夏,山东阳信县水落坡乡李屋村东南 1 公里的李屋遗址商代遗存出土有鱼骨、蚌器 17件。蚌器保存较好者有收割工具带齿蚌镰和弧刃蚌刀 7 件,挖土工具蚌铲 2 件。还有一定数量的渔猎工具铜镞、骨角镞、蚌镞和陶网坠等。此外,取土坑内生活和生产垃圾堆积层出有大量动物遗骸,已鉴定的海洋动物有龟、螃蟹、文蛤、青蛤、毛蚶、螺等,还有相当部分未鉴定的鱼类。〔2〕考古工作者在对渤海南岸的东周时期盐业遗址进行发掘时,发现每个盐业遗址内都堆积着包含大量文蛤、青蛤和蚬类等的生活垃圾,并且发现了数量较多的积贝墓。〔3〕例如在寿光市王

---

〔1〕　《史记》卷三二《齐太公世家》。

〔2〕　山东省文物考古研究所、北京大学中国考古学研究中心、山东师范大学齐鲁文化研究中心、滨州市文物管理处:《山东阳信县李屋遗址商代遗存发掘简报》,《考古》2010年第 3 期。

〔3〕　积贝墓:以牡蛎、海螺、蛤仔、沙海螂、锈凹螺、鲍鱼、海帽等海产软体动物贝壳为主要构材散布在墓室的四周,其目的主要是为了御湿(希冀尸体能够长久不朽),同时具有一定的防盗功能。

家庄遗址群内,发现成堆的形体较小的海蛤、螺壳;在潍坊滨海开发区韩家庙子遗址群 H9 号遗址的北部发现与积贝墓有关的成堆贝壳碎片;在潍坊市滨海区央子办事处西南部 1 公里还发现了积贝墓葬。[1] 1965 年 3 月,长岛县大竹岛一次挖出 5 件青铜器。据出土情况分析,这几件青铜器属战国初期的随葬品。[2] 其中一件青铜渔钩最为显眼,渔钩长 12.2 厘米,背部有凹槽,钩首尖锐,有倒刺,是捕钩较大海鱼的专用工具。以渔钩随葬,说明这件捕鱼工具对主人十分重要。按大竹山岛为庙岛群岛东部边缘的一个小岛,只有 2 平方公里,岛上无人居住,旧志所载也未有人烟存在,但在遥远的战国时代,这个岛屿上已经开始了海洋捕钓作业,并出现渔人安葬的定居现象。仅此一点,即可显示战国时期渤海海洋渔业的推广程度。

夏商周时期,海洋渔业在渤海沿岸诸侯国的经济发展中占有重要地位,人们在发展海洋渔业的同时已经认识到渔业保护的重要性。政府对海洋渔业的开发、管理也非常重视,有远见的政治家就注意到保护和开发利用海洋的生态关系,很早就萌芽了保护海洋生物资源的思想,严格执行禁渔期和捕鱼期,不到时节,严禁捕捞并且限制密网。传说夏朝已将它列入政令,《周礼》记载西周允许捕鱼的季节,表明当时也有此类政令。春秋战国时,已经占有渤海南岸和西岸的齐国在进一步开发海洋生物资源的同时,也注意到生物资源需要保护,一味捕捞不是好事。《管子·八观》云:"江海虽广,池泽虽博,鱼鳖虽多,罔(网)罟必有正,船网不可一财而成也。非私草木、爱鱼鳖也,恶废民于生谷也。"管子一系列措施,使齐国的渔业生产历久不衰。齐景公时晏婴治齐,提出"山木如市,弗加于山;鱼盐蜃蛤,弗加于海"[3]的生态保护理论。根据《左传·昭公二十年》记载,可知当时齐国还制订了明确的海洋生物保护条例,并且还设有专职官员管理海洋渔业:"山林之木,衡鹿守之;泽之萑蒲,舟鲛守之;薮之薪蒸,虞候守之;海之盐蜃,祈望守之。"这些政令和生态理论都是从持续利用的角度来强调海洋保护的重要性。

二、海洋盐业的开发

夏商周时期,特别是春秋战国时期,海洋盐业在渤海沿岸诸侯国的经济发展中占有极其重要地位。从海洋经济的结构上来说,这一时期渤海沿岸的海洋盐

〔1〕 燕生东、田永德、赵金、王德明:《渤海南岸地区发现的东周时期盐业遗存》,《中国国家博物馆馆刊》2011 年第 9 期。
〔2〕 李步青等:《山东省长岛县出土一批青铜器》,《文物》1992 年第 2 期。
〔3〕 《左传·昭公三年》。

业占据了相当大的比重。因此,各诸侯国政府对海洋盐业的开发、管理特别重视。

夏商周时期人们对于盐的类别、生产和流通均有了一定的认识,盐作为日常生活必需品,很早就进入了人们的生活。《禹贡》称:"海岱惟青州,厥贡盐缔。"从《禹贡》看这一时期其他地区贡品,可发现除青州外,他地均无以盐为贡的记载,这说明当时位于渤海南岸的青州盐业已初具规模并成为全国十分重要的产盐区,因此禹执掌九州时,青州之盐被定为贡品。"盐"被作为这一时期青州的第一项产物纳入贡品名单也足以证明"盐"在青州和全国的重要地位。民国时期著名的盐务专家曾仰丰认为,当时山东为《禹贡》兖青徐三州之域,"官盐不及兖、徐者,盖洪水初平,青州盐业早兴,特举其著者言之耳。越及有周,青兖二州地多属于齐。《史记》云:太公封于营丘,以齐地为泻卤,乃通鱼盐之利而人物归之。是则山东盐产在虞夏之时已开其源,迨及有周而益著其利者也。"[1]

春秋时期在渤海南岸的齐国,因地制宜,大力开发盐业,成为东方大国。[2]西周伊始,封吕尚于齐营丘,组建齐国。齐国当时地域小,经济基础薄弱,史称:"太公望封于营丘,地潟卤,人民寡。"[3]吕尚到国后,"修政,因其俗,简其礼,通商工之业,便鱼盐之利,而人民多归齐",最终使得"齐为大国"[4]。齐国经济发达是开发海洋资源、扩大贸易的结果,主要的海产品除了鱼之外,最重要的就是盐。海洋所提供的食盐和海产品成为齐人富国强兵的资本,是齐国赖以立国的根本所在。齐国建国初期"通商工之业,便鱼盐之利"的经济措施,是根据"地潟卤,人民寡"的具体情况制定的。齐国利用渤海得天独厚的海洋资源,使其转化为有利于国计民生的物质财富。古代史学家在谈及齐国崛起时都会提到齐国太公建国后实施的"鱼盐"经济政策,这种政策促使齐国的实力迅速增长。《汉书·地理志》说:"太公以齐地负海舄卤,少五谷而人民寡,乃劝以女工之业,通鱼盐之利,而人物辐凑。"

盐业生产在齐国的海洋经济中占有主导地位,海盐所带来的丰厚利润支撑着国计民生。齐桓公时,齐国"重鱼盐之利,以赡贫穷,禄贤能",[5]"(齐)历心

---

〔1〕 曾仰丰:《中国盐政史》,商务印书馆,1936年,第51页。

〔2〕 吕尚初建齐国时,辖区并不大,其疆域"南至于岱阴,西至于济,北至于海,东至于纪隋,地方三百六十里"(《管子·小匡》)。至于周成王命太公所言"东至海,西至河,南至穆陵,北至无棣,五侯九伯,实得征之"(参见《史记·齐太公世家》),只是给齐国划定了一个势力范围。

〔3〕《史记》卷一二九《货殖列传》。

〔4〕《史记》卷三二《齐太公世家》。

〔5〕《史记》卷三二《齐太公世家》。

于山海而国家富"。[1]齐桓公任用管仲为相,采取诸多措施开发海洋。管仲认为"国无盐则肿,守圉之国,用盐独甚",[2]因此他把海盐作为重点开发对象。管仲实行了许多惠商政策,来带动海洋盐业和渔业的开发,包括设置工商之乡、减少关税、为外商免费提供客舍等优惠措施,采取"使关市几而不征(税),以为诸侯利"[3]的政策,吸引诸侯各国的商人,"通齐国之鱼盐于东莱",[4]"天下之商贾归齐若流水"。[5]齐地的富商大贾也多从鱼盐贩运起家。《管子·轻重甲》记载,齐国以"渠展之盐","巢之梁、赵、宋、卫、濮阳,彼尽馈食之也"。由于这些诸侯国不产盐,所以用盐须向齐国购买,结果齐国"得成金万一千余斤"。海洋盐业的开发把齐国带入强盛时代,正如史家所言:"齐桓公用管仲之谋,通轻重之权,徼山海之业,以朝诸侯,用区区之齐显成霸名。"[6]盐业的开发也使得渤海沿岸得到了发展。

齐国最早进行盐业开发的地区应位于莱州湾以西地段,其中盐业最发达的产区集中于"渠展"地段。《管子·地数》曾说:"夫楚有汝汉之金,齐有渠展之盐,燕有辽东之煮,此三者亦可以当武王之数。"渠展位于古济水入海口附近。[7]清代学者戴望作《管子校正》,卷二三所注《轻重甲》云:"渠展,齐地,泲水所流入海之处,可煮盐之所也,故曰渠展之盐。"泲水,即济水。光绪九年《利津县志·舆地》考证:"渠展在县北滨海,古置盐所。《管子》齐有渠展之盐,此阴王之国也。注云:'渠展,齐地,济水入海处,为煮盐之所。'《寰宇记》:'海畔有一沙岸,高一丈,周围二里许,俗呼为斗口淀,是济水入海处。今淀上有井可食,百姓于其下煮盐。'按之邑志,今县北丰国场是。见《通志》。"古济水曾屡经变易和改道,河流冲击已经把渠展附近的海岸线推向远方,然而这里的产盐遗址却作为一方古迹而保留到后世。[8]1976年5月,利津在开挖褚官河时,在县城西北10公里望参村附近挖出两座古窑,发掘出一批古陶器,经专业人员鉴定,确认属战国时期文物,其中有若干件系熬盐用的器具。[9]同时,陶址周围发现大片贝壳残迹,说明这一带在战国时期靠近海岸,并有盐业生产的迹象。这一考古发现可

〔1〕《韩非子·大体》。

〔2〕《管子·轻重甲》。

〔3〕《国语·齐语》。

〔4〕《国语·齐语》。

〔5〕《管子·轻重乙》。

〔6〕《史记》卷三〇《平准书》。

〔7〕也有专家认为"渠展"可以理解为晒盐之盐田,即开渠引海水展开为盐池以晒盐。

〔8〕王赛时:《山东沿海开发史》,第60页。

〔9〕山东省利津县地方史志编纂委员会:《利津县志》,东方出版社,1990年,第280页。

以佐证当年齐国在这里进行盐业生产的史实。

齐国在渠展一带发展盐业,是利用了这里的自然条件。由于当时制海盐的技术尚处于砍伐枯干的柴草来煎煮海水的阶段,而渠展海滩苇草茂密,可以为煮盐提供充足的燃料。《管子·轻重甲》记载管仲说:"今齐有渠展之盐,请君伐菹[1]薪,煮沸水为盐,正而积之。"齐桓公同意之后,征集民众,"十月始正,至于正月,成盐三万六千钟(钟,六斛四斗)"。同书《地数》也说:"伐菹薪煮沸水为盐,正而积之三万钟。"由于农业和盐业生产均需众多劳动力,为了不影响农业生产,当时采取了秋末和冬季煮盐的措施,即每年十月煮盐,至来年正月结束,以错开农耕时节来兼顾农业和盐业的生产,规定:"阳春农事方作,令民毋得筑垣墙……北海之众毋得聚庸而煮盐。"[2]这就是说在春耕开始后,为不妨害农事,禁止雇用民众煮盐。到齐桓公时期,仅渠展一地的盐产量每年即可达 3 万多钟。按照《管子·地数》所说:"十口之家,十人咶盐;百口之家,百人咶盐。凡食盐之数,一月丈夫五升少半,妇人三升少半,婴儿二升少半。"3 万钟能够满足 1 000 万人一个月的用盐量,所以管仲说:"君伐菹薪,煮沸水以籍于天下,然则天下不减矣。"齐国的盐业开发取得了巨大成就,齐国迅速发达起来,齐桓公时成为春秋首霸,齐国成为"带山海,膏壤千里,宜桑麻,人民多文彩、布帛、鱼盐"[3]的富饶国家。

随着齐国的强大,莱国等沿海方国相继并入齐国,整个渤海南岸地区以及渤海西岸部分区域都纳入了齐国的疆域,使得齐国的盐产地不断增多。原莱夷所拥有煮盐场所被齐人再度利用,加大了齐国食盐产量。莱州沿海的许多盐业生产基地,最初开辟于齐。元朝人傅梦弼《西由场文庙记》记述:"莱为州,古也。《禹贡》'莱夷作牧',实青州疆域。春秋莱子国居齐左,故曰东莱。管夷吾相齐,尝煮海以富国,即其地也。"[4]西由场曾是古代莱州的最大盐场,由莱夷始作,后由齐人扩展,传之金元王朝,仍然保持着旺盛的产量。直到清代,还有若干煮盐用的旧铜器被当地人指认为齐国遗物,乾隆二十三年《掖县志·古迹》专列"管仲盐锅"一则:"西由场官署灶房旧有铜制盐锅二十余,今存其二,底平而色绿,口径四尺有奇,相传是管仲煮盐锅,疑即汉《食货志》所谓牢盆也。"齐国时期

---

〔1〕 唐人尹知章注:"草枯为菹。"(《管子·轻重甲》)

〔2〕 当时之所以这样安排,除了保证农业生产之外,还有另一个商业因素,那就是控制盐产量,以免产盐过多而降低盐价。《管子·轻重甲》说:"孟春既至,农事且起……北海之众无得聚庸而煮盐。若此,则盐必坐长而十倍。"《管子·地数》说:"北海之众毋得聚庸而煮盐。然,盐之贾必四什倍。"

〔3〕 《史记》卷一二九《货殖列传》。

〔4〕 乾隆五年《莱州府志》卷一三《艺文》。

的海盐开发为后代人指出了一条化资源为财富的有效途径,以至于千百年后,影响犹在盐滩灶火之间。[1]

除了齐国,居于渤海西、北之滨的燕国盐业也很发达,是重要的海盐产地,煮盐是燕国的重要经济来源。周初,周武王封召公于燕,始封地为蓟(在今北京市房山县琉璃河董家林村一带)。春秋时期初年,燕国常受周边国家侵扰,国力较弱,一度迁至临易(今河北雄县)。至燕孝公时,燕"东有朝鲜、辽东,北有林胡、楼烦,西有云中、九原,南有呼沱、易水,地方二千余里",[2]渤海北部沿岸地区包括辽东半岛都纳入了燕国的版图。据《周礼·职方氏》记载"幽州,其利鱼盐",而《管子·地数》也说"齐有渠展之盐,燕有辽东之煮",这说明燕国的盐业已非常有名,春秋战国时期煮海水为盐已经不限于渤海南岸的齐国,已扩展到了渤海西岸、北岸以及燕属辽东半岛地区。《史记·货殖列传》也记载:"燕亦勃、碣之间一都会也。南通齐、赵,东北边胡。上谷至辽东,地踔远,人民希,数被寇。大与赵、代俗相类,而民雕捍少虑。有鱼盐枣栗之饶。"

考古发现大量的渤海沿岸夏商周时期的盐业遗址也反映了当时海洋盐业发展的状况。2003年夏天钻探和发掘的山东阳信县李屋遗址商代遗存为盐业遗址群,出土有岳石文化和商代遗迹、遗物,其中有数量较多的煮盐工具——盔形器。[3]自2003年以来,北京大学中国考古学研究中心、山东省文物考古研究所与地方文物部门联合对莱州湾沿岸地区的潍坊滨海开发区、昌邑、寒亭、寿光、广饶、博兴和黄河三角洲地区的东营、利津、沾化、无棣、庆云、滨城、海兴、黄骅等县市的盐业遗存进行了长达数年的系统田野考古勘查工作,发现了龙山时期、殷墟时期至西周早期、东周、汉魏和宋元时期的上千处制盐遗存。根据勘查和发掘的情况看,殷墟时期至西周早期是渤海南岸地区第一个盐业生产高峰期,已发现了十余处规模巨大的殷墟时期盐业遗址群,总计300多处盐业遗址。东周时期是渤海南岸地区第二个盐业生产高峰期,东周时期盐业遗址群规模和数量远超过殷墟时期。东周时期盐业遗址分布多与第一个高峰期盐业遗址群重合,部分或更靠北、靠东些(即更靠近今海岸线),大体坐落在形成于约5 000年前的贝壳堤上或两侧。东周盐业遗址群的分布范围非常广大,向东跨过胶莱河到达莱州市,经昌邑、寒亭、寿光、广饶县市,向西过小清河,再向北经东营、利津、沾化、无棣等县市,最北至河北海兴、黄骅和天津静海区一带,横跨350余公里。目前已

---

[1]　王赛时:《山东沿海开发史》,第63、64页。
[2]　《战国策·燕策》。
[3]　山东省文物考古研究所、北京大学中国考古学研究中心、山东师范大学齐鲁文化研究中心、滨州市文物管理处:《山东阳信县李屋遗址商代遗存发掘简报》,《考古》2010年第3期。

确定的盐业遗址群有昌邑市唐央—火道、辛庄、廒里、东利渔,潍坊滨海开发区西利渔、烽台、固堤场、韩家庙子,寿光市单家庄、王家庄、官台、大荒北央,广饶县东马楼、南河崖,东营市刘集,利津县南望参、洋江,沾化区杨家,无棣县邢家山子,海兴县杨埕,黄骅市䣙堤等近30处。每处遗址群约有四五十处盐场,整个渤海南岸地区就有盐场遗址上千处。目前看来,东周时期盐业遗址群的分布范围、整体规模、盐场总数已远远超过了殷墟时期。[1]

渤海南岸地区发现的东周时期盐业遗址群分布在海拔两三米的滨海平原上。单个遗址规模都在2万平方米左右,遗址文化堆积厚在0.6—2.0米之间。遗址内普遍堆积着大量的草木灰层。遗址内(除了墓地)都见成点成堆的制盐工具——小口或中口圆底薄胎瓮、大口圆底厚胎罐(盆)形器。这两种器物占整个陶器的70%—80%以上。瓮、罐多为夹砂(部分为泥制)灰陶或红褐陶,烧制坚硬,形体硕大,口径30—50厘米,高50—100厘米(相比而言,商代和西周初期的煮盐工具盔形器口径较小,仅20厘米;也不高,仅25厘米左右),鼓腹下垂、圆底。盐灶位于盐井一侧,个别遗址内还存有煮盐工具瓮或罐,盐灶面长在4米以上,每个盐灶可放二三十个煮盐工具——大口圆底罐(瓮)。个别遗址内暴露出多个盐井和多个盐灶。这些堆积现象和特殊遗迹说明这些遗址就是当时的制盐遗存,每个遗址就是当时的盐场。有些盐业遗址内发现房屋和院落建筑遗迹,遗址内还见较多的生活器皿如陶鬲、釜、豆、盂、盆、罐、壶等陶器。[2]

渤海沿岸盐业的开发是世界上盐业生产开展最早的地区之一。夏商周时期渤海沿岸得地利之便,盛产海盐。海盐亦即《周礼》中所讲的"散盐"。当时渤海沿岸生产的海盐除供应当地消费之外,还必须向中央王朝进贡。夏商周中央王朝需要渤海生产的盐,因而不能不格外看重这一地区。渤海生产的海盐在整个夏商周时代都占有举足轻重的地位,非其他地区、其他盐种可比。夏商周时期渤海盐业的开发,为后世渤海沿岸以及全国的盐业的发展奠定了基础。

三、海上交通的进步

夏商周之前渤海的海洋交通已经出现,先民们已经开辟了从山东半岛跨越渤海海峡到辽东半岛的海上通道。夏商周时期,渤海海峡已经形成了较为固定

---

〔1〕 燕生东、田永德、赵金、王德明:《渤海南岸地区发现的东周时期盐业遗存》,《中国国家博物馆馆刊》2011年第9期。

〔2〕 燕生东、田永德、赵金、王德明:《渤海南岸地区发现的东周时期盐业遗存》,《中国国家博物馆馆刊》2011年第9期。

的海上航线。考古证明,夏商时期从现在的山东蓬莱到辽宁大连之间开通的横渡渤海的航线,与越人开辟的河姆渡到舟山群岛和台湾的航线南北相应,是我国最古老的两条沿海航线。商朝时期,居住在渤海南岸的莱夷已经能够在沿海地带打造船只,用于航海交通和海上捕捞作业。他们依海而居,对海上活动有着较多关注,估计除了制造独木舟之外,还能制造其他类型的航海工具。[1] 西周时期,渤海南岸的夷人,已经跨越渤海海峡开通了沿辽东半岛东岸、朝鲜半岛西岸到日本的海上航线。

　　夏朝在渤海应该有一定的海上交通的能力。据《诗经·商颂·长发》载:"相土烈烈,海外有截。"相土是契的孙子,汤的十一代祖,虽属商世系,但却是夏代的人物。"截",郑玄注:"整齐也。"这句话说,相土威武,海外亦听命于他。据考相土其时居住在今河南省商丘,东都在今泰山东部。"海外"之城,有人认为大约在今辽西地区,也有人考证"可能即朝鲜"。由此推测,当时很可能已建立了一条从山东半岛出发,越渡渤海海峡,到辽东半岛滨海地区,再进而沿黄海北岸东行,到达朝鲜半岛西海岸的海上航线。[2]

　　史家考证殷商时期的渤海海上交通,可以从渤海沿岸到朝鲜半岛,或沿山东半岛到达东南沿海。这一时期渤海海上交通的发展与青铜时代的交通发展是分不开的。甲骨文字考证,殷商时期"舟"是渤海沿岸主要交通工具已是无疑,且从其能够将渤海北岸、朝鲜半岛的海产品舶来,其舟的技术含量不会太低。从甲骨文的"舟"字分析,殷商时代的舟至少有两至三段加固船体横向强度的空梁,构成三至四个分段隔舱。甲骨文中还有一个"般"字,其意是使船旋转,字形也似人持工具操船,说明当时船上已有推进工具。甲骨文还发现了众多的"帆"字,说明商代已经有了风帆。[3]

　　春秋前期,渤海南岸地区主要为齐国和莱夷控制,他们的航海活动范围比前代扩大了许多,航海实力已远超夏商与西周。前7世纪中期,齐国已"通齐国之鱼盐于东莱"。[4] 当时莱夷的都城在今山东龙口市东南二十里,整个山东半岛的东部皆受其控制,他们擅长航海。前567年,齐国征服了莱夷,势力达到东部的大海,成为能直接控制环山东半岛以及渤海航行的海上强国。《孟子·梁惠王》记载齐景公对晏子说:"吾欲观于转附(今山东省烟台市芝罘)、朝舞(今山东半岛东北端成山),遵海而南,放于琅邪(今山东省青岛市胶南琅琊台西北)。"

---

〔1〕　王赛时:《山东沿海开发史》,第46页。
〔2〕　孙光圻:《中国古代航海史》,第70页。
〔3〕　张炜、方堃:《中国海疆通史》,第18页。
〔4〕　《国语·齐语》。

《韩非子 · 外储说右上》也记载了"景公与晏子游于少海"。关于齐景公的航海活动,西汉人著作《说苑 · 正谏》说他与晏子:"游于海上而乐之,六月不归。"齐景公出巡的路线肯定是从渤海出发沿近海而行的。这也说明当时从山东半岛北部的渤海沿岸出发,通过渤海海峡进入黄海,再以芝罘为中转点,循黄海沿岸南下到胶州湾一带琅琊的南北航线已被打通。

　　春秋战国时期,以蓟城(今北京市西南部)为都城的燕国也是渤海海上交通的主力。劳榦说:"燕齐人向来长于航海的,孟子称齐景公'导海而南放于琅邪',可见当时环绕个胶东半岛并不算什么了不得的事。"[1] 当时齐、燕两国的航海力量都很强大。《史记 · 封禅书》记载:"自威、宣、燕昭使人入海求蓬莱、方丈、瀛洲。此三神山者,其传在勃海中,去人不远,患且至,则船风引而去。"为了寻找方士们所说渤海里面的蓬莱、方丈、瀛洲等三处神山和不死之药,齐、燕两国国君都曾派遣船队出海远航,这说明春秋战国时代渤海的海上交通已经有了很大的发展。从记载来看,当时远航已使用了风帆技术,但由于还没有掌握掉戗驶风的技术,所以被风引来引去。

　　春秋战国时期,沿海诸侯国之间的争霸斗争,对渤海海上交通的发展,起了重要的推动作用。渤海与渤海海峡横渡的航路,从渤海出发环绕山东半岛的航路,由浙江沿海至渤海的航路,都已打通。燕文公时,燕国已有海上舟师。当时齐国的水军也一度称雄于渤海,史书有齐国跨渤海从海上伐燕的记载。齐宣王曾遣齐五都之兵,水陆攻燕。后来,由于秦、魏对抗日趋激烈,东方诸国准备联合抗秦,在订立的六国盟约中,规定"秦攻燕……齐涉渤海,韩魏出锐师以佐之"。[2] 由此可知,齐国在渤海之中应该有装备齐全的舟船,并且具备良好的航海技术和海战能力,否则是难以做到按盟约规定涉渤海支援燕国的。

　　随着海上交通的发展,燕、齐两国的航海范围逐步跨出了渤海。如前所述,从考古发现分析,由渤海沿岸去朝鲜半岛的海上航行,可推溯至新石器晚期。随着远航活动的增多,渤海的航海地理方位开始明确并见诸文献。西周时,封箕子于朝鲜。约成书于战国年间的《山海经》称:"朝鲜在列阳东,海北山南。列阳属燕。"又称:"东海之内,北海之隅。有国名曰朝鲜。"[3] 由此可见,春秋战国时期的人们不但了解朝鲜地域所在,而且知道它与渤海相距不远。《山海经》中还说:"韩雁在海中。"其校注说:韩雁盖三国古韩国名。说明随着朝鲜半岛沿岸航

---

〔1〕　劳榦:《两汉户籍与地理之关系》,《劳榦学术论文集甲编》,艺文印书馆,1976 年,第 25 页。
〔2〕　《战国策 · 赵策》。
〔3〕　所谓"东海",春秋战国时指今黄海,所谓"北海",其时指今渤海。如《左传 · 僖公四年》记载,齐国伐楚,楚王遣使质问齐桓公:"君处北海,寡人处南海,唯是风马牛不相及也,不虞君之涉吾地也,何故?"

迹的延伸,当时中国人已航至朝鲜半岛的南部与东南部了。[1]《山海经·海内北经》中称"盖国在巨燕南,倭北。倭南属燕",有可能是对战国以来燕和日本已有海上交通传说的记载。[2] 战国时期,邻近朝鲜的燕、齐两国的不少居民不堪国内的战争与动乱,曾迁徙到朝鲜去,其中齐人很可能是从山东半岛渡过渤海到达朝鲜的。

当时渤海海上交通的进步是沿海社会经济发展的产物,它需要造船技术、航海经验和港口兴建三个基本条件。夏商周时期,渤海航海水平循着由低级到高级的规律逐步发展。到了春秋战国时期,随着齐、燕两国经济的发展和国力的强盛,在渤海航线的开辟、港口的兴建等方面,都取得了很大进展,作为航海必备的港、航、船三大基本要素俱已齐备了。从《说苑·正谏》记载齐景公曾游于海上而乐之,"六月不归"来看,齐国的海船一定已相当可靠和舒适,航行规模一定也已相当可观,否则一个大国之君是不可能长期在海上活动的。[3]《管子·禁藏》所载"渔人之入海,海深万仞,就彼逆流,乘危百里,宿夜不出者",能够到"万仞"深海"就彼逆流,乘危百里",并且能够在那里过夜和捕鱼,这样的船只应该设施齐备,航海技术相当先进。

战国时代渤海交通线上的重要港口,见于史籍的有渤海西北的碣石港(在今河北昌黎县境)和渤海东南的黄港(在今山东龙口市)。随着海上交通的发展,海港的出现是必然的。在海上交通出现的初期,沿海的港口一般多是临海的村落。随着经济的发展和航海活动的日趋频繁,成为货物集散之地的村落逐渐发展成为港口城市。碣石港以碣石山得名,夏、商、周属于孤竹国的地面,其东便是夏代初年相土"海外有截"的嵎夷所在地辽宁北镇,所以碣石港古称为辽西之地,一直是横渡渤海航线的北端港口。碣石港在战国时期是燕国通海的门户。黄港是渤海南岸的古港,《史记集解》说:在东莱有黄、腄二地,即夏商时期的莱子国。黄港与渤海北岸的碣石港隔海相望,与辽东半岛南部更是一水相隔,船舶横渡往来便捷。黄港是渤海名城登州港的前址,由此出海,沿庙岛、长岛、大小钦岛、砣矶岛、南北隍城岛逐岛航行,便抵辽东半岛南端,这是古代逐岛航行横渡渤海最安全的航线。黄港是通向辽东、朝鲜,远至日本的起点港。[4]《战国策》所说齐涉渤海援燕,就地理条件而言,黄港是理想的港口。

---

〔1〕　孙光圻:《中国古代航海史》,第 101 页。

〔2〕　陈智勇:《中国海洋文化史长编·先秦秦汉卷》,第 322 页。

〔3〕　孙光圻:《中国古代航海史》,第 90 页。

〔4〕　张炜、方堃:《中国海疆通史》,第 34 页。

齐国时期与燕国交往,开辟了海上航线,从考古发掘中也能窥见一斑。河北秦皇岛沿海地区发现了许多齐国刀币,其中邻近海岸一侧的牛头崖、北戴河海滨、东大夫庄(洋河口西)、岭上、白塔岭和石门寨等地,均出土大量齐、燕两国刀币,特别是牛头崖古海口遗址发现齐国刀币,更能说明当年齐国的船只曾经到达此地。[1]

第五节　秦汉时期对渤海的
探索与经略

秦汉时期是中国历史上第一个大统一时期,雄才大略的秦始皇、汉武帝都锐意经略海洋,先后数次巡视海疆,来到渤海岸边,并派出了大批的人员乘船出海寻找神山仙药。虽然秦始皇和汉武帝在渤海之滨的活动很大程度是受海上仙山传说的影响,为了获得长生不老的仙药,但同时也加强了对海疆的治理,带动了渤海的开发。秦始皇、汉武帝在渤海沿岸的活动留下了众多的遗迹。秦汉时期渤海资源得到进一步开发,海洋渔业和煮盐业继续向前发展,海洋渔业区域扩大,制盐技术水平得到提高。秦汉时期渤海沿岸海港更加繁忙,海洋交通和海外贸易的范围进一步扩大,在此基础上出现的海外丝绸贸易以及其他有关贸易,都获得了很大的发展,渤海沿岸成为富饶之地。

一、秦汉时期环渤海政区及其变化

政区是国家根据政治和行政管理的需要对所辖领土进行分级管理的行政区域划分。我国历史上的行政区域划分从萌芽、出现到完全确立和全面推行,经历了一个漫长的历史过程。我国商周时代实行分封制,采取"封邦建国"的办法进行统治,疆域内没有后来意义上的所谓行政区划。商朝时期渤海周围分布着一些部族和方国,如孤竹、有易、纪国、莱夷等。西周至春秋时期,渤海周围分布着一些封国和方国,如齐、燕、孤竹、纪、莱等。至战国时期,渤海南部沿岸地区全部归齐国所有,渤海北部沿岸地区全归燕国占有,两国以河北中部分界。

春秋中期以后,在不断的征战过程中,有些诸侯国君对新开拓的疆土不再进行分封,而是由国君直接统治,采取分片划区进行管理,地方行政区划由此出现。最早出现的地方行政区划是县,在春秋时期出现。郡的出现也在春秋时期而较

---

〔1〕　王赛时:《山东海疆文化研究》,第312页。

晚于县,初期都设于边远荒僻之地,其经济开发程度相对低于县。这一时期的郡县不相统隶,辖区的大小也没有一定的成规。到了战国时期,因为边郡地域较大,于是分置数县,后来内地也在数县之上置郡统辖,逐渐形成以郡统县的制度。前221年,秦始皇统一六国后,废除封建制,郡县制正式成为全国划一的地方行政制度。

郡县的区域范围没有明确的规定,一般是以人口多少为划分标准,其面积大小以有利于政令的颁布施行、生产经营的管理、赋税徭役的征发等为原则。秦代郡的设置,北方地区比较密集,渤海沿岸的郡有九个,由北至南分别是:辽东郡,治襄平(今辽阳市),故燕郡,秦始皇二十五年置;辽西郡,治阳乐(今辽宁义县西南),故燕郡,秦始皇二十五年置;右北平郡,治无终(今天津蓟县),故燕郡,秦始皇二十五年置;渔阳郡,治渔阳(今北京市密云西南),故燕郡,秦始皇二十一年置;广阳郡,治蓟县(今北京市西南),故燕郡,秦始皇二十三年置;巨鹿郡,治巨鹿(今河北平乡西南),秦始皇二十三年置;济北郡,治博阳(今山东泰安东南);临淄郡,治临淄(今山东淄博市临淄);胶东郡,治即墨(今山东平度市东南)。[1]

汉代地方政区最主要的为州、郡、县三级。诸侯国与郡同级别,郡以下有县、邑、道、侯。州由监察区演变而来,初设时叫刺史部,汉武帝在元封五年(前106年)设置。州作为一种地方政区,从西汉武帝开始萌芽到东汉末年完全形成,经历了数百年的时间,确立了古代中国史上的州郡县三级建制。

西汉建立初年,汉高祖刘邦鉴于秦朝迅速败亡的教训,分封了一批诸侯王,同时也沿袭了秦朝的郡县制,使西汉前期政区出现了郡县制与分封制并存的局面,史称"郡国并行制"。汉初,渤海北岸为燕国,辖辽东、辽西、右北平、渔阳、上谷、广阳诸郡,除上谷外,其他诸郡皆临渤海;西岸为赵国,辖巨鹿、恒山、邯郸三郡,其中巨鹿郡临渤海;南岸为济北、临淄、胶东三郡,后来此三郡划归齐国。至七国之乱前,渤海北岸政区没有变化,西岸设立渤海郡,南岸从西往东分别为齐、淄川、胶西、胶东等诸侯国。汉武帝时期,设立刺史部,渤海北部划归幽州刺史部管辖,南部为青州刺史部管辖。幽州刺史部治蓟(今北京城西南隅),辖勃海、上谷、渔阳、右北平、辽西、辽东、玄菟、乐浪、涿郡和广阳国,计九郡一国,其中勃海、渔阳、右北平、辽西、辽东等郡临渤海。青州刺史部驻临淄(今山东淄博市临淄故城),辖平原、千乘、济南、北海、东莱、齐郡和淄川、胶东、高密国,计六郡三国,其中千乘、北海、东莱、齐等郡临渤海。

东汉时期的政区在光武帝刘秀时大致确定,基本沿用了西汉的郡县制为实

---

〔1〕　张炜、方堃:《中国海疆通史》,第48、49页。

体、州刺史部为监察的体制,分全国为十三个州刺史部。州在东汉的大部分时期依然不能说是严格意义上的行政区划。东汉末期,黄巾起义爆发后,汉灵帝将部分刺史升为州牧,刺史与州牧被授权掌管一州实际军政大权,成为一级地方行政长官,州从监察区变为行政区,全国政区彻底由郡县制演变为州郡县制。东汉时期,渤海北部由幽州刺史部管辖,西部为冀州刺史部管辖,南部为青州刺史部管辖。幽州刺史部治蓟县,辖代、上谷、涿、广阳、渔阳、右北平、辽西、辽东、玄菟、乐浪郡和辽东属国,计十郡一国,其中渔阳、右北平、辽西、辽东、辽东属国临渤海。冀州刺史部治高邑(今河北柏乡县北),中平年间,州治迁于邺(今河北临漳县邺镇),辖魏、巨鹿、渤海郡和清河、安平、赵、常山、中山和河间国,计三郡六国,其中只有渤海郡临渤海。青州刺史部治临淄,辖平原、东莱郡和济南、乐安、齐、北海国,计两郡四国,其中乐安国、北海国、东莱郡临渤海。

二、秦朝对渤海的经略意图

秦始皇是中国历史上第一位锐意经略海洋的君主,他统一全国之后,数次巡视海疆,并来到渤海之滨,参拜名胜、礼祠神主、会见地方名士、派方士出海;他还移民数万到沿海的重要地带,为经略海洋做人力和物质准备。虽然秦始皇在渤海之滨的活动有很强烈求仙长生的意味,但那种勇于探索海洋,敢于向海洋进发的气势给渤海的开发注入了巨大的能量。

1. 始皇东巡

秦始皇兼并六国,一统华夏之后,秦国由一个内陆国家变成了一个拥有漫长海岸线的临海国家。秦始皇为了加强中央集权国家的统治,除在国内兴建驰道外,也表现出对海洋和海洋开发的重视。沿海地区的特点和文化气息引起了秦始皇的巨大兴趣,特别是渤海海上仙山的传说更是让秦始皇神往。秦始皇曾经四次东到沿海地区巡视,其中至少三次到达渤海沿岸,并在海边停留了很长时间。

据《史记·秦始皇本纪》记载,秦始皇二十八年,即他兼并六国统一全国两年之后,第一次东巡。秦始皇先上邹峄山(今山东邹城境内),再登泰山封禅立碑,随后"乃并勃海以东,过黄(今山东省龙口,原称黄县)、腄(今山东省福山区),穷成山,登之罘,立石颂德焉而去",接着,他"南登琅邪,大乐之,留三月。乃徙黔首三万户琅邪台下,复十二岁。作琅邪台,立石刻,颂秦德,明得意"。第二年,秦始皇再次东巡,途中遇刺未遂,而后"登之罘,刻石","旋,遂之琅邪,道上党入"。三十二年,秦始皇巡视了渤海北岸的碣石港(以前燕国主要的海港,在今河北昌黎县境)。在碣石山,他令丞相李斯撰写并镌刻了有名的《碣石门辞》。这一年秦始皇北巡碣石,除在碣石门刻石纪功之外,还在碣石山一带求仙。次年,秦始皇即发兵30万北击匈奴,收复黄河以南的河套地区,并开始修筑长城。长城东部的起点正是碣石,这应该与秦始皇东巡考察有关。三十七年,秦始皇第四次也是最后一次东巡海疆,他从长江口渡海,"北至琅邪"。在琅邪,徐福再次晋见,秦始皇遂命徐福再次出海远航。然后秦始皇"自琅邪北至荣成山",再至之罘,并沿渤海南岸西行,至平原(今山东平原),染病不起,在回程途中病逝于沙丘(今河北广宗西北)。

秦始皇病逝后继位的秦二世效仿秦始皇的举动也东巡海疆,他的经行路线和视察地点与秦始皇大体相同。《史记·秦始皇本纪》记载秦二世对赵高说:"朕年少,初即位,黔首未集附。先帝巡行郡县,以示强,威服海内。今晏然不巡行,即见弱,毋以臣畜天下。"于是由李斯、冯去疾等随从,东行郡县,历燕、齐之地,"到碣石,并海南至会稽",后"遂至辽东而还"。《史记·封禅书》也有"二世元年,东巡碣石,并海南历泰山,至会稽,皆礼祠之"的记述。

秦始皇东巡期间,到过渤海沿岸的许多地点,《史记》明确记载有黄、碣石[1]二处。黄县为秦县,故城在今龙口市东南。黄县在秦朝时人口稠密,物产丰足,既有渔盐之利,又有舟楫之便。秦始皇讨伐匈奴,就曾抽调黄、腄二县的人力物力。《汉书·主父偃传》载:"昔秦皇帝任战胜之威……使蒙恬将兵而攻胡,却地千里,以河为境。地固泽卤,不生五谷,然后发天下丁男以守北河。暴兵露师十有余年……又使天下飞刍挽粟,起于黄、腄、琅邪负海之郡,转输北河,率三十钟而致一石。"颜师古注:"黄、腄,二县名也,并在东莱。言自东莱及琅邪缘海诸郡,皆今转输至北河也。"按秦朝行政区为郡、县二级制,县级单位管辖区甚大,大体今胶东半岛皆为胶东郡地盘,秦之黄县辖有今龙口、招远、蓬莱数市之地。秦时的山东沿海地区当以黄、腄二县及南边的琅邪郡最为发达,所以秦始皇要向这片地区催发兵粮。[2]

秦始皇四次东巡海疆,至少三次到达渤海,说明他对渤海的重要性有一定认识。他三抵琅邪、之罘,二顾成山,一至黄、腄、碣石,这些地方都是环渤海的重要港口,相互之间有往来的航线。秦始皇对于战国时期苏秦游说赵王时曾提到过的,利用渤海的海上联系合纵抗秦的主张应该是有所知的。秦始皇多次到渤海沿岸巡视,试图开发渤海航路,应该是为了利用沿海的经济实力,建设秦朝的后方军事基地,以支援边疆的军事防务。例如,当蒙恬收复黄河以南河套地区而驻

---

〔1〕 清代学者顾炎武所撰《肇域志》认为碣石为今无棣马谷山。碣石位于现今何处,目前学术界尚有争议,主要有三种说法:河北乐亭说、河北昌黎说、山东无棣说,此外还有辽宁兴城说。无论是哪种说法,碣石位于渤海沿岸是没有疑问的。具体参见徐景江、郭云鹰《禹贡碣石考》,人民出版社,2014年。
〔2〕 王赛时:《山东沿海开发史》,第72页。

军北河〔1〕以后，为了解决驻军的粮饷，秦始皇即以黄、腄为后勤港，征调船只、粮草，从山东渡渤海运输军需。粮船渡海后，自天津进入黄河，溯流而上运抵北河防地。可见秦始皇对渤海乃至沿海的经济治理，已经包含了十分深厚的整体运筹意识。〔2〕

秦始皇在渤海的巡视活动具有划时代的意义，此前齐国君主曾经游历过渤海海滨地带，但并没有产生像秦始皇这样的影响。秦始皇作为第一个兼并天下的皇帝，勇于向大海进发，去探索那一片未知的蔚蓝色的神秘世界，是一种了不起的举动。虽然秦始皇走向海洋的主要目的是为了寻找海上仙山、获得不死神药以求长生不老，但是他那种前人所未有的进取精神却是难能可贵的。秦始皇入海求仙以及探索海洋的活动，对后世认识、探索和开发渤海产生了极大影响。

2. 方士求仙

秦朝时渤海滨海地区方士兴盛，当时燕齐之地海上方士数量很多，史书记载："及至秦始皇并天下，至海上，则方士言之不可胜数。"〔3〕由于秦始皇笃信方术，因此在燕齐滨海地区，秦始皇所至之处，方士无不闻风而动。秦始皇深信方士的仙家学说，多次派人入海求仙，想从海中仙山上获得不死之药。当时他动用了大量人力物力来做这件事情，派遣大批船队入海寻索，耗资巨大，费时良久。

秦始皇时燕齐方士的入海求仙活动，规模较大的有两次：一次是在秦始皇二十八年，始皇东巡至齐，听信齐方士徐福等人的三神山之说，令其率数千童男女入海寻求。另一次是在三十二年，始皇东巡至燕地碣石，令燕地方士卢生下海去寻求羡门、高誓等仙人，紧接着，他又复使韩终（又作韩众）、侯公（又作侯生）、石生等泛海求仙人及不死之药。史载"秦始皇初并天下，甘心于神仙之道，遣徐福、韩终之属多赍童男女入海求神采药"。〔4〕《淮南子·道应》说："卢敖游乎北海。"高诱注："卢敖，燕人，秦始皇召以为博士，使求神仙，亡而不反也。"所说即《史记·秦始皇本纪》中燕人卢生受秦始皇指令入海求仙，曾经以鬼神事奏录图书，又劝说秦始皇"时为微行以辟恶鬼"，后来终于亡去的故事。

秦始皇时期两次大规模的燕齐方士入海求仙活动，对后世产生影响最大的是徐福的入海求仙活动。据正史记载，秦始皇东巡海疆，以徐福为首的齐方士向

---

〔1〕 今内蒙古自治区磴口以下黄河地段。
〔2〕 张炜、方堃：《中国海疆通史》，第53、54页。
〔3〕 《史记》卷二八《封禅书》。
〔4〕 《汉书》卷二六《郊祀志》。

他上书叙说了海上仙话,提出率领船队,到大海中去采集不死神药。这种提议得到了秦始皇的认可,秦始皇决定派遣徐福带领船队进入大海寻觅仙人。于是,出现了一场大规模的入海求仙活动,这就是历史上著名的徐福东渡。《史记·秦始皇本纪》记载:始皇二十八年,"齐人徐市等上书,言海中有三神山,名曰蓬莱、方丈、瀛洲,仙人居之。请得斋戒,与童男女求之。于是遣徐市发童男女数千人,入海求仙人"。始皇三十七年,秦始皇第三次东巡,"北至琅邪",当时方士"徐市等人入海求神药,数岁不得,费多,恐谴,乃诈曰:'蓬莱药可得,然常为大鲛鱼所苦,故不得至,愿请善射者与俱,见则以连弩射之。'……乃令入海者赍捕巨鱼具,而自以连弩候大鱼出射之。……至之罘,见巨鱼,射杀一鱼。"史书中的徐市,即徐福。据史书记载可以看出,从徐福第一次出海,到秦始皇再会徐福于琅邪,前后经历了接近十年时间,在此期间,徐福征集数千名童男童女,率领众多船队入海求仙,数次往返,为此耗资颇大,但是没有求得什么神药,于是便用海中大鲛鱼诈骗秦始皇,秦始皇相信了徐福的话,并派他再次出海。

当年徐福如何出海,限于史料,已不能确知。徐福的船队是从何处起航的?说法也很多。主要有:浙江省的慈溪以及舟山;江苏省的海州一带(今连云港赣榆);山东省的登州湾(今龙口市)、胶州湾(青岛)琅琊、荣成湾成山头—天尽头以及石岛湾;河北省的秦皇岛以及黄骅附近等。[1] 就历史真实而言,徐福东渡的出发地应该首推胶州湾(青岛)琅琊。秦始皇四次东巡,其主要巡游地带是山东沿海;《史记》等史书都记徐福为齐人,徐福上书秦始皇恳请入海求仙、秦始皇诏见徐福的地点都在山东沿海的琅琊台。徐福船队的起航点,另一种较大可能是在今天渤海南岸的山东龙口市。山东龙口市有徐福镇,即秦代齐郡黄县徐乡。徐乡,清王先谦《汉书补注》引元于钦《齐乘》云:"盖以徐福求仙为名。"传说当年徐福曾在此进行求仙活动。不少历史学家据《史记》所记秦始皇东巡屡经黄、腄(即黄县地区,今龙口),黄、腄属齐地,徐福为齐人,黄、腄汉代有徐乡,元人《齐乘》云徐乡"盖以徐福求仙为名"等,判断徐福故里是徐乡即黄县(今龙口)。龙口市因此也将"乡城镇"改名为"徐福镇"。据传徐福船队的出海口就是现在的黄河营港。[2]

徐福船队东渡可行性航路,学者们认为从琅邪港起航后,就秦代航海能力,尚无力东向横渡黄海直驶朝鲜半岛,而是借助于海岸及沿途岛屿,必然是取北上

〔1〕 安作璋、朱绍侯等:《徐福故里考辨》,山东友谊出版社,1996年;山东省徐福研究会、龙口市徐福研究会:《徐福研究》,青岛海洋大学出版社,1991年。
〔2〕 陈智勇:《中国海洋文化史长编·先秦秦汉卷》,第364页。

沿渤海海峡逐岛前进的航路。这是一条古老而安全的航路。船队先经由灵山湾、胶州湾,再折向东北抵达山东半岛东端成山头。船队到达成山头水域后,以东航直驶朝鲜半岛西岸为近。然而,从成山头至朝鲜半岛最西边白翎岛的海上跨距达 105 海里,在此连线间的黄海水域终年有南北走向的海流,对东西向航船影响甚大。秦代航海尚属沿岸航行水平,驶帆技术与定位导航技术均不足以横渡如此宽阔且海流与航向基本成垂直角度的海域。至于中国与朝鲜西岸之间的横越黄海航路,从史料记载看,南北朝时才出现。因此,可以推定,徐福船队至成山角后,必然向西航行,沿山东半岛北岸,驶达另一个古代大港之罘。从之罘港沿山东半岛北岸驶达蓬莱头。由蓬莱头北驶,经庙岛群岛,再穿越 22.8 海里宽的老铁山水道,抵达辽东半岛南端的老铁山。此后,沿岸东驶,过古城岛,至鸭绿江口。然后,顺势沿西朝鲜湾转而南下,绕过中部突出部分和白翎岛,进入江华湾,继续南行,过扶南、罗州群岛,折头而东,经济州海峡,绕过朝鲜半岛南端,抵达釜山、巨济一带。[1]

有关徐福船队的去向,史书略有提及。《史记·淮南衡山列传》载:"昔秦绝圣人之道……又使徐福入海求神异物,还为伪辞曰:'臣见海中大神……海神曰:以令名男子若振女与百工之事,即得之矣。'秦皇帝大说,遣振男女三千人,资之五谷种种百工而行。徐福得平原广泽,止王不来。"从这条史料分析,徐福率领的船队最终到达了海外某处富饶的平原,并在那里安家落户,随行人员除了童男童女之外,还有各行各业的专业技术人员,他们再也没有返回故乡。《后汉书·东夷列传》这样记述:"会稽海外有东鲲人,分为二十余国。又有夷洲及澶洲。传言秦始皇遣方士徐福将童男女数千人入海,求蓬莱神仙不得,徐福畏诛不敢还,遂止此洲,世世相承,有数万家。"[2]徐福一行最终去了何处,至今依然是众说纷纭,尚未有令人信服的答案。有人说徐福当时到的只是渤海湾里的岛屿,有人说徐福最终的目的地是韩国,有人说徐福到了日本列岛。此外,还有说徐福去了南洋的,也有说到了海南岛的,更有说到了美洲的。在这诸多说法当中,有关徐福是否到了日本的争论最为激烈,因为至今日本保存着不少徐福的遗迹,如徐福登陆地、徐福祠、徐福冢、徐福井等。

虽然徐福、卢生、韩终、侯公、石生等燕齐方士泛海求仙的活动始终弥漫着虚无缥缈的神仙色彩,但且不管他们入海远航最终取得何种效果,单就其航海的胆

---

〔1〕　孙光圻:《中国古代航海史》,第 151、152 页。
〔2〕　有人说,徐福入海只是一种盲目的求仙活动,其目的是向秦始皇骗取钱财。也有人说,徐福渡海是有预谋的海外移民,意在逃避秦朝的残暴统治。还有人认为,徐福的船队最终到达日本,并在那里安家落户。由于时代久远和史载缺残,人们只能对徐福入海的最终结果进行种种猜测。

识和行动而言,随着时间的推移,其在渤海沿岸地区的影响则是逐渐显现出来的。虽然燕齐方士的泛海求仙活动获得了秦始皇的倾力资助,如徐福入海,前后所费以"巨万计",但毕竟在人力物力的调集上还主要依靠于渤海及黄海北部沿海地区,所以徐福等燕齐方士的出海在客观上带动了渤海沿岸地区的经济发展,提高了沿海居民的航海意识与航海能力。

3. 海滨秦迹

秦始皇与秦二世的几次沿海游巡,以及徐福、卢生等的入海求仙活动,不但在历史上产生了重大影响,也在渤海沿岸留下众多遗迹,给渤海文化凝注了古远的视点。直到如今,一些秦始皇与徐福的遗迹及历史传说被保留下来,历代文人曾围绕着这些遗迹和传说而诵歌作赋,留下了优美的篇章。

秦始皇在渤海沿岸的几次游巡,虽然正史记载并不详备,然而后代编纂的地方志等文献却屡屡提到他在渤海沿岸的活动情况和相关遗址,现在渤海沿岸各地也分散保留着一些秦朝遗迹。这些遗迹当中史籍记载较多和保存较好的是秦台(望海台),这是因为秦始皇在渤海沿岸的活动,很多都与求仙有关。秦始皇听信燕齐方士的神仙之说,认为海上有蓬莱仙山和不死之药,因而多次遣船派人入海求仙。传说秦始皇曾站在海边,遥望大海,等待采药船的归来,为此他在沿海修筑了许多高台,以便远眺。这些高台,被后人称为秦台,也叫望海台。史志见著的渤海沿岸秦台主要集中渤海南岸一带,如寿光秦台、莱州秦台、无棣秦台、滨州秦台等。寿光秦台见于唐代文献,如《太平广记》引《广异记》记载:"唐建中初,青州北海县北有秦始皇望海台。"〔1〕嘉靖《山东通志·古迹》记载,"望海台,在寿光县东北四十里",相传秦始皇所筑,俗名黑冢。《古今图书集成·职方典·莱州府部》记载莱州秦台:莱州望海台,在府城东,秦始皇筑。民国《无棣县志·古迹》记载无棣秦台:"秦台,在县东北五十里,相传秦始皇遣徐市入海求神仙,筑此台以望之。"〔2〕关于滨州秦台,王培荀《乡园忆旧录》卷五说:秦台在滨州,高八丈,始皇筑。咸丰十年《滨州志·古迹》记载:"秦始皇台,在州治东北十里外。按《秦本纪》,始皇遣徐市之蓬莱、方丈、瀛洲,求三神仙不死药,久而未还,谓筑台望之。《三齐记》云厌次东南有蒲台,即此也。盖始皇顿台下,萦蒲系马,以地多蒲,故名。后世沿传其事,袭称秦台焉。台高八十尺,周围二百步,渤海勋绩万氏建玉皇殿于其上。"此外,《太平广记》引《殷芸小说》也曾记载:"齐南城东有蒲台,秦始皇所顿处。时始皇在台

---

〔1〕　唐时北海县治所在今潍坊,辖寿光。
〔2〕　无棣秦台的遗址在今无棣县秦口河畔,面积约 2 000 平方米,高 0.5 米,目前仍可访寻。

下,萦蒲以系马。"

渤海沿岸以秦始皇东巡活动为指向的纪念遗址除了秦台遗址之外,还有龙口市莱山月主祠遗址、利津官灶城、阳信厌次台、莱州盉石、滨州秦堤等秦时古迹。相传秦始皇两次亲临莱山月主祠祭祀月主。莱山又名莱阴山,位于龙口城东南,山虽然不高,但峰峦雄奇,树林葱郁。司马迁在《史记·封禅书》中说,莱山与华山、泰山、嵩山、首山曾是黄帝"所常游与神会"的地方。此山上建有月主祠。月主,为春秋时期齐国崇拜的八神之一。《史记》记载秦始皇东巡过黄、腄时,专门登莱山祭祀月主,祈求月神的保佑。莱山脚下庙周家村东北有秦汉建筑基址。庙周家秦汉建筑基址历来被研究者认为是秦始皇东巡时所建造的行宫。1980 年代在该遗址曾出土长达 1.08 米的大型板瓦及直径 0.6 米的多重卷云纹大瓦当、直径 0.39 米的菱芯卷云纹大瓦当,系全国最大的建筑瓦件之一。类似的瓦当目前只在陕西省咸阳市和辽宁省绥中县姜女庙遗址中有过发现。《古今图书集成·职方典·济南府部》记载"官灶城"时说:"在利津、沾化两境,延袤三十里余,遗址宛然,世传秦始皇东游海上所筑。"阳信县的厌次台,相传秦始皇东巡至此,谓有王气,筑台压之。莱州的盉石位于海边,方圆五步,形状如尊,世传秦始皇在此凿盉以盛祭酒。滨州的秦堤,据说秦始皇东巡所筑,其堤巍峨迤逦,足为登眺之所。[1]

秦皇岛因秦始皇求仙驻跸而得名,也有一些有关秦始皇的历史遗迹。相传前 215 年,秦始皇东巡"碣石",刻《碣石门辞》,并派燕人卢生入海求仙,曾驻跸于此,因而得名秦皇岛。秦皇岛秦遗迹有北戴河金山嘴秦行宫遗址、秦皇求仙入海处等。秦行宫遗址(金山嘴古城遗址),位于秦皇岛市北戴河区海滨金山嘴及其附近,遗迹有建筑基址、窖穴、井、水管道、灶等,遗物有瓦当、水管、井圈、盆、鉴、瓿、瓮、豆、罐、釜等,遗迹遗物都表明当年此地曾有大型建筑群。在辽宁省绥中县发现分布较为密集的秦汉建筑遗址,总面积达 14 平方公里的六处大型宫殿遗址群,分别坐落于石碑地、黑山头、瓦子地、金丝屯、红石砬子和周家南山。其中,位于石碑地的宫殿规模最大,也是整个遗址群的主体建筑。它的总体布局为长方形,占地面积达 15 万平方米。以此宫殿为中心,六座宫殿呈合抱之势,组成了一处完整壮观的建筑群体。[2] 有人认为"很可能就是秦始皇当年东巡时的行宫",即所谓"碣石宫"。[3] 也有学者指出河北北戴河金山嘴到横山一带发现

〔1〕 王赛时:《山东海疆文化研究》,第 102 页。

〔2〕 齐继光、丁剑玲:《渤海宝藏》,中国海洋大学出版社,2014 年,第 142 页。

〔3〕 辽宁省文物考古研究所:《辽宁绥中县"姜女坟"秦汉建筑遗址发掘简报》,《文物》1986 年第 8 期。

的秦行宫遗址,与辽宁绥中的建筑遗址都是碣石宫的一部分。[1] 秦皇求仙入海处位于秦皇岛市海港区东南部金山嘴,据史料记载,始皇三十二年,秦始皇东巡至碣石,派燕人卢生在如今的海港区东山公园处入海求仙并驻跸于此。明宪宗成化十三年,在此立"秦皇求仙入海处"石碑一座。

除了秦始皇在渤海沿岸留下的众多遗迹之外,徐福入海求仙的举动在渤海沿岸也产生了深远影响,以至于渤海沿岸很多地方也留下徐福遗迹。徐福入海求仙是秦朝的一件大事,数千童男童女随船外出,声势浩大,受到人们的强烈关注,产生了各种传说。在如今河北盐山县有千童城[2]和训童港遗址,据说秦始皇曾把童男童女安置在这里训练,为出海采药做准备。顾野王《舆地志》记载:"高城东北有卯兮城,秦始皇遣徐福发童男女千人至海求蓬莱,因筑此城,侨居童男女,号曰卯兮。"唐《元和郡县志》卷一八记载:"饶安县,本汉千童县,即秦千童城,始皇遣徐福将童男女千人入海求蓬莱,置此城以居之,故名。"这里相传有徐福募集、培训童男童女和百工巧匠的场所"百匠台";有汇聚五谷良种和金银珠宝之所;有打造航船之地;有东渡起航之地千童城;有入海之道无棣河;有停泊航船的链船湾;有出发前杀鲸祭海的龙井;还有秦始皇送别徐福千童集团的秦王台……[3]

山东滨州地区无棣县也有徐福东渡传说,如徐福东渡所选童男童女中有不少童女未能出海,流落在无棣等。此外,渤海沿岸还有一些关于徐福的遗存,如山东省龙口市有徐乡故城遗址(《齐乘》云:徐乡"盖以徐福求仙为名")、黄河营古港遗址、登瀛门遗址(相传为徐福出海处)。[4] 尽管有些遗址不一定都是与徐福的活动有关,可能出于后人附会,但渤海沿岸居民宁愿通过这种认定来表达对徐福的敬意与怀念。在沿海居民心目中,徐福不仅是一位方士,更是一名勇敢的海洋探索者。他亲率船队直赴神秘的汪洋大海,探求未知的海洋世界,这种精神一直激励着很多沿海居民。

除了上述徐福文化遗存以外,渤海沿岸许多地方每年还举行与徐福相关的节庆活动。如河北盐山县每年农历三月廿八日举办的信子节,秦皇岛市每年五月初五在秦皇岛的千童城入海求仙处举办的望海大会(俗称逛码头),山东龙口每年举办的徐福文化节,都是纪念徐福的活动。在相当长的时间里,徐福只是给

〔1〕 河北省文物研究所:《河北省新近十年的文物考古工作》,《文物考古工作十年(1979—1989)》,文物出版社,1991年。
〔2〕 千童镇,位于盐山县,在商、周、战国时期称"饶安邑",意为"其地丰饶,可以安人",秦时称"千童城"。汉高祖五年于此置县称"千童县"。
〔3〕 陈智勇:《中国海洋文化史长编·先秦秦汉卷》,第362页。
〔4〕 朱亚非:《对徐福文化资源保护开发的思考》,《中国海洋文化研究》第6卷,第261页。

人留下了一个为秦始皇求仙药的方士的形象。然而随着近年来徐福研究的不断深入,笼罩在徐福头上的面纱逐渐被揭开,徐福已不再是一位普通的方士,而是一位具有远见卓识、多谋善断的政治家,一位具有大无畏精神的航海家,一位受到中、日、韩三国人民爱戴的和平使者。[1]

三、汉代对渤海的经略意图

雄才大略的汉武帝是继秦始皇之后东巡沿海地区并在沿海开发中产生深远影响的帝王。汉武帝东巡海滨一方面是经略海洋、加强统治的需要,另一方面是和秦始皇一样为了寻找渤海之中的三神山,以求得长生不老的仙药。尽管汉武帝的渤海之行意在海上神仙,但他屡屡东巡给渤海周边的发展注入了强劲的动力。汉武帝在渤海沿岸的活动,留下了许多历史遗迹。这些遗迹,一方面可以用来纪念这位伟大的历史人物,另一方面也向后人提供可贵的警示。西汉末年至东汉时期,渤海沿岸地区发生过规模巨大的海溢,对渤海沿岸产生了严重破坏,给沿岸居民带来沉重灾难,影响了渤海沿岸社会和经济的发展。

1. 汉武东巡

汉初以清静无为为本,除汉文帝外,其他几位皇帝对方士之学都相当冷淡。经过西汉初年的治理,东部沿海地区呈现出一种全方位开发的趋势,尤其是海上仙道文化气氛依然浓烈。秦始皇寻仙不得而死,并没有使信仙、寻仙者绝望,燕齐方士依然活跃于滨海地区,依附于这里的诸侯王,尤其是海滨齐人盛行神仙方术之说,到汉武帝执政时,海上求仙的气氛更加浓烈。《史记·封禅书》说:"今天子初即位,尤敬鬼神之祀。"方士李少君曾以"尝游海上,见安期生"之说诱惑汉武帝,于是汉武帝"始亲祠灶,遣方士入海求蓬莱安期生之属"。著名的齐地方士少翁、栾大、公孙卿等人也均以蓬莱仙山神人之说来诱惑汉武帝,汉武帝对燕齐方士文化产生了浓厚兴趣,长生仙道最终激起这位君主东巡的决心。

汉武帝在位期间多次东巡来到渤海沿海地区。汉武帝东巡虽然带有经略海洋、治理海疆的意图,但从其内在动机来看,主要还是迷惑于方士求仙之说,以至于千方百计地到海上去寻找长生不老的神奇秘方。他冀遇仙人,多次大规模派遣方士出海,寻求神山与长生之药。燕齐方士在汉武帝时代又出现"震动海内"的情景,史载汉武帝"东巡海上,行礼祠八神。齐人之上疏言神怪奇方者以万数","元鼎、元封之际,燕齐之间方士瞋目扼掔,言有神仙祭祀致福之术者以万

---

〔1〕 朱亚非:《对徐福文化资源保护开发的思考》,《中国海洋文化研究》第6卷,第261页。

数"〔1〕。这么庞大的方士群体齐声鼓噪,所以汉武帝深受诱惑,许多方士得到汉武帝的信任。

　　据《史记·孝武本纪》记载,汉元封元年(前110年)三月,"上遂东巡海上,行礼祠八神……乃益发船,令言海中神山者数千人求蓬莱神人……至东莱……宿留海上,与方士传车及间使求仙人以千数"。这是汉武帝首次来到渤海之滨,目的是寻找海上仙山与蓬莱仙人,这时参与求仙活动的人员以及动用的人力物力,已经超过了秦始皇时期。同年,汉武帝在封禅泰山后再次来到渤海之滨,目的还是寻找海上仙山与蓬莱仙人,"天子既已封禅泰山,无风雨灾,而方士更言蓬莱诸神山若将可得……乃复东至海上望,冀遇蓬莱焉……并海上,北至碣石"。第二年,汉武帝再次东巡,"其春……至东莱,宿留之数日","复遣方士求神怪采芝药以千数"。元封五年,汉武帝又"舳舻千里……北至琅邪,并海"〔2〕。太初元年(前104年),"东至海上,考入海及方士求神者",十二月又"临渤海,将以望祠蓬莱之属"。此后,太初三年、天汉元年(前100年)、太始三年(前94年)、征和四年(前89年),汉武帝又几度巡视东部沿海地区,并从事与海上求仙有关的活动。《史记·孝武本纪》记载,太初三年,汉武帝"东巡海上,考神仙之属,未有验者","莫验,然益遣"求仙船并求仙人。《汉书·武帝纪》记载太始三年二月汉武帝"行幸东海,获赤雁,作《朱雁之歌》。幸琅邪,礼日成山。登之罘,浮大海,山称万岁"。《资治通鉴》载征和四年:"上行幸东莱,临大海,欲浮海求神山。群臣谏,上弗听;而大风晦暝,海水沸涌。上留十余日,不得御楼船,乃还。"可以说,汉武帝对海上仙山的执着追求,才使他多次不辞劳苦来到渤海之滨。汉武帝派遣的求仙船和求仙人比秦始皇多,时间也长,而且想亲自从登州(蓬莱)乘船渡海求仙山。一次为群臣谏止,〔3〕一次连群臣苦谏也不听,一定要亲自率船从登州渡海,无奈天公不作美,风涛汹涌十余日,船不得出港,才不得不作罢。不过,汉武帝的海上巡幸和求仙活动,到征和四年即宣告中止,没有像秦始皇那样最后死在巡幸的归路上。〔4〕

　　汉武帝东巡渤海的目的有时候是多重的,大多数情况下是为了求仙,寻找长生不死的海上秘方,有时也是为了视察海疆,考察线路。汉武帝最初几次到渤海沿岸巡视登州(蓬莱)诸港,并亲临海上,对渤海航路进行实地考察,他可能有多

〔1〕《汉书》卷二五《郊祀志》。
〔2〕《汉书》卷十二《武帝纪》。
〔3〕 为元封元年汉武帝第一次巡海,"欲自浮海求蓬莱",后经大臣东方朔巧谏乃止(参见《资治通鉴》卷二〇)。
〔4〕 陈智勇:《中国海洋文化史长编·先秦秦汉卷》,第283页。

种目的,其中之一可能是为讨伐朝鲜做准备。当时汉廷与卫氏朝鲜关系日趋紧张,卫氏朝鲜不断出兵进犯与汉朝有密切关系的真番和辰韩,甚至背弃盟约,攻杀辽东地方官吏,破坏朝鲜半岛其他国家和汉王朝的交往及海上通道,使登州、莱州港对辽东、朝鲜的海上交通中断。前109年,汉武帝派涉何为使赴朝鲜劝谕。同年,从正月到四月,汉武帝在渤海沿岸活动了很长时间。同年秋,他在劝谕不遂之后,即遣左将军荀彘出辽东,楼船将军杨仆率水军五万,从山东渡渤海攻朝鲜。由此可见,汉武帝可能是以求仙封禅为名东巡渤海,对海疆进行实地考察。

2. 汉武遗迹

汉武帝在渤海沿岸活动,留下了许多历史印迹。如莱州名胜中保留的汉武三山亭和幸台、寿光的汉武躬耕处、无棣的帝赐街、沧州武帝台和秦皇岛武帝台等,相传都是汉武遗迹。

莱州是汉武帝多次驻跸的地点,莱州三山亭相传始建于汉。宋代地理书《太平寰宇记》记载莱州郡治以北有汉武帝三山亭,古柱斜檐。《古今图书集成·职方典·莱州府部》记载:"三山亭,在府城北,世传汉武帝时建,以其可望海中蓬莱、瀛洲、方丈三山,故名。"乾隆二十三年《掖县志·古迹》亦载:"三山亭,城北五十里,汉武帝筑,北望海中三山。宋苏轼、金刘迎有三山亭诗。"莱州幸台位于旧时莱州城南门,为一高台,据说此台因汉武帝临幸而得名。乾隆五年《莱州府志·古迹》记载说:"幸台,在城南门上。武帝访安期生,幸此台,故名。碑刻尚存。"幸台之上,原立有古碑一座,上面刻写着汉武帝临幸的内容,清朝雍正八年(1730年),莱州典史贾臣重修城楼,丢失此碑。

寿光的躬耕处是一个纪念汉武帝耕田劝农的遗址,《汉书·武帝纪》记载征和四年:"三月,上耕于巨定。"巨定,即古寿光之巨定泊,其遗址在今寿光牛头镇附近,旧县志列有其遗址标识。无棣的帝赐街也是一处汉武遗迹,民国十四年《无棣县志·古迹》记载:"帝赐街在县北七十里,相传汉武帝驻跸于此。"

沧州武帝台,又名汉武台、望海台,在黄骅城东三十里,位于古黄河边,为战国时齐、燕边境地区,古黄河在此入海,原为军事瞭望台或烽火台,汉武帝在此基础上修筑而成。据考,武帝台下部基址为西汉遗迹,上部系后世修筑。《北魏地形志》载:章武(今故县村为旧址)有武帝台。《读史方舆纪要》载:望海台(盐山县东北),一名汉武帝台。《魏氏土地记》载:章武县东百里有武帝台,南北有二台,相距六十里,基高六十丈,俗云汉武帝东巡海上所筑。康熙《畿辅通志》载:"武帝台在盐山东北七十里(即当今的黄骅、大港地区)。"康熙《盐山县志》载:"武帝台在韩村东北三十里,世传汉武帝筑之望海求仙。"同治《盐山县志》

载:"武帝台有二,其一无考,岿然独存者,惟盐山之一台。"清代《大清一统志》《河间府志》对武帝台也都有记载。据了解,1958年和1960年在大港中塘和沙井子地区,曾先后采集到陶片、陶器、铜剑和铜器等多件文物。经专家鉴定,这些遗址和文物大部分属于战国和秦汉时代。沧州武帝台采集物有战国红陶斧、豆把、豆盘绳纹碎片和汉陶罐残片、瓦片、五铢钱等。

秦皇岛武帝台在碣石山。《水经注·濡水》在谈及"濡水又东南至絫县碣石山"时说:"汉武帝亦尝登之,以望巨海而勒其石于此。"絫县为今昌黎西汉时的县名,汉武帝于前110年东巡海上至辽西郡絫县境内,登上碣石山主峰观海勒石,此后当地人便将主峰的台形峰顶称为"汉武台"。清光绪《永平府志·古迹》载:"《唐书·太宗纪》贞观十九年九月戊午,次汉武台,刻石纪功。"清康熙十三年《昌黎县志·古迹》载:"汉武台,即碣石山,汉武帝登此以望海,魏文帝东巡勒诗于石。"1958年秋,原昌黎县第二中学操场发现的大量"千秋万代"瓦当和大型板瓦等,可能是汉武帝到碣石山观海求仙驻跸的行宫建筑遗迹。

渤海沿岸还有一些早年兴建的汉武帝观海建筑,随着时间的流逝,至今已杳无踪影。所以,很多与汉武帝有关的海滨古迹,只能从尘封的古书中去寻找了。

3. 汉代海溢

两汉时期,渤海沿岸地区发生过规模巨大的海溢,其影响范围广,持续时间长,破坏相当严重,在渤海史上极为罕见。西汉末年,渤海发生大海溢,《汉书·沟洫志》记载:"王莽时,征能治河者以百数……大司空掾王横言:'河入勃海,勃海地高于韩牧所欲穿处。往者天尝连雨,东北风,海水溢,西南出,浸数百里,九河之地已为海所渐矣。'"其"九河之地"相当于今渤海湾西岸的天津、宁河、宝坻、武清、静海、黄骅六县市部分地区,是西汉时黄河流注渤海湾处。此外,《汉书·元帝纪》初元元年(前48年)四月诏:"间者地数动而未静,惧于天地之戒,不知所缘。"《天文志》记载"五月,勃海水大溢";初元二年七月诏又云:"一年中,地再动,北海(渤海的别称)水溢,流杀人民。"以上记载说明西汉后期,渤海湾曾因地震而发生过大海溢,而《汉书》他处再无类似记载,可见王横之言与初元年间的海溢实为一事,海溢可能使渤海海岸产生了内移。

东汉时期,渤海多次发生海溢,并给沿岸居民带来重大灾难。正史明确记载的东汉渤海海溢有三条,其一:《后汉书·质帝纪》记载本初元年(146年)五月:"海水溢。戊申,使谒者案行,收葬乐安、北海人为水所漂没死者,又禀给贫羸。"对于这次海溢,《后汉书·五行志》载:"质帝本初元年五月,海水溢乐安、北海,溺杀人物。"其二:《后汉书·桓帝纪》记载永康元年(167年)秋八月,"勃海海溢"。《后汉书·五行志》"水变色"条下记载此次海溢:"勃海海溢,没杀人。"其三:《后汉书·灵帝纪》记载熹平二年(173年):"六月,北海地震。东莱、北海海水溢。"《后汉书·五行志》载:"熹平二年六月,东莱、北海海水溢出,漂没人物。"从这些记载来看,每次海溢都产生了重大破坏,造成了民众伤亡。

对于汉代的海溢,郦道元的《水经注》也有所记载。《水经注·河水》载:"昔燕、齐辽旷,分置营州,今城届海滨,海水北侵,城垂沦者半。"《水经注·濡水》又云:"昔在汉世,海水波襄,吞食地广,当同碣石,苞沦洪波也。"从郦道元的记载来看,沿渤海周围汉代曾普遍发生过海溢或海侵,并且使渤海沿岸出现了"桑田沧海"的巨变。

关于汉代渤海的海溢及其所造成危害的记录,已被考古所证实。20世纪60年代,天津考古工作者在对宁河、天津、黄骅等地进行多次考古调查和清理发掘后提出:"天津郊区、黄骅北部和宁河南部,仅见战国和西汉遗存,不见西汉晚期和东汉的遗存,再迟的就是唐宋时期的遗物,在年代上不连续,中间有一个突出的割裂现象。"[1]考古资料表明,渤海湾西岸滨海平原上的四座西汉古城,经试掘或钻探后可确认在西汉后期已经全部废弃。前后共59处古文化遗址几乎废弃于同一个时期,并且在废弃的汉代遗址上普遍有水侵造成的黑土层覆盖,近海地带的黑土层上包含有海生介壳动物遗骸。从西汉中期起,愈来愈多的村落变成废墟,像修筑于西汉初年的宝坻县秦城,钻探得知堆积十分贫乏,文化层最厚处仅50厘米,城内许多地方还是空白,显然修建后使用没有多久。一座耗费了巨大人力物力修筑起来的县城,如此迅速地被废弃,最大的可能就是受这次海面升高的影响。整个天津平原西汉文化的陷落,时间在西汉中期以后,宁河县田庄坨出土的西汉墓可说明这一点。该遗址地表采集的文蛤,经碳十四测定为距今1 920±90年,也正和西汉末年发生海溢的时间相近。[2] 渤海地区,除渤海西岸外,在南岸的莱州湾平原,有人发现"前汉古遗址多被海相泥沙覆盖,泥沙厚度0.3—1米"。[3]

对于汉代的海溢,尤其是西汉的海溢,谭其骧等专家认为是一次大海侵。谭其骧先生最先著文提出,西汉末年渤海西岸曾发生过一次大海侵。[4] 韩嘉谷也说这是一次"海侵",认为"如果一个地区突然沉沦为海,必然会出现大幅度地面下沉的现象,因为海溢的海水是不会在陆地上长期滞留的。然而在渤海湾西岸地区,并没有发现这种迹象。最有力的证据,就是当地存在的贝壳堤和相关的

---

〔1〕 天津市文化局考古发掘队:《渤海湾西岸古文化遗址调查》,《考古》1965年第2期。

〔2〕 韩嘉谷:《西汉后期渤海湾西岸的海侵》,《考古》1982年第3期。

〔3〕 蔡克明:《鲁北平原自然环境的变迁》,《海洋科学》1988年第3期。

〔4〕 谭其骧:《历史时期渤海湾西岸的一次大海侵》,《人民日报》1965年10月8日。

古文化遗存。……这次海面上升只有一米左右,但对低洼平缓的天津平原已带来了极其严重的后果。因为在此平原上,垂直距离一米,平面距离可达几十里甚至百里以上",并认为"高海面的平复大致在魏晋以前"。[1] 王守春从西汉时期在莱州湾沿岸滨海地带设置的诸县在东汉时期被废弃,东汉时期渤海西部和南部沿海地区诸郡国的县均人口居全国之首等方面论证了汉代海侵的存在,认为"海水入侵,导致滨海地带人口向内地迁移,原先最滨海地带的县被废弃,使相对位于内地的县均人口大幅度增加","这次大海侵,开始于西汉末年","此次海侵持续时间至少在一个半世纪以上"。[2] 也有学者不同意海侵的说法,认为"海水溢"不是海侵,如陈雍认为渤海湾西岸分布着多处东汉时期遗存;渤海湾西岸的考古学文化遗存由战国而西汉而东汉魏晋,一直延续到隋唐以后,其间从未发生过中断;渤海湾西岸西汉末年的海侵得不到考古学方面的证实。[3] 20世纪70年代,天津考古界对渤海海侵的看法也有了一些变化,不再称"海侵"而称"海溢",认为"海溢后不久,海水即退回原处",并以南郊窦庄子东汉瓮棺墓为例说明海溢发生后不久就有少量居民恢复了活动。[4]

四、秦汉时期对渤海资源的开发

秦汉时期渤海资源得到进一步开发,沿岸地区的经济呈现出多样化发展的趋势,沿海与内地之间的差距明显缩小。这一时期,渤海沿岸的海洋经济依然围绕着捕鱼业和煮盐业进行,在原有的基础上继续向前发展,以渔业和盐业为标志的海洋经济在当时的沿海经济领域中仍然占有重要位置,并带动其他行业的发展。秦汉

〔1〕 韩嘉谷:《西汉后期渤海湾西岸的海侵》,《考古》1982年第3期。韩嘉谷1997年在《再谈渤海湾西岸的汉代海侵》(载《考古》1997年第2期)指出:"渤海湾西岸汉代遗存……的年代下限,最晚也只能到东汉初年,再晚则已是海侵高峰期过后魏晋时期的遗物。时间又经过了30多年,但东汉中晚期的遗存仍然不见,说明我们提出的文物年代割裂现象是确实存在的。割裂现象由海侵造成,对宁河县田庄坨、大海北、大辛庄、桐城,宝坻县程泗淀、石佛营等战国和汉代遗址作土样分析的结果,都证明在文化层上有海相沉积覆盖,为汉代海水再次侵入这些地区提供了地层证据。海面波动的时间和高度与东海及南海地区基本一致,大致从西汉晚期起开始侵入,东汉早期以后达到高峰,高出现代海面约1—1.5米,沿海3.5米高程以下的低洼地受到浸淹。"
〔2〕 王守春:《公元初年渤海湾和莱州湾的大海侵》,《地理学报》1998年第5期。
〔3〕 陈雍:《渤海湾西岸东汉遗存的再认识》,《北方文物》1994年第1期。陈雍2010年在《渤海湾西岸汉代遗存年代甄别——兼论渤海湾西岸西汉末年海侵》再次提出:1.渤海湾西岸目前已经发现100余处西汉、东汉及汉魏时期的遗存;2.过去所说的渤海湾西岸古代遗存"年代割裂现象"并不存在;3.渤海湾西岸西汉末年没有发生过海侵(陈雍:《渤海湾西岸汉代遗存年代甄别——兼论渤海湾西岸西汉末年海侵》,《考古》2001年第11期)。
〔4〕《天津市文物考古工作三十年》编写组:《天津市文物考古工作三十年》,载《文物考古工作三十年》,文物出版社,1979年。

时期,渤海海洋渔业的区域扩大、海鱼产品加工技术的多样化、海盐产区产量的扩大、海盐技术和工艺水平的提高、海盐生产与营销管理的规范等,都促进了当时渤海经济的发展和海洋资源的开发。这一时期,渤海沿岸海港的发展,海洋交通和海外贸易层面上出现的海外丝绸贸易以及其他有关贸易,获得了长足的进步,使得人们都认为渤海沿岸为富饶之地。《史记·货殖列传》说:"齐带山海……人民多文彩布帛鱼盐","山东多鱼、盐、漆、丝。"《盐铁论·本议》提到"燕、齐之鱼盐旃裘";《盐铁论·刺权》说:"齐……专巨海之富而擅鱼盐之利也。"

1. 海洋渔业

秦汉时期,渤海的海洋渔业技术获得了进一步发展,渔具和渔法得到改进。这一时期渤海沿岸的人们重视渔业生产,捕渔业的力度有所加大,渔业区域扩大,海产品加工技术多样化。渤海出产的海产品,不仅为当地人民提供了重要食品,而且源源不断地输往内地,成为与内地交易的重要商品。在当时,为了长时间保存和远距离运输,大部分海产品经过干制、腌制或制成鱼酱等。

就当时渤海的渔业生产区域来说,是以近海捕捞为主,沿海地区普遍从事渔业生产。《汉书·地理志》云"上谷至辽东……有鱼盐枣栗之饶",齐地"通鱼盐之利"。在渤海沿岸的渔区当中,尤以渤海南岸齐地的近海渔业最为发达。早在春秋战国时期,齐国就有"兴鱼盐之利"的生产传统,至秦汉时期,更是出现了"莱、黄之鲐,不可胜食",[1]"燕、齐之鱼盐旃裘……待商而通"[2]的情景,这也说明当时渤海的海洋捕捞有着较好的经济收益。

渔业生产的经营组织方面,汉武帝曾设立征收海洋渔业生产税的"海租"。从史书记载来看,由于当时渤海渔业的繁荣,汉代在渤海设有管理渔业税收事务的官吏,向捕捞作业的人员收取专税,称作"海租",而"海租"税额有不断增加的趋势。《汉书·食货志》记载宣帝时:"大司农中丞耿寿昌以善为算能商功利得幸于上……又白增海租三倍,天子皆从其计。"御史大夫萧望之不同意增加渔民税负,他上书说:"故御史属徐宫,家在东莱,言往年加海租,鱼不出。长老皆言武帝时县官尝自渔,海鱼不出,后复予民,鱼乃出。夫阴阳之感,物类相应,万事尽然。"从这段记载看,汉武帝时曾一度由政府负责渤海海洋捕捞行业,但收益甚微,渔民出工不出力,导致"海鱼不出"。后来朝廷放弃了官营海洋捕捞的方式,允许海产品自由生产和贸易,国家从中征收"海租"。而增加"海租"额度,可能是由于海洋渔业经济效益良好,政府想从中多分一杯羹。

---

〔1〕《盐铁论·通有》。
〔2〕《盐铁论·本议》。

秦汉时期渤海渔业的发达从考古发现的墓葬也能略知一二。比如在环渤海沿岸的一些居民,直到汉代还有以贝壳筑为贝墓的风俗。在辽宁新金县花儿山汉代贝墓中,考古工作者发现,当时构筑的墓室,用牡蛎、蛤蜊、海螺等贝壳筑成,挖好墓穴后,墓底铺贝壳,四周竖木板为撑,空隙用贝壳填满,然后封土。这是西汉晚期的一座贝墓。[1] 至于以海产鱼类和贝类品陪葬,则更为普遍。

2. 海洋盐业

秦汉时期,渤海盐业获得了较大发展,海盐产区开发、海盐生产技术和工艺水平、海盐生产销售和税收的管理等方面,都有很大进步。秦朝时渤海的海盐产区主要分布在燕、齐的沿海地区。西汉的食盐生产发展较为迅速,渤海沿岸的产盐区进一步扩大,并设置盐官进行管理。

秦汉时期,渤海产盐区有明显增加,食盐产量提高。《史记·货殖列传》记载汉初渤海海盐生产的情况,说燕"有鱼盐枣栗之饶";"齐带山海",人民多"布帛鱼盐"。西汉中期以后,渤海的盐业生产发展较快,这一点从《汉书·地理志》记载的汉代盐官设置的地理分布可以看出来。《汉书·地理志》记载西汉中期后及王莽时置盐官的有 36 处,多集中于辽东半岛、山东半岛以及渤海西岸地区,如辽东的平郭,辽西的海阳,渔阳的泉州,渤海的章武、千乘,北海的都昌、寿光,东莱的曲城、东牟、惤县、昌阳、当利等。这些设置盐官的地点都是当时的产盐中心,这说明当时渤海盐业地位的重要,其盐业开发在全国范围内居于领先地位。此外,东莱郡黄县(今山东龙口市),有咸泉池,百姓取以为盐,未设盐官。

秦汉时期渤海海盐的生产技术和工艺水平都得到提高。秦汉时期渤海沿岸的海盐生产主要采用煎盐法,即先将海水淋灰制卤,然后将卤收起放在容器中煎熬,使其结晶成盐。山东半岛出土的几件秦汉时期的海盐煎制用具颇有代表性。1971 年 4 月,山东掖县(今莱州市)朱由镇路宿村出土汉代青铜煎锅一口,锅重 101.5 公斤,口径 122 厘米,深 14 厘米。据估算,用这种青铜煎锅煎盐,一昼夜可煎 6 盘,约得盐 200 公斤。[2] 路宿村西距海岸 4.5 公里,在古西由盐场范围以内,出土的青铜煎锅应是文献所载的煮盐官器——牢盆。1972 年,掖县路旺乡当利古城遗址出土一件铁釜(现藏烟台市博物馆),体大厚重,大口、深腹,口沿下有两道凸棱,双环耳,圆底。铁釜所出的当利是汉代的一个县,属东莱郡,

〔1〕　旅顺博物馆:《辽宁新金县花儿山汉代贝墓第一次发掘》,《文物资料丛刊》第 4 辑,文物出版社,1981 年。

〔2〕　王赛时:《山东海疆文化研究》,第 195 页。

地处胶莱河入渤海海口东岸,据《汉书·地理志》记载,汉时曾设盐官于此。铁
釜可能也是史籍记载的煮盐官器——牢盆。《史记·平准书》记载"愿募民自给
费,因官器作煮盐,官与牢盆"。"牢盆"即铁釜、铜盘、盘铁等煮盐工具。此
外,1981 年 3 月,掖县西由镇西头村出土一枚大型铜印(现藏莱州市博物馆),该
铜印中下部为阴文印文,左读为"右主盐官"。字呈方体而略扁,篆书体,与一般
汉印文等文字略近。该铜印的出土地点西去 2.5 公里即为渤海海岸,历代都是
胶东著名盐场,西汉时属东莱郡曲成县,设盐官,隶大农;东汉时为曲成侯国,
"其郡有盐官""郡国盐官……皆属郡县"。[1] 这枚铜印应该是朝廷设于地方的
盐官之用印。1982 年 5 月,蓬莱县(今蓬莱市)城关镇西庄(西庄地处海边沿岸,
距海数十米)农民建房挖地基时出土一件铜盘(藏烟台市博物馆),这件铜盘也
是与海盐生产有关的器物。[2]

3. 航海线路的开通和海洋贸易的发展

秦汉时期,随着航海路线的开辟和海外贸易的发展,开创了渤海海洋交通的
新纪元。秦汉时期海洋经济的发展使得大规模的海外贸易得到开启与发展。秦
始皇东巡和派方士出海,促进了渤海航线的发展。西汉时期海上丝绸之路的开
辟,汉武帝数次东巡渤海以及在海滨采取的一系列管理措施,使得渤海航线更加
通畅,渤海的航海事业得到了空前的发展。汉武帝晚年,还开辟了一条从山东沿
岸经黄、渤海出发通向朝鲜、日本的国际航线,为我国后世航海与贸易事业的发
展奠定了基础。秦汉时期,徐福、卢生、韩终、侯公、石生等所谓"燕、齐海上之方
士"同时作为航海家,应当也是渤海早期航运事业开发的先行者。对于秦汉上
层社会造成莫大影响的海上三神山的传说,其实也由来于"燕、齐海上之方士"
直接的或间接的航海见闻。[3]

(1) 造船基地

秦汉时期渤海沿岸的造船业得到进一步的发展。秦汉时期,渤海沿岸陆岸
与近岸岛屿之间的往来交通已十分便捷,人们经常离岸登岛,并栖息于海岛之
上。特别是秦末和汉末时期,大批民众从山东半岛渡海到辽东半岛。这种数百
人至数千人往来于陆岸海岛,必定要使用大量的船舶。秦汉时期渤海沿岸的造
船能力及航海规模,由此也可见一斑。

秦始皇时从渤海远程水运几十万人的粮饷给养,派童男女数千人从黄、渤海

---

　〔1〕《后汉书·百官志》。
　〔2〕　林仙庭、崔天勇:《山东半岛出土的几件古盐业用器》,《考古》1992 年第 12 期。
　〔3〕　王子今:《秦汉时期渤海航运与辽东浮海移民》,《史学集刊》2010 年第 2 期。

出发渡海求仙,没有数量多、质量好的船舶,是不可想象的,由此可以推断秦代渤海造船业的兴旺。汉武帝时遣军从渤海出发渡海征服朝鲜,一次发水军达5万人,并且汉武帝在位时,多次巡视渤海,这都无疑大大刺激了渤海沿岸造船业的发展。当时的东莱(今山东莱州至福山)、渤海(今河北沧州),均是秦汉时期著名的造船基地。这些地方经济发达,物资雄厚,既能为对外输出提供货源,又能提供航海外输的船舶。这两者是汉代开辟海上丝绸之路的物质基础。

汉代楼船[1]军为郡国兵,主要在江淮以南,但在北方的渤海也有楼船军及其基地,如进攻朝鲜的楼船就是从渤海调集和出发的。从现有史料查考到的渤海汉代楼船军的主要基地为博昌。博昌属千乘郡,在今山东博兴县小清河入海口附近。小清河自济南经高苑县流过博昌而入莱州湾。济南以东、临淄以北的所有河流皆汇于博昌入海。凡海上渔盐之利及沿小清河、大清河各地物产,都在博昌集散,所以博昌是当时北方的一个重要口岸。据《汉书·卜式传》记载,卜式曾说:“臣愿与子男及临淄习弩、博昌习船者请行。”可见,博昌也是汉代水军基地之一。[2]

(2) 港口

秦汉时期渤海重要的港口有碣石港和登州港。碣石港是渤海湾北岸的古港。它与南岸的黄、腄两港隔海相望,自夏商周以来便是横渡渤海航线的北端港口。《汉书·武帝纪》注中说碣石“在辽西絫县。絫县今罢,属临渝(今山海关临渝县)”。《水经注》说碣石在濡水(滦河)口,其所处的地理位置,为通向辽东的水陆要隘。从今天的地图看,在昌黎县东南沿岸有七里海,[3]其附近标有“碣石”,也许此处就是当年的古碣石港。从这里出发,循滦河而上可深入华北腹地,沿岸向东航行可至辽东半岛,为扼北方边陲的重要航海基地。史念海先生指出:“东北诸郡濒海之处,地势平衍,修筑道路易于施工,故东出之途此为最便,始皇、二世以及武帝皆尝游于碣石,碣石临大海,为东北诸郡之门户,且有驰道可达,自碣石循海东行,以至辽西、辽东二郡。”[4]

登州港是渤海南岸的港口。在先秦和秦代,广义的登州古港,由于带有原始港口的性质,具体港址经常变迁,因此包括渤海南岸今山东半岛东北端、原属登

〔1〕《汉书·武帝纪》颜师古注引应劭曰:“楼船者,时欲击越,非水不至,故作大船,上施楼也。”

〔2〕张炜、方堃:《中国海疆通史》,第61、62页。

〔3〕七里海又名七里滩,位于昌黎县城东南偏东16.5公里处的渤海沿岸,因其水域宽约七里,所以称为七里海。清乾隆三十九年《永平府志》载:“七里海,县东南三十里,即古溟海,亦曰七里滩。按七里海,纵七里,横十余里,水咸可作盐滩。”

〔4〕史念海:《秦汉时期国内之交通路线》,《河山集》第四集,陕西师范大学出版社,1991年,第573页。

州辖地的所有古港,其中重要的有黄、腄两港;狭义的登州港,则指古代登州府治所蓬莱城(今蓬莱市)的港口。黄和腄位于山东半岛东北部沿海,是渤海南岸的两个古港。这两港与渤海北岸的碣石港、辽宁南端的旅顺港一水相隔,是船舶横渡往来极为便捷之地。尤其黄港,是渤海著名的登州古港的前址。由此出海,沿庙岛群岛逐岛航行,便可抵辽东半岛南端,这是古代逐岛航行横渡渤海最安全的航线,同时也是通向朝鲜半岛、日本列岛,形成北方海上丝绸之路的重要起始港口。[1] 朝鲜黄海南道中部的信川郡凤凰里有汉长岑县遗址,曾出土"守长岑县王君,君讳卿,年七十三,字德彦,东莱黄人也,正始九年三月廿日,壁师王德造"的长篇铭文,由此也可以推想,汉代通往乐浪的海上航路的起点,可能确实是东莱郡黄县。[2]

登州港作为军事用兵的始发港,在汉代发挥了重要作用。汉武帝时,卫氏朝鲜攻杀辽东地方官吏,破坏朝鲜半岛其他国家和汉王朝的交往及海上通道,使登州、莱州港对辽东、朝鲜的海上交通中断。汉元鼎五年、元封元年、元封二年,汉武帝多次到东莱巡视登州(蓬莱)诸港,对渤海航路进行实地考察。元封二年秋,汉武帝发动了讨伐朝鲜的战争。据史载:"天子募罪人击朝鲜。其秋,遣楼船将军杨仆从齐浮渤海,兵五万人。"[3]《资治通鉴汉纪·武帝纪》载:"遣楼船将军杨仆从齐浮渤海,左将军荀彘出辽东,以讨朝鲜。"经过一年左右的围困和外交攻势,战争宣告结束。汉武帝在朝鲜半岛设置四郡,直属中央政府管辖。自此,登州港的海外交通得以开通和发展,和辽东、朝鲜半岛等的海上交往复呈往日的繁荣。登州港的贸易活动,经过秦皇汉武巡幸的推动,经过几次大的兵员和粮食运输活动,国内和对海外贸易都有发展。[4]

(3) 海上航线的开通

秦汉时期,山东与辽东之间渤海的海上航线已经通航往来,渤海沿岸居民多通过海路往来于山东半岛、辽东半岛和朝鲜半岛,并且清楚往来的航道和海程。《三国志·魏书·东夷传》记载朝鲜半岛古代居民状况时说:"辰韩在马韩之东,其耆老传世,自言古之亡人避秦役来适韩国,马韩割其东界地与之,有城栅。其言语不与马韩同。"这些移往朝鲜半岛的秦朝民众,很多可能是从渤海渡海而来。因此,秦汉时期由渤海沿岸通往朝鲜半岛的海上交通航线上的人员往来可能非常频繁。这从史籍的一些记载也可以看出,如"陈胜等起,天下叛秦,燕齐、

────────────────

[1] 主要参见寿杨宾《登州古港史》,人民交通出版社,1994年。
[2] 王子今:《秦汉时期渤海航运与辽东浮海移民》,《史学集刊》2010年第2期。
[3] 《汉书》卷九五《朝鲜列传》。
[4] 陈智勇:《中国海洋文化史长编·先秦秦汉卷》,第289页。

赵民避地朝鲜数万口"。〔1〕"汉初大乱,燕、齐、赵人往避地者数万口"。〔2〕 又如"诸吕作乱,齐哀王襄谋发兵,而数问于仲。及济北王兴居反,欲委兵师仲。仲惧祸及,乃浮海东奔乐浪山中,因而家焉"。〔3〕

　　汉朝立国之初,卫满率众东入朝鲜,建立了卫氏朝鲜。当时西汉朝廷承认卫满为外臣,受辽东太守节制,卫满承诺承担保塞防边,通达各族与汉朝廷交通线路之责。传至卫满之孙右渠时,卫氏朝鲜不仅对汉朝背盟断约,攻杀辽东地方官吏,而且破坏半岛上其他小国与汉朝的交往,阻断了原来的海上通道,使渤海与黄海北部的航行不能畅通。元封二年秋,汉武帝遣左将军荀彘出辽东从陆路进发,又遣楼船将军杨仆率海军五万人,从渤海南岸出发,渡过渤海,沿黄海北岸与东岸,攻灭破坏真番、辰韩与汉朝交通的卫氏朝鲜。于是,北起渤海的整个沿海海上交通线,乃至东到朝鲜、日本的海上交通线都畅通无阻。汉武帝扫清海道后,直至东汉末年,山东半岛与辽东半岛之间横渡渤海海峡的航线一直十分繁忙。东汉时,有不少关于山东半岛人民航海移居辽东的记载,说明渤海上的航海事业已相当发达。据《后汉书·逢萌传》记载,逢萌是北海都昌(今山东昌邑)人,时逢王莽之乱,从长安返回故乡,"将家属浮海,客于辽东",到东汉初年又返航山东半岛,"之琅邪劳山"。可见西汉末年,从昌邑已可航海前往辽东,隔海也可以互通信息。从山东半岛北端前往辽东半岛,海路最为近便,因而汉代人跨海迁徙,主要选择这条航线。

　　东汉末年到曹魏统治时期,山东至辽东的海上航线往来更加频繁,并且形成了有组织的移民高潮,海上交通往来不绝。尽管汉代的航海技术还不完备,但往来于海路的人却不断增多。东汉末年,山东半岛一些居民纷纷横渡海峡到辽东半岛投靠公孙度避难,如管宁、王烈、邴原、刘政、国渊、太史慈等,都曾由山东半岛航海移民到辽东半岛。〔4〕 据《资治通鉴·汉纪·献帝纪》记载:"公孙度威行海外,中国人士避乱者多归之,北海管宁、邴原、王烈皆往依焉。"还有太史慈,是东莱黄人,即蓬莱一带人,亦"恐受其祸,乃避之辽东"。〔5〕"邴原,字根矩,北海朱虚人也……以黄巾方盛,遂至辽东……原在辽东,一年中往归原居者数百家"。〔6〕 当时管宁先期到达辽东,"管宁,字幼安,北海朱

---

〔1〕 《三国志》卷三〇《东夷传》。
〔2〕 《后汉书》卷八五《东夷传》。
〔3〕 《后汉书》卷七六《王景传》。
〔4〕 章巽:《我国古代的海上交通》,商务印书馆,1986年,第12页。
〔5〕 《三国志》卷四九《太史慈传》。
〔6〕 《三国志》卷一一《邴原传》。

虚人也。……至于辽东……乃因山为庐,凿坏为室。越海避难者,皆来就之而居,旬月而成邑"。[1] 曹魏消灭辽东公孙氏后,居住于辽东半岛的民众又大批渡海移徙到山东。《三国志·魏书·三少帝纪》记载景初三年(239 年):"以辽东东沓县吏民渡海居齐郡界,以故纵城为新沓县以居徙民。"次年,又"以辽东汶、北丰县民流徙渡海,规齐郡之西安、临菑、昌国县界为新汶、南丰县,以居流民"。这种大规模移民需要众多的船只载运,由此可见当时造船水平与航运能力都有很大提高。

秦汉时期航海船舶的抗风浪能力还较弱,稍遇风浪,就会让人感到恐慌。由于当时科技水平较低,人们还不能准确预知海洋天气,难以避开大风等不利因素,所以在航海过程中也经常会遇到危险。如管宁来往山东与辽东之间时,就两度遭遇风暴,文献记载:"管宁避地辽东,经海遇风,船人危惧",[2] 又载管宁从辽东航海回归故乡,途中又遇风暴,"宁之归也,海中遇暴风,船皆没,唯宁乘船自若。时夜风晦冥,船人尽惑,莫知所泊。望见有火光,辄趣之,得岛"。[3] 从这些记载中可以看出,汉代航海者在海洋气象预报、夜间方位定向方面还很稚嫩,对突如其来的强风袭击缺少熟练的应急措施,因而化险为夷的幸运成分较多。尽管海上风浪经常吞噬弱小的航船,但探海者们还是不放弃这条通向彼岸的海路,他们甘冒风涛而趟出一条充满希望的航线。[4]

秦汉时期从渤海出发东渡日本的航线已经开通。早在战国时期,人们就曾开通了从山东半岛渡渤海海峡到辽东半岛经朝鲜半岛至日本的一条航线。后因卫氏朝鲜背约断绝与汉的关系,阻断了这条海上航线,直至汉武帝派兵攻灭卫氏朝鲜。《后汉书·东夷传》中说:"倭,在韩东南大海中,依山岛为居,凡百余国。自武帝灭朝鲜,使驿通于汉者三十许国。国皆称王,世世传统。其大倭王居邪马台国。乐浪郡徼,去其国万二千里,去其西北界拘邪韩国七千余里。"秦汉时期中日之间的海上交通,应该还是沿袭战国时期的格局,基本上是沿海岸航行,从日本列岛出发北上经朝鲜半岛、辽东半岛渡渤海而至山东半岛,所以《文献通考》卷三二四说"倭人……初通中国也,实自辽东而来"。汉代时期中、日之间有交流往来已被考古学的发现证明,如 1784 年日本九州福冈县志贺岛的一位农民在整修水沟时,挖得了一方金印,印上刻有"汉倭奴国王"五字印文,经鉴定是东汉光武帝赐给倭奴国王的那方金印;日本学者木宫

〔1〕 《三国志》卷一一《管宁王烈传》注引《傅子》。
〔2〕 《艺文类聚》引周景式《孝子传》,明正德锡山华氏兰雪堂活字本。
〔3〕 《三国志》卷一一《管宁王烈传》注引《傅子》。
〔4〕 王赛时:《山东沿海开发史》,第 94 页。

泰彦所著《日中文化交流史》说在日本系岛郡小富士村的海岸遗址发现有王莽时的货泉。

（4）海洋运输与海洋贸易的发展

秦汉时期渤海沿岸地区经济已经相当发达，随着社会的发展和造船技术的进步，这一时期渤海海洋运输能力提升很快，海洋贸易得到进一步发展。秦朝虽然只存在了短短的14年，但秦朝在渤海航运方面所取得的成就是空前的。秦朝时期，渤海开始了大规模的海上漕运。当时由于匈奴不时衅边，秦始皇三十二年，秦始皇命蒙恬发兵30万北击匈奴。蒙恬收复黄河以南44个县以后，驻兵扼守北河，并下令修筑长城以防守。据范文澜估计，"蒙恬所率防匈奴兵30万人，筑长城假定50万人"，[1] 那么总数约为80万人，这80万人的粮饷供给是一个很大问题，因为没有办法做到就近供给，陆运也很困难。为了解决这个困难，秦始皇派出大型船队从渤海南岸沿岸港口及琅琊港出发，渡渤海，自天津入古黄河，溯流北上向北河防地运送粮食。《史记·平津侯主父列传》记载："又使天下蜚刍挽粟，起于黄、腄、琅邪负海之郡，转输北河，率三十钟而致一石。"秦始皇二十八年、三十七年，两次命徐福带童男女数千人入海求仙。徐福率领的庞大航海船队从黄、渤海区域出发远航。从这两件大事中，不难看出秦代渤海海洋运输的发达。

汉代渤海的海洋运输依然繁忙。汉元朔二年（前127年），汉武帝建立朔方郡，招募10万人口徙居朔方，作为边防重镇，并由山东半岛等地通过渤海转运粮饷。这一情况，《史记》《汉书》和《资治通鉴》均有记载：汉"兴十余万人筑朔方城，复缮故秦时蒙恬所为塞，因河为固，转漕甚远。自山东咸被其劳，费数十百巨万"。[2] 朔方设卫，匈奴屡遭打击。至元朔六年，匈奴单于龙廷被迫迁往瀚海以北。可见登州等渤海南岸诸港通过渤海航运，在支援朔方前线抗击匈奴的粮食集散运输中发挥的重要作用。[3] 元封二年秋开始的征伐卫氏朝鲜的战争持续了一年多，征伐部队的粮草军需供应等，也从渤海出发经海路运送，这也是一次大规模的海上运输。

东汉时期爆发的张伯路起义，多次横渡渤海海峡往返于辽东半岛和山东半岛之间。东汉永初三年（109年）秋七月，辽东半岛南部的文、沓两县（今辽宁省大连市地区）爆发了由张伯路领导的海上饥民三千余人起义，攻打"滨海九郡，

〔1〕　范文澜：《中国通史简编（修订本）》，人民出版社，1964年，第18页。

〔2〕　《资治通鉴》卷一八《汉纪·武帝纪》。

〔3〕　陈智勇：《中国海洋文化史长编·先秦秦汉卷》，第288页。

杀二千石令长"。[1] 汉安帝派兵镇压,张伯路率兵屯聚海岛之上,与之斗争。次年春正月,张伯路率船队转战渤海,再次攻打山东滨海郡县,"攻厌次,杀县令",[2]然后"转入高唐,烧官寺,出系囚"。[3] 汉安帝发幽冀诸郡兵数万人,并令青州刺史法雄等合力镇压。张伯路以海岛为根据地与官兵周旋,法雄注意到起义军在海上运动作战的能力很强,又担心起义军"若乘船浮海,深入远岛,攻之未易也",[4]想以朝廷赦令"慰诱其心",再趁起义军"势必解散"之机,"然后图之",达到"不战而定"的目的。后因张伯路见"东莱郡兵独未解甲",于是率部下返回辽东,"止海岛上"。永初五年春,张伯路率领起义军横越渤海,再次攻打东莱地区,不幸被法雄战败。张伯路只好引领起义军浮海再次回到辽东。从张伯路起义军舟师在渤海中纵横驰骋,往复转战于辽东半岛和山东半岛之间,充分反映了当时渤海沿岸居民的海上航行能力之强。

秦汉时期,商品经济已经有很大发展,"足迹所及,靡不毕至","船车贾贩,周于四方","富商大贾,周流天下",在这种形势下,渤海的海洋贸易也得到很大发展。秦汉时期渤海沿岸很多人加入商贸行列,从事海洋贸易,通过贩卖鱼盐而致富。《史记·货殖列传》记载:"汉兴,海内为一,开关梁,弛山泽之禁,是以富商大贾周流天下,交易之物莫不通,得其所欲。"并且还记载了西汉初齐地的大商人刁闲(亦作刁闲、刁间、刁间)善待奴仆,用他们去做鱼盐生意并成为巨富的例子:"齐俗贱奴虏,而刁闲独爱贵之。桀黠奴,人之所患也,唯刁闲收取,使之逐渔盐商贾之利,或连车骑,交守相,然愈益任之。终得其力,起富数千万。"渤海沿岸的鱼盐商贸不仅造就了一代巨富,而且全方位刺激着渤海海洋贸易的高涨。秦始皇、汉武帝多次巡海,对于促进渤海海洋贸易的发展起了很大作用。虽然秦皇汉武的求仙活动都以失败告终,但他们的巡海无疑促进了渤海造船、航海以及港口的发展,对于渤海海洋贸易的发展意义重大。

北方海上丝绸之路[5]的开辟是秦汉时期渤海海洋贸易发展的一个特点。以渤海南岸登州(蓬莱)为起点的北方海上丝绸之路,即从山东半岛出发经渤海海峡、辽东半岛与朝鲜、日本的海上贸易往来,要早于和西方沟通的北方陆上丝绸之路及南方海上丝绸之路。从登州出发渡海至辽东、经朝鲜而至日本的航线,

---

[1] 《后汉书》卷三八《法雄传》。
[2] 《后汉书》卷五《安帝纪》。
[3] 《后汉书》卷三八《法雄传》。
[4] 《后汉书》卷三八《法雄传》。
[5] "海上丝绸之路"相对陆地"丝绸之路"而言,是指中国通过海上与其他各国进行贸易和文化交流的通道。见朱亚非《古代山东与海外交往史》,中国海洋大学出版社,2007年。

在战国前就存在。秦汉时期,渤海沿岸的燕地与齐地不仅盛产丝织品,而且是造船基地。造船能力的提高,船舶形制的改善,以及航海技术的发展,这些都为开辟海上丝绸之路提供了物质基础。秦汉时期北方海上丝绸之路是由登州(蓬莱)—庙岛群岛—辽东旅顺老铁山—鸭绿江口—朝鲜西海岸—朝鲜东南海岸—对马岛—冲之岛—大岛—北九州等连接起来的。日本朝贡也大致沿着这一路线,从登州登陆后,前往西汉都城长安或东汉都城洛阳。秦汉时期,秦朝人和汉朝人由于各种原因,经由登州前往辽东,然后到朝鲜半岛或日本,给他们带去了养蚕和丝织技术,使得朝鲜、日本的养蚕丝绸业得到了显著发展。秦汉时期通过以登州港为起点的北方丝绸之路的输出,使中国文化在朝鲜、日本得到了广泛的传播。济州出土的汉代五铢钱、货泉、货布、大泉五十等货币,进一步印证了当时"乘船往来,货市韩中"[1]的贸易活动,而"货市韩中"的中国货物主要来自辽东半岛、山东半岛一带。渤海沿岸地区发达的航海业、丝绸业、陶瓷业也为中朝、中日之间的海上贸易准备了强大的动力和充足的货源。朝鲜半岛、日本列岛的一些土特产也通过海上丝绸之路传入中国,"韩国诸国和倭国所出的一种'大如鸡子',但'味不美'的栗子可能在此时传入山东半岛"。[2]

---

〔1〕　《后汉书》卷八五《东夷传》。
〔2〕　蒋非非:《中韩关系史·古代卷》,社会科学文献出版社,1998年,第51页。

第三章　魏晋南北朝时期
动荡的渤海

魏晋南北朝时期,政局动荡,战乱频仍。渤海地区各种势力之间的争战接连不断,人民的反抗斗争也此起彼伏。百姓为了活命四出逃难,统治者大肆掠夺人口,这导致人口出现大迁徙,渤海地区的海上航行因而较为频繁。

第一节　环渤海政区的设置

在魏晋南北朝时期,环渤海地区先后经历了曹魏、西晋、后赵、前燕、前秦、后燕、北燕、东晋、刘宋、北魏、东魏、北齐、北周等十多个政权的统治。由于政权更迭频繁,地方政区的变化较大。

一、曹魏时期的环渤海政区

起初,曹魏曾分辽东、昌黎、玄菟、带方、乐浪五郡为平州。后来撤销了平州,将这五郡划归幽州。曹魏时期,渤海地区主要划分为幽州、冀州和青州三个一级行政区。

幽州下辖的郡国位于渤海地区的有辽东、昌黎、玄菟、辽西、右北平、渔阳等。辽东郡的治所在襄平县(今辽宁辽阳市),下辖九县,位于渤海地区的有襄平、西安平、东沓、北丰、汶、辽隧、新昌、安市、平郭等。玄菟郡的治所在高句骊县(今辽宁沈阳市东),下辖高显、望平、高句骊、辽阳四县。昌黎郡的治所在昌黎县(今辽宁锦州市义县),下辖昌黎、宾徒二县。辽西郡的治所在阳乐县(今河北卢龙县西南),下辖阳乐、肥如、临汝、海阳四县。右北平郡的治所在土垠(今河北唐山市丰润东),下辖徐无、土垠、俊靡、无终四县。渔阳郡的治所在渔阳县(在今北京密云县西南),下辖渔阳、犷平、潞、雍奴、泉州五县。

冀州下辖的郡国位于渤海地区的有渤海、乐陵、河间。渤海郡的治所在南皮县(在今河北南皮县东北),下辖南皮县、东光侯国、浮阳县、饶安县、高城县、蓚县、广川侯国、章武县等。乐陵国的治所在厌次(在今山东惠民县东北),下辖新乐、乐陵、厌次、漯沃等县。河间郡的治所在乐城(在今河北献县东南),下辖乐城侯国、鄚侯国、武垣县、易城县、中水县、威平县、高阳县、东平舒县、文安县等。

青州下辖的郡国有五个,位于渤海地区的有乐安、北海、东莱、齐国四郡。乐安郡的治所在高苑县(今山东邹平县东北苑城),下辖高苑、博昌、临济、蓼城、利、乐安、寿光、千乘、益九县。北海国的治所在平寿县(今山东潍坊市潍城区西关),下辖平寿、都昌、下密、剧、营陵、朱虚、胶东、即墨八县。齐国的治所在临淄县(今山东淄博市东北临淄北),下辖西安、临淄、东安平、般阳、广饶、南丰、昌国、益都、新沓、新汶十县。东莱郡的治所在黄县(今山东龙口市),下辖卢乡、掖、曲城、当利、黄、惤、长广、不其、挺、牟平、昌阳十一县。

二、西晋时期的环渤海政区

在西晋时期,环渤海地区设置了平州、幽州、冀州、青州四个州级行政区。

东汉末年,割据辽东的公孙度自称平州牧。公孙度的子孙公孙康、公孙文懿继续盘踞辽东,承袭平州牧。曹魏政权平定公孙氏后,朝廷正式分辽东、昌黎、玄菟、带方、乐浪五郡为平州。后来又合并到幽州。西晋泰始十年(274年)二月,再次分以上五郡设置平州。其中位于环渤海地区的有辽东和昌黎、玄菟三郡。辽东国的治所仍在襄平县(今辽宁辽阳市),下辖襄平、汶、居就、乐就、安市、新昌、力城、西安平八县。昌黎郡的治所仍在昌黎县(今辽宁锦州市义县),仍下辖昌黎和宾徒二县。玄菟郡的治所仍在高句骊县(今辽宁沈阳市东),下辖高显、望平、高句骊三县。平州的出现是缘于割据政权,它的正式设置则是出于朝廷加强对地方控制的目的。

幽州的治所在涿县(在今河北涿州市),统辖九个郡国,位于渤海地区的有辽西郡、北平郡、范阳国和燕国四个郡国。辽西郡的治所仍在阳乐县(今河北卢龙县西南),下辖阳乐、肥如、海阳三县。北平郡的治所在徐无(在今河北遵化市遵化镇东),下辖徐无、土垠、俊靡、无终四县。燕国的治所在蓟县(在今北京城西南隅),下辖蓟、安次、昌平、军都、广阳、潞、安乐、泉州、雍奴、狐奴十县。范阳国的治所在涿县(今河北涿州市),下辖涿、良乡、方城、长乡、遒、故安、容城、范阳八县。

冀州统辖十三个郡国,位于渤海地区的有章武、渤海、河间、乐陵等四个郡国。章武国设置于泰始元年,治所在东平舒县(在今河北大城县),下辖东平舒、文安、章武、束州四县。河间国的治所在乐城县（在今河北献县东南十六里），下辖乐城、武垣、鄚、易、中水、成平六县。渤海郡的治所在南皮（在今河北南皮县东北），下辖南皮、东光、浮阳、饶安、高城、重合、东安陵、蓨、广川、阜城十县。乐陵郡的治所在厌次（在今山东惠民县东北），下辖厌次、阳信、漯沃、新乐、乐陵五县。

青州统辖九个郡国，位于环渤海地区的有乐安、齐国、北海、东莱四个郡国。乐安国的治所在高苑县（在今山东邹平县苑城驻地），下辖高苑、临济、博昌、利、益、蓼城、梁邹、寿光、东朝阳九县。齐国的治所在临淄（在今山东淄博市临淄区北），下辖临淄、西安、东安平、广饶、昌国、般阳、新沓七县。东莱郡的治所在掖县（今山东莱州市），下辖九县，位于渤海地区的有掖、当利、卢乡、曲城、黄、㤠六县。北海郡的治所在平寿县（在今山东昌乐县西十里），下辖都昌、胶东、即墨、下密、平寿五县。

三、北魏时期的环渤海政区

北魏时期，在环渤海地区设置了营州、平州、瀛洲、冀州、青州、光州六个州级行政区。

营州的治所在和龙城（今辽宁朝阳市）。太延二年（436年）为镇，太平真君五年（444年）改镇为州，统辖六郡，除乐浪外其余五郡都在环渤海地区。昌黎郡的治所也在和龙城，下辖龙城、广兴、定荒三县。建德郡的治所在白狼城（在今辽宁喀喇沁左翼蒙古族自治县西南黄道营子），下辖石城、广都、阳武三县。辽东郡的治所在固都城（今辽宁锦州市北镇市），下辖襄平、新昌二县。冀阳郡治所在平刚县（今内蒙古宁城县西南甸子乡黑城），下辖平刚、柳城二县。营丘郡的治所在富平县（今辽宁锦县东境），下辖富平、永安二县。

平州的治所在肥如城（今河北卢龙），统辖辽西、北平二郡。辽西郡的治所在肥如县（今河北卢龙县东北），下辖肥如、阳乐二县。北平郡的治所在新昌县（今河北卢龙县卢龙镇），下辖朝鲜、新昌二县。

幽州的治所在蓟城（今北京城西南隅），统辖燕、范阳、渔阳三郡，位于渤海地区的只有渔阳郡，治所在雍奴县（今天津武清区泗村店镇旧县村），下辖雍奴、潞、无终、渔阳、土垠、徐无六县。

瀛洲是在太和十一年（487年），分定州的河间、高阳与冀州的章武、浮阳而设置的，治所在赵都军城（今河北河间市），统辖高阳、章武、河间、浮阳四郡，位于渤海地区的有章武、河间和浮阳。章武郡的治所在平舒县（今河北大城县），下辖成平、平舒、束州、文安、西章武五县。河间郡的治所在武垣县（今河北河间市南),下辖武垣、乐城、中水、鄭四县。浮阳郡的治所在浮阳县(今河北沧县东南旧州镇),下辖浮阳、章武、高城、饶安四县。

冀州的治所在信都(今河北冀州市),统辖长乐、渤海、武邑、乐陵四郡,位于渤海地区的有渤海和乐陵。乐陵郡的治所在乐陵县(在今山东乐陵市东南二十五里刘武官乡西北城子后南),下辖乐陵、阳信、厌次、湿沃四县。渤海郡的治所在南皮县(在今河北南皮县东北),下辖南皮、东光、修、安陵四县。

青州的治所在东阳城(在今山东青州市阳水北),下辖齐郡、北海、乐安、勃海、高阳五郡,都位于渤海地区。齐郡的治所在临淄(在今山东淄博市临淄区北),下辖临淄、昌国、盘阳、平昌、西安、广川、益都、广饶、安平九县。北海郡的治所在平寿城(在今山东昌乐县西十里),下辖下密、剧、都昌、平寿、胶东五县。乐安郡的治所在千乘县(在今山东广饶县北),下辖千乘、博昌、安德、般四县。勃海郡的治所在被阳城(在今山东高青县东南高城镇),下辖重合、修、长乐三县。高阳郡的治所在高阳县(在今河北高阳县东旧城),下辖高阳、新城、鄚、安次、安平四县。

光州的治所在掖城(今山东莱州市),皇兴四年(470年)分青州置光州,下辖东莱、长广、东牟三郡,只有东莱郡位于渤海地区。东莱郡的治所在掖城,下辖掖县、西曲城、东曲城、卢乡四县。

魏明帝熙平二年(517年),分瀛州的浮阳和冀州的乐陵而设置沧州,治所在饶安城(今河北盐山县西南千童镇),除下辖浮阳和乐陵外,还辖安德郡。安德郡是中兴初年分乐陵郡而设置的,太昌元年(532年)裁撤,天平初年复置,治所在般县界内,下辖般、重合、重平、平昌四县。

魏晋南北朝时期,由于政局的动荡,统治者为了加强统治,新设置了一些州郡县,导致州郡县的数量增加。当然渤海一带的政区也有很大程度的继承性。

第二节　动荡时期的渤海

魏晋南北朝时期,由于各种政治势力之间争夺激烈,环渤海地区的幽州、冀州与青州战乱接连不断,社会局势长期动荡不安,人民生活极其困难。

一、汉末曹魏时期渤海地区的动荡

东汉末年,在黄巾农民起义的打击下,中央政权对地方的控制力大大削弱,州郡官吏和地方豪强趁机崛起,互相争夺不休,政局长期动荡不安,从而形成割据混战的局面。

从董卓专权开始,东汉政区名存实亡,有势力的州郡长官大多割据一方,并且相互争夺,以致建安元年(196 年)七月,汉献帝从长安回到洛阳,"州郡各拥兵自卫,莫有至者"。[1] 这充分反映了当时的政治局势。

渤海区域政局的混乱和动荡,其表现是多方面的。一些豪强割据一方,拒绝政府租税和劳役的征发。"胶东人公沙卢宗强,自为营堑,不肯应发调"。[2] 这是一个显著的事例。一些豪强横行不法,政府对之无能为力。例如,"高密孙氏素豪侠,人客数犯法。民有相劫者,贼入孙氏,吏不能执"。[3] 山阳郡李朔等拥有不少部曲,经常祸害平民。高平县人张苞为郡督邮,"贪秽受取,干乱吏政"。[4] 一些豪强聚众起兵,四处劫掠。当时的胶东一带有很多盗贼。长广县(今山东莱西)的豪强管承,拥有徒众三千余家,四出劫掠。海贼郭祖侵扰乐安、济南界,百姓备受其苦。袁谭被袁尚击败,刘询趁机在漯阴(治所在今山东齐河县东北)起兵,周围多个城镇响应。一些州郡长官被起兵的豪强杀害。幽州刺史、涿郡太守先后被杀。少数民族乌丸内侵,造成的祸害最大。建安九年四月,辽西、辽东和右北平三郡乌丸攻鲜于辅于犷平,所过之地,抢劫一空。十一年,三郡乌丸趁天下大乱,攻破幽州,夺取汉民共计十余万户。辽西单于蹋顿尤其强盛,多次入塞劫掠。

地方势力之间相互争夺,战争接连不断,百姓兵役和赋税负担十分沉重。在辽东的公孙瓒为了扩张地盘,击败冀州牧韩馥,率军进入冀州。袁绍在易京(今河北雄县西北)击溃公孙瓒,兼并其军队。袁绍死后,其长子袁谭与少子袁尚,因为继承权等问题,相互争夺不休。曹操围攻邺城时,袁谭趁机攻取甘陵、安平、渤海、河间四郡。曹操击败袁尚后,转而进攻袁谭。袁谭从平原撤军,驻扎在龙凑。曹操追到城下,袁谭不敢出战,夜逃南皮。曹军攻陷南皮,袁谭被杀。袁尚、袁熙受到部将焦触和张南的攻击,逃奔辽西乌丸。焦触自号幽州刺史,驱率诸郡太守令长,投靠了曹操。曹操进攻辽西乌丸,袁尚、袁熙与乌丸迎战,战败后奔辽东,公孙康诱斩袁尚、袁熙,将其头颅献给曹操。

朝廷丧失了对地方的控制力,势力强大者自行夺取州郡长官。如渤海太守袁绍凭借其势力,夺取韩馥冀州牧的官职。后来袁绍任命其长子袁谭为青州刺史,中子袁熙为幽州刺史,外甥高干为并州刺史。袁谭又自行任命青州的地方豪

〔1〕《三国志》卷六《魏书·董卓传》。
〔2〕《三国志》卷一一《魏书·王修传》。
〔3〕《三国志》卷一一《魏书·王修传》。
〔4〕《三国志》卷二六《魏书·满宠传》。

强为郡县长官。

渤海的动荡突出表现在辽东地区长期处于半割据状态。玄菟人公孙度是一个非常残暴的人。同郡人徐荣为董卓中郎将，荐举公孙度为辽东太守。当初，辽东郡下属的襄平令公孙昭，征召公孙度之子公孙康为伍长。公孙度就任辽东太守后，逮捕公孙昭，将其活活打死在襄平集市。郡中的名豪大姓田韶等一百多家，都被杀害，全郡人感到震惊和恐惧。原来的河内太守李敏，是一位知名人士，厌恶公孙度的所作所为，担心被公孙度迫害，携家属逃到海上。公孙度大怒，掘了李敏父亲的坟墓，剖棺焚尸，将其宗族全部杀害。但他能征善战，"东伐高句骊，西击乌丸，威行海外。……越海收东莱诸县，置营州刺史。自立为辽东侯、平州牧，追封父延为建义侯"。[1] 曹操因为忙于四处征战，对公孙度无可奈何，只能听之任之。

公孙度死后，其子公孙康嗣位。公孙康死后，其子都幼小，众人拥立公孙康之弟公孙恭为辽东太守。由于公孙恭懦弱无能，公孙康之子公孙渊后来夺取了恭的权位。曹魏政权一直对公孙氏采取怀柔政策，授予其官爵，默认其对辽东的统治。公孙氏虽然臣服于曹魏朝廷，但毕竟是一个割据一方的半独立政权，并且与南方的孙吴政权一度交往密切，成为北方的一大隐患。而且公孙渊出言不逊，蔑视朝廷。景初元年（237年），朝廷于是派幽州刺史毌丘俭持玺书征公孙渊入京。公孙渊发兵迎击，毌丘俭战败而还。"渊遂自立为燕王，置百官有司。遣使者持节，假鲜卑单于玺，封拜边民，诱呼鲜卑，侵扰北方"。[2] 公孙渊完全脱离朝廷而独立，从而对曹魏政权构成很大的威胁。

蜀汉丞相诸葛亮去世后，曹魏在西南方的威胁得到缓解。魏明帝决定消灭公孙氏政权，解除东北的心腹大患。景初二年，他将驻守长安的老将司马懿召回洛阳，命其率军讨伐公孙渊。经过惨烈的战斗，魏军荡平了公孙氏的都城襄平。公孙氏割据辽东五十年，至此被平定，收复百姓四万余户，人口三十余万。公孙氏统治辽东前期，政局稳定，而中原地区军阀连年混战，大量人口逃到辽东，促进了辽东地区经济文化的发展。曹魏平定辽东，消除了割据势力，促进了国家的统一。

二、两晋时期渤海地区的频繁动乱

263年，曹魏灭掉蜀汉政权。265年，相国司马炎篡夺曹魏皇权，建立西

---

〔1〕《三国志》卷八《魏书·公孙度传》。
〔2〕《三国志》卷八《魏书·公孙度传》。

晋。280年,西晋灭掉孙吴政权,结束三国鼎立的局面,统一了全国。晋武帝司马炎统治时期,国家出现了短暂的繁荣局面。晋武帝去世后,晋惠帝即位,诸王为争夺中央政权,爆发了八王之乱,内战导致政局混乱不堪,阶级矛盾尖锐,人民的反抗斗争风起云涌,北方的少数民族匈奴、鲜卑、羯、氐、羌纷纷入主中原,建立政权,彼此征战不休。

统治者的残酷剥削与掠夺,致使民不聊生,青州清河贝丘(今山东茌平西)人汲桑与羯族人石勒趁机举起反晋的旗帜,势力迅速壮大。汲桑和石勒率军进攻幽州刺史石鲜于乐陵,石鲜战死。乞活田禋率众五万救石鲜,石勒逆战,田禋又战败。汲桑和石勒的军队与濮阳太守苟晞等相持于平原、阳平间数月,大小三十余战,互有胜负。结果汲桑和石勒的部队被青州刺史苟晞击败,死者一万余人,于是收集余众,投奔刘渊。冀州刺史丁绍在赤桥截击,又大败之。汲桑逃奔马牧,后来在平原被晋军击毙;石勒奔乐平。

赋役繁重、战争频繁,百姓不堪忍受,被迫揭竿而起。晋惠帝末年,东莱人刘伯根聚众暴动,同郡的王弥率家僮响应。刘伯根战死后,王弥又在海岛上聚众起兵。青州刺史苟晞多次进攻,都没能将他击垮。他率众接连攻陷泰山、鲁国等郡,杀死不少郡守和县令,众达数万人,朝廷军队不能抵抗。他进攻洛阳失利后,投靠了匈奴人刘渊。他攻陷洛阳后,派遣部将曹嶷率领五千人回到家乡东莱,争夺青州,王弥的部将徐邈、高梁擅自率领部曲数千人随从曹嶷前往。曹嶷的队伍进一步壮大,连营数十里。苟晞连续进攻曹嶷,都取得胜利。于是苟晞选拔精锐将士,准备与之决战。恰巧刮起大风,尘土飞扬,苟晞战败,放弃城池,趁夜单骑逃到了高平。曹嶷占领青州,自立为王,称霸一方。

东中郎将王浚承贾皇后的意旨,杀害晋惠帝的太子司马遹,得以升迁为宁北将军、青州刺史。不久转宁朔将军、持节、都督幽州诸军事。王浚是一个有很大野心的人,他勾结鲜卑首领。在"八王之乱"时,他拥兵自重、坐观成败。他杀害幽州刺史和演后,自领幽州刺史,派胡汉二万人攻成都王司马颖。他的军队攻陷邺城后,大肆抢劫,百姓大批死亡。永嘉三年(309年),石勒进攻冀州,刺史王斌遇害,王浚又自领冀州。他派军进攻石勒的都城襄国,大败赵军。不久,他再次派军进攻石勒,在广宗却被赵军击败。并州刺史刘琨使宗人刘希到中山召集士兵,上谷、代郡、广宁三郡人都归附于刘琨。于是王浚派兵攻破刘希,掠走三郡百姓。但王浚为政苛暴,将吏贪残,赋役繁重,百姓不堪忍受,纷纷逃亡。王浚的腐败统治,导致众叛亲离,所以最后被石勒擒杀。

"八王之乱"导致西晋政权风雨飘摇,国家分崩离析,各地的实力派开始割据混战。鲜卑族的慕容部、段部和宇文部分别活动在辽东、辽西和右北平一带。

段部首领段疾陆眷病死,其从弟段末杯宣言段疾陆眷之弟段匹碑谋篡,出兵击败之,自立为单于。王浚被杀后,段匹碑领幽州刺史,与并州刺史刘琨一起征讨石勒。段末杯趁机出兵进攻,段匹碑再次被击败,士众离散。段匹碑杀害刘琨,导致晋人离散。段匹碑受到石勒和段末杯的夹击,不能自固,投靠乐陵太守邵续途中,又被段末杯击败。段匹碑与邵续并力追击段末杯,斩获略尽。

乐陵太守邵续顽强抗击石勒,多次击败他的攻击。邵续的兄子、武邑内史邵存与段匹碑之弟文鸯在平原被石勒的部将石季龙击败。青州刺史曹嶷趁机进攻邵续,破坏他的屯田,掠夺其户口。邵续首尾相救,疲于奔命。石勒趁段匹碑率军攻段末杯、邵续孤危之机,派石季龙围攻邵续。石季龙在城外大肆掠夺人口,邵续出城营救时被俘,后来被杀。石季龙多次进攻乐陵,邵存与段匹碑、文鸯等奋勇抗击。由于众寡悬殊,段匹碑与文鸯被俘,邵存突围南奔,在路上为贼所杀。段匹碑与文鸯被送到襄国后也被杀。

割据青州的曹嶷,对石勒叛服无常,不时发生争夺。石勒派遣大将石季龙率领四万人讨伐,围攻曹嶷的据点广固城(在今山东青州市西北八里尧山之阳)。曹嶷出降后被害,其部众被坑杀了三万人。石季龙当时打算将青州境内的人全部杀害,新任青州刺史刘征说,将人民全部杀掉,我这个青州刺史就没用了。石季龙才留下来男女七百人。青州被赵军全部占领。

段匹碑被杀后,段部还有较大的势力。其首领段辽派军攻占幽州。皇帝石季龙亲自统率大军讨伐段辽,攻入蓟城,段辽的四十余城官员都率众投降了后赵。段辽大惧,逃奔密云山。段部灭亡。石季龙占领了辽西后,乘胜进攻慕容部。但他进攻棘城,十多天都没有攻下。慕容皝派他的儿子慕容恪反击,石季龙大败。

西晋时期,渤海北岸地区鲜卑族的三个强大部落——慕容部、段部和宇文部,彼此争夺不休,其内部也自相残杀。其中慕容部的势力发展最快,其首领慕容廆时期,逐步强大起来,开始四处开疆拓土,与周边地区的部族展开争夺。慕容部与宇文部素有怨仇,于是慕容廆率众进攻辽西的宇文部,杀戮和掠夺很多民众。西晋派幽州的军队讨伐慕容廆,将其击败。但慕容廆仍然不断四出侵扰。

太兴初年,平州刺史崔毖鼓动高句丽、宇文和段部三国进攻慕容部。慕容廆用计谋促使高句丽和段部撤军。宇文悉独官率军进逼棘城,连营三十里。慕容廆用精锐骑兵迂回邀击的战术,大败宇文部,悉独官只身逃脱,余众全部被俘。后赵皇帝石勒派遣宇文部再次来攻,慕容廆又将其击败,攻克其国都,掠夺数万民户。慕容廆去世后,其第三子慕容皝嗣位,继续对外扩张,连年征战不休。

后赵皇帝石季龙调集数十万人的军队大举进攻慕容部。慕容部以少胜多,大败赵军,斩杀和俘获赵军三万余人,乘胜灭掉了段辽势力。

慕容皝击败高句丽,迫使高句丽臣服。然后他进攻后赵,长驱直入到达蓟城,攻入高阳,迁徙幽、冀二州三万余户而归。

宇文归派遣军队来攻,慕容皝派军将其击溃,宇文部的军队全部被俘。慕容皝乘胜亲自征讨宇文部,大将涉奕于倾全力迎战,兵败被俘,宇文归远遁漠北,慕容皝徙其部人五万余落于昌黎。宇文部也被消灭。

慕容皝去世后,其次子有文武才干的慕容儁嗣位。永和六年(350年),慕容儁大举南伐,攻占蓟城,将都城迁到了那里。这次迁都,为燕军争夺中原奠定了政治基础。冉闵取代石赵称帝,建立冉魏政权后,慕容燕又与之展开了激烈的争夺。结果燕军攻杀了有勇无谋的冉闵,灭掉了冉魏政权。燕军所向无敌,很快攻占了幽州、冀州和青州。慕容儁又将都城由蓟城迁到了邺城。慕容儁去世后,即位的慕容暐懦弱无能,前秦趁机对其发动了进攻。秦军所向披靡,连败燕军。太和五年,慕容暐被俘,前燕灭亡。

三、南北朝时期渤海地区的争夺

前秦统一北方后,社会经济得到了短暂的恢复和发展,百姓也过上了较为安宁的生活。可是淝水之战前秦战败之后,迅速走向衰败,各族贵族纷纷建立政权,并展开激烈争夺,北方再次陷入分裂混战的局面。

鲜卑拓跋部建立的北魏,本来是最弱小的政权,但它凭借勇猛善战的部落骑兵,利用各政权间的矛盾,逐步削平群雄,成为最有实力的北方霸主。冯跋在辽东和辽西建立的北燕,成为北魏觊觎已久的目标。北魏采取蚕食政策,不断侵扰北燕,掠夺其人口。在北魏的攻击下,太延二年北燕国主冯文通被迫逃奔高丽,不久被杀。北燕灭亡。

永初三年(422年)五月,宋武帝刘裕去世,北魏趁机大举进攻刘宋的青州和兖州,城邑大多望风而溃。刘宋的兖州刺史徐琰逃奔彭城,魏军于是围攻刘宋青州刺史竺夔于东阳城(在今山东青州市阳水北)。魏军有三万骑兵围攻东阳,而城内只有文武一千五百人。魏军用尽各种战术攻城,由于竺夔巧妙的指挥和宋军的英勇奋战,都被击退。宋军的士兵伤亡严重,筋疲力尽,城池就要被攻陷时,魏军得知刘宋的援军即将到达匆忙撤军。由于东阳城毁坏严重,不能守卫,青州的治所迁到了不其城(今山东青岛市城阳区北)。

永光元年(465年),湘东王刘彧杀掉暴虐的前废帝刘子业,登基做了皇帝,是为宋明帝。刘子业诸弟江州刺史晋安王刘子勋、郢州刺史安陆王刘子绥、荆州刺史临海王刘子顼、会稽太守寻阳王刘子房等起兵反。青州刺史沈文秀、冀州刺史崔道固、徐州刺史薛安都等,举兵响应叛军。沈文秀的部将刘弥之、张灵庆等则举兵响应朝廷。刘弥之是青州的豪强,宗族势力强大,同族的人成群结队奔往北海郡(治所在今山东昌乐县东南五十里古城),占据城池抗拒沈文秀。平原、乐安二郡太守王玄默占据琅邪,清河、广川二郡太守王玄邈在盘阳城,高阳、渤海二郡太守刘乘民在临济城(在今山东高青县东南高城镇西北二里),也都起义响应朝廷。沈文秀派遣军主解彦元攻陷北海,刘乘民从弟刘伯宗率领乡兵,经过激战又收复北海,并率军进攻青州的治所东阳城,刘伯宗战死。宋明帝派遣新任青州刺史明僧暠、东莞东安二郡太守李灵谦率军讨伐沈文秀。王玄邈、刘乘民与明僧暠等一起围攻东阳城,但每次进攻都被沈文秀击退,东阳城久攻不下。江南各地的反抗被平定后,宋明帝派沈文秀之弟沈文炳前去招降沈文秀,沈文秀归降。但崔道固和沈文秀此前招引的北魏军队到达,沈文秀既归降朝廷,于是趁魏军无备,率军突袭魏军,魏兵死伤很多。魏军于是围攻东阳城,但每次进攻都被沈文秀击败。宋明帝派遣的援军都惧怕魏军,只有沈文秀之弟、征北中兵参军沈文静从海道抵达不其城,多次击败魏军,但最后城陷被杀。沈文秀被围攻了三年,几乎天天战斗,将士都英勇作战,没有背离和反叛的。由于外无援军,最后城被攻破,沈文秀被俘,士兵被魏军杀死了很多。青州、冀州、徐州等也都被魏军占领。

北魏统治时期,渤海地区人民的反抗斗争也接连不断。天兴元年(398年),博陵、渤海、章武诸郡的人民纷纷揭竿而起,占据要塞,击败官军,杀死地方官员。天兴二年七月,范阳人卢溥,聚众海滨,称使持节、征北大将军、幽州刺史,攻掠郡县,杀死幽州刺史封沓干;十月,诏令材官将军和突讨卢溥;直到三年正月,和突才在辽西攻破卢溥,生获卢溥及其子卢涣,传送京师,将其车裂。永兴二年(410年),章武郡人刘牙聚众反,抗拒官军。

刘裕称帝前大肆杀戮东晋宗室,幸存者流亡各地,所以他们不断发动武装暴动,来反抗朝廷。景平元年(423年),逃亡的司马灵期、司马顺之率领一千余人,围攻东莱城,太守崔祎击败之,杀死灵期等三十余人。元嘉二十八年(451年),流亡者司马顺则诈称晋室近属,自号齐王,聚集起不少民众,占据梁邹城。又有沙门司马百年,自号安定王,流亡者秦凯之、祖元明等分别占据村屯,响应司马顺则。乐安、渤海二郡司马曹敬会拒战失败,只身逃走。太守崔勋之率军进攻之,也失败。义军杀伤官军甚多。青冀二州刺史萧斌一方面派人假投降,进入义军进行分化瓦解,一方面调集军队进攻,经过激烈战斗,才平定这次暴动。

魏晋南北朝时期,由于政局的动荡,各种政治势力的争夺非常频繁,百姓的反抗斗争也接连不断,这进一步加深了渤海地区的混乱局面。

第三节　人口的频繁迁徙

魏晋南北朝时期,政局动荡不安,战乱频仍,赋役繁重,百姓生活朝不保夕,他们为了活命,被迫背井离乡,四处流亡。统治者为了争夺人口或稳固新占领地区,也经常强制迁徙人口,因而人口迁徙的频繁与数量的众多,可谓史无前例。这突出反映在汉魏之际、两晋之际和北朝三个时期。

一、汉末曹魏时期的人口流动

东汉末年,军阀混战连年不断,百姓生活困苦不堪。汉献帝在令州郡罢兵的诏书中说:"今海内扰攘,州郡起兵,征夫劳瘁,寇难未弭,或将吏不良,因缘讨捕,侵侮黎民,离害者众;风声流闻,震荡城邑,丘墙惧于横暴,贞良化为群恶……今四民流移,托身他方,携白首于山野,弃稚子于沟壑,顾故乡而哀叹,向阡陌而流涕,饥厄困苦,亦已甚矣。"[1] 渤海地区是曹操、袁绍、公孙瓒、陶谦等军阀势力激烈争夺的地区,战争更加频繁,百姓遭受的灾难更严重,人口的流亡也更多。

冀州和青州等地人民外出避难的主要去向是辽东。北海郡朱虚县(今山东临朐东南)人管宁,因为天下大乱,他听说公孙度在辽东治理有方,闻名于海外,于是与同县人邴原以及平原人王烈等迁移到辽东。他在辽东郡的北部,"因山为庐,凿坏为室。越海避难者,皆来就之而居,旬月而成邑"。[2] 正始二年(241年),太仆陶丘一、永宁卫尉孟观、侍中孙邕和中书侍郎王基在荐举管宁的上表中说管宁"避时难,乘桴越海,羁旅辽东三十余年"。由此可知,管宁等人是渡过渤海到达辽东的,随后的避难者也都是渡海而去的,显然也都来自青州和平原等地。逃难者"旬月而成邑",说明流亡者的数量众多。北海朱虚(县治在今山东临朐县东南六十里)人邴原,先"将家属入海,住郁洲(又名田横岛,在今江苏连云港市东云台山一带)山中。……原以黄巾方盛,遂至辽东,与同郡刘政俱有勇略雄气。……原在辽东,一年中往归原居者数百家"。[3] 一年之中投奔邴原的同乡就多达数百家,进一步说明避难辽东的青州人之多。与管宁同时渡海去辽

---

〔1〕《三国志》卷八《陶谦传》注引《吴书》。
〔2〕《三国志》卷一一《管宁传》注引《傅子》。
〔3〕《三国志》卷一一《邴原传》。

东的除邴原、王烈等人外,还有乐安郡益县(治所在今山东寿光市南十里益城)人国渊[1]、莱郡黄县(今山东龙口东黄城集)人太史慈等。

有不少渤海地区的人为了避难,逃奔相对安宁的江南。北海郡营陵县(治所在今山东昌乐县昌乐镇)人是仪,"避乱江东"。[2] 东莱郡牟平县(今山东烟台牟平区)人刘繇,"避乱淮浦(今江苏涟水县)",后南渡长江,到达曲阿(治所即今江苏丹阳市)。[3] 北海郡剧县(治所在今山东寿光市南三十里纪台村)人滕胤,"伯父耽,父胄,与刘繇州里通家,以世扰乱,渡江依繇"。[4] 东莱郡黄县人太史慈,因为与刘繇是同郡,"暂渡江到曲阿见繇"。[5] 孙吴的大将程普和韩当,分别来自右北平郡土垠县(治所在今河北唐山市丰润区银城铺乡)和辽西郡令支县(治所今河北迁安市西南的赵店子)。[6]

也有一部分人移居长江中游的荆州。"初平末,(北海人孙)宾硕以东方饥荒,南客荆州"。[7] 平原县(治所在今山东平原县西南二十五里张官庄)人刘惇,"遭乱避地,客游庐陵(治所在今江西吉安市东北)"。[8]

有些人逃到偏僻的山中避难。"徐州黄巾贼攻破北海,(北海高密人郑)玄与门人到不其山(在今山东青岛市城阳区东北)避难"。[9] 后来,"黄巾寇青部,(郑玄)乃避地徐州"。[10]

极少数人先逃到江南,后到达益州。北海人孙乾,随刘备南渡江,从入益州。[11]

在渤海地区人民大量外迁的同时,也有少数外地人移居渤海地区。颍川郡(治所在今河南许昌长葛市)人胡昭,"避地冀州"。[12] 广陵郡(治所在今江苏扬州市区)人王琳,"避难冀州"。[13]

逃难的民众,在家乡安定后,纷纷返回故土。国渊、邴原与刘政、太史慈等后

〔1〕 按,《三国志》卷一一《国渊传》作"乐安盖人"。"盖"为"益"之讹,其说详见胡阿祥等著《中国行政区划通史·三国两晋南朝卷》上册,复旦大学出版社,2014年,第372页。

〔2〕 《三国志》卷六二《是仪传》。

〔3〕 《三国志》卷四九《刘繇传》。

〔4〕 《三国志》卷六四《滕胤传》。

〔5〕 《三国志》卷四九《太史慈传》。

〔6〕 《三国志》卷五五《程普韩当传》。

〔7〕 《三国志》卷一八《张恭张就传》注引《魏略·勇侠传》。

〔8〕 《三国志》卷六三《刘惇传》。

〔9〕 《三国志》卷一二《崔琰传》。

〔10〕 《后汉书》卷三五《郑玄传》。

〔11〕 《三国志》卷三八《孙乾传》。

〔12〕 《三国志》卷一一《管宁传附胡昭传》。

〔13〕 《三国志》卷二一《王粲传附王琳传》。

来都回到故乡。河间郡鄚县(在今河北任丘境)人邢颙避难到右北平,时过五年,曹操平定冀州,他返回故里。[1] 涿郡(治所在今北京)人刘放,逃难到渔阳郡,曹操平定冀州后征辟他,他应召而回。[2] 曹魏政权平定割据辽东的公孙渊后,人民纷纷渡过渤海,迁移到山东半岛。大规模的迁徙史书就有两次记载。魏明帝景初三年"夏六月,以辽东东沓县吏民渡海居齐郡界,以故纵城为新沓县以居徙民"。[3] 齐王曹芳正始元年二月,"以辽东汶、北丰县民流徙渡海,规齐郡之西安、临菑、昌国县界为新汶、南丰县,以居流民"。[4] 曹魏政府设置了三个县来安置流民,足以说明流民数量之多。

二、两晋时期的人口大迁徙

晋惠帝时期的"八王之乱"导致政局混乱、民怨沸腾。少数民族匈奴、鲜卑、羯、氐、羌等趁机进入中原,抢占地盘,这就是"五胡乱华"。百姓不堪忍受内战的折磨和外族的残暴统治,掀起了有史以来最大的一次移民浪潮。移民的基本路线是从内战频繁的中原地区,向西北、东北和南方迁徙,其中长江中下游地区是移民的主要去向。当时的移民活动分为两种类型,一是人民为了避难谋生主动的迁徙,二是执政者为了争夺人口或稳固新占领地区的统治而强制性的迁徙人口。

西晋末年,幽州、冀州、青州相继被石勒攻陷,百姓大批逃往南方避难。"自元帝渡江,于广陵侨置青州","是时,幽、冀、青、并、兖五州及徐州之淮北流人相帅过江淮,帝并侨立郡县以司牧之"。[5] 永嘉年间,由于北方人民大量南迁,东晋政府为了安置这些流民,依据他们原来的政区名称设置了相同的政区,这就是中国古代史上所特有的侨州、侨郡、侨县。这一现象的出现足以说明,从北方南下的移民数量之多。

渤海地区人民南下长江流域最突出的事例,是范阳郡遒县(今河北涞源县)人祖逖率领的数百家移民。"及京师大乱,逖率亲党数百家避地淮泗,以所乘车马载同行老疾,躬自徒步,药物衣粮与众共之……达泗口,元帝逆用为徐州刺史,寻征军咨祭酒,居丹徒之京口"。后来为了光复北方故土,祖逖"将本流徙部曲

---

〔1〕《三国志》卷一二《邢颙传》。
〔2〕《三国志》卷一四《刘放传》。
〔3〕《三国志》卷四《齐王芳纪》。
〔4〕《三国志》卷四《齐王芳纪》。
〔5〕《晋书》卷一五《地理志》。

百余家渡江"。[1] 这百余家流民并未返回故乡,而是在祖逖的率领下收复黄河
以南的不少失地。渤海郡饶安县(治所在今河北盐山县西南千童镇)人刁协,
"避难渡江",家住京口。[2] 青州乐安郡(治所在今山东邹平县东北苑城)人光
逸,"以世难,避乱渡江"。[3]

　　由于中原地区战乱不断,相对安定的辽东和辽西地区成为人民避难的又一
个主要去向。"时二京倾覆,幽冀沦陷,(辽东的慕容)廆刑政修明,虚怀引纳,流
亡士庶多襁负归之。廆乃立郡以统流人,冀州人为冀阳郡,豫州人为成周郡,青
州人为营丘郡,并州人为唐国郡。于是推举贤才,委以庶政,以河东裴嶷、代郡鲁
昌、北平阳耽为谋主,北海逢羡、广平游邃、北平西方虔、渤海封抽、西河宋奭、河
东裴开为股肱,渤海封弈、平原宋该、安定皇甫岌、兰陵缪恺以文章才俊任居枢
要,会稽朱左车、太山胡毋翼、鲁国孔纂以旧德清重引为宾友,平原刘赞儒学该
通,引为东庠祭酒"。[4] 这明确显示避难辽东的人来自冀州、豫州、并州和青
州,但主要是青州和冀州,著名士人就来自渤海地区的北平、渤海、平原、广平、北
海等郡。慕容皝时期,"罢成周、冀阳、营丘等郡。以勃海人为兴集县,河间人为
宁集县,广平、魏郡人为兴平县,东莱、北海人为育黎县,吴人为吴县,悉隶燕
国"。[5] 鲜卑素连、木津叛乱,西晋军队讨伐失利,"连岁寇掠,百姓失业,流亡
归附(慕容廆)者日月相继"。[6] "孔苌攻代郡……时司、冀、并、兖州流人数万
户在于辽西"。[7] 冯跋从上党"东徙和龙(今辽宁朝阳市),家于长谷"。[8] 这
些事例进一步佐证,逃亡辽东的流民主要来自渤海地区。

　　有些人辗转迁徙多次。东莱郡掖县人刘胤,"会天下大乱,携母欲避地辽
东,路经幽州,刺史王浚留胤,表为渤海太守。浚败,转依冀州刺史邵续";后来
到达江南。[9] 刘胤最初打算避难辽东,在幽州居住一段时间,后转到冀州,最
后到达江南。灌津县(治所在今河北武邑县东北二十五里观津村)人韩恒,"永
嘉之乱,避地辽东。(慕容)廆既逐崔毖,复徙昌黎"。[10] 永嘉之乱时,渤海郡蓨

　　〔1〕《晋书》卷六二《祖逖传》。
　　〔2〕《晋书》卷六九《刁协传附刁逵传》。
　　〔3〕《晋书》卷四九《光逸传》。
　　〔4〕《晋书》卷一〇八《慕容廆载记》。
　　〔5〕《晋书》卷一〇九《慕容皝载记》。
　　〔6〕《晋书》卷一〇八《慕容廆载记》。
　　〔7〕《晋书》卷一〇四《石勒载记》。
　　〔8〕《晋书》卷一二五《冯跋载记》。
　　〔9〕《晋书》卷八一《刘胤传》。
　　〔10〕《晋书》卷一一〇《慕容儁载记附韩恒传》。

县(治所在今河北景县南)人高瞻"与叔父隐率数千家北徙幽州,既而以王浚政令无恒,乃依(平州刺史)崔毖,随毖如辽东"。[1] 这数千家流民一路向北迁徙,先到达幽州,后到达平州,最后来到辽东。

有些迁到江南的移民,又迁回了故土。范阳郡人李产,在永嘉之乱时投奔迁到江南的祖逖,但他后来"率子弟十数人间行还乡里,仕于石氏,为本郡太守"。[2]

也有少数人由渤海地区向西迁移。北海人刘敏元,"永嘉之乱,自齐西奔。同县管平年七十余,随敏元而西,行及荥阳,为盗所劫。……后仕刘曜,为中书侍郎,太尉长史"。[3] 刘曜的都城在长安,刘敏元即定居于此。

为了有效统治新占领地区的人民,统治者往往将他们强制迁到其他地区。石季龙打败辽西鲜卑段辽后,"乃迁其户二万余于雍、司、兖、豫四州之地";此后又"徙辽西、北平、渔阳万户于兖、豫、雍、洛四州之地"。[4] 后来"贼盗蜂起,司、冀大饥,人相食。自季龙末年而(季龙养孙冉)闵尽散仓库以树私恩。与羌胡相攻,无月不战。青、雍、幽、荆州徙户及诸氐、羌、胡蛮数百余万,各还本土,道路交错,互相杀掠,且饥疫死亡,其能达者十有二三"。[5] 战乱不止、强制性的迁徙人口和被迫回归故土,导致人民颠沛流离,加之疾病和饥饿,人口大量减少。

当时的战争,除了争夺土地,还掠夺人口。崛起于辽东的鲜卑首领慕容廆,"率众东伐扶余,扶余王依虑自杀,廆夷其国城,驱万余人而归";后来慕容廆迫使平州刺史"(崔)毖与数十骑弃家室奔于高句丽,廆悉降其众,徙(崔毖兄子)焘及高瞻等于棘城,待以宾礼"。[6] 在平州的士民,也有不少被迁到了棘城。慕容廆去世后,其第三子慕容皝接任鲜卑大单于。慕容皝的母弟慕容仁在辽东独立,于是"皝自征辽东,克襄平。……分徙辽东大姓于棘城";慕容皝大败宇文归,"尽俘其众,归远遁漠北。皝开地千余里,徙其部人五万余落于昌黎"。[7] 后来燕军又"东袭扶余,克之,虏其王及部众五万余口以还"。[8] 慕容皝的继承者慕容儁,南攻后赵,占领蓟城,"徙广宁(治所在今河北涿鹿县)、上谷(治所在今北京市延庆县)人于徐无(治所在今河北遵化市东),代郡人于凡城(在今河北

〔1〕《晋书》卷一〇八《慕容廆载记附高瞻传》。

〔2〕《晋书》卷一一〇《慕容儁载记附李产传》。

〔3〕《晋书》卷八九《刘敏元传》。

〔4〕《晋书》卷一〇六《石季龙载记》。

〔5〕《晋书》卷一〇七《石季龙载记附冉闵载记》。

〔6〕《晋书》卷一〇八《慕容廆载记》。

〔7〕《晋书》卷一〇九《慕容皝载记》。

〔8〕《晋书》卷一〇九《慕容皝载记》。

平泉县南)而还"。[1]

由于战乱频繁,渤海地区的人民大批死亡,幸存者纷纷外迁,这造成渤海地区人口稀少,劳动力资源短缺,因此统治者就将其他地方的人民强制迁到渤海地区。例如,石季龙平定秦陇地区的羌族后,石勒"徙氐羌十五万落于司、冀州"。[2] 后来石季龙,"徙秦州三万余户于青、并二州诸郡"。[3] 前秦皇帝苻坚,"徙陈留、东阿万户以实青州"。[4] 段龛在广固割据,自号齐王。慕容儁派军讨伐段龛,攻占广固,"徙鲜卑胡羯三千余户于蓟"。[5] "兴宁初,(慕容)暐复使慕容评寇许昌、悬瓠、陈城,并陷之,遂略汝南诸郡,徙万余户于幽、冀"。[6] 后燕皇帝"(慕容)盛率众三万伐高句骊,袭其新城、南苏,皆克之,散其积聚,徙其五千余户于辽西"。[7] 由于渤海地区荒无人烟,羌族首领"(姚)弋仲率部众数万迁于清河"。[8]

鲜卑贵族慕容德率领四万多户人口,先从邺城迁到滑台(今河南滑县)。在潘聪的建议下,慕容德率领这四万多户民众进驻青齐地区,建立南燕政权。[9] 这些南迁青齐地区的人基本来自冀州,具体事例史书多有记载。刘休宾,"本平原人。祖昶,从慕容德渡河,家于北海之都昌县"。[10] 崔光,"东清河鄃人也。祖旷,从慕容德南渡河,居青州之时水"。[11] 太原祁人王玄谟,"祖牢,仕慕容氏为上谷太守,陷慕容德,居青州"。[12] 清河绎幕人房景伯,"高祖谌,避地渡河,居于齐州之东清河绎幕(治所在今山东淄博市淄川城西北六里域城镇)焉"。[13] 房谌渡河来到侨置的东清河郡绎幕县。清河东武城人张谠,"父华,为慕容超左仆射"。[14] 张谠的父亲或祖父也是随从慕容德来到青州的。"傅竖眼,本清河人。……祖父融南徙渡河,家于磐阳"。[15] 清河人傅永,"幼随叔父洪仲与张幸

〔1〕《晋书》卷一一〇《慕容儁载记》。
〔2〕《晋书》卷一〇五《石勒载记》。
〔3〕《晋书》卷一〇五《石勒载记附石弘载记》。
〔4〕《晋书》卷一一三《苻坚载记》。
〔5〕《晋书》卷一一〇《慕容儁载记》。
〔6〕《晋书》卷一一一《慕容暐载记》。
〔7〕《晋书》卷一二四《慕容盛载记》。
〔8〕《晋书》卷一一六《姚弋仲载记》。
〔9〕《晋书》卷一二七《慕容德载记》。
〔10〕《魏书》卷四三《刘休宾传》。
〔11〕《魏书》卷六七《崔光传》。
〔12〕《宋书》卷七六《王玄谟传》。
〔13〕《魏书》卷四三《房法寿传附房景伯传》。
〔14〕《魏书》卷六一《张谠传》。
〔15〕《魏书》卷七〇《傅竖眼传》。

自青州入国,寻复南奔"。[1] 傅永与傅竖眼类似,也是祖辈自冀州清河移居青州的,二人很可能为同族。高聪,"本勃海蓚人。曾祖轨,随慕容德徙青州,因居北海之剧县"。[2] 清河东武城人崔道固,"祖琼,慕容垂车骑属。父辑,南徙青州,为泰山太守"。[3] "(崔)模,慕容熙末南渡河外,为刘裕荥阳太守";崔模兄崔协之子邪利,以鲁郡降附北魏,任广宁太守,卒于郡,"及国家克青州,(其子)怀顺迎邪利丧,还葬青州"。[4] 崔怀顺之所以将父亲的灵柩运回青州安葬,是因为其家族南渡黄河后居住在青州,青州成为其桑梓之地。这些跟随慕容德南迁的大族有清河崔氏、房氏、张氏、傅氏,平原刘氏、明氏,渤海封氏、高氏等。如同唐长孺先生所说:南北朝时期"青齐地区完全是地方豪强掌握的世界,而这些地方豪强却不是土著,多半是随慕容德南渡的河北大姓。他们都拥有以宗族、门附组成的武装"。[5] 很多人是整个家族迁到青州的。例如,"(刘)弥之青州强姓,门族甚多,诸宗从相合率奔北海,据城以拒(青州刺史沈)文秀"。[6] 南迁青齐地区的人除来自冀州外,也有来自辽东的。例如,辽东襄平人李后智等,"随慕容德南渡河,居青州"。[7] 这个武装集团能够集体成功迁移,是因为青州当时人口稀少,能够容纳下这么多人口。

三、北魏时期大规模的人口迁徙

北朝时期人民迁徙的目的是多种多样的,有的是为了避难,有的是掠夺人口,有的是为了削弱对方实力,有的是为了稳固新占领地区。北燕君主冯跋,"遣其太常丞刘轩徙北部人五百户于长谷(在今辽宁朝阳市附近),为祖父园邑"。[8] 这次徙民五百户,是为了看守君主祖父的陵墓。

北魏多次征讨割据辽东的北燕,并迁徙其大量人口,目的是为了蚕食北燕,削弱其势力。延和元年(432 年),太武帝率军征伐冯文通,"文通婴城固守。文通营丘、辽东、成周、乐浪、带方、玄菟六郡皆降,世祖徙其三万余户于幽州";次年,"文通遣其将封羽率众围(叛降北魏的长子冯)崇,世祖诏永昌王健督诸军救

〔1〕《魏书》卷七〇《傅永传》。
〔2〕《魏书》卷六八《高聪传》。
〔3〕《魏书》卷二四《崔玄伯传附道固传》。
〔4〕《魏书》卷二四《崔玄伯传附崔模从子邪利传》。
〔5〕唐长孺:《魏晋南北朝史论拾遗》,中华书局,1983 年,第 98 页。
〔6〕《宋书》卷八八《沈文秀传》。
〔7〕《魏书》卷七一《李元护传》。
〔8〕《晋书》卷一二五《冯跋载记》。

之。封羽又以凡城降,徙其三千余家而还"。[1] 在北魏多次掠夺其人口的情况下,很快北燕就灭亡了。

　　皇兴三年(469 年),北魏大将慕容白曜攻占青齐地区。"五月,徙青州民于京师"。[2] 唐长孺先生指出:北魏政府"按照阶级、社会地位、降拒态度区别待遇。第一等是客,只有少数高级地方官、将军们得到这种待遇。其中降附最先的为上客、次客,先守后降的为下客。其次是在代京附近立了个平齐郡,一般地位较次的地方豪强所谓'民望'作为'平齐民'。最下是曾经据守的兵士和人民便一律被赏给将军、百官当奴婢"。[3] 史书对此记载的事例有很多。"及历城、梁邹降,(房)法寿、(房)崇吉等与崔道固、刘休宾俱至京师。以法寿为上客、崇吉为次客,崔、刘为下客"。[4] 刘宋徐州刺史薛安都主动请降,"皇兴二年,与毕众敬朝于京师,大见礼重,子侄群从并处上客,皆封侯,至于门生无不收叙焉。又为起第宅。馆宇崇丽,资给甚厚"。[5] 刘宋冗从仆射毕众敬之子元宾,"为刘骏正员将军,与父同建勋诚。及至京师,俱为上客,赐爵须昌侯,加平远将军"。[6] 崔道固兄子僧祐"……归降,(慕容)白曜送之,在客数载,赐爵层城侯"。[7] 刘宋官员没有抵抗魏军而投降者,被待为上客,授予官职,赐给爵位。长期抗拒魏军的官员,被免除死罪,待为下客,待遇很差。青州刺史沈文秀抗拒魏军半年多,兵败后投降,"遂与长史房天乐、司马沈嵩等锁送京师。面缚数罪,宥死,待为下客,给以粗衣蔬食"。[8] 除了平城之外,还有些人被迁到了桑干郡(治所在今山西山阴县东)。"(慕容)白曜送(崔)道固赴都,有司案劾,奏闻,诏恕其死。乃徙青齐士望共道固守城者数百家于桑乾,立平齐郡于平城西北北新城。以道固为太守"。[9] 与崔道固守城的数百家青齐士望起初被徙到平城,因为曾经抗拒魏军,所以又被迁到桑干,以示惩罚。刘宋幽州刺史刘休宾投降魏军后,"白曜送休宾及宿有名望者十余人,俱入代都为客。及立平齐郡,乃以梁邹民为怀宁县,休宾为县令"。[10] 崔道固和刘休宾因为是下客,所以由原来的州刺史降职为郡

〔1〕《魏书》卷九七《冯跋传附弟文通传》。
〔2〕《魏书》卷六《显祖纪》。
〔3〕 唐长孺:《魏晋南北朝史论拾遗》,第104页。
〔4〕《魏书》卷四三《房法寿传》。
〔5〕《魏书》卷六一《薛安都传》。
〔6〕《魏书》卷六一《毕众敬传附子元宾传》。
〔7〕《魏书》卷二四《崔玄伯传附崔道固兄子僧祐传》。
〔8〕《魏书》卷六一《沈文秀传》。
〔9〕《魏书》卷二四《崔玄伯传附崔道固传》。
〔10〕《魏书》卷四三《刘休宾传》。

守和县令。被迁徙者人数最多的是普通民众,他们的境况更差,生活贫困不堪。"东阳平,(刘休宾的叔母)许氏携二子(法凤、法武)入国,孤贫不自立"。[1] "蒋少游,乐安博昌人也,慕容白曜之平东阳,见俘入于平城,充平齐户,后配云中为兵"。[2] "大军攻克东阳,(高)聪徙入平城,与蒋少游为云中兵户,窘困无所不至"。[3] 兵户的地位远比编户齐民要低,接近于奴仆。刘宋的冀州刺史崔道固的城局参军傅永,"与道固俱降,入为平齐民。父母并老,饥寒十数年,赖其强于人事,戮力傭丐,得以存立"。[4] 基层官员傅永的境况尚且如此,普通民众的境况可想而知。沦为平齐民的还有刘芳、崔亮、崔光等。彭城人刘芳随伯母房氏,迁居青州梁邹城。"慕容白曜南讨青齐,梁邹降,芳北徙为平齐民"。[5] "(崔)亮母房氏,携亮依冀州刺史崔道固于历城……及慕容白曜之平三齐,内徙桑乾,为平齐民。时年十岁,常依季父幼孙,居家贫,傭书自业"。[6] "慕容白曜之平三齐,(崔)光年十七,随父徙代。家贫好学,昼耕夜诵,傭书以养父母"。[7] 北魏这次迁徙青齐士民的规模是很大的,被迁徙者作为降民,其社会地位都大大降低,生活遭受严重影响。

这些平齐民的结局不一。有些死在了迁徙地。房法寿的族人、渤海太守房灵宾与兄灵建,"俱入国,为平齐民。……并卒于平齐"。[8] 有些平齐民逃到了南朝。"(房)伯玉,坐弟叔玉南奔,徙于北边。后亦南叛,为萧鸾南阳太守"。[9] 房法寿的从弟房崇吉"南奔……妻从幽州南出,亦得相会。崇吉至江东,寻病死"。[10] 刘休宾兄子刘闻慰,"至延兴中,南叛"。[11] 刘休宾叔父旋之之子法凤、法武,"后俱奔南"。[12] 直到太和年间,孝文帝才允许平齐民返回故乡。"崔平仲自东阳南奔,妻子于历城入国。太和中,高祖听其还南"。[13] 房法寿的族子房景先,"太和中,例得还乡,郡辟功曹"。[14] "(崔)僧渊入国,坐兄弟徙于薄

〔1〕《魏书》卷四三《刘休宾传附从弟法凤、法武传》。
〔2〕《魏书》卷九一《蒋少游传》。
〔3〕《魏书》卷六八《高聪传》。
〔4〕《魏书》卷七〇《傅永传》。
〔5〕《魏书》卷五五《刘芳传》。
〔6〕《魏书》卷六六《崔亮传》。
〔7〕《魏书》卷六七《崔光传》。
〔8〕《魏书》卷四三《房法寿传附族子灵宾传》。
〔9〕《魏书》卷四三《房法寿传附族子伯玉传》。
〔10〕《魏书》卷四三《房法寿传附从弟崇吉传》。
〔11〕《魏书》卷四三《刘休宾传附兄子闻慰传》。
〔12〕《魏书》卷四三《刘休宾传附弟法凤、法武传》。
〔13〕《魏书》卷四三《房法寿传附崔平仲传》。
〔14〕《魏书》卷四三《房法寿传附族子景先传》。

骨律镇,太和初得还。……与(妻)杜氏及四子家于青州"。[1] 有些人后来由于战乱才回到故乡。崔亮从父弟光韶,"永安末,扰乱之际,遂还乡里"。[2] 崔光从祖弟庠,"迁东郡太守。元颢寇逼郡界,庠拒不从命,弃郡走还乡里"。[3] 崔光韶与崔庠还乡里较晚,是因为此前忙于在京师及各地做官。

北魏末年,爆发了河北人民大起义,百姓纷纷逃到青州避难。"杜洛周、鲜于修礼为寇,瀛、冀诸州人多避乱南向。幽州前北平府主簿河间邢杲,拥率部曲……南渡居青州北海界";后来邢杲发动起义,"所在流人先为土人凌忽,闻杲起逆,率来从之,旬朔之间,众逾十万"。[4] "孝庄初,河间邢杲率河北流民十余万众,攻逼州郡,(青州)刺史元儁忧不自安"。[5] 这次幽州与冀州百姓迁徙青州者,多达十余万人。"属洛周陷城,(阳)弼遂率宗亲南渡河,居于青州"。[6] 阳休之,"右北平无终人也。……魏孝昌中,杜洛周破蓟城,休之与宗室及乡人数千家南奔章武,转至青州。是时葛荣寇乱,河北流民多凑青部"。[7] 这些流民以家族、宗族或乡里为单位,成群结队迁移青州,其数量多达十几万人,他们主要来自冀州与幽州。

综上所述,魏晋南北朝时期渤海地区的人口迁徙,有内部不同地区的迁徙,有渤海地区向外部的迁徙,也有外部向渤海地区的迁徙;既有民众为了避难自愿的迁徙,也有政府强制性的迁徙。从情感上说故土难离;从客观条件而言,离开故乡就丧失了必要的生产和生活资料,生活从而遭受严重影响。因而无论哪种类型的迁徙,对被迁徙者而言,都是一场灾难。

第四节 渤海航行的频繁与 航线的多向运营

渤海地区开发较早,经济较为发达;渤海是连接辽东半岛与山东半岛的海上桥梁,不仅渤海沿岸的海上航行频繁,而且从渤海南下苏浙的航线、从渤海通往

---

〔1〕 《魏书》卷二四《崔玄伯传附族人僧渊传》。
〔2〕 《魏书》卷六六《崔亮传附从父弟光韶传》。
〔3〕 《魏书》卷六七《崔光传附弟庠传》。
〔4〕 《魏书》卷一四《高凉王孤传附六世孙天穆传》。
〔5〕 《魏书》卷六六《崔亮传附从父弟光韶传》。按,"元儁"应为"元世儁",见《魏书》卷一九中《任城王云传附孙世儁传》。
〔6〕 《魏书》卷七二《阳尼传附曾孙弼传》。
〔7〕 《北齐书》卷四二《阳休之传》。

朝鲜和日本的海上往来也接连不断,渤海从而成为海上交往的重要枢纽。

一、环渤海的海上航行繁多

山东半岛北岸距离辽东半岛的海上航线最近,渤海地区的航海者最早探索的可能就是这一条航线。近年来,考古工作者在庙岛群岛周围海域不断发现石锚等遗物,证实了新石器时代从山东半岛到辽东半岛存在着航海迹象,而这条航线大都沿着庙岛群岛作南北延伸,使本来只有 100 公里的直线航道上增加了很多的支撑点。目前发现的石锚一般重十余斤,可以稳泊二三吨的船只,这种吨位的船只足以航行于山东与辽东的短程航线。

早在战国时期,齐国与燕国交往,就已经开辟了两国之间的海上航线。近年来在河北秦皇岛沿海地区发现许多齐国刀币,其中邻近沿海一侧的牛头崖、北戴河海滨、洋河口西的东大夫庄、岭上、白塔岭和石门寨等地,均出土大量齐、燕两国刀币,特别是牛头崖古海口遗址发现齐国刀币,更能说明当年齐国的船只曾经到达此地。战国以前山东北通辽东、河北、天津的航线已经开辟,这是我们从沿线文物的发现上进行的推断。文献的记载则严重缺失,只留下一条间接证据。即《战国策》卷一九《赵策》有"齐涉渤海"以援燕赵的战略构思,这显然是建立在当时已经存在的两地海上航线的基础之上的。

汉朝时,山东与辽东之间的海上往来,明确见诸史书记载。北海都昌(今山东昌邑)人逄萌在长安学习,由于王莽之乱,返回故乡后,"将家属浮海,客于辽东"。[1] 这说明西汉末年,山东半岛的民众横渡渤海前往辽东。

《三国志·管宁传》载,东汉末年天下大乱,北海人管宁、邴原和平原人王烈都通过渤海奔赴辽东,投靠公孙度。《艺文类聚》引周景式《孝子传》载:"管宁避地辽东,经海遇风,船人危惧。"当时人民的渡海,主要是为了逃避社会动乱,实属迫不得已。管宁到达辽东后,"乃因山为庐,凿坏为室。越海避难者,皆来就之而居,旬月而成邑"。[2] 可见,山东地区的人大批逃奔辽东,他们一般是横渡渤海前往的。山东与辽东之间的往来是非常频繁的。

曹魏消灭割据辽东的公孙氏之后,由于中原地区政治局势较为稳定,迁到辽东半岛的山东民众又大批迁回山东。他们仍旧由海路返回故乡。例如,管宁从辽东航海回归故土,途中又遇到风暴。"(管)宁之归也,海中遇暴风,船皆没,唯

---

〔1〕《后汉书》卷八三《逄萌传》。
〔2〕《三国志》卷一一《管宁传》及注引《傅子》。

宁乘船自若。时夜风晦冥,船人尽惑,莫知所泊。望见有火光,辄趣之,得岛"。〔1〕 曹魏政府为了稳固统治,增加赋役,设置了新的政区来安置和管理这些民户。景初三年"夏六月,以辽东东沓县吏民渡海居齐郡界,以故纵城为新沓县以居徙民";正始元年二月,"以辽东汶、北丰县民流徙渡海,规齐郡之西安、临菑、昌国县界为新汶、南丰县,以居流民"。〔2〕 这充分说明,山东与辽东之间的海上航线较为畅通,民众大批沿此航线往来。

由于当时陆地交通速度慢、运载量小,特别是山东半岛与辽东半岛之间的海上距离远远小于陆地距离,海上交通一直是两地往来的主要方式。西晋末年,山东又起战乱,东莱太守鞠彭,"与乡里千余家浮海归(平州刺史)崔毖。北海郑林客于东莱……彭与之俱去。比至辽东,毖已败,乃归慕容廆。廆以彭参龙骧军事。遗郑林车牛粟帛,皆不受,躬耕于野"。〔3〕 千余家民众一起横渡渤海、前往辽东,说明当时航海的规模相当大。

横渡渤海的军事征伐也时有发生。辽东太守公孙度,"越海收东莱诸县,置营州刺史"。〔4〕 割据辽东的公孙渊"阴怀贰心,数与吴通。(太和六年九月魏明)帝使汝南太守田豫督青州诸军自海道,幽州刺史王雄自陆道讨之。……豫等往皆无功,诏令罢军"。胡三省注:"海道自东莱泛海,陆道自辽西渡辽水。"〔5〕横渡渤海的军事活动,是建立在当时辽东半岛与山东半岛之间成熟的海上航线基础上的。慕容皝的母弟慕容仁因为与皝有矛盾,在平郭(治所在今辽宁盖州市区附近)宣布独立,"尽有辽左之地"。"皝将乘海讨仁,群下咸谏,以海道危阻,宜从陆路",皝不听。"乃率三军从昌黎践冰而进,仁不虞皝之至也,军去平郭七里,候骑乃告,仁狼狈出战,为皝所擒,杀仁而还"。〔6〕 这是发生在渤海北岸的一次海上突袭军事行动。后赵皇帝"(石)季龙以桃豹为横海将军,王华为渡辽将军,统舟师十万出漂渝津(在今天津市东南海河北)……以伐(辽西鲜卑)段辽";后来"(石)季龙谋伐昌黎,遣渡辽(将军)曹伏将青州之众渡海,戍蹋顿城,无水而还,因戍于海岛,运谷三百万斛以给之"。〔7〕 这显示出山东半岛与辽东半岛之间,不仅海上往来频繁,而且航海规模巨大。后来这支驻守海岛

〔1〕《三国志》卷一一《管宁传》注引《傅子》。
〔2〕《三国志》卷四《少帝纪》。
〔3〕《资治通鉴》卷九一"晋元帝太兴二年"条。
〔4〕《三国志》卷八《公孙度传》。
〔5〕《资治通鉴》卷七二"魏明帝太和六年"条。
〔6〕《晋书》卷一〇九《慕容皝载记》。
〔7〕《晋书》卷一〇六《石季龙载记》。

的军队攻占了前燕的安平,"赵横海将军王华帅舟师自海道袭燕安平,破之"。[1] 后赵皇帝石季龙准备大举进攻辽东的慕容皝,"具船万艘,自河通海,运谷千一百万斛于乐安城(在今河北乐亭县东北二十里)"。[2] 显然石季龙是打算从海上袭击慕容皝。幽州刺史苻洛举兵反,苻坚调集多路军队前去镇压,其中"石越率骑一万,自东莱出石径,袭和龙,海行四百余里。……石越克和龙,斩平颜及其党与百余人"。[3] 这次战争中的海上航行,也是从渤海南岸直达北岸。

南北朝对峙时期,环渤海的海上航行仍然没有中断。在宋魏战争中,刘宋的官员朱修之被魏军俘虏后,逃奔在辽东黄龙城称燕王的冯弘,"弘不礼。留一年,会宋使传诏至……时魏屡伐弘,或说弘遣修之归求救,遂遣之。泛海至东莱,遇猛风柂折,垂以长索,船乃复正。海师望见飞鸟,知其近岸,须臾至东莱"。[4] 朱修之从辽东南下建康(今江苏南京),需要先停靠东莱,然后南下。

二、渤海地区与南方海上航行频繁

渤海地区很早就开辟了通往江苏、浙江、福建、广东的海上航线。渤海沿岸发现的、来自南方的原始器物,说明两地之间的物资交流起源很早。1982 年 10 月初,考古工作者在大竹山岛以南约 30 米的海底打捞出一批陶器,其中一件为圜底釜,侈口,宽斜缘,最大腹径明显下垂,腹部饰以松散的竖绳纹和数道弦纹。据严文明先生考证,这种形状的器物只在江苏南部和浙江北部一带才有发现,其年代从良渚文化到当地的早期印文陶文化,大约与山东岳石文化年代相吻合。[5] 这说明,早在岳石文化时期,山东先民就与江浙先民进行海上物品交流。如果从文献分析,渤海南路航线的开辟也很早。《史记·越王勾践世家》记述:范蠡功成身退,"乃装其轻宝珠玉,自与其私徒属乘舟浮海以行"。这次航海的目的地便是今山东,"范蠡浮海出齐,变姓名,自谓鸱夷子皮,耕于海畔,苦身戮力,父子治产。居无几何,致产数十万,齐人闻其贤,以为相"。范蠡从越国航海来到齐国,走的可能就是前人开辟的成熟线路,齐国沿海成为他理想的落脚点。

孙权与辽东的公孙渊海上往来频繁。曹魏朝廷赦免辽东、玄菟吏民的公告

---

〔1〕《资治通鉴》卷九六"晋成帝咸康七年"条。
〔2〕《资治通鉴》卷九六"晋成帝咸康六年"条。
〔3〕《晋书》卷一一三《苻坚载记》。
〔4〕《宋书》卷七六《朱修之传》。
〔5〕 严文明:《夏代的东方》,《史前考古论集》,科学出版社,1998 年,第 317 页。

中说：孙权"比年已来，复远遣船，越渡大海，多持货物，诳诱边民，边民无知，与之交关。长吏以下，莫肯禁止，至使（孙吴将领）周贺浮舟百艘，沈滞津岸，贸迁有无。既不疑拒，赍以名马，又使宿舒随贺通好"。[1] 两个政权之间不仅有政府使节的往来，更有大规模的贸易交往。对此史书记载：嘉禾元年（232年）"三月，遣将军周贺、校尉裴潜乘海之辽东"；"冬十月，魏辽东太守公孙渊遣校尉宿舒、阆中令孙综称藩于（孙）权，并献貂马"；二年"三月，（吴）遣舒、综还，使太常张弥、执金吾许晏、将军贺达等将兵万人，金宝珍货，九锡备物，乘海授（公孙）渊"。[2] 辽东与孙吴之间的交往，不仅频繁，而且规模巨大。

山东人民大批南下江浙，始自西晋末年的动乱时期。如东晋初年，曹嶷占据青州，讨伐异己，掖县（今山东莱州市）人苏峻为其所迫，"率其所部数百家泛海南渡"，到达广陵（今江苏扬州）。[3] 数百家民众的一起南迁，反映当时山东的海运能力已经非同一般。

西晋末年开始，北方被前汉、后赵等割据势力占据，辽东的慕容部拥护江南的东晋政权，二者之间的海上往来也非常频繁。"建武初，元帝承制拜（慕容）廆假节、散骑常侍、都督辽左杂夷流人诸军事、龙骧将军、大单于、昌黎公，廆让而不受。征虏将军鲁昌说廆曰：'今两京倾没，天子蒙尘，琅邪承制江东，实人命所系。……今宜通使琅邪，劝承大统，然后敷宣帝命，以伐有罪，谁敢不从！'廆善之，乃遣其长史王济浮海劝进。及帝即尊位，遣谒者陶辽重申前命，授廆将军、单于，廆固辞公封"。[4] 由"王济浮海"可知，双方的使节往来是通过海路。慕容廆大败宇文悉独官后，派长史裴嶷到东晋去献捷。完成使命后，"裴嶷至自建邺，帝遣使者拜廆监平州诸军事、安北将军、平州刺史"；"石勒遣使通和，廆距之，送其使于建邺"；"成帝即位，加廆侍中，位特进。咸和五年（330年），又加开府仪同三司，固辞不受"；慕容廆"遣使与太尉陶侃笺……廆使者遭风没海。其后廆更写前笺，并赍其东夷校尉封抽、行辽东相韩矫等三十余人疏上侃府"；慕容廆卒后，"帝遣使者策赠大将军、开府仪同三司，谥曰襄"。[5] "廆使者遭风没海"再次证明双方的使者往来是通过海路。由于当时中原地区割据混战，陆路交通断绝，东晋与慕容部接连不断的使节往来只能通过海路。

北燕与东晋、南朝也有海上往来。"晋青州刺史申永遣使浮海来聘，（北燕

〔1〕《三国志》卷八《公孙度传》注引《魏略》。
〔2〕《三国志》卷四七《吴主孙权传》。
〔3〕《晋书》卷一〇〇《苏峻传》。
〔4〕《晋书》卷一〇八《慕容廆载记》。
〔5〕《晋书》卷一〇八《慕容廆载记》。

国主冯)跋乃使其中书郎李扶报之"。[1] 冯跋去世后,其弟冯弘即位。宋文帝元嘉年间,他"每岁遣使献方物"。[2] 刘宋的将领朱修之,兵败被俘,担任北魏的云中镇将,讨伐北燕时,"欲率吴兵谋为大逆,因入和龙,冀浮海南归。以告(毛)修之。修之不听,乃止";朱修之后来"入冯文通,文通送之江南"。[3] 在南北方对峙分裂时期,从渤海南下的航线仍未中断。

魏晋南北朝时期,渤海地区与苏浙地区频繁的海上往来,说明渤海是南北方交往的交通枢纽,具有重要的战略地位。

三、朝鲜、日本使节往来渤海地区

朝鲜和日本是与中国北部地区海上距离最近的两个国家,双方很早就发生了海上交往。据说秦朝人徐福率领的采药船队最终到达日本,并定居于那里。至今日本国内仍保留着许多与徐福有关的古迹。虽然这种传说还有待于进一步证实,但山东沿海直通海外的远航线路很早就已开辟,却是事实。只是由于年代久远、资料匮乏,目前我们还无法考证上古时期渤海地区通往海外的具体航线。

渤海地区沿海居民与海外交流,最早涉及的地区应是朝鲜半岛。秦朝末年,"陈胜等起,天下叛秦,燕、齐、赵民避地朝鲜数万口"。[4] 这次大规模移民,主要发生在渤海地区,很可能就有一部分人是从海路到达朝鲜半岛的。汉代以后,史籍中才开始出现有关渤海地区与朝鲜半岛之间海上交往的明确记录。西汉元封三年(前108年),汉武帝置乐浪郡,治所在今朝鲜平壤一带,辖有今朝鲜半岛北部地区,当时这片区域属于中原王朝管辖。渤海地区的人前往朝鲜,先沿海岸线到达辽东半岛,然后沿辽东半岛东南海岸线航行,到达朝鲜半岛的西海岸。例如,魏明帝"景初中,大兴师旅,诛(公孙)渊,又潜军浮海,收乐浪、带方之郡"。[5] 史书又载:"景初中,明帝密遣带方太守刘昕、乐浪太守鲜于嗣越海定(乐浪、带方)二郡"。[6] 西晋时期,朝鲜半岛上的国家频繁遣使入贡。马韩,"武帝太康元年、二年,其主频遣使入贡方物,七年、八年、十年,又频至。太熙元年,诣东夷校尉何龛上献。咸宁三年复来,明年又请内附";辰韩,"武帝太康元

---

〔1〕《晋书》卷一二五《冯跋载记》。
〔2〕《宋书》卷九七《高句骊传》。
〔3〕《魏书》卷四三《毛修之传附朱修之传》。
〔4〕《三国志》卷三〇《东夷传》。
〔5〕《三国志》卷三〇《东夷传》。
〔6〕《三国志》卷三〇《韩传》。

年,其王遣使献方物。二年复来朝贡,七年又来"。〔1〕 由当时渤海地区与朝鲜半岛海上交往可知,这些政府使节的往来基本是通过渤海的。十六国时期,后赵皇帝石季龙"以船三百艘运谷三十万斛诣高句丽,使典农中郎将王典率众万余屯田于海滨"。〔2〕 这次海运的规模相当大,足以说明渤海地区与朝鲜半岛之间海上航行的发达。

　　乐浪郡在汉朝管辖期间,曾开辟了通往日本的海上航线。《三国志·东夷·倭传》记载:"从(带方)郡至倭,循海岸水行,历韩国,乍南乍东,到其北岸狗邪韩国(今韩国釜山一带),七千余里,始度一海,千余里至对马国(今日本对马岛)……所居绝岛,方可四百余里,土地山险,多深林,道路如禽鹿径。有千余户,无良田,食海物自活,乘船南北市籴。又南渡一海千余里,名曰瀚海,至一大国(指日本壹岐岛)……方可三百里,多竹木丛林,有三千许家,差有田地,耕田犹不足食,亦南北市籴。又渡一海,千余里至末卢国(在今日本九州岛北岸),有四千余户,滨山海居"。当时从渤海地区还没有开通直接到日本的海上航行,要去日本,一般先到达朝鲜半岛的乐浪郡,再从乐浪郡穿过朝鲜海峡到达日本各岛。司马懿平定公孙氏之后,倭国"贡聘不绝。及文帝(司马昭)作相,又数至。泰始初,遣使重译入贡"。〔3〕

　　由于渤海地区与朝鲜半岛之间海上距离较近,魏晋南北朝时期两地之间的海上交往已经非常频繁。由于航海技术的限制,虽然渤海地区与日本之间的往来,需要转道朝鲜半岛,但两地之间也发生了较多的交往。渤海地区与朝鲜半岛和日本列岛的交往主要是政府使节的往来。

〔1〕《晋书》卷九七《马韩传、辰韩传》。
〔2〕《晋书》卷一〇六《石季龙载记》。
〔3〕《晋书》卷九七《倭人传》。

第四章 隋唐五代时期繁荣的渤海

　　隋唐时期,统治者为加强对地方的控制,对环渤海政区进行了多次大调整。由于国家统一、政局稳定,渤海区域的社会经济有了较大发展,居民的生产和生活状况也有很大改善,造船技术与航海技术进一步提高,内海交通和外海往来都出现繁荣局面,形成渤海重镇平卢和登莱,渤海岛屿也得到开发。在经济发展的推动下,渤海地区文学艺术璀璨。这是渤海历史上一个繁荣发展的时期。

第一节 环渤海政区的大调整

　　隋唐朝廷为了加强对地方的控制,同时为了减少行政开支,中央政府对地方政区进行了大力调整,因而渤海地区的政区变化频繁。

一、隋代环渤海政区的调整

　　南北朝时期,为了加强对地方的控制,笼络地方豪强,安置日益增加的官员,政府增设了不少州郡县,这造成地方行政机构的膨胀。隋朝中央政府对地方行政区划进行了大规模调整,这首先体现在政区级别的简化上。隋朝初年,地方政区的建制沿袭前代的制度,设州、郡、县三级制。开皇三年(583年),在河南道行台兵部尚书杨尚希的建议下,隋文帝裁撤天下诸郡,地方政区变成了州、县二级制。隋炀帝大业三年(607年),改州为郡,地方政区又恢复到秦汉时期的郡、县二级制。州设刺史,郡置太守,县置县令,为地方行政长官。

　　其次,隋朝裁撤了原来出于军事目的设置的总管府。北周明帝武成元年(559年),改都督诸州军事为总管,掌管数州的军政事务,为最高的地方行政长官。隋朝初年沿袭北周的总管府制度。开皇三年,在今朝阳市设营州,置营州总管府,来管理契丹、靺鞨、高句丽等东北少数民族。隋炀帝大业三年,下诏改州为郡,撤销了营州总管府,改营州为辽西郡。又撤销幽州总管府,设置涿郡;撤销玄州总管府,设置渔阳郡。青州总管府早在开皇十四年就裁撤了。

再次,环渤海政区的大规模调整,还表现在大量增设县级单位。有的县不久撤销,有的则被沿用下来。开皇十六年设置、大业初裁撤的有青山、任、永宁、安平、芜蒌、时水、新河、闾丘、朝阳、营城、济南、牟州、鬲津、浮水、绛幕十五县。开皇六年设置、后来裁撤的有南栾、般阳二县。开皇年间新设置并被沿用的有沙河、鲁城、长芦、易、涞水、临淄、临济(初置时名为朝阳)、滴河、蒲台、无棣、将陵、广川(后改名为长河)十二县。北齐和北周裁撤、隋朝复置,并被沿用下去的有束城、营丘、胶东(先改为潍水,后改为下密)、卢乡、即墨、观阳、厌次、般、弓高、胡苏十县。北齐裁撤、隋朝复置后又裁撤的有挺城、不其二县。

又次,在增设大量县的同时,也合并、裁撤了一部分原来的郡县。开皇元年,裁撤冀阳郡和永乐、大兴二县。开皇初,将万年县并入昌平县。开皇六年,将肥如县合并于新昌县。大业初,将武垣县并入河间县,将永宁县并入鄚县,将高阳并入临淄,将安陵县并入东光县。开皇初设置黎郡,不久裁撤。

隋朝经过大规模政区调整,环渤海地区的郡、县大致如下:襄国郡下辖龙冈、南和、平乡、沙河、巨鹿、内丘、柏仁七县。河间郡下辖河间、文安、乐寿、束城、景城、高阳、鄚、博野、清苑、长芦、平舒、鲁城、饶阳十三县。涿郡下辖蓟、良乡、安次、涿、固安、雍奴、昌平、怀戎、潞九县。上谷郡下辖易、涞水、遒、遂城、永乐、飞狐六县。渔阳郡下辖无终一县。北平郡下辖卢龙一县。安乐郡下辖燕乐、密云二县。辽西郡下辖柳城一县。北海郡下辖益都、临淄、千乘、博昌、临朐、都昌、北海、营丘、下密、寿光十县。齐郡下辖历城、祝阿、临邑、临济、邹平、章丘、长山、高苑、亭山、淄川十县。东莱郡下辖掖、胶水、卢乡、即墨、观阳、昌阳、黄、牟平、文登九县。渤海郡下辖阳信、乐陵、滴河、厌次、蒲台、无棣、盐山、南皮、清池、饶安十县。平原郡下辖安乐、平原、将陵、平昌、般、长河、弓高、东光、胡苏九县。

二、唐代环渤海政区的大调整

唐朝历时288年,统治时间较长,前期统治稳定,后期藩镇割据。朝廷为了加强对地方的控制力,对全国的政区不断调整,环渤海地区的政区随之发生了较大的变化。不仅政区的设置、裁撤和名称的变更频繁,而且都督府和州郡的辖区也变化较大。

唐朝初年,将隋代的郡改为州,在重要的州设置总管府。武德元年(618年),在柳城郡设置营州总管府,管辖辽、燕二州及柳城一县。七年,改为都督府,管辖营、辽二州。贞观二年(628年),又督昌州。三年,又督师、崇二州。六年又督顺州。十年,又督慎州。共督七州。武周万岁通天二年(697年),营州总管府为契丹李万深所陷。神龙元年(705年),将都督府迁移到幽州界,管辖渔阳、玉田二县。开元四年(716年),移回柳城。八年,迁往渔阳。十一年,又迁回柳城旧治所。天宝元年(742年),改为柳城郡。乾元元年(758年),又改为营州。

武德元年,将辽西郡改为燕州总管府,寄治于营州,管辖辽西、泸河、怀远三县。同年,裁撤泸河县。六年,自营州南迁,寄治于幽州城内。贞观元年,燕州废都督府和怀远县。开元二十五年,将治所迁移到幽州北桃谷山。天宝元年,改为归德郡。乾元元年,又改为燕州。

武德二年,设置辽州总管府,自燕支城迁移,寄治于营州城内。七年,裁撤总管府。贞观元年,改为威州,隶属于幽州大都督。

武德二年,改北平郡为平州,管辖临渝、肥如二县。同年,治所由临渝迁到肥如,改为卢龙县,又设置抚宁县。七年,裁撤临渝、抚宁二县。天宝元年,改平州为北平郡。乾元元年,又改为平州,管辖一县。天宝年间,管辖卢龙、石城、马城三县。贞观十五年,在故临渝县城设置临渝县;万岁通天二年,改为石城县。开元二十八年,分卢龙县置马城县。

武德元年,将涿郡改为幽州总管府,管辖幽、易、平、檀、燕、北燕、营、辽八州。幽州管辖蓟、良乡、潞、涿、固安、雍奴、安次、昌平八县。二年,又分潞县置玄州,管辖一县,隶属总管府。四年,将固安县划归北义州。六年,改总管为大总管,管三十九州。七年,改为大都督府,又改涿县为范阳。九年,改大都督为都督,都督幽、易、景、瀛、东盐、沧、蒲、蠡、北义、燕、营、辽、平、檀、玄、北燕等十七州。贞观元年,裁撤玄州,将渔阳、潞二县划归幽州。又裁撤北义州,将固安划入幽州。八年,又置归义县。幽州都督府都督幽、易、燕、北燕、平、檀六州。乾封三年(668年),设置无终县。景龙三年(709年),设置三河县。开元十三年,幽州都督府晋升为大都督府。十八年,割渔阳、玉田、三河设置蓟州。天宝元年,改幽州为范阳郡,管辖范阳、上谷、妫川、密云、归德、渔阳、顺义、归化八县。乾元元年,范阳郡又改为幽州,管辖蓟、潞、雍奴、渔阳、良乡、固安、昌平、范阳、归义、安次十县,后来管辖蓟、幽都、广平、潞、武清、永清、安次、良乡、昌平九县。幽都县管辖蓟城以西,与蓟县分治。建中二年(781年),在罗城内废弃的蓟州廨府,设置幽都县。在天宝元年分蓟县设置广平县,三年裁撤,至德后又分置。天宝元年,雍奴县改名为武清。如意元年(692年)分安次县置武隆县,景云元年(710年)改名为会昌县,天宝元年改名为永清县。

武德二年,在潞县设置玄州,同时设置临洵县。玄州管辖潞、临洵、渔阳、无终四县。贞观元年,裁撤玄州和临沟、无终二县,将潞、渔阳二县划归幽州。

大历四年(769年),在幽州节度使朱希彩的奏请下在范阳县设置涿州,割幽州的范阳、归义、固安三县隶属于涿州,归幽州都督府管辖。武德七年,改涿县为范阳县。大历四年,从固安县中分置新昌县。武德五年,在郏县设置北义州和归义县。贞观元年,州与县都被裁撤。八年,又置归义县,改属幽州;大历四年,改属涿州。大历四年,析置新城县。涿州管辖范阳、新昌、固安、归义、新城五县。

开元十八年,分幽州的渔阳、三河、玉田三县置蓟州。天宝元年,改蓟州为渔阳郡。乾元元年,又改为蓟州。武德二年从渔阳县分置无终县,贞观元年裁撤。渔阳县在武德元年属幽州,二年属玄州,贞观元年属幽州,神龙元年属营州,开元四年属幽州,十八年属蓟州。三河县在开元四年分潞县设置,属幽州,十八年改属蓟州。乾封二年,重设废弃的无终县,属幽州;万岁通天二年改名为玉田县,神龙元年割属营州,开元四年又改属幽州,八年又改属营州,十一年又改属幽州,十八年归属蓟州。

武德元年,改渤海郡为沧州,管辖清池、饶安、无棣三县,治所在清池。同年,治所迁到饶安。四年,分饶安设置鬲津县。五年,将清池划归东盐州。六年,将观州的胡苏县划归沧州,并将治所迁到那里。同年,裁撤棣州,将该州管辖的阳信、乐陵、滴河、厌次四县划归沧州。贞观元年,又将瀛洲的景城以及被裁撤的景州的长卢、南皮、鲁城三县,被裁撤的东盐州的盐山、清池二县,都划归沧州。又将滴河、厌次二县划归德州,将胡苏县划归观州,将沧州的治所迁回清池。又将鬲津并入乐陵,将无棣并入阳信。八年又恢复无棣县。十七年将裁撤的观州之弓高、东光、胡苏三县划归沧州,将阳信县划归棣州。天宝元年将沧州改为景城郡。乾元元年又将景城郡改为沧州。沧州原来管辖十县,天宝年间管辖清池、盐山、南皮、长卢、乐陵、饶安、无棣、临津、乾符等十一县。

武德四年,将河间郡改为瀛洲,管辖河间、乐寿、景城、文安、束城、丰利六县。五年,设置武垣、任丘二县。贞观元年,将丰利并入文安,将武垣并入河间;将蒲州的高阳、鄚,原景州的平舒,原蠡州的博野、清苑等五县划归瀛洲。又将景城划归沧州。景云二年,将鄚、任丘、文安、清苑四县划归鄚州。天宝元年,改瀛洲为河间郡。乾元元年,又改为瀛洲。原来管辖河间、高阳、乐寿、博野、清苑、鄚、任丘、文安、平舒、束城十县。景云二年,分鄚、文安、任丘、清苑四县设置鄚州。大历年间之后,将博野、乐寿二县划归深州。天宝年间管辖六县,后来管辖河间、高阳、平舒、束城、景城五县。

景云二年,在瀛洲的鄚县设置鄚州,将瀛洲的鄚、任丘、文安、清苑以及幽州的归义等五县划归鄚州。同年,又将归义县划归幽州。开元十三年,因为

"鄭"字形同"郑"字,改为莫。天宝元年,改莫州为文安郡。乾元元年,又改为莫州。管辖莫、任丘、文安、清苑、长丰、唐兴六县。长丰县是开元十九年从文安、任丘二县中分离出来的。如意元年,分河间县置武昌县,属瀛洲,长安四年(704年)改属易州,同年又改属瀛洲,神龙元年改为唐兴县,景云二年改属莫州。

武德四年,设置青州总管府,管辖青、潍、登、牟、莒、密、莱、乘八州。青州管辖益都、临朐、临淄、般阳、乐安、时水、安平七县。八年,裁撤乘、潍、牟、登四州,将潍州的北海和乘州的千乘、寿光、博昌划归青州,裁撤般阳、乐安、时水、安平四县。贞观元年,设置青州都督府。天宝元年,改青州为北海郡。乾元元年,又改北海郡为青州。

武德二年,在千乘县设置乘州,管辖千乘、博昌、寿光、新河四县。六年,裁撤新河县。八年,裁撤乘州。

武德二年,在北海县设置潍州,管辖北海、连水、平寿、华池、城都、下密、东阳、寒水、訾亭、潍水、汶阳、胶东、营丘、华宛、昌安、都昌、城平十七县。六年,北海、营丘、下密三县之外的十四县全部裁撤。八年,潍州被裁撤,同时裁撤营丘和下密二县。

武德元年,在淄川县设置淄州,管辖淄川、长白、莱芜三县。六年,裁撤长白、莱芜二县。八年,将废除的邹州之长山、高苑、蒲台三县划归淄州。天宝元年,将淄州改为淄川郡。乾元元年,又改为淄州。景龙元年,分高苑设置济阳县,不久又合并到高苑。

武德四年,设置棣州,管辖阳信、乐陵、滴河、厌次四县,治所在阳信。六年,将棣州并入沧州。贞观十七年,又在乐陵县设置棣州,管辖厌次、滴河、阳信三县,并且将淄州的蒲台县划入棣州,而将乐陵划归沧州。天宝元年,将棣州改为乐安郡。上元元年(760年),又改为棣州,管辖厌次、滴河、阳信、蒲台、渤海五县。渤海县是在垂拱四年(688年)从蒲台和厌次中析置的。

武德四年,在东莱郡设置莱州,管辖掖、胶水、即墨、卢乡、昌阳、曲城、当利、曲台、胶东九县。六年,裁撤曲城、当利、曲台、胶东四县。贞观元年,裁撤卢乡,将登州的文登、废牟州的黄县划归莱州。麟德元年(664年),设置牟平县。天宝元年,改莱州为东莱郡。乾元元年,又改回莱州,管辖掖、黄、文登、昌阳、即墨、胶水六县。天宝年间,管辖掖、昌阳、即墨、胶水四县。

如意元年,设置登州,管辖文登、牟平、黄三县,以牟平为治所。神龙三年,改黄县为蓬莱县,移州的治所于蓬莱。天宝元年,改登州为东牟郡。乾元元年,又改为登州。天宝年间,管辖蓬莱、牟平、文登、黄四县。这个黄县是在先天元年(712 年)从蓬莱县中分置的。

隋唐时期,渤海地域政区变革之频繁,在中国历史上是少见的,这成为一大时代特色。

第二节 渤海地区的居民生活状况

一、民风民俗

一方水土养一方人。古代中国的版图辽阔,在不同的地域形成各具特色的民风民俗和地域文化。随社会的发展与变迁,各地的民风民俗也在不断地演变。

《隋书·地理志》描述幽州、并州和冀州的风俗人情说:"人性多敦厚,务在农桑,好尚儒学,而伤于迟重。前代称冀、幽之士钝如椎,盖取此焉。俗重气侠,好结朋党,其相赴死生,亦出于仁义。故《班志》述其土风,悲歌慷慨,椎剽掘冢,亦自古之所患焉。前谚云'仕宦不偶遇冀部',实弊此也。"该书还说:"太原……俗与上党颇同,人性劲悍,习于戎马。离石、雁门、马邑、定襄、楼烦、涿郡、上谷、渔阳、北平、安乐、辽西,皆连接边郡,习尚与太原同俗,故自古言勇侠者,皆推幽、并云。然涿郡、太原,自前代已来,皆多文雅之士,虽俱曰边郡,然风教不为比也。"幽州和冀州的边郡因为靠近北方的游牧民族,所以善于骑射,强劲彪悍。百姓基本以农桑为业,同时因为崇尚儒学,儒雅文士渐趋增多。由于"俗重气侠",所以侠义壮士较多,并且幽州和冀州成为落魄士人的集聚地。例如,平州人田承嗣,"祖璟、父守义,以豪侠闻于辽、碣"。[1] 田承嗣本人也"以豪侠闻"。[2]《隋书·地理志》讲述青州的风俗说:"在汉之时,俗靡侈泰,织作冰纨绮绣纯丽之物,号为冠带衣履天下。始太公以尊贤尚智为教,故士庶传习其风,莫不矜于功名,依于经术,阔达多智,志度舒缓。其为失也,夸奢朋党,言与行谬。齐郡旧曰济南,其俗好教饰子女淫哇之音,能使骨腾肉飞,倾诡人目。俗云'齐倡',本出此也。祝阿县俗,宾婚大会,肴馔虽丰,至于蒸脍,尝之而已,多则谓之不敬,共相诮责,此其异也。大抵数郡风俗,与古不殊,男子多务农桑,崇尚学业,其归于俭约,则颇变旧风。东莱人尤朴鲁,故特少文义。"青州是齐国故地,由于丝织业和

---

〔1〕 《旧唐书》卷一四一《田承嗣传》。
〔2〕 《新唐书》卷二一〇《田承嗣传》。

鱼盐业发达,经济较为富庶,所以汉朝时奢侈风气盛行。隋朝时,由奢侈转变为俭约。人民百姓也基本从事农桑,靠近渤海的则以鱼盐和商业贩运为业。该地由于深受儒家文化和姜尚"尊贤尚智"的影响,故风俗崇尚功名和经术,儒雅文士较多。只有东莱郡靠近大海,相对落后,文化程度较低,民风敦厚。

总体而言,环渤海地区的人民,主要产业是农桑,其次是手工业,靠近渤海的居民则从事捕捞、煮盐和商业运输等。幽州和冀州的人民多任侠仗义,靠近游牧民族的边郡士民擅长骑射,"习于戎马"。青州由原来的奢侈转变为俭约,较之幽州和冀州,更崇尚功名和经术,文化较为发达。冀州也越来越推崇儒学,文化教养水平日益提高,文士日趋增多。这与整个社会的发展趋势相吻合。

二、人口迁徙与外来人口

在隋唐时期,由于社会稳定,人口的迁徙较少。在唐代后期,因为社会动荡,渤海地区的人口迁徙较多。安史之乱时期,驻守营州(今辽宁朝阳)的平卢军宣布脱离安禄山,归属唐政府。由于军队孤悬辽东,与朝廷隔绝,于是平卢军将士先后泛海南下,会集于青齐境内。阳惠元,"以材力从军,隶平卢节度(使)刘正臣。后与田神功、李忠臣等相继泛海至青、齐间";邢君才,"少从军于幽蓟、平卢……安禄山反,随平卢节度使侯希逸过海,至青、徐间"。[1] 总共有几万平卢军来到青齐,形成了一支较强的军事力量。唐代淄青镇就是在平卢军移驻的基础上组建而成的强大军镇。其军人大多原籍营州、平州和蓟州。还有一些军人来自高丽,如后来成为节度使的李正己就是高丽人,"生于平卢","与(侯)希逸同至青州"。[2] 尽管这只是一个军事集团的转移,但给当时的青齐注入了崇武而刚劲的辽东风尚。此后很长一段时期内,屹立于山东半岛的淄青镇以军事重镇名扬海内。

唐朝时,有不少新罗人来到中国,经营商业、运输业等,有的定居于渤海沿岸。为了管理这些新罗人,唐政府在沿海地区专门建立起"新罗所"、"新罗坊",来安置新罗移民和过往人员。日本僧人圆仁的《入唐求法巡礼记》记载,圆仁一行"到文登县。逾山涉野,罗破衣服罄尽。入县见县令,请往当县东界勾当新罗所,求乞以延唯命,自觅舟,却归本国。长官准状牒,送勾当新罗所"。圆仁等人"到勾当新罗所。敕平卢军节度同军将兼登州诸军事押衙张咏,勾当文登县

---

〔1〕《旧唐书》卷一四四《阳惠元传》《邢君才传》。
〔2〕《旧唐书》卷一二四《李正己传》。

界新罗人户。到宅相见,便识欢喜,存问殷勤"。[1] 沿海设置的新罗所不仅聚集新罗人,还收容来华的日本人。在文登县有不少新罗居民,对日本人殷勤招待,对新罗人更是如此。同书又记载,登州"城南街东有新罗馆",[2] 是新罗设置的政府办事机构。在渤海沿岸居住的新罗人有水手、商人、僧侣和奴婢等。《唐会要·奴婢》记载,新罗海盗大量贩卖人口到中国为奴婢,这些奴婢后来被唐朝廷放免为良人,"老弱者栖栖无家,多寄傍海村乡"。这些人由于贫困,没有能力返回故国,所以居住在渤海沿岸。由于商业利润的诱惑,不少新罗水手加入到中国沿海的运输活动中。圆仁所乘日本船在中国沿海航行时,"押领本国水手之外,更雇新罗人谙海路者六十余人"。[3] 圆仁归国时,乘坐的海船是由新罗船长金珍驾驶的。圆仁到达文登赤山村时,曾"赴新罗人王长文请,到彼宅里吃斋";该村法华院的法事活动,"其集会道俗老少尊卑,总是新罗人"。[4] 这说明,渤海沿岸居住着很多新罗人。

由于安史之乱等战乱,造成渤海地区人口的不少迁徙。因为地理位置的近便,该地区的外来人口主要是隔海相望的新罗人。

第三节　渤海重镇的出现与海岛开发

隋唐时代的渤海地区,由于政治局面的稳定、对外开放政策的实施、海上活动范围的扩大、海洋经济的进一步发展等原因,一些海滨城镇迅速发展起来,成为重要的进出口海港,一些中小型的口岸也开始出现繁忙景象。在唐代,渤海湾地区的主要海港有莱州(今山东莱州)、登州(今山东蓬莱)、平州(今河北秦皇岛卢龙)和都里镇(今辽宁旅顺)。

一、渤海重镇莱州和登州

隋唐时期,伴随统一的多民族国家的进一步发展,为了巩固在东北边疆的统治,发动了对高丽的多次战争。在这些对外征讨中,渤海地区的一些港口在屯集军队和转运物资等方面,发挥了不可替代的作用。

---

〔1〕 〔日〕圆仁:《入唐求法巡礼行记》卷四,上海古籍出版社,1986年。
〔2〕 〔日〕圆仁:《入唐求法巡礼行记》卷二。
〔3〕 〔日〕圆仁:《入唐求法巡礼行记》卷一。
〔4〕 〔日〕圆仁:《入唐求法巡礼行记》卷二。

　　山东半岛北部的青州,素以富饶的海洋物产和发达的海洋商业贸易著称于世。西晋陆机在《齐讴行》中吟咏:"营丘负海曲,沃野爽且平。……海物错万类,陆产尚千名。"唐朝杜佑说:"青州古齐,号称强国,凭负山海,擅利盐铁。太公用之而富人,管仲资之而兴霸。"[1] 渤海地区的海上贸易是以青州丰富的物产为基础发展起来的。

　　莱州的治所在掖县(今山东莱州)。隋唐时期,莱州是中国北方最大的海港,也是国家对外交流的首要口岸。当时为了便利海上运输和贸易,在莱州设立了许多造船基地和仓库。在对外战争时期,这里的造船业和物资转运尤其重要。"大业初,炀帝潜有取辽东之意,遣(元)弘嗣往东莱(今山东龙口市)海口监造船"[2] 隋朝的水军主力部队也集中到莱州海港。大业年间"辽东之役,(来)护儿率楼船,指沧海,入自浿水(今朝鲜大同江)……明年,又出沧海道,师次东莱……十年,又帅师度海,至卑奢城(又名卑沙城,隋代属于高句丽,故城在辽宁大连市东北大黑山山城),高丽举国来战"[3] 这里的沧海指渤海。两次讨伐高丽,来护儿率领的水军都是从东莱出师的。

　　贞观年间,唐朝远征高丽,分两路进军,其中南路军也是从莱州渡海。战前,朝廷调集各路军队和船舶集中于莱州。当时莱州港口战舰密布,军队云集。贞观十八年十一月,"以刑部尚书张亮为平壤道行军大总管,帅江、淮、岭、峡兵四万,长安、洛阳募士三千,战舰五百艘,自莱州泛海趋平壤"[4] 贞观二十一年"三月,以左武卫大将军牛进达为青丘道行军大总管,右武侯将军李海岸副之,发兵万余人,乘楼船自莱州泛海而入"[5] 贞观二十二年正月,"诏以右武卫大将军薛万彻为青丘道行军大总管,右卫将军裴行方副之,将兵三万余人及楼船战舰,自莱州泛海以击高丽"[6] 这三次征讨高丽,水军都是从莱州渡海前往朝鲜半岛。为了明年再次进攻高丽,唐太宗于该年七月,"遣右领左右府长史强伟于剑南道伐木造舟舰,大者或长百尺,其广半之。别遣使行水道,自巫峡抵江、扬,趣莱州"[7] 这次远征未及成行而太宗驾崩。莱州成为隋唐时期在北方的军事重镇和重要海港。

　　关于莱州城的规模,日本僧人圆仁记载说:"州城东西一里,南北二里有余。

〔1〕《通典》卷一八〇《州郡十》。
〔2〕《隋书》卷七四《元弘嗣传》。
〔3〕《隋书》卷六四《来护儿传》。
〔4〕《资治通鉴》卷一九七"唐太宗贞观十八年"条。
〔5〕《资治通鉴》卷一九八"唐太宗贞观二十一年"条。
〔6〕《资治通鉴》卷一九八"唐太宗贞观二十二年"条。
〔7〕《资治通鉴》卷一九九"唐太宗贞观二十二年"条。

外廊纵横,各应三里。城内人宅屋舍盛全。"城外东南有座龙兴寺,"佛殿前有十三级砖塔,基阶颓坏,周廊破落。……州城外西南置市"。〔1〕

登州是唐代新兴的沿海重镇,如意元年之前,其地归属莱州。由于胶东半岛的进一步开发,人口大幅度增加,"如意元年,分置登州,领文登、牟平、黄三县,以牟平为治所。神龙三年,改黄县为蓬莱县,移州治于蓬莱"。〔2〕 蓬莱古城具有悠久的历史。《元和郡县图志》记载:"昔汉武帝于此望蓬莱山,因筑城,以蓬莱为名,在黄县东北五十里。贞观八年,于此置蓬莱镇。"蓬莱的取名很可能来源于蓬莱仙山的传说,那种美丽如画的神仙境界被物化在海滨城邑上,增添了该地的灵光仙气。武则天时,诗人骆宾王到此游历,创作了著名的《蓬莱镇》一诗,诗中描述说:"旅客春心断,边城夜望高。野楼疑海气,白鹭似江涛。"〔3〕诗人杜甫在《昔游》诗中讲述:"幽燕盛用武,供给亦劳哉。吴门转粟帛,泛海凌蓬莱。肉食三十万,猎射起黄埃。"各地的粟帛输送到蓬莱,再从这里海运到辽东或朝鲜半岛。登州港因为与朝鲜半岛隔海相望,从而成为海上交通的转运站。它不但是唐朝对辽东运输的重要基地,而且还是和高丽、日本之间往来的主要海运港口。

登州虽然是唐代新设置的政区,但由于州城濒临大海,城外就是深港口岸,海上交通便利,很快就发展为与莱州齐名的海港。由于登州的治所比莱州的治所更加靠近大海,海陆交通都更加便利,以至于此后的海上交流活动,多以登州为出入口岸。圆仁记载:"登州者,大唐东北地极也。枕乎北海,临海立州,州城去海一二许里。"〔4〕当时,渤海、新罗以及各地的商人,都云集到登州,使登州成为渤海最大的沿海商业中心。武则天时,曾"诏市河南河北牛羊、荆益奴婢,置监登、莱,以广军资"。〔5〕 新罗的领事馆就设立在登州,即圆仁所说登州"城南街东有新罗馆、渤海馆"。〔6〕 这些史料说明,海内外的商贾和旅客都频繁往来于登州,从而使这里成为商品集散地和商贸海港,逐渐超过莱州成为北方最大的港口。新罗馆的设立,说明唐政府与新罗交往的频繁,两岸之间交往的主要口岸就是登州。《宋高僧传》卷四《唐新罗国义湘传》记载,新罗人朴义湘,"以总章二年附商船达登州岸",学成《华严经》后归国。

〔1〕 [日]圆仁:《入唐求法巡礼行记》卷二。
〔2〕《旧唐书》卷三八《地理志一》。
〔3〕《全唐诗》卷七九。
〔4〕 [日]圆仁:《入唐求法巡礼行记》卷四。
〔5〕《新唐书》卷一一八《张廷珪传》。
〔6〕 [日]圆仁:《入唐求法巡礼行记》卷二。

　　对于唐代登州城的规模,圆仁记载说:"登州都督府城东西一里,南北一里。城西南界有开元寺,城东北有法照寺,东南有龙兴寺,更无别寺。城外侧近有人家。城下有蓬莱县开元寺,僧房稍多,尽安置官客,无闲房。有僧人来,无处安置。城北是大海,去城一里半。海岸有明王庙,临海孤标。城正东是市。"[1]作为僧人的圆仁更加关注的是佛教寺院,但也大致描述了登州城的布局和规模。

　　清朝道光三年(1823 年),在掖县姜家疃出土了一方唐人墓志,志文详细讲述了唐朝龙朔年间至圣历年间对朝鲜用兵时,登州和莱州的海运情况,墓主王庆为东莱掖县人,时任登州司马兼南运使,负责往朝鲜半岛输送军需物资,供应驻扎在那里的唐朝军队。墓志记载说:"舟师济自黄、腄……绝海长驱,掩其巢穴。飞刍挽粟,雾集登莱。"运送时"粒粟齐山,飞云蔽海"。[2] 这充分反映了登州和莱州作为海港重镇在输送军用物资时发挥的中转站作用。

　　敦煌出土的《开元水部式》残卷记载:"沧、瀛、贝、莫、登、莱、海、泗、魏、德等十州,共差水手五千四百人,三千四百人海运,二千人平河,宜二年与替。"《水部式》还记载了莱州北上海运的一则实例:"安东都里镇防人粮,令莱州召取当州经渡海得勋人谙知风水者,置海师贰人,拖(舵)师肆人,隶蓬莱镇,令候风调海晏,并运镇粮。"这也反映出渤海地区港口及其海运业的兴盛。

　　新罗的不法分子为了牟取暴利,使用武力掠夺本国人口,贩卖到登州、莱州为奴婢。《唐会要·奴婢》记载:"长庆元年三月,平卢军节度使薛平奏,应有海贼诐掠新罗良口,将到当管登、莱州界及缘海诸道,卖为奴婢者。"由于这种活动比较猖獗,影响恶劣,唐朝政府一再下令禁止。"末帝清泰元年七月,登州言:'高丽船一艘至岸,管押将卢□斤而下七十人入州市易。'……十月,青州言:'高丽遣人市易。'"[3]渤海南岸的莱州和登州,一直是海上贸易的重要枢纽。唐朝与新罗和高丽的贸易往来非常频繁,是唐朝对外贸易的主要对象,由于政治局势的紧张,其中马匹成为交易的主要商品。

　　渤海南岸除了登州和莱州外,沿海一带还开发出许多中小口岸。这些口岸或依山傍水,或据村临海,创立码头,成为沿海的出入港口,并且聚集起不少居民,发展为商贸基地。登州管辖的黄县(今山东龙口市)就是一个具有悠久历史的良好口岸。据《元和郡县图志》引《汉书》曰:"秦欲攻匈奴,运粮,使天下飞刍轮粟,起于黄、腄、琅邪负海之郡,转输北河。"李吉甫解释说:"黄即今黄县,腄即

---

〔1〕 [日]圆仁:《入唐求法巡礼行记》卷二。
〔2〕 (清)杨祖宪修,侯登岸纂:《再续掖县志》卷一《古迹》,道光三十二年刻本。
〔3〕 《册府元龟》卷九九九《外臣部·互市》。

今文登县,属东莱郡。……北河,朔方以北。"〔1〕黄县、文登一直是渤海地区重要的海港,隋唐时在运送军队和军用物资时也发挥了重要作用。龙朔初年,"高丽余孽作梗辽川,诏征舟师济自黄、腄"。〔2〕因为该地为优良的港口,拥有不少优秀的水手。最晚从秦代开始,黄县就是一方良港,是商业贸易和转运物资的重要口岸,在供给水手和船只、商用和军用等方面都起到了重要作用。

渤海沿岸的港口建设和开发,为对外交流提供了优良的基地。唐朝先进的经济文化吸引了日本列岛和朝鲜半岛人士,他们不远万里到达唐朝,来学习高度繁荣的中华文明。北方大港登州和莱州对外交流的范围不断扩大。

二、渤海重镇平卢

武德元年,李渊登基后,改隋朝的郡为州,在今天的辽西朝阳市设营州总管府,统辖营州和辽州。武德七年,营州总管府提升为营州都督府,除统辖营州和辽州外,还兼领为管理少数民族契丹、奚、室韦、靺鞨所设立的羁縻州。由于营州战略地位的重要,朝廷一般选拔资历较深的官员担任营州都督。唐太宗至武则天时期,先后担任该职的有薛万彻、薛万淑、张俭、程名振、李谨行、高侃、周道务、赵文翙、唐休璟等。

唐玄宗时,重要的军镇都设置节度使,成为镇守一方的军政大员。开元五年,在营州设置平卢军使;开元七年,晋升为平卢节度使。因为营州辖平州、卢龙二城,设有平卢、卢龙两支军队,所以称为平卢节度使。"平卢节度使,镇抚室韦、靺鞨,统平卢、卢龙二军,榆关守捉,安东都护府。平卢军节度使治在营州,管兵万七千五百人,马五千五百匹。平卢军在营州城内,管兵万六千人,马四千二百匹。卢龙军在平州城内,管兵万人,马三百匹。榆关守捉在营州城西四百八十里,管兵三百人,马百匹。安东都护府在营州东二百七十里,管兵八千五百人,马七百匹"。〔3〕平卢成为镇抚辽东半岛及其周围地区的兵马强镇。

平州是唐代海陆交通要道和军需物资储备重地。唐太宗五次远征高丽,水军和运输船队的一部分,沿渤海北岸经过平州,转运到狼水(今大凌河)和辽水。长庆元年(821年)三月,"平卢薛平奏:海贼掠卖新罗人口于缘海郡县,请严加禁绝,俾异俗怀恩。从之"。〔4〕这说明平州是当时重要的进出口

〔1〕《元和郡县图志》卷一一《河南道》。
〔2〕道光《再续掖县志》卷一《古迹》。
〔3〕《旧唐书》卷三八《地理志》。
〔4〕《旧唐书》卷一六《穆宗纪》。

海港。海上运输业因政治因素带来的繁荣,推动了平州地区相关行业的发展。平州港是渤海北岸较大规模的港口,是由人工修造而成的大型码头。由于海运业的发展,在平州治所的西北部,出现了一些冶铁业。在滦河与玄水河口,有一座石臼岛,是海船的良好避风港。在该岛上形成了"市店",是水手进行生活用品交易的场所。

唐代的营州和幽州也是军事重镇,征讨高丽时不仅军粮储备在该地,而且军队也从这里出征。《册府元龟》卷四九八《邦计部·漕运》记载:"太宗贞观十七年,时征辽东,先遣太常卿韦挺于河北诸州征军粮,贮于营州。"贞观年间远征高丽,其中有两次北路军从幽州和营州出师。贞观十八年十一月,"甲午……又以太子詹事、左卫率李世勣为辽东道行军大总管,帅步骑六万及兰、河二州降胡趋辽东……庚子,诸军大集于幽州,遣行军总管姜行本、少府少监丘行淹先督众工造梯冲于安萝山。"贞观二十一年三月,"以太子詹事李世勣为辽东道行军大总管,右武卫将军孙贰朗等副之,将兵三千人,因营州都督府兵自新城道入"。[1]

唐朝时设置的都里镇,也逐步发展为一个重要的海港。营州府,"故汉襄平城(今辽宁辽阳市区)也","西南至都里海口六百里";"登州东北海行,过大谢岛、龟歆岛、末岛、乌湖岛三百里。北渡乌湖海,至马石山东之都里镇二百里"。[2]《元和郡县图志》记载:登州的治所蓬莱,"当中国往新罗渤海过大路。正北微东至大海北岸都里镇五百二十里"。[3] 这些史料说明,都里镇是唐代重要的海港,因而具有一定的战略地位。都里镇在今天辽宁大连市旅顺口区西南端老铁山东石岚子。

河北秦皇岛港在古代称碣石港,位于渤海湾北岸的中部。隋朝为了开通大运河,在北方开凿了永济渠。这条河道的开凿,主要是为了方便对高丽的征讨。位于渤海沿岸临渝关(今山海关)附近的碣石港,成了输送军需物资的沿海中枢。在战前,隋朝就从关中地区通过水路大规模地转运粮草。船只通过黄河、永济渠,进入渤海湾,经过碣石港转运到狼水海口。隋军的一部分运兵船也从碣石港出发泛海而行。隋文帝开皇"十八年,命汉王谅将兵伐高丽,出临渝关,值水潦,馈运不继而还"。[4] 因而碣石港是连接黄河、永济渠和辽河的中转港口。隋炀帝大业八年东征高丽时,其中一支军队即右路第九军就从碣石出发,走的就是水路。

---

〔1〕《资治通鉴》卷一九七"唐太宗贞观十八年"条、卷一九八"唐太宗贞观二十一年"条。
〔2〕《新唐书》卷四三下《地理志》。
〔3〕《元和郡县图志》卷一一《河南道·登州》。
〔4〕《读史方舆纪要》卷一〇《北直》。

唐朝为了加强对渤海北岸海运的管理,令河北道的藩镇节度使兼任河北道海运使,将河北道辖区内的沿海海运和沿岸各港口都交给海运使来管辖。

第四节　渤海频繁的内海
交通与外海往来

隋唐时期,渤海沿岸的港口发展水平较高,设施比较完善,航海所需的各种物资供应充足,基本能满足海船停泊的需要,因而各个港口之间海上航道畅通,往来的船只频繁,形成了彼此紧密联系的交通网络。客货船舶从渤海南岸起航,北达辽东半岛,再东赴高丽、新罗和日本;或者南下东南沿海城市,进入江浙地区。

一、渤海频繁的内海交通

唐朝时期,从登州、莱州北上辽东的海上航线更加活跃,不但两地之间的直达航线沿此水道,而且唐朝通往朝鲜半岛的国际航线也要沿此水道,这是由于人们对这条航线最为熟悉,其地文导航的标志也最为清晰。渤海南岸以登州为基准点,一般是沿着长岛北上,先到达辽东半岛,再沿辽东半岛东南海岸到达高丽和新罗。《新唐书·地理志》记载了唐朝国际交往的七条线路,其中海上的交通线有两条,即"广州通海夷道"和"登州海行入高丽渤海道"。书中记载的登州航海线路是:"登州东北海行,过大谢岛(今长山岛)、龟歆岛(今砣矶岛)、末岛(今大、小钦岛)、乌湖岛(今北隍城岛)三百里,北渡乌胡海(指渤海中乌湖岛以北至老铁山的海域),至马石山(今老铁山)东之都里镇(今辽宁旅顺附近)二百里。东傍海壖,过青泥浦(今大连湾附近)、桃花浦、杏花浦(这二浦在大连湾以东至碧流河口之海面)、石人汪(今石城岛以北的海峡)、橐驼湾(今鹿岛以北的大洋河口)、乌骨江(今鸭绿江,此指江口)八百里。"继续往南行进,就可到达高丽,并经陆路抵达新罗。

从登州到高丽之所以要从登州北上,绕一个大弯才抵达朝鲜半岛西海岸,是因为当时的航海技术以地文导航为主,航海者一般通过可视性地理坐标来导航。另外,航线离陆岸较近,一旦遭遇风暴,或船只突然损坏,可以最快驶向陆岸停泊。《太平广记》卷四六引《博物志》记载:"唐贞元十一年,秀才白幽求,频年下第,其年失志,后乃从新罗王子过海,于大谢公岛,夜遭风。"大谢公岛就是今天的长山岛。白幽求随同新罗王子去新罗,走的就是"登州海行入高丽渤海道",

途中经过渤海中的海岛航行。

　　唐朝时期,山东半岛与辽东半岛之间的海上交往极为频繁。安史之乱爆发后,河北全境被叛军所控制,平原太守颜真卿为了牵制叛军,主动跨海与驻守营州(今辽宁辽阳)的平卢军结成抗敌同盟。平卢军原为安禄山旧部,至德元年(756 年),平卢将士与安禄山脱离关系,归附唐政府。由于全军孤悬辽东,与中原隔断,所以颜真卿从海上与平卢军帅刘正臣取得联系,“割爱子颇,令越海与正臣通问,兼遣军资十有余万”。[1]“至德二载正月,(平卢节度使王)玄志令(李)忠臣以步卒三千自雍奴为苇筏过海,贼将石帝庭、乌承洽来拒,忠臣与董竭忠退之,转战累日,遂收鲁城、河间、景城等,大获资粮,以赴本军”。[2]“(李)希烈少从平卢军,后随李忠臣过海至河南”。[3] 在战乱时期,环渤海的海上航行不仅在持续进行,而且由于陆路交通的断绝,其重要性更加突出。

　　五代时期,契丹首领归附后唐,也是渡过渤海,从登州登陆。长兴元年十一月,“青州奏,得登州状,契丹阿保机男东丹王突欲越海来归”(《契丹国志》:时东丹王失职怨望,因率其部四十余人越海归唐)。[4]

二、渤海繁忙的南下航线

　　隋唐五代时期,从渤海南下的航线较之北上航线更加繁忙。开皇八年,隋朝进攻陈朝时,水军就从东莱出发南下。“伐陈之役,以(燕荣)为行军总管,率水军自东莱傍海,入太湖,取吴郡”。[5] 这是一次相当规模的军事行动。

　　唐朝时期,从渤海通往江淮沿岸的航线逐渐繁忙起来,成为渤海地区与南方交往的重要渠道。登州、莱州、密州各口岸经常始发商船,将各类物品运往南方销售,其中的民间商人最为活跃。《云溪友议》卷上记载:“登州贾者马行余,转海拟取昆山路,适桐庐,时遇西风而吹到新罗国。”桐庐在今天的浙江省富春江中游,通过杭州湾出海,与北方通航。马行余所经由的南路海道,已经到达此处。当时通过这条海路从事商业性运输,获利甚丰。

　　唐末五代之际,中原王朝与闽浙地区的陆路联系已被吴、楚、南唐等地方割据政权所隔绝,只能通过海路相互沟通。开平元年(907 年),司马邺升任“右武卫上将军。三年,使于两浙。时淮路不通,乘舴者迂回万里。陆行则出荆、襄、

---

　　〔1〕《全唐文》卷三九四,令狐峘《光禄大夫鲁郡开国公颜真卿墓志铭》。
　　〔2〕《旧唐书》卷一四五《李忠臣传》。
　　〔3〕《旧唐书》卷一四五《李希烈传》。
　　〔4〕《旧五代史》卷四一《明宗纪》。
　　〔5〕《隋书》卷七四《燕荣传》。

潭、桂入岭,自番禺泛海至闽中,达于杭、越。复命则备舟楫,出东海,至于登、莱。而扬州诸步多贼船,过者不敢循岸,必高帆远引海中,谓之'入阳',以故多损败。邺在海逾年,漂至虬罗国,一行俱溺"。[1] 当时南下虽然走陆路,但返程则走海路,并从登、莱登陆。由于南下的陆路迂回曲折、路途遥远,所以后来也改为走海道。张文宝,"长兴初,奉使浙中,泛海船坏,水工以小舟救"。[2] 后唐的左散骑常侍孔崇弼,天福"五年,诏令泛海使于杭越"。[3] 段希尧,"天福中,稍迁右谏议大夫,寻命使于吴越。及乘舟泛海,风涛暴起,楫师仆从皆相顾失色"。[4] 司徒诩,"汉乾祐中,尝使于吴越,至渤澥之中,睹水色如墨"。[5] 由司徒诩的航海线路可知,北方政权派使臣南下,一般都从渤海南岸启程。南方割据政权派人到中原王朝朝贡,也走海路,从福建直抵渤海南岸的登州或莱州。"是时,杨氏据江、淮,故闽中与中国隔越,(王)审知每岁朝贡,泛海至登莱抵岸"。[6] 钱镠,"自唐朝,于梁室,庄宗中兴以来,每来扬帆越海,贡奉无阙,故中朝亦以此善之"。[7] 所以史称:"时江南未通,两浙贡赋自海路而至青州。"[8]

由于正史主要记载政府行为,民间的商业往来见于记载的不多。但由政府使节的频繁交往可以推测,渤海地区与江浙闽地区的海上商业往来一定不少。

三、渤海与朝鲜之间的航线

有关渤海南岸至朝鲜半岛的海上航线,唐代史籍有明确记载,其航道、地文坐标和区间里程,当时人都了若指掌。当时的起航基地为登州,海船先向北行驶到达辽东半岛,然后沿辽东半岛东南岸行驶,从而到达新罗国。《新唐书》卷四三下《地理志》记载了这条名为"登州海行入高丽渤海道"的航海线路:"登州东北海行,过大谢岛(今长山岛)、龟歆岛(今砣矶岛)、末岛(今大、小钦岛)、乌湖岛(今北隍城岛)三百里,北渡乌湖海(指渤海中乌湖岛以北至老铁山的海域),至马石山(今老铁山)东之都里镇(今辽宁旅顺附近)二百里。东傍海壖,过青泥浦(今大连湾附近)、桃花浦、杏花浦(二浦在大连湾以东至碧流河口之海面)、石人汪(今石城岛以北的海峡)、橐驼湾(今鹿岛以北的大洋河口)、乌骨江(今鸭绿

〔1〕《旧五代史》卷二〇《司马邺传》。
〔2〕《旧五代史》卷六八《张文宝传》。
〔3〕《旧五代史》卷九六《孔崇弼传》。
〔4〕《旧五代史》卷一二八《段希尧传》。
〔5〕《旧五代史》卷一二八《司徒诩传》。
〔6〕《旧五代史》卷一三四《王审知传》。
〔7〕《旧五代史》卷一三三《钱镠传》。
〔8〕《旧五代史》卷一三三《钱镠传附元㺧传》。

江,此指江口)八百里。乃南傍海壖,过乌牧岛(今朝鲜半岛西北海岸附近的身弥岛)、贝江口(今大同江口)、椒岛,得新罗西北之长口镇(今长渊县之长命镇)。"如果再向南继续航行,则可接近朝鲜半岛南端,并转经陆路到达新罗都城,其航线为:"又过秦王石桥(今翁津半岛外岛群中的一岛,据说形如桥道)、麻田岛(今开城西南海域中的乔桐岛)、古寺岛(今江华岛)、得物岛(今大阜岛),千里至鸭渌江唐恩浦口(意为从鸭绿江口至唐恩浦口约有千里,唐恩浦口即今牙山附近的河口)。乃东南陆行,七百里至新罗王城(今朝鲜半岛东南部的庆州)。"这就是登州到新罗的全程海道。隋朝讨伐陈朝时,水军从东莱出发南下,"平陈之岁,有一战船漂至海东𨐈牟罗国,其船得还,经于百济,(国王余)昌资送之甚厚,并遣使奉表贺平陈"。[1] 这说明百济与隋朝也有海上往来。

"登州海行入高丽渤海道",从登州北行,一直有庙岛群岛的许多岛屿作为海上地貌标识,进入辽东海域,沿海岸绕行,岛屿及近岸山峰的可视性标志也很多,航海者的视界中始终有陆岸或岛洲作为参照物。所以当时从山东出发经海路去新罗,大多采用这条航道。隋朝时期讨伐高丽,分水陆两线进军,水道就是从东莱出军。"(开皇)十八年,起辽东之役,征(周罗睺)为水军总管。自东莱泛海,趣平壤城,遭风,船多漂没,无功而还"。[2] 大业八年,隋炀帝讨伐高丽,"沧海道军舟舻千里,高帆电逝,巨舰云飞,横断浿江,迳造平壤,岛屿之望斯绝,坎井之路已穷"。[3] 浿江即今朝鲜大同江。当时的水军总管是右翊卫大将军来护儿。"辽东之役,护儿率楼船,指沧海,入自浿水,去平壤六十里,与高丽相遇。进击,大破之,乘胜直造城下,破其郛郭。……明年,又出沧海道,师次东莱……十年,又帅师渡海,至卑奢城,高丽举国来战,护儿大破之,斩首千余级。将趣平壤,高元震惧,遣使执叛臣斛斯政诣辽东城下,上表请降"。[4] 这显示隋朝讨伐高丽时,水军都是从东莱出师的。直到唐代贞观年间,水师讨伐高丽仍然沿此海道航行。"(贞观)二十二年,(薛)万彻又为青丘道行军大总管,率甲士三万自莱州泛海伐高丽,入鸭绿水,百余里至泊汋城,高丽震惧,多弃城而遁"。[5] 不仅水师,军用物资的运送也是通过这条海道。"征辽之役,诏太常卿韦挺知海运,(崔)仁师为副,仁师又别知河南水运。仁师以水路险远,恐远州所输不时至

〔1〕《隋书》卷八一《百济传》。
〔2〕《隋书》卷六五《周罗睺传》。
〔3〕《隋书》卷四《炀帝纪》。
〔4〕《隋书》卷六四《来护儿传》。
〔5〕《旧唐书》卷六九《薛万彻》。

海,遂便宜从事,递发近海租赋以充转输"。[1] 海运除大多从莱州出发外,也有的从渤海北岸出发者。有士兵就说:"在朝阳甍津,又遣来去运粮,涉海遭风,多有漂失。"[2]

百济、新罗与唐朝之间被高丽阻隔,所以双方之间更需要通过海道往来。例如,"大历初,以新罗王卒,授(归)崇敬仓部郎中、兼御史中丞,赐紫金鱼袋,充吊祭、册立新罗使。至海中流,波涛迅急,舟船坏漏,众咸惊骇"。[3] 又如,《旧唐书·新罗传》记载:"(元和)十一年十一月,其入朝王子金士信等遇恶风,飘至楚州盐城县界,淮南节度李鄘以闻。"[4]当时朝鲜三国经常对唐朝朝贡,唐朝对三国的册封也很频繁。此外,三国来唐学习的生徒也很多。"(开成)五年四月,鸿胪寺奏:新罗国告哀,质子及年满合归国学生等共一百五人,并放还"。[5] 这些人员往来一般都通过渤海。

唐代人为了缩短航程和航期,努力开发出由山东半岛东端越海直达朝鲜半岛的直达航线,使两岸通航更加便捷。显庆五年(660年),苏定方率水军航海东征百济,就从成山扬帆起锚,直线驶向朝鲜半岛,大军登陆于熊津江口。[6] 此后,中朝两岸的跨海直航逐渐增多。《太平广记》卷二七四引《抒情集》记载:"薛宣僚,会昌中为左庶子,充新罗册赠使,由青州泛海",直赴新罗,但因"船频阻恶风雨,至登州却漂回,泊青州"。虽然这次直航朝鲜的努力未能成功,但说明当时的青州已经开辟了直达新罗的海上航线。显庆五年十一月,讨伐高丽,"青州刺史刘仁轨坐督海运覆船,以白衣从军自效"。[7] 龙朔二年七月,"诏发淄、青、莱、海之兵七千人以赴(百济的)熊津"。[8] 这些事例说明,青州也是通往高丽、新罗的重要基地。百济国王余丰"遣使往高丽及倭国请兵,以拒官军。诏右威卫将军孙仁师率兵浮海以为之援";后来"又遣刘仁愿率兵渡海,与旧镇兵交代"。[9] 这些海运也都从青州出发。上元二年"二月,刘仁轨大破新罗之众于七重城,又使鞊鞨浮海,略新罗之南境,斩获甚众"。[10] 这是从辽东半岛出师

〔1〕《旧唐书》卷七四《崔仁师传》。
〔2〕《旧唐书》卷八四《刘仁轨传》。
〔3〕《旧唐书》卷一四九《归崇敬传》。
〔4〕《旧唐书》卷一九九《新罗传》。
〔5〕《旧唐书》卷一九九《新罗传》。
〔6〕《旧唐书》卷八三《苏定方传》载"定方自城山济海,至熊津江口"。城山即成山。
〔7〕《资治通鉴》卷二〇〇"唐高宗显庆五年"条。
〔8〕《资治通鉴》卷二〇〇"唐高宗龙朔二年"条。
〔9〕《旧唐书》卷八四《刘仁轨传》。
〔10〕《资治通鉴》卷二〇二"唐高宗上元二年"条。

新罗。

隋唐五代时期,中国与朝鲜半岛之间无论是政府使节的往来,还是隋唐的军事征伐,基本都通过渤海。这条海道不仅沟通中朝两国,还是中日交往的通道。

四、渤海与日本之间的航线

在中国北方,与日本交流的传统航线,是从渤海南岸的登州、莱州出发,横渡渤海海峡,航行至辽东半岛南端,再沿海航行到朝鲜半岛南端,然后再从釜山到达日本。从日本到中国,则先从日本经过壹岐岛和对马岛,到达朝鲜半岛西南部,再到达辽东半岛南端,渡过渤海,最后在山东半岛北岸的登、莱登陆。隋炀帝派遣文林郎裴清出使倭国,仍然沿着乐浪到日本的航线行驶。《隋书》卷八一《东夷·倭国传》记载其所走线路为:"度百济,行至竹岛(今朝鲜全罗南道珍岛西南),南望躭罗国(济州岛),经都斯麻国(对马岛),迥在大海中。又东至一支国(壹岐岛),又至竹斯国,又东至秦王国……又经十余国,达于海岸。自竹斯国以东,皆附庸于倭。"在山东半岛直通日本航线开通之前,山东航海者必须经过朝鲜半岛,才能到达日本。

唐朝时期,日本的遣唐使共有 19 次,实际成行的是 16 次。遣唐使的路线有南北两条,北线就是登州海行入高丽道及其延伸,南线是从日本直接抵达唐朝的扬州、明州。日本学者木宫泰彦统计,遣唐使的前七次除第二次走南线、第六次只到达百济外,其余都是走的北线,此后的遣唐使除第十二次"迎入唐大使"高元度走的是北线外,其余都是走南线。[1] 后期的遣唐使来唐时虽然走南线,但归国时有的却走北线。例如,第十次遣唐大使多治比广成和判官平群广成,从苏州入海归国时,"恶风忽起,彼此相失"。平群广成返回长安,遇到日本留学生阿倍仲麻吕。阿倍仲麻吕代他向唐朝廷请求"取渤海路归朝,天子许之"。在开元二十七年三月,平群广成从登州入海,"五日到渤海界"。圆仁等人在大中元年(847 年)九月"二日,午时,从赤(山)浦渡海,出赤山莫琊口,向正东行一日一夜。至三日平明,向东望见新罗国西面之山"。[2] 圆仁的这次航海也走的是渤海线。

隋代和唐前期,中日两国之间的往来基本经过渤海。此后虽然主要走南线,但有时仍然走渤海线。

---

〔1〕 〔日〕木宫泰彦著,胡锡年译:《日中文化交流史》,商务印书馆,1980 年,第 63—72 页。
〔2〕 《入唐求法巡礼行记》卷四。

第五节 渤海地区经济的发展与造船业的高涨

一、渤海地区经济的发展

隋唐时期,特别是唐朝,长期稳定的社会环境促使社会经济迅速发展。这在水利工程的修建、农业生产的恢复和发展、手工业的进步、商业的繁荣等方面,都有突出的反映。

(一)水利工程的修筑

北方地区农业发展的制约因素是灌溉用水短缺。为了解决这一问题,从朝廷到地方政府,都很重视开渠挖河来引水灌溉,这些河渠同时还可以用于运输和排涝防洪。唐朝时期,修建了大量沟渠。在清池县(今河北沧州市)东南开挖水渠,注入屯氏河;还开渠引浮水,注入漳水。贞观二十一年,在河间县(今河北河间市)西北开长丰渠;开元二十五年,又在该县西南开长丰渠,从束城(今河北河间东北)、平舒(今河北大城县)引滹沱河水,东入淇水通漕运,并灌溉田地500多顷。在任丘县(今河北任丘市)开通利渠,来排泄陂淀,从县南至县西北,入滱水,获得良田200多顷。在三河县(今河北三河市)北部有渠河塘,在县西北有孤山陂,灌溉田地3 000顷。在南皮县(今河北沧州市南皮县)疏通了旧毛河,从临津县(治所在今河北东光县东南)经过南皮县,注入清池县(治所在今河北沧县东南四十里旧州镇)。在沧州疏通了无棣沟,从南皮县引永济渠的水,向东南方向流,经过无棣县(今河北盐山县东南),再折向东北,在今天的海兴县东部流入渤海。无棣沟兼有灌溉和排涝、运输的功能。在幽州引卢沟水,灌溉稻田数千顷。为了预防水患,还修筑了不少堤坝。特别是沧州地势低下,建造的堤坝尤其多。

以上水利工程发挥了良好的社会和经济效益。在天宝十年,唐代著名诗人高适在河间县长丰渠与友人泛舟游赏,作《同敬八、卢五泛河间清河》诗,诗中描述说:"清川在城下,沿泛多所宜。同济惬数公,玩物欣良时。飘飘波上兴,燕婉舟中词。昔陟乃平原,今来忽涟漪。东流达沧海,西流延漙池。云树共晦明,井邑相逶迤。稍随归月帆,若与沙鸥期。渔夫更留我,前潭水未滋。"长丰渠的建造,大大改善了周围的自然环境,进而促进了当地经济的发展和社会的繁荣,而且开通了直达渤海的水运。贞观年间薛大鼎任沧州刺史,"州界有无棣河,隋末填废,大鼎奏开之,引鱼盐于海。百姓歌之曰:'新河得通舟楫利,直达沧海鱼盐至。昔日徒行今骋驷,美哉薛公德溥被。'大鼎又以州界卑下,遂决长卢及漳、衡等三河,分洩夏潦,境内无复水害"。[1] 薛大鼎主持疏通的无棣河,也沟通了水运,使百姓得到了渤海的鱼盐之利;而长卢、漳河、衡河的开挖,则消除了连年不断的水灾。贞观二十三年,贾敦颐出任瀛州刺史,"州界滹沱河及滱水(今唐河),每岁泛滥,漂流人居,敦颐奏立堤堰,自是无复水患"。[2] 河北监察使兼支度营田使姜师度,"约魏武旧渠,傍海穿漕,号为平虏渠,以避海艰,粮运者至今利焉"。[3] "有通利渠,开元四年,(任丘县)令鱼思贤开,以泄陂淀,自县南五里至城西北入滱,得地二百余顷"。[4] 王维《渡河到清河作》:"泛舟大河里,积水穷天涯。天波忽开拆,郡邑千万家。行复见城市,宛然有桑麻。回瞻旧乡国,淼漫连云霞。"这生动描述了渤海地区水利工程兴修之后的社会繁荣景象。

(二)农业发展

为了发展农业生产,有些地方官建立了屯田。宋庆礼"兼检校营州都督。开屯田八十余所,追拔幽州及渔阳、淄青等户,并招辑商胡,为立店肆,数年间,营州仓廪颇实,居人渐殷"。[5] 宋庆礼思想开明,不仅开立屯田,发展农业,而且采取得力措施发展商业,这有利于政府的税收和百姓的生活改善。

环渤海地区的粮食作物主要是谷粟和小麦。因此,政府在该地区征收赋税,主要是这两种粮食。此外,还有水稻、大麦、豌豆、绿豆等。在环渤海低洼水多的地区,可以种植水稻。日本僧人圆仁经过这些地区时就看到有水稻等。户部侍郎宇文融"画策开河北王莽河,溉田数千顷,以营稻田,事未果而融败"。[6] 早在曹魏时期,渤海地区就种植水稻。假节都督河北诸军事刘靖,"修广戾陵渠大堨,水溉灌蓟南北;三更种稻,边民利之"。[7] 渤海地区所在的河南与河北是当时重要的产粮区。隋文帝统治时期,"诸州调物,每岁河南自潼关,河北自蒲坂,达于京师,相属于路,昼夜不绝者数月"。[8] 唐玄宗开元年间,"关中漕渠,凿广

〔1〕《旧唐书》卷一八五《薛大鼎传》。
〔2〕《旧唐书》卷一八五《贾敦颐传》。
〔3〕《旧唐书》卷一八五《姜师度传》。
〔4〕《新唐书》卷三九《地理志》。
〔5〕《旧唐书》卷一八五《宋庆礼传》。
〔6〕《旧唐书》卷四八《食货志》。
〔7〕《三国志》卷一五《刘馥传附子靖传》。
〔8〕《隋书》卷二四《食货志》。

运潭以挽山东之粟,岁四百万石"。[1] 这都说明包括渤海地区在内的黄河下游地区粮食产量较高。

隋朝末年,由于隋炀帝的残暴统治和横征暴敛以及多年的战争破坏,直到唐朝贞观年间,"今自伊、洛以东,暨乎海、岱,灌莽巨泽,苍茫千里,人烟断绝,鸡犬不闻,道路萧条"。[2] 到宋朝初期,登州港及其周边地区已经是"户口蕃庶,田野日辟"。[3] 在唐朝贞观至开元年间,由于国家政治局面的长期稳定,社会经济得到较快恢复,并且有大幅度的发展,人口明显增加,粮食产量也显著提高。唐玄宗就说:"大河南北,人户殷繁,衣食之源,租赋尤广。"[4]

唐文宗镇压沧州李同捷叛乱后,殷侑于"大和四年,加检校工部尚书、沧齐德观察使。时大兵之后,满目荆榛,遗骸蔽野,寂无人烟。……侑上表请借耕牛三万,以给流民,乃诏度支赐绫绢五万匹,买牛以给之。数年之后,户口滋饶,仓廪盈积"。[5] "寂无人烟"的沧、齐、德三州,"数年之后,户口滋饶,仓廪盈积",主要得益于农业的发展,同时也说明该地区农业发展的基础较好,所以能很快恢复。

(三) 手工业和商业的发展

渤海地区农业的发展与繁荣,为手工业和商业的发展奠定了坚实的基础。手工业主要是丝织品和麻织品的生产,其次是瓷器、冶炼、制盐等的生产。

在男耕女织的自然经济条件下,渤海地区的各州县农民都从事家庭纺织。不少地区生产的丝织品质量较高。当时绢的质量被分为八个等级,齐州、沧州为四等,青州、淄州为五等。除绢外,还有绫、绸等,质量也较好。因为该地丝织品的质量较高,所以被规定为纳税和朝贡的产品。例如,每年齐州朝贡丝葛十匹,还有绢和绵;青州朝贡仙纹绫十匹,还有丝绵;棣州朝贡绢十匹。青齐地区自古以来就是北方丝织品的主要产地。唐代的登州依然是丝织品的重要产地。这里生产的丝织品和黄金都驰名全国。从事麻织品生产的地区出产贳布,质量也很好,因而也成为朝贡的产品。登州和莱州都朝贡贳布。著名诗人脍炙人口的诗篇,形象生动地描述了渤海地区纺织业的发达。杜甫《忆昔》:"齐纨鲁缟车班班,男耕女织不相失。"李白《五月东鲁行答汶上君》:"五月梅始黄,蚕凋桑柘空。

〔1〕《旧唐书》卷四八《食货志》。
〔2〕《旧唐书》卷七一《魏徵传》。
〔3〕《宋史》卷一七三《食货志·农田》。
〔4〕《册府元龟》卷四八七《赋税》。
〔5〕《旧唐书》卷一六五《殷侑传》。

鲁人重织作,机杼鸣帘栊。"

　　渤海地区的纺织业不但在唐朝社会和平稳定时期有较大程度的发展,而且在战乱不断的唐后期和五代时期,也没有停止发展。后梁乾化元年(911 年)七月,太祖朱温率军北征,平卢(青州)节度使进献绢 5 000 匹。后唐清泰三年(936年),沧州节度使马全节进献绢 3 000 匹,绵 3 000 两,丝 8 000 两。后周广顺二年(952 年),平定泰宁节度使慕容彦超的叛乱,平卢节度使符彦卿献锦彩 3 000匹。这些丝织品数量之多,反映当时丝织业的生产能力仍然相当大。

　　矿冶业有铁冶和金银冶炼。淄州的淄川县和莱州的昌阳县都有铁矿。昌阳县还出产银,在县城东 140 里有黄银坑。隋朝开皇年间,牟州刺史辛公义在此获得黄银进献朝廷,唐朝贞观初年又在此得到黄银。此外,出产黄银的还有沂州。开元年间,沂州和莱州向朝廷进贡的物品中,黄银是很重要的一类。安史之乱后,李师道占据山东的 12 个州,每年从矿业中获利百余万贯。

　　制盐一直是渤海地区重要的支柱产业。南燕皇帝慕容德就"立冶于商山,置盐官于乌常泽,以广军国之用"。[1] 棣州以及莱州的掖县、胶水、即墨、昌阳,登州的蓬莱等,都是重要的产盐地。棣州的盐池和产盐量最高,年产量多达数十万斛,因而这里成为平卢、幽州和成德三个藩镇激烈争夺的目标。为了加强对制盐业的管理和征收盐税,唐朝后期在郓、青、兖三州设置了榷盐院,在河北设置税盐院和税盐使、榷盐院和榷盐使。

　　登州不仅有良好的自然条件,而且离战乱不断的中原地区较远,经济发展的环境较好。在登州海港的带动下,登州地区的经济发展突飞猛进。在唐末五代,登州与杭州港开通了直接贸易往来,输出的主要商品有粮食、瓷器和干姜等。

二、渤海造船技术和航海技术的进步

　　渤海地区曾经森林密布,多有良材可伐,故而汉晋隋唐等王朝多在渤海沿岸建造大海船。为了讨伐割据辽东的公孙渊,魏明帝景初元年(237 年)七月,"诏青、兖、幽、冀四州大作海船"。[2] 为征伐孙吴,景元三年,司马昭令"青、徐、兖、豫、荆、扬诸州,并使作船,又令唐咨作浮海大船"。[3] 后赵皇帝石季龙,为了进攻辽东的慕容燕,曾经"令青州造船千艘"。[4] 后来石季龙为了征伐慕容燕,调集五十万兵力,"具船万艘,自河通海,运谷豆千一百万斛于安乐城,以备征军之

〔1〕《晋书》卷一二七《慕容德载记》。
〔2〕《三国志》卷三《明帝纪》。
〔3〕《三国志》卷二八《钟会传》。
〔4〕《晋书》卷一○六《石季龙载记》。

调";他的穷兵黩武导致"船夫十七万人为水所没。猛兽所害,三分而一"。[1]
安乐城应为乐安城,在今河北乐亭县东北二十里。石季龙还令"青州造船数百,
掠缘海诸县"。[2] 为征讨高丽,隋炀帝"敕幽州总管元弘嗣往东莱海口造船三
百艘"。[3] 这些事例说明,渤海沿岸一直是中国北方建造海船的重要基地。

中国的造船技术一直较为发达。东晋时的高僧法显从印度归国,在海上所
乘坐的商人大船可以载 200 多人。隋唐时的造船技术有了很大进步。隋朝大将
杨素在信州"造大舰,名曰五牙,上起楼五层,高百余尺,左右前后置六拍竿,并
高五十尺,容战士八百人……次曰黄龙,置兵百人"。[4] 唐代的大船长达 20
丈,可载六七百人,载货万斛。当时的海船不仅船体阔、容积大,而且结构坚固、
抵抗风浪能力强,在海上航行颇负盛名,以致前来唐朝的阿拉伯商人很喜欢搭乘
唐船。唐代用于水战的船只,在原有的楼船(高大的指挥舰)、蒙冲(外蒙犀革的
装甲舰)、战舰、走舸(快艇)、游艇(侦察、巡逻艇)外增加了海鹘。这种船"头低
尾高,前大后小,如鹘之状。舷下左右置浮板,形如鹘翅。其船虽风浪涨天无有
倾侧。背上左右张生牛皮为城,牙旗、金鼓如战船之制"。[5] 这种船只超强的
稳定性,缘于其独特的形制和结构,这就极大增强了其水上航行的安全性。这种
形制的船只的出现,在船舶制造上是一大进步。

在唐朝和日本之间的海道上航行的大多是唐人驾驶的"唐舶"。日本遣唐
使所乘坐的遣唐船(图二),虽然在日本制造,但"建造者和驾驶者,大都是唐
人"。[6] 日本商人使用的一般都是唐船。在中日之间海上往来的基本都是唐
船,这突出反映了唐朝的造船技术处于领先地位。

在长期的航海实践中,人民逐步积累了丰富的航海经验。这些知识经验,可
分为海上地貌导航、海下地貌导航、水色与生物导航、天体导航、天文气象导航
等。古代的舟师起初主要借助地文导航,对航线附近的地貌特征,包括海上的岛
屿、沙、礁,大陆边缘海区的山形、建筑物等,都牢记于心。这种依靠岛屿、山形等
海上地貌导航,称为"陆标导航"。海下地貌也具有重要的导航作用。陆地上的
山脉延伸到海里形成礁石,珊瑚生长的地区容易形成浅滩,河口附近会有大面积

---

〔1〕《晋书》卷一○六《石季龙载记》。
〔2〕《晋书》卷七七《蔡谟传》。
〔3〕《资治通鉴》卷一八一"隋炀帝大业七年"条。
〔4〕《隋书》卷四八《杨素传》。
〔5〕(唐)李筌:《太白阴经》,《中国兵书集成(2)》,解放军出版社,1988 年。
〔6〕[日]木宫泰彦著,胡锡年译:《日中文化交流史》,第 108 页。

图二　日本遣唐船(据日本邮票转绘)〔1〕

的暗沙。黄河自西向东流入渤海,从黄土高原冲刷下来大量泥沙,沉积在大陆的边缘海区,形成很多暗沙,给海上航行造成很大威胁。航海中最怕搁浅与撞礁,为了避免海难的发生,在航行时要尽可能避开暗礁与浅滩。海水的颜色随海水的深度而变化。根据海水的不同颜色,可以将渤海划分为黄水洋、青水洋和黑水洋。黄河携带着大量黄色沙泥泄入渤海,沉淀在海岸附近,因而沙多水浅,泥沙在海浪冲击下,海水呈现黄色,被称为黄水洋。在离海岸较远的区域,海水较深,海底泥沙不容易被波浪卷起,水质清澈,被称为青水洋。在离海岸更远的区域,海水的颜色更深,就如同墨水一样,称为黑水洋。不同海域的海洋生物有所不同,根据海洋生物的差异,也可以用来判断所处的海域。太阳、月亮和北斗星等天体,同样具有重要的导航作用。成书于战国时代的《考工记·匠人》记载:"昼参诸日中之景,夜考之极星以正朝夕。"西汉成书的《淮南子·齐俗训》记载:"夫乘舟而惑者,不知东西,见斗极则寤矣。"在白天观测太阳,在夜晚观测北斗星和极星,依靠它们的方位来辨别方向,最晚在战国时代人们就已经掌握了这一技术。

　　在唐代航海技术取得了一项重大成就,这就是一行、南宫说等人在开元年间通过大规模天文观测与大地测量,得出结论:"……大率五百二十六里二百七十步而北极差一度半,三百五十一里八十步而差一度。枢极之远近不同,则黄道之

〔1〕　引自席龙飞《中国造船通史》,海洋出版社,2013年,第141页。

轨景固随而迁变矣。"〔1〕这一结论对于天文航海具有重大意义,因为它使人们得知"南北距离移动量是可以度量的。即以北极高度差来度量:只要北极的高度变化一度,南北方向上的距离就必定有 351 里 80 步的变化。这样人们可以通过这种简单、可靠的线性关系,测量北极高度的变化,得知自己观测时的南北位移。这一结论,正是天文定位导航术的根本理论所在";"中国古代航海史上的天文定位导航技术始于宋代。……以此为重要标志,中国古代天文航海术完成了从定性阶段向定量阶段转化,即从辨别船向向确定船位的阶段转化"。〔2〕 定位导航术在航海中的使用,是中国的航海技术进入成熟阶段的重要标志之一。

　　季风、台风、气象与潮汐规律等天文气象同样可以应用到海上航行中。因为季风随季节而变化,基本是定期出现,人们形象地称之为"信风"。春秋战国时期,人们已经将风向与季节的变化联系起来。最晚在西汉时,季风已经在航海中得到应用。隋唐时期,对季风变化规律的认识与应用逐步成熟。在北起渤海南至南海的整个中国海域的航行中,普遍利用季风。在中日交往中,为了借助中国沿海盛行的西南季风,赴日船只的航行一般都选在四至七月初旬的夏季。为了借助中国沿海的东北季风,从日本回国的船只都选择在八月底至九月初的秋末冬初。恰当利用季风,唐舶往来中日两国之间一般仅需要五六天时间。台风往来迅疾,风速超强,破坏性极大,是海上航行的主要克星之一。唐代人对台风出现的主要海域、时间与征候等有了深刻认识。唐舶在中日间的跨海航行,一般在夏末秋初期间停航,就是为了躲避台风袭击。先秦时期的古人就在航海中利用潮汐。唐代人对潮汐的认识更加科学。唐人窦叔蒙通过对潮汐的长期观察,在所撰的《海涛志》(又名《海峤志》)中阐述了潮汐与月球之间"轮回辐次,周而复始"的三种变化规律:"一晦一明,再潮再汐";"一朔一望,再盈再虚";"一春一秋,再涨再缩"。他认为海潮与月球之间存在着必然联系,"潮汐作涛,必符于月","月与海相推,海与月相期"。〔3〕 唐人封演也赞成月动力说,他在《封氏闻见录》中说:"假如月出潮以平明,二日三日渐晚,至月半则月初早潮翻为夜潮,夜潮翻为早潮矣。如是渐转至月半之早潮复为夜潮,月半之夜潮复为早潮。凡一月旋转一匝,周而复始。虽月有大小,魄有盈亏,而潮常应之,无毫厘之失。"〔4〕这一学说为后来的科学实践所证实。

----

〔1〕 《旧唐书》卷三五《天文志》。
〔2〕 章巽:《中国航海科技史》,海洋出版社,1991 年,第 263、265、267 页。
〔3〕 (清)俞思谦辑:《海潮辑说》上卷,康熙四十六年刻本。
〔4〕 (唐)封演撰,赵贞信校注:《封氏闻见记校注》卷七,中华书局,2005 年。

隋唐时期渤海地域经济的发展,促进了其战略地位的提高,并且为海上商业贸易奠定了物质基础。渤海地区造船技术和航海技术的进步,不仅得益于当时经济文化的空前繁荣,更是当时海上航行空前发达的必然结果。

第六节　渤海文学艺术风格的形成

渤海不仅给人类提供了鱼盐等重要的物质资源,成为社会经济发展的重要源泉;而且陶冶了人们的情操,启迪人们无尽的遐想,激发文人墨客的创作灵感,从而成为文学艺术取之不尽、用之不竭的渊薮。以渤海为素材的文学作品,早在先秦就孕育产生,此后一直源源不断,到隋唐时期终于形成独具一格的渤海文学风格。渤海本土与外来的士人骚客,在波涛激荡的感染下,情不自禁地吟咏出流传千古的诗篇和文赋,成为人类丰富的精神文化财富。

一、渤海诗风

华夏文学成就斐然、举世瞩目。其中古典诗歌是其中独具特色的艺术形式之一。以渤海为视点和主题、以沿海风物或史实为题材的诗歌,是中国古典诗歌的重要组成部分。

渤海三面被陆地环抱,山峦起伏叠嶂,陆海相映生辉,别有一番景致。世代居住在渤海地区的士人,朝夕与海为伴,从而对渤海产生了深厚的情感。来自外地的文人,也被渤海的美景和气势所感染,也会萌发创作的灵感。他们吟咏渤海的诗篇,丰富了中国诗歌的内容。

中国最早的咏海诗篇是曹操创作的、脍炙人口的《观沧海》:"东临碣石,以观沧海。水何澹澹,山岛竦峙。树木丛生,百草丰茂。秋风萧瑟,洪波涌起。日月之行,若出其中。星汉灿烂,若出其里。幸甚至哉,歌以咏志。"[1]景物描述生动形象,气势磅礴,意境深邃,情景交融,寓意深远,给人留下了深刻的印象。曹操观海的地点碣石在今天的河北秦皇岛境内,沧海就是今天的渤海。北魏时,"好为诗赋"的郑道昭出任光州(今山东莱州)刺史,被当地的海光山色所吸引,写下了《登云峰山观海岛诗》:"山游悦遥赏,观沧眺白沙。云路沈仙驾,灵章飞玉车。金轩接日彩,紫盖通月华。腾龙蔼星水,翻凤暎烟家。往来风云道,出入朱明霞。雾帐芳宵起,蓬台植汉邪。流精丽旻部,低翠曜天葩。此瞩宁独好,斯

---

[1]　郭茂倩:《乐府诗集》卷五四,中华书局,1979年。

见理如麻。秦皇非徒驾,汉武岂空嗟。"〔1〕描景状物形象生动,思今怀古感慨万千。这首诗被雕刻在云峰山山崖上,历经1500多年的风雨侵蚀,至今字迹仍然可辨。

　　唐朝是中国古典诗歌的鼎盛时期。不仅诗人层出不穷、数量众多,而且诗篇的数量和质量都达到前所未有的高度。以渤海为题材的诗篇也同样呈现出辉煌的成就。这些诗篇有的描绘风景如画的自然景观,有的联想到海上仙山的美景,有的回顾秦皇汉武巡视海疆的陈迹。李白的《登高丘而望远》最具代表性:"登高丘,望远海。六鳌骨已霜,三山流安在。扶桑半摧折,白日沈光彩。银台金阙如梦中,秦皇汉武空相待。精卫费木石,鼋鼍无所凭。君不见骊山茂陵尽灰灭,牧羊之子来攀登。盗贼劫宝玉,精灵竟何能。穷兵黩武今如此,鼎湖飞龙安可乘。"〔2〕诗人睹物思人,由六鳌、三山的虚无缥缈,联想到秦皇汉武海上求仙的荒诞,以古喻今,意境深远,发人深思。高适《和贺兰判官望北海作》描述说:"迢遥溟海际,旷望沧波开。四牡未遑息,三山安在哉。巨鳌不可钓,高浪何崔嵬。湛湛朝百谷,茫茫连九垓。挹流纳广大,观异增迟回。日出见鱼目,月圆知蚌胎。迹非想像到,心以精灵猜。远色带孤屿,虚声涵殷雷。"〔3〕诗人观察细微,描绘形象逼真,想象丰富,寓理于景。宋务光《海上作》云:"旷哉潮汐池,大矣乾坤力。浩浩去无际,沄沄深不测。崩腾翕众流,泱漭环中国。鳞介错殊品,氛霞饶诡色。天波混莫分,岛树遥难识。汉主探灵怪,秦王恣游陟。搜奇大壑东,竦望成山北。方术徒相误,蓬莱安可得。"宋务光与李白一样,都是睹物思人,托古讽今。波涛浩渺、气势壮观的渤海,不仅带给士人美的感受、心灵的愉悦,而且启迪了他们的思想和智慧。

　　后世以渤海为题的诗篇层出不穷。这些作者既包括享誉文坛的大文豪苏轼、著名的全真教道士丘处机,也包括青史无名的文人雅士;既有外地文人骚客,更多的是地方士人。渤海诗篇的创作题材日趋广泛,远至浩渺海天之际,近到潮汐海岸,大者风波浪涌、蜃楼岛屿,小者沙鸥船帆、炊烟绿树,都成为诗人描述的景观。有规律的潮汐现象,以神奇的魅力、不可抗拒的气势和壮观的景观,更是吸引了很多诗人的兴致。因而咏潮的名篇佳作层出不穷。潮汐本来是海岸沿线共有的自然现象,但在诗人神奇的笔下,却呈现出千姿百态的景观。海市蜃楼是海上最奇妙、最迷人的美景。它的奇幻而魅力无限的景致,深深吸引了人们的好

〔1〕 逯钦立:《先秦汉魏晋南北朝诗》下册,中华书局,1983年。
〔2〕 《全唐诗》卷一六三。
〔3〕 《全唐诗》卷二一一。

奇心,也诱发了诗人的灵感与创作激情。

二、渤海文赋

采用"赋"的体裁来描写大海,开始于后汉。班彪的《览海赋》是开山之作。他观海的地点在淮浦(今江苏涟水县),因而观赏的是黄海。"邈浩浩以汤汤",[1]形象描绘出大海的浩渺无际。此后海赋之作接连不断,蔚为大观,成为文学上的一个重要类别,丰富充实了文学的内容与题材。曹操与曹丕父子都创作了著名的《沧海赋》,描写的都是渤海。曹操的《沧海赋》,旨在托物抒情言志,通过观赏渤海,表达了"海纳百川,其容乃大","以一叶轻舟,凌万顷波涛于其下","沧海中若效雄鹰翱翔长空,而又若游龙驰骋四海",即不畏艰险、建功立业的豪迈志向;"志如海深,志比天高,非图名利,自表高洁",直抒胸臆,进一步抒发了作者的高洁情操。曹丕的《沧海赋》则形象描绘了渤海的汹涌气势、壮观景致,"惊涛暴骇,腾踊澎湃。铿訇隐邻,涌沸凌迈","巨鱼横奔,厥势吞舟"。[2] 王粲的《游海赋》描述说:"吐星出日,天与水际。其深不测,其广无臬。章亥所不极,卢敖所不届。"[3]晋人潘岳的《沧海赋》一方面描写了渤海的波涛浩渺、山岛耸峙:"徒观其状也,则汤汤荡荡,澜漫形沉。流沫千里,悬水万丈","蓬莱名岳,青丘奇山,阜陵别岛";另一方面描写了渤海的经济价值:"煮水而盐成,剖蚌而珠出";历数海中的奇珍异宝、海上的飞鸟名禽:"怪体异名,不可胜图。"该文是渤海赋中具有代表性的名篇。晋人木玄虚的《海赋》被选入《昭明文选》,影响较大。它描写气势汹涌的波涛:"于是鼓怒,溢浪扬浮,更相触搏,飞沫起涛。状如天轮,胶戾而激转;又似地轴,挺拔而争回。岑岭飞腾而反覆,五岳鼓舞而相磓。"对搏击风浪的航海者,它描述和赞叹说:"于是舟人渔子,徂南极东,或屑没于鼋鼍之穴,或挂罥于岑崿之峰。或掣掣泄泄于裸人之国,或泛泛悠悠于黑齿之邦。或乃萍流而浮转,或因归风以自反。徒识观怪之多骇,乃不悟所历之近远。"它记述海中的成群的大鱼和空中翱翔的飞禽:"鱼则横海之鲸,突扤孤游,戛岩鰲,偃高涛,茹鳞甲,吞龙舟。噏波则洪涟踧踖,吹涝则百川倒流。或乃蹭蹬穷波,陆死盐田,巨鳞插云,鬐鬛刺天,颅骨成岳,流膏为渊。若乃岩坻之隒,沙石之嶔,毛翼产㲉,剖卵成禽。凫雏离褷,鹤子淋渗。群飞侣浴,戏广浮深。翔雾连轩,泄泄淫淫。翻动成雷,扰翰为林。更相叫啸,诡色殊音。"它记载

---

〔1〕 (唐)欧阳询撰,汪绍楹校:《艺文类聚》卷八《水部·海水》,上海古籍出版社,1999年。

〔2〕 (唐)欧阳询撰,汪绍楹校:《艺文类聚》卷八《水部·海水》。

〔3〕 (唐)欧阳询撰,汪绍楹校:《艺文类聚》卷八《水部·海水》。

发生在海上的神奇传说;"若乃三光既清,天地融朗。不泛阳侯,乘跻绝往。觌安期于蓬莱,见乔山之帝像。群仙缥眇,餐玉清涯。履阜乡之留舄,被羽翮之襂缅。翔天沼,戏穷溟,甄有形于无欲,永悠悠以长生。"它对渤海丰富的物产赞叹说:"且其为器也,包乾之奥,括坤之区。惟神是宅,亦祇是庐。何奇不有,何怪不储?"〔1〕另外还有庾阐的《海赋》、孙绰的《望海赋》。海赋在晋朝蔚为大观,呈现出繁荣景象。

渤海诗歌和文赋是在渤海的直接启迪下创作的,渤海的物产、景观和历史文化是它们的直接素材,渤海区域社会经济的发展是它们的土壤,是本土和外来的士人受到渤海的熏陶和感染的产物。渤海文学在东汉末年开始孕育,在唐代由于经济和文化的高度发展而正式形成。

---

〔1〕　(晋)木玄虚:《海赋》,《昭明文选》卷一二,上海古籍出版社,1986年。

第五章　宋金时期的渤海

后周显德七年,赵匡胤发动陈桥兵变,建立宋朝,此后逐步结束了唐灭亡以来中原地区地方割据与混战的局面。宋朝从后周继承了濒临渤海的大片疆土,同时也积极向中国南方拓展,将海疆推进到今天的广西沿海地区。宋朝先后与位于其北方的辽、金政权对峙,这使得渤海海域在宋金时期经历了一个由分离对峙到逐步整合统一的过程。

第一节　渤海海域的南北分离与军事对峙

一、宋辽在渤海海域内的疆域划分

后周显德七年,后周殿前都检点赵匡胤在陈桥驿发动兵变,夺取帝位,建立宋朝。后周疆域最广阔时包括今天的河南、山东、山西南部、河北中南部、陕西中部、甘肃东部、湖北北部、安徽、江苏的长江以北地区以及所毗连的海疆。北宋朝廷直接从后周继承了这些海陆疆土,但从总体上看,北宋建立伊始的辖境多为内陆地区,海疆并不辽阔,仅包括今天黄海以及渤海和东海的部分地区。

北宋一朝自建立,始终与位于其北方的契丹族政权——"辽"处于一种时和时战的对峙局面。宋太祖之世,当时的北宋朝廷主要精力放在统一中国南方的各政权上,对辽以防御为主;而当时的辽忙于内政的稳定,双方并未发生过大规模的武装冲突。太平兴国四年(979年),北宋完成了对南方的统一,宋太宗意图在北方领土上有所拓展,但针对辽的军事行动在经历了"高梁河之战""雍熙北伐"的失利之后,北宋君臣便不再对幽云失地主动出击、积极收复了,转而实行消极防御策略。这更纵容了辽朝军队的南侵。景德元年(1004年),辽圣宗和萧太后亲率大军南犯,北宋朝廷在军事上占据有利形势的情况下,与辽议和,订立了"澶渊之盟"。"澶渊之盟"的盟书在有关边界事宜上规定:"沿边州军,各守疆界。两地人户,不得交侵。……所有两朝城池,并可依旧存守。淘濠完葺,一切如常。"[1]所谓"依旧存守"是指宋辽维持旧疆,旧疆在《辽史·地理志·序》中说得明白:"东至于海,西至金山,暨于流沙,北至胪朐河,南至白沟,幅员万里。"这里的"白沟"即"白沟河",也就是今天的海河及其上游的支流大清河。

根据《宋书·地理志》记载,北宋时期沿渤海的州郡有沧州、滨州、青州、潍州、莱州、登州。[2]而根据《辽史·地理志》记载,辽国地处渤海沿岸的府州主要有辰州、卢州、海州、显州、乾州、铜州、顺化城响义军、宁州、归州、苏州、锦州、严州、隰州、来州、迁州、润州、平州、营州、滦州、析津府。[3]根据宋辽双方沿渤海行政区划的情况可以确定,渤海湾西侧双方以海河入海口为分界线分别控制渤海沿岸的地区,而在渤海湾东侧,宋辽则分别控制着今天的山东半岛和辽东半岛。

二、渤海海域内宋辽双方的军事对峙

"澶渊之盟"订立之后,宋辽之间形成的和平关系持续了近百年的时间,但彼此间相对稳定的军事对峙也是不争的事实。北宋自建立以来,在军事上始终不占据地利的优势。产马的北方地区被当时的辽和西夏政权占据,北宋陆上军事力量在以骑兵为主力的进攻态势上很难取得优势。而宋都汴梁虽交通便利,物资富饶,但平坦的地势以及过于接近北方边境的特点,极易受到占据骑兵优势的北方少数民族政权的攻击。所以,宋朝将其兵力的90%都集中在北方地区,尤其是边界附近。宋辽军事对峙的紧张气氛由此可窥得一斑。不过当时,双方对峙的主要地区并非渤海湾的沿岸地带,而是在今河北、山西一带。由于《辽史》编撰粗糙,详细的兵力部署已难以确定,但通过宋人余靖的《武溪集》可大抵知晓辽置南京都统司,统领数量很多的蕃汉兵马镇守在燕山南北两侧。相比于辽,北宋的兵力部署就较为明确。比如庆历四年,受命主持北方边防事务的富弼上《河北守御十二策》:"定、瀛、沧各置一帅,北京置一大帅,余十五城分属定、瀛、沧三路,择善将守之。十九城都用兵三十万,定五万,瀛、沧各三万;镇二万,雄、

---

〔1〕《续资治通鉴长编》卷五八"宋真宗景德元年十二月辛丑"条。
〔2〕张炜、方堃:《中国海疆通史》,中州古籍出版社,2003年,第175页。
〔3〕张炜、方堃:《中国海疆通史》,第188、189页。

霸、冀、保、广信、安肃各一万,祁、莫、顺安、信安、保宁、永宁、北平各五千,北京五万,为诸路救援。余二万分顿诸道,巡检游击兵。"从富弼所奏可知,宋辽对峙的胶着点主要在以定州为核心的河北内陆地区,而以沧州为核心的渤海湾西侧的沿岸地带反而居于战略上的次要地位。究其原因,辽国是一个由游牧民族建立的政权,它更重视陆路的发展,海上活动则很少。所以北宋朝廷就相应地将对抗的注意力主要放于内陆地区。

在渤海湾的东侧,宋辽两政权分别占据今天的山东半岛和辽东半岛,隔海相望。且辽国在沿岸设置了不少的军事据点,这使得北宋朝廷一直担心来自辽的海上侵扰,因此建立了专门的海防部队。北宋政权拥有辽阔的海疆和水网交错的南方疆土,为了镇辖这些水域,北宋逐渐建立起自己的水军组织。北宋水军数量虽不及陆军,但却是当时北宋军队中的兵种之一。根据《宋史》记载,宋代军队按照职守与隶属关系的不同可分为以下几种:"天子之卫兵,以守京师,备征戍,曰禁军;诸州之镇兵,以分给役使,曰厢军;选于户籍或应募,使之团结训练,以为在所防守,则曰乡兵。"[1]在北宋时期,这三类军队当中均设有水军组织。水军在北宋时期没有独立的统兵机构,它附属于殿前侍卫两司的步军司。禁军中水军有神卫、虎翼和登州三支,厢军和乡兵中的水军数量虽多于禁军水军,但其主要驻防于南方,北方只有京东、河东和陕西三路部署有少量厢军水军。[2]

最初,北宋禁军当中的水军只有神卫水军和虎翼水军两支,分别隶属侍卫步军司和殿前司。宋真宗时,神卫水军仅有一指挥,虎翼水军也只有两指挥。[3]这两支水军的主要职责是戍守京师,屯驻汴梁。考虑到海上御辽的需要,原隶属于厢军系统的登州平海水军,于宋仁宗康定元年(1040年)划归禁军系统。[4]渤海海域内的登州水军的主要责任是防备辽国的海上袭扰,起到陆上御辽的辅助作用。所以登州平海水军成为禁军中唯一一支执行边防卫戍任务的水军。

三、登州水军的屯戍

为了充分发挥登州水军的作用,北宋朝廷在屯驻基地、武器装备、兵力部署等方面都做了相应的安排。登州位于今山东半岛的最东端,治所在今山东蓬莱,前突于渤海海峡,与渤海对岸辽国的苏州相望,地理位置十分重要。为了保障登

---

〔1〕 《宋史》卷一八七《兵志》。
〔2〕 罗琨、张永山等:《中国军事通史·北宋辽夏军事史》,军事科学出版社,1998年,第102页。
〔3〕 《宋史》卷一九六《兵志》。
〔4〕 《宋史》卷一八七《兵志》。

州平海水军的训练和驻防,庆历二年(1042年),北宋在今天蓬莱县城北一公里处建立了一座水城,并增设刂鱼巡检。这处水城因此又被称为"刂鱼寨"。"刂鱼寨"坐落于丹崖山侧后,整座大山形同一道天然屏障。这里不论是停泊战船,还是驻扎水师,均不易被敌方从海上轻易发现而遭受攻击。而寨中的登州平海水师,出可以征战,退能够防守。"刂鱼寨"还有一处外港——沙门岛(今庙岛),它与"刂鱼寨"隔海相望,水路相距不过15公里。北宋朝廷为了加强联络,在渤海海峡中的沙门岛、砣矶岛和南北长山岛上均安设了铜炮台和烽火台。因此,"刂鱼寨"及其附属的水军基地建设可称得上是渤海沿岸罕见的一座战船水寨,同时也是一座御敌入侵时不可多得的海防堡垒。作为中国北方的水军重镇,后世的明清两代都曾以其为基础,增设防御设施,作为黄、渤海地区的海防重地。

"刂鱼寨"名称来源于"刂鱼船",其为北宋时期水军的重要装备。刂鱼船原是民用渔船,宋真宗时期的造船务匠项绾对其进行了改造。改造后的刂鱼船船头方小,船尾底尖,尾阔可以分水,可增大船速。项绾甚至还在船舱四面设置上射击孔,可在逼近敌船时伸出武器攻击对方。刂鱼船每船大约可载50人,极适合近海作战。刂鱼巡检的设立足证当时刂鱼船已配备于登州水军。"巡检"一职并非是禁军中的指挥官。北宋时期为了防御辽、夏进犯,以及避免五代藩镇之势重现,朝廷任命一批熟识边防事务的将领,充任巡检,率兵守边。道光《蓬莱县志》卷四记载,庆历二年登州郡守"奏置刀鱼巡检,水兵三百戍沙门岛",恰能说明巡检的职责。这些人"位不高,则朝廷易制;久不易,则边事尽知"。[1]

有关登州平海水军的屯驻与巡逻,宋人曾有详细描述:"自国朝以来,常屯重兵,教习水战,旦暮传烽,以通警急。每岁四月,遣兵戍驼基岛,至八月方还,以备不虞。自景德以后,屯兵常不下四五千人。除本州诸军外,更于京师、南京、济、郓、兖、单等州,差拨兵马屯驻。至庆历二年,知州郭志高为诸处差来兵马头项不一,军政不肃,擘画奏乞创置澄海水军弩手两指挥,并旧有平海两指挥,并用教习水军,以备北虏,为京东一路捍屏,虏知有备,故未尝有警。"[2]在禁军水军当中,只有登州水军置四指挥,显然是考虑到它海防的重要职责。将用于陆岸防御的弩手部队应用于水军中,这又体现出平海水军陆海兼备的战术特点,进而证明了它御辽于海上、拱卫京师的职责所在。

总体来看,澶渊之盟的订立直接导致了渤海海域被分割为南北两部分,由宋辽双方各自管控。但由于辽政权游牧民族的特性,双方的对抗与争夺活动主要

---

〔1〕《续资治通鉴长编》卷四五"宋真宗咸平二年十二月丙子"条。
〔2〕(宋)苏轼撰,孔凡礼点校:《苏轼文集》,中华书局,1986年。

在内陆地区开展,渤海湾东西两侧的军事对峙只是对内陆军事对峙的一种补充,其在边界的卫戍方面仅居于一种从属地位。

第二节　北宋时期的渤海封锁

一、北宋前期渤海航线的开辟与使用

北宋一朝自建立始终面临北方少数民族政权辽、西夏的严重威胁,在接连不断的战事中,北宋朝廷被迫割地赔款,苟安求和,为了稳定政局、维护统治、活跃经济,北宋朝廷十分重视发展航海贸易,鼓励"商贾懋迁,以助国用"。[1] 不过与北宋的其他海疆不同,渤海地区处于御辽的前沿,这里的海外贸易与交流存在一定风险,北宋政府在该地区所开展的贸易与交流活动十分审慎与有限,直至北宋的中后期,宋辽关系日趋紧张之后,北宋朝廷才不得不最终对渤海地区实行了封锁。

北宋时期是海上交通运输颇为发达的时期,自宋初起,由山东登州、莱州出发的渤海航线便被开辟和使用起来。北宋船只从上述两地启航,可南往江浙闽广,北及辽东和高丽,东抵日本。当时,登州商贾从海上"船载女真鞍马",[2]而"辽人尝泛舟直入千乘县(今山东广饶)"。[3] 除私人贸易兴贩外,官方的海上运输规模更大。如真宗大中祥符四年(1011 年),登、莱诸州灾荒,饥民众多,北宋朝廷即令江淮转运司雇民船从海岛转粟山东以赈灾;天禧元年(1017 年)六月,又"令江、淮发运使漕米三万石,由海路送登、潍、密州"。[4]

北宋前期,渤海地区的海上航线除了用于商贾贸易,也是女真、高丽贡使必经之路,位于辽东半岛的女真人和位于朝鲜半岛的高丽均通过渤海航线与北宋建立联系。女真是我国固有的少数民族靺鞨的后裔,在东北地区分布很广。天成元年(926 年)辽灭渤海,接替渤海统治女真人。当时耶律阿保机害怕女真人反抗,把其"强宗大姓数千户,移置辽阳之南,以分其势,使不得相通"。[5] 辽统治之下的女真人当时还未形成统一的女真族,各女真部落或部落联盟对辽的关系在逐渐发展中直接保持为一种宗藩关系。其中被迁移到辽

〔1〕《宋会要辑稿·职官》。
〔2〕《宋会要辑稿·食货》。
〔3〕《宋史》卷九五《河渠志》。
〔4〕《宋会要辑稿·食货》。
〔5〕(宋)徐梦莘:《三朝北盟会编》卷三,上海古籍出版社,1987 年。

阳之南的这一支女真,在迁徙到今辽东半岛南端的金县之后,迅速与北宋也发生了联系。北宋建隆二年(961年),女真"遣使嗢突剌朱来贡名马",是年十二月,椳鹿猪又贡方物。三年正月、三月,二次入贡。四年正月、八月、九月又三次入贡。女真贡宋的主要是马匹,还有貂皮等方物。由于女真经常入贡,宋太祖为使"远隔鲸波"的女真族能"多输骏足",特"下诏登州",免去"地居海峤"的登州、沙门岛(今庙岛群岛南部诸岛中央)人户等的"逐年夏秋租赋、曲钱及缘科杂物、州县差徭。止令多置舟楫,济渡女贞马来往"。[1] 由此可知,北宋时期东北地区与中原之间的海上交通仍取横渡渤海海峡的传统航路。

因涉及辽事,女真与宋的关系密切。太平兴国六年,女真遣使贡宋时,宋太祖曾下诏要求女真和兀惹联合反对契丹。雍熙初,辽兵途经高丽去攻打女真,女真以木契急告,控告高丽与契丹相勾结掳掠女真生口,宋以此切责高丽。辽憎恶女真贡宋,沿海岸四百里置三栅,每栅置兵三千,绝其朝贡之路。[2] 此后,女真贡宋只能借道高丽。

古代中国与朝鲜半岛之间的关系在隋唐时期曾一度紧张,但随着高丽统一朝鲜半岛,辽政权对于高丽和北宋都构成了巨大的威胁,因此高丽和北宋都深感有加强睦邻关系的必要,于是双方很快恢复了友好的关系。当时高丽与北宋官方及民间的往来频繁,并逐渐形成南北两路海上航线,其中北路航线的主干道是由山东半岛的登州出发,向东直航,横渡北部黄海,抵达朝鲜半岛西岸的瓮津(今朝鲜海州西南的瓮津)。据《宋史·高丽传》述,淳化四年(993年)二月,宋廷遣秘书丞直史馆陈靖、秘书丞刘式出使高丽,其航程即由东牟(登州之别称)八角海口(今山东福山县西北八角镇)登舟,"自芝冈岛(今山东烟台市北芝罘岛)顺风泛大海,再宿抵瓮津口登陆",然后取陆路,经海州、阎州(今朝鲜延安)、白州(今朝鲜白川),至高丽国都开城府(今朝鲜开城)。[3] 这条航路的特点是航距短,仅一海之隔,顺风一宿即达。在熙宁之前,高丽贡使、商贾等来华,"其舟船皆自登州海岸往还",[4] 由此可见,北宋前期,其与高丽海上交往主要取由登州出发的渤海航线进行。

二、北宋中后期对渤海的封锁

尽管渤海航路在国内与国际事务中发挥着重要的作用,但是随着辽国军事

〔1〕《宋会要辑稿·蕃夷》。
〔2〕孙进己等:《女真史》,吉林文史出版社,1987年,第80、81页。
〔3〕孙光圻:《中国古代航海史》,海洋出版社,1989年,第361、362页。
〔4〕《续资治通鉴长编》卷一五八"宋仁宗庆历六年五月丁未"条。

威胁的不断加剧,它所面临的危机也是北宋朝廷必须正视的一个问题。辽代曾在渤海北岸设置营州邻海军,辖广宁县(今昌黎县);置迁州兴善军,辖迁民县(今山海关);置润州(今抚宁县海阳镇,秦皇岛西北十五里)海阳军,辖海滨县,与宋隔海对峙。北宋的渤海航路作为外海航线的主要目的地为高丽。但是由于登州"地近北虏,号为极边","虏中山川,隐约可见,便风一帆,奄至城下",[1]是御辽的海疆要塞,从登州往返高丽,不但易受辽舰掠袭,无法确保航行安全,且有误本国水师军机;另一方面,有部分唯利是图的舶商,常"冒请往高丽国公凭,却发船入大辽国买卖",[2]给本国政府带来不利。因此,北宋政府即由原来鼓励商舶从渤海出发进行海外贸易转为限制。出于税收、安全等多重考虑,宋代逐步形成起较为严格的港口管理的手续制度。对海外贸易港口的商船,不管是否设立市舶司,都要按照国家统一条法来执行,登莱地区的海运贸易就在严格管理之列。当时出港的商船都要向港口市舶务进行呈报,将船上人员名单、装卸货物的品种、数量和去向等一一详列清楚,在取得官府或市舶务人员的同意后,再发给许可证书,让其领取公凭填写。公凭填写要更加详尽,对船上人员的职务名单、装载货物、护船器具等都要填写,下定保证后,才准其开船。船离港前,市舶官员还要登船"覆视,候其船放洋,方得回归"。[3] 对于从港口离开的本国船只还规定了往返的期限。北宋政府对于登莱地区海运贸易的控制后来逐步发展到下达禁令,禁止商舶到近辽之地区进行贸易往来,以防止有人以海上经商为名,行私下通辽之实。早从庆历元年起,登州以北的海上形势就较为紧张。因而北宋政府对从渤海港口特别是登州港外出贸易的船舶,进行了更为严格的控制。地方州府对登州港所属的"船户"和"舶户",都实行了统一登记,编组管理,每五户,或十户,或二十户编为一甲,联户编排,以便进行控制,或由官府派遣差役。

从北宋中后期开始,宋朝中央政府逐步禁止渤海航线,进而对渤海海域实行封锁。例如,宋仁宗时期,即有"客旅于海路商贩者,不得往高丽、新罗及登、莱州界"[4]的禁令;宋神宗时期,也有"自海道入界河,及往北界高丽、新罗并登、莱界商贩者,各徒二年"[5]的法律规定。与北宋朝廷的情况类似,隔海相望的高丽面临同样的威胁,熙宁七年(1074年),高丽"遣其臣金良鉴来言,欲远契丹,

〔1〕《苏轼文集》第三册。
〔2〕《苏轼文集》第三册。
〔3〕《宋会要辑稿·职官》。
〔4〕《苏轼文集》第三册。
〔5〕《苏轼文集》第三册。

乞改途由明州(今宁波)诣阙"。[1] 至此,北宋政府便严禁舶商自海道往登、莱州并取北路航线往返高丽。

不过北宋朝廷的禁海令并未得到严格履行,最后几乎都变成了一纸空文。许多舶商不顾禁令,利之所趋,铤而走险。另外,还有些舶商取得政府默许或暗使,以贸易为由,进行私下外交,完成某种特殊使命。因此渤海海路的明闯暗渡始终存在。比如,在高丽请求改行明州贡宋的情况下,登州商贾仍继续"发船至高丽",[2]高丽的丝织品所用的原料,多由商人从山东地区海运而至。北宋末年,宋政府也"遣使由登州结女真"。[3]

北宋对于渤海的封锁最后之所以流于形式,关键的原因在于渤海地区复杂的政治、军事形势。以登州为代表的渤海港口是北宋政府对外交流的便捷窗口,但这里又是与辽军事对峙的前沿阵地。北宋在发展对外关系与加强边疆防御之间不断游移,最终造成渤海的海禁令难行,禁而不止。

第三节　金人统治下的渤海之利用

12世纪初,原来处于辽统治之下的女真人逐渐掀起反辽斗争。1113年,完颜阿骨打担任女真部落联盟的首领后,领导女真人屡屡打败辽朝军队。天庆五年(1115年),阿骨打正式称帝建国,国号大金。正值金朝的反辽斗争胜利发展之际,北宋统治者接受谋臣建议,意图联金攻辽。宋徽宗遣使取道渤海出使金朝,最终达成"海上之盟"。然而在联金攻辽的过程中,北宋政府的腐败无能和军事虚弱暴露无遗,因此在金灭辽之后,很快便将其进攻矛头指向了北宋。靖康二年(1127年)正月,北宋朝廷在金兵的步步紧逼下灭亡。是年五月,康王赵构在应天即皇帝位,改元建炎,重建宋政权,史称南宋。南宋与金经过多次的军事争夺,绍兴十一年(1141年)双方最终确立了"划淮而治"的南北对峙局面。在这种情况下,原来曾经被北宋和辽分割管控的渤海海域全部划入金的疆域范围。

一、金代渤海海域内的疆域区划

据《金史·地理志》记载:"金之壤地封疆,东极吉里迷、兀的改诸野人之

〔1〕《宋史》卷四八七《高丽传》。
〔2〕《续资治通鉴长编》卷三四一"宋神宗元丰六年十一月乙酉"条。
〔3〕《宋史》卷三六〇《宗泽传》。

境,北自蒲与路之北三千余里,火鲁火疃谋克地为边,右旋入泰州婆卢火所浚界濠而西,经临潢、金山,跨庆、桓、抚、昌、净州之北,出天山外,包东胜,接西夏,逾黄河,复西历葭州及米脂寨,出临洮府、会州、积石之外,与生羌地相错。复自积石诸山之南左折而东,逾洮州,越盐川堡,循渭至大散关北,并山入京兆,络商州,南以唐、邓西南皆四十里,取淮之中流为界,而与宋为表里。"宋金之间"划淮而治"对峙局面形成之后,渤海海域南北分离的情况随之而结束,渤海海域及其周边疆土尽数归入金的版图。金朝地方行政体制仿辽宋制度,设路、州、府、县,其中濒临渤海的路有上京路、东京路、北京路、中都路、河北东路、山东东路。[1]

二、金代渤海区域内的经济恢复与海洋产业

　　环渤海区域是金灭辽、灭宋的主要战场,由于受到战争的摧残,金代建立之初,这里人口锐减,经济破坏严重。为了扭转这种状况,同时也出于政治和军事上的考虑,金代多次实行人口迁徙的政策。金初,大批汉族工匠和文人被迁徙到东北地区,他们带去了先进的农业、手工业技能,对金国的上京及东京等濒海各路经济发展起到了十分重要的作用。不过,相比于汉人由南至北的迁徙,金代猛安谋克由北向南的迁移规模更大。环渤海地带是猛安谋克迁居的主要地区。大批迁徙而来的人口提供了劳动力的保障,加之金代政府适时推出有利于生产恢复的各项政策,环渤海地区的农业、手工业等很快又走上稳步发展的道路。这为渤海地区海洋的开发与利用提供了先决条件。

　　虽然渤海地区的农业、手工业在缓慢恢复,但曾在北宋中后期逐渐衰落的渤海航运业在金代持续低迷。由于金、宋连年战争,金人统治下的平州港、登州港等渤海地区的港口贸易不断萎缩,沿海港口也多荒芜,少数渔船的活动范围也不大。金代在发展海上交通事业方面建树不多。仅有少数文献能够证明,渤海的海运交通线尚未完全断绝。比如南宋初年,"山东沿海一带登、莱、沂、密、潍、滨、沧、霸等州,多有东南海船兴贩铜、铁、水牛皮、鳔胶等物"。[2] 金大定末年,山东地区发生饥荒,世宗即命"由海道漕辽东粟赈山东"。[3]

　　虽然海洋交通与商贸业出现萎缩,但金代海洋的开发与利用还是存在着可圈可点的方面。制盐业便是金政府通过海洋开发获利最丰的产业。盐是人们日

---

〔1〕　张炜、方堃:《中国海疆通史》,第205、206页。

〔2〕　《宋会要辑稿·刑法》。

〔3〕　《金史》卷一二八《武都传》。

常生活中与粮食同等重要的必需品,盐利在国家财政中占有极其重要的地位。历代王朝把盐利置于自己的控制之下,从生产到销售都加以干预。金承辽、宋之制,十分重视盐业的经营,榷货之目有十,而盐为首。我国盐的品种大致有四:池盐、海盐、井盐和崖盐。由于地理的原因,金代主要出产池盐和海盐:"初,辽、金故地滨海多产盐,上京、东北二路食肇州盐,速频路食海盐,临潢之北有大盐泺,乌古里石垒部有盐池,皆足以食境内之民,尝征其税。及得中土,盐场倍之。故设官立法加详焉。"〔1〕据《金史》记载,金朝统治中原后,除了原来东北的几处盐场外,又增加了山东、沧州各九场,莒州十二场,宝坻二场,解州二池,西京、辽东和北京各二场,由此看来金代产盐主要在滨海地区,而渤海区域内的盐场几乎占据全部盐场一半的数量。

金代对于盐业的管理制度大抵承袭北宋,官榷是管理的根本原则。金政府在全国设置山东、沧、宝坻、莒、解、北京、西京等七盐司,盐司之下设场,再下设务。为防止私煮盗卖及盐司使扰民,世宗于大定二十八年(1188年)"创巡捕使",山东、沧、宝坻各二员,解、西京各一员。由此可见渤海范围内的山东、沧州、宝坻盐场的重要性。

金代在盐业上获利主要是来自流通环节。盐经过生产、运输等环节进入营销阶段。金承宋制,行盐有严格的地域划分,出界有禁,越境受罚。所以如此,是为了保护本地区的课利不被侵占。盐商将盐运到规定的行盐地区之后,并非自由买卖,而是由政府按户籍抑配给百姓,每户"计口定课"向国家交纳盐课,领取食盐。盐的价格虽各地不同,却概由政府厘定。这其中就大有文章。按承安三年(1198年)十二月上调后的盐价为:

山东、沧州、宝坻	42 文/斤
西京	28 文/斤
解州	25.6 文/斤
辽东、北京	15 文/斤〔2〕

从各地的盐价看,山东、沧州、宝坻最高,西京、解州次之,辽东、北京两地最低。之所以如此,并非各地盐的成本高低有别所致,而是与女真人的民族歧视政策有关。山东、河北主要居民是汉人,西京、解州虽有汉人,但契丹、奚、女真人亦不少,辽东、北京主要是女真人、契丹人居住,所以价格最低,是明显的优待。此外,产盐区的百姓除"计口定课"之外,还要以人户资产的多少再纳盐钱,由于政

---

〔1〕《金史》卷四九《食货志》。
〔2〕《金史》卷四九《食货志》。

府并不给盐,故称为"干办盐钱",这原是五代时的苛政,金政府为了"杜绝私煮盗贩之弊",也因袭了这一弊政,结果是"民既输干办钱,又必别市而食,是重费民财,而徒增煎贩者之利也"。〔1〕 由此可见,渤海范围内的产盐区是金政府主要剥削的对象,金代通过盐业的盘剥从环渤海区域内搜刮了大量财富,所以才有了《金史·食货志》里"国家经费惟赖盐课"的说法。

三、金代渤海的海防及军事活动

女真人早年生活在东北地区,军队以步兵、骑兵为主,水军出现较晚。金初灭宋,金朝通过海路进军中原使用的是辽遗留下来的船只,且这些船只仅限于兵员辎重的运输,不是用于水战。金正隆四年(1159年),有人向海陵王建议正式成立水军,正准备大举南侵的海陵王很快同意,派工部尚书苏保衡带着福建倪蛮子等人在通州打造战船700艘。一年之后,金朝浙东道水军才初步成军。不过这支水军主要是以征讨南宋为目的的,主要活动于今黄海地区。对于有漫长海岸线和众多海口的渤海地区的防卫,金朝多以陆岸屯兵为主。明昌二年(1191年),金提点辽东路刑狱王寂在路过大连湾北岸,过化成关(在今辽宁大连金州区南)时,访诸野老,知其地"关禁设自有辽,以其南来舟楫,非出此途,不能登岸。相传隋、唐之伐高丽,兵粮战舰,亦自此来。南去百里,有山曰铁山,常屯甲士千人,以防海路"。〔2〕 铁山即今天的旅顺老铁山,其地处滨海要冲,在当时已成为海防屯兵重地。其他如在锦州设临海军,瑞州设归德军,广宁设镇宁军防海,情形亦大体相似。

在渤海湾的南部,北宋时期拥有重要战略地位的登州港在金统治下,军事地位大为逊色了,关键原因是金兵的水军驻扎在胶州湾的密州,登州由此便演变成金军海上的军事运输补给站。然而"宋金分据南北,一水可通,故金设重兵于登州,以防海道"。〔3〕 从这一记载中,可见金对登州海道仍是十分重视的。清代在蓬莱城西南就发现了金兵要人的若干墓穴。在砣矶岛上,还有一块金碑石刻,共三十字,已无法识别,是记载大金皇统六年官役在此搜访采选宫女之事,此活动亦需舟船相助。这些都可以表明,蓬莱一带当时驻有金之督海运、设海防的机构。为了保证山东半岛南岸水师舰队的物资供应,金军不能不积极利用和发挥登州海道的优良作用。通过登州港和登州海道,可以直接与金之大后方取得联

〔1〕《金史》卷四九《食货志》。
〔2〕 (金)王寂著,罗继祖、张博泉注释:《鸭江行部志注释》,黑龙江人民出版社,1984年。
〔3〕 (清)方汝翼、贾瑚、周悦让、慕容干:光绪《增修登州府志》卷六九《补遗》,光绪七年刻本。

系,也可以从海上直接支援山东半岛南岸水师舰队。

由于金代水军的薄弱和渤海范围内港口功能的衰弱,金代在渤海范围所遭遇的有限战事都处于被动的地位。比如宋绍兴九年,山东张清竟然率船队直捣辽东,"破蓟州。辽东士民及南宋被掳之人,多有相率起兵应清者,辽东大扰"。[1]

纵观有金一代,由于划淮而治,原来南北分裂的渤海湾被完整地纳入到金的版图之中。但是囿于女真人的经营方式以及当时宋金之间的军事对峙,在渤海范围内的开发和利用的活动十分有限,从某种程度上讲,这也不利于推动金代经贸的健康发展。

第四节　渤海海港城市的萎缩与南移

宋、辽、金时期,由于多种社会因素的影响,渤海海域内曾经繁盛一时的港口出现发展萎缩、功能下降的情况。渤海湾内各港口的地位逐渐被东南沿海涌现出的新港所取代。

一、平州地区沿海港口的萧条

宋金时期,渤海北岸的最为重要的港口几乎都聚集在平州近海或沿海地带。所谓的平州(今秦皇岛市沿海)港,实际上是指今秦皇岛附近包括洋河口、戴河口、石河口、姜女坟、止锚湾在内的广阔海港,其中唐代著名的碣石港便位列其中。宋辽对峙时平州港归属于辽朝管辖。由于辽统治的北方经济发展远远落后于南方,再加之宋辽之间战乱的影响和宋对辽的航海之禁,这使得渤海南北两岸的正常往来时常中断。在史籍中,仅见辽圣宗太平九年(1029年)由于"燕地饥,户部副使王嘉请造船,募习海漕者,移辽东粟饷燕,议者称道险不便而寝"[2]的记载。可见,隋唐时代曾经繁盛一时的碣石海港的大规模军粮运输已不多见,海港逐渐走向萧条。这种萧条在北宋控制了白沟界河及其附近海港之后,变得愈加严重。

宋辽订立"澶渊之盟"后,除了双方战时短暂的中断外,彼此间的联系交流

〔1〕《大金国志》卷一○《熙宗纪》。
〔2〕《辽史》卷五九《食货志》。

并未停止,特别是双方的经济交流甚为活跃。宋辽之间通过朝廷贡使往来、官方设立"榷场"和"邸店"、走私贸易这三种途径进行经济联系。通过互市贸易,大大方便了宋辽人民的经济交流,也促进了沿海各地与内地的联系。辽朝为了加强互市贸易的管理,在京东主要关隘和海陆通道上设立"税关"。当时的平州及榆关(今北戴河北抚宁县东南榆关镇)就设立了税关,对走私贩私和商贾舟楫实行征税。这从一定程度上说明平州港口海运贸易的状况。《辽史》和《宋史》记载,宋向辽输出的主要有茶叶、丝绸、糯稻以及铜、锡、漆器等。辽则通过渤海北岸平州碣石由海路和陆路向宋输出盐、布、羊、马、驼及北珠(来自女真人的珍珠)。同时还有私贩由海路偷运硫磺、焰硝、毡、银、盐等。仅宋景德年间,每年贸易额达到四十余万两。但由于宋辽之间频繁的战争,这种互市贸易时常被破坏。

金灭辽后,金与北宋曾就"平滦"地区的归属问题存在争议,金国拒不归还。金国还从大定年间开始不断完善平滦地区的行政区划,到金章宗时期这里的城镇已相当密集,反映出金代统治者出于军事需要而较之辽代更为重视这一地区。不过由于宋金连年战争,南宋朝廷偏安江南,南北海上交通联系基本中断。在金人统治的一百余年间,除重视榆关之险外,在发展海上交通事业方面无多建树。史籍中盐、粮之类的海上运输规模较小。金世宗大定十三年春二月,"罢平滦盐钱",接着"平州副使于马城县置局贮钱。解盐行河东南北路(今晋南、晋北)……"[1]可见原有的传统海运都已经终止。其后,仅见金章宗明昌三年时,批准启用渤海航线及沿海港口向中原地区运粮的记载。志书又载:"尚书省奏:'辽东、北京路(今辽河流域至京东一带)米粟素饶,宜航海以达山东(今山东省)。昨以按视东京(今辽阳)近海之地……置仓驻粟,以通漕运。'"[2]可见,金代海运及漕运均在渤海海域周围地区,一般航程都较短,且又多为民船承运,运量不大。所以秦皇岛沿海港口,在当时充其量不过是个海运辽东米粟的中继站和避风港,特别是后来蒙古族的威胁、内扰以及南宋对金的进逼,沿海海运实际已经停止,港口使用价值很低,更无发展。

二、白沟河入海口附近的港口

宋辽对峙时期,以白沟河(也称界河,今海河)为界,以南属北宋,以北属辽。早在唐代,海河支流汇合入海处,已有"三会海口"的记述。北宋时期,自庆历八

---

〔1〕《金史》卷四九《食货志》。
〔2〕《金史》卷二七《河渠志》。

年,黄河前后三次北徙,均从今天津附近入海。元丰四年(1081年),黄河自澶州大吴决口,一向就下,冲入界河,至元祐四年,八年间不断冲刷界河,不舍昼夜。[1]黄河和白河(海河上游支系)相会之处,水分支叉,劈地成块,今天津一带始有"三叉口"之地。北宋为了防御辽朝的南下,沿界河南岸设置了许多防御工事,称为"砦"(寨)、"铺",其中三叉口附近有三女寨、小南河寨、双港寨、泥沽寨、田家寨、当城寨等。[2]《武经总要》记载,泥沽寨"东至鲛脐港铺十里,北至界、梁河"(梁河即宝坻县附近的沟河、鲍丘水至三岔口河流)。这证明泥沽港紧邻渤海,位于白沟河当时的入海口处。与泥沽港隔岸相对还有一座港口名为军粮城。它兴盛于唐代,拥有海船避风和停靠的理想条件,因此它早在唐代便发展成为渤海海域内重要的海运港口。宋辽时期,军粮城成为宋辽对峙的桥头堡。

以白沟河为界的宋辽南北对峙,使泥沽和军粮城分属北宋与辽国。双方出于军事考虑,在界河两侧都布有重兵。北宋宝元二年(1039年)"河北缘边安抚司,请于缘界河百万涡寨下至海口泥沽寨空隙处,增置巡捕,从之"。[3]界河以北的辽朝也设拒马河长戍司,往返巡逻。为防止辽朝的骑兵南下,北宋还在西起今河北保定,东经雄县、霸县直到青县附近,开辟了许多塘泊防线。这样就使唐代曾一度帆樯林立的军粮城及对岸的泥沽海口成为两国边防的前哨。咸平四年(1001年)北宋于泥沽海口、章口恢复造船机构,令民入海捕鱼,"先是,置船务,以近海之民与辽人往还,辽当泛舟直入千乘县,亦疑有乡导之者,故废务"。[4]从北宋废置船务的情况看,泥沽海口和军粮城常处于封锁状态,已失去了南北转运的功能。

金灭北宋之后,在北宋的基础上,将三叉口发展成为重要的军事、交通要地。贞祐元年(1213年),金朝调武清县巡检完颜佐、柳口镇巡检觖住为正、副都统,戍直沽寨。直沽寨位于三叉口水路要津,潞水、御河在此合流后东入渤海。水路交通方便,距中都只有一百多公里,地位重要,具有发展港口水运的有利条件。金代航路发达的直沽港是供应中都的漕粮进行转运的重要通道,同时该港口也对维护金的统治,发展农业、陶器制造、盐业、商业等有着积极作用。除此之外,直沽港还是金代舟师浮海的必经之港口。海陵王时期,金朝镇压张旺、徐元起义的水师部队便由此入海。

不过直沽港主要是河槽的交汇处,离渤海湾有一定距离,需经海河到泥沽才可与海路相连。且冬季直沽港的航道会结冰,暑期暴雨,航运不便。因此漕船多

[1]《宋史》卷九二《河渠志》。
[2]《武经总要》前集卷一六"沧州恒海军"条。
[3]《续资治通鉴长编》卷一二三"宋仁宗宝元二年夏四月戊辰"条。
[4]《宋史》卷九五《河渠志》。

在春秋季航行,"春运以冰消行,暑雨毕。秋运以八月行,冰凝毕"。[1] 大安二年(1210 年),蒙古骑兵攻金,京师戒严,中都大饥,三年以后,蒙古军再次围困中都。贞祐二年粮道断绝,宣宗决定迁都开封,直沽港的漕粮转运功能亦随之衰落。

三、登州港的兴衰

与平州港、泥沽、直沽相比较,登州港是宋金时期最为重要的渤海港口,它的兴衰历程几乎折射出了渤海海域港口在宋金时期发展的大致样貌。宋初,登州港仍是比较繁忙的商贸港。史载:"登、莱、高密,负海之北,楚商兼凑。"[2] 可见,当时登州港的商船贸易,比较发达,各地商人经常到登州海口进行贸易活动。在北宋未实行渤海封锁之前,宋辽彼此间的经济往来并未中断,这使得登、莱港口依旧比较繁忙。北宋置榷场与辽进行贸易,官方投放榷场的重要物品都是由海运进口的舶货,如香药、犀、象及茶等。因而,登州海口也就成为支持"榷场"贸易的一部分。北宋用各海口汇集的舶货换取辽朝的钱、银、布、羊、马等物品,取得较大收益。此外,登州港还存在着一种"朝贡"贸易。女真及高丽商船,通过"朝贡"和"特赐"的方式进行经济交流。由于登州海口直至其他各海口的"朝贡"船舶增多,北宋朝廷感到负担过重,于是规定:"进奉十分之一,余依条例抽买。"[3] 然而这样却助长了民间贸易船舶的增加,大量的走私船等贸易船舶频繁往来登州港。每年春末夏初的东北信风季和夏秋的南风季都有大批的船舶进出港口。在登州进行海运贸易的除了北宋、女真、高丽的船只外,也有日本、大食等若干国家的商船。据《宋史》载:"初……海外蕃商至广州贸易,听其往还居止。而大食诸国商,亦丐通入他州及京东贩卖。"[4] 这京东的港口,在宋初就少不了著名的登州港。可见,宋初的登州港口是北方商船辐辏的主要海港。

登州港口贸易的发达,促进了城镇工商业的发展,也推动了宋与外邦的经济文化交流。北宋的登莱地区是著名的渔盐基地,登州四场,每年产盐达数万石,并运销外地。登州的矿产坑冶更为发达。当时登州的金子产量约占北宋时全国产量的 90% 以上。仅官方就在"元丰元年,收四千七百一两,又土贡一

〔1〕《金史》卷二七《河渠志》。
〔2〕《宋史》卷八五《地理志》。
〔3〕《宋会要辑稿·蕃夷》。
〔4〕《宋史》卷一八六《食货志》。

十两"。[1] 登莱地区的丝绸纺织业历来发达,是北宋丝绣制品主要出口基地。当时,由登州运往高丽的货物较大宗的即是丝或丝织品。不少高丽丝绸就是利用中国原料制成的。"其丝线织纴者皆仰贾人自山东、闽、浙来"。[2] 以上这些产业的兴盛皆仰赖登州港便捷、畅通的海上航路。登州港口交通的发达使登州迅速发展为人群聚居的城镇,呈现出一派繁荣的景象。熙宁年间,北宋把全国城镇商税分为八等,对山东内地的城镇大多列为四五等,而密(今诸城)、登、潍(今潍坊市)、曹(今菏泽)、淄(今淄川)五个州并列为六等。登州列为六等,在山东沿海城镇中是位列等级较高的一个。这足见登州港口的发展对于城镇形成和发展所起到的举足轻重的作用。由上述情况可以看出,宋代前期舟楫不断、贸易繁荣、城镇发达的登州港兴盛了一个较长的时期。但由于种种原因,登州也如同其他的渤海港口一样逐渐呈现出萧条和不景气的状况。

　　导致登州萧条最初的原因是自然灾害。北宋淳化年间,经济一度繁荣的登州发生了严重的灾荒。"淳化元年二月九日,京东转运使何士宗言:登州岁饥,文登、牟平两县民四百一十九人饿死。诏遣使发仓粟赈贷"。[3] "是月,登州再言,文登县民二千六百六十二人饥死,诏悉令赈恤"。[4] 由此可见,当时登州饥荒之严重程度。尽管北宋朝廷持续赈济登州,但情况似乎未有彻底好转。大中祥符三年朝廷的赈灾活动仍在持续:"八月十一日,诏江淮发运司漕米三万硕,由海路送登、潍、密州。"[5] 持续的灾荒使登州的农业经济受到严重打击,进而波及当地的其他产业,登州港的繁荣不复存在。不过,登州的衰败最重要的原因还是宋辽在渤海海域内的军事对峙。登州以北的渤海海域与辽朝辖区较近,军事形势逐渐紧张之后,北宋政府发布了封海禁令。在这种形势之下,登州港的功能体现出重军抑商的特点。"刓鱼寨"建立后,登州港成为北宋的水师基地,军需民用已不能兼得。苏轼在元丰八年十二月的《乞罢登莱榷盐状》中说:"登州,计入海中三百里,地瘠民贫,商贾不至,所在盐货,只是居民吃用。……商贾不来,盐积不散,有入无出,所在官舍皆满,至于露积。"可见,当时登州港的发展已经跌落到谷底,"商贾不至"多半因重军抑商所致,此项政策也导致了登州港海运地位逐渐被东南沿海的港口所取代。

---

〔1〕《宋会要辑稿·食货》。
〔2〕《宣和奉使高丽图经》卷二三《土产》。
〔3〕《宋会要辑稿·食货》。
〔4〕《宋会要辑稿·食货》。
〔5〕《宋会要辑稿·食货》。

取代登州港的港口主要有两处,一处为密州,一处为明州。"胶西当登、宁海之冲,百货辐辏"。[1] 早在元丰五年,北宋便有官员上疏在胶西密州的板桥镇设市舶司,最终这一提议在元祐三年(1088年)得以批准。密州板桥镇成为北宋五个海口市舶司中最北者,密州港口很快取代了登州,成为北方重要的贸易港口。以熙宁十年之后的税额来比较,密州的商税额达到"在城三万六千七百二十七贯二百五十六文",而登州的商税额则降为"在城五千三百九十贯七百八文"。[2] 登州的海口贸易已被密州所取代。另一方面,北宋早期由登州港上岸的高丽贡使因要躲避辽人侵扰,转行明州(今宁波)。[3] 至此,登州港只保有军港功能。而即使是这种军事功能在后来的金代也未充分发展起来。宋金对峙,导致从江南到北方的海上航线基本断绝了。登州沿海的短途海运时有时无,也多为军事运输,民间的传统运输已不存在。至于军港的作用,因为金代战略布局不同,重点在密州,而不在登州港,此时的登州港充其量只是一个海上军事运输的补给站。曾经繁盛一时的登州港就此衰落了。

总体来看,渤海海域内的各港口萎缩的原因主要在于宋辽、宋金之间的军事对峙。频繁而紧张的战事影响了港口的正常运行,而宋金时期远离北方战场的东南沿海港口借此取代了渤海湾的诸港,成为当时商贸交流重要的通道。

第五节 渤海文化的再度积累

渤海文化在隋唐时期出现过高度繁荣的景象,但在五代十国时期由于社会的动荡却一度陷于沉寂。宋金时期较之之前的历史相对稳定,蓬勃发展的社会生活为渤海文化的再度积累提供了充分的条件。

一、宋金时期的渤海文学

宋代是继唐代之后,又一个文学发展的大繁荣期,尤其是宋代诗词成就斐然。宋代诗词在继承唐诗传统的基础上,又有新的发展,在思想内容和艺术表现上有所开拓创造,出现了许多优秀的诗人与作品,形成许多流派,对元、明以后诗歌发展有深远影响。在宋代为数众多的诗词中,有许多与海相关的作品,仅从宋

---

〔1〕《宋史》卷四七六《李全传》。
〔2〕《宋会要辑稿·食货》。
〔3〕 孙光圻:《中国古代航海史》,第363页。

词词牌名如"醉蓬莱"等,便可知晓这其中定不乏描写渤海壮丽景色、风土人情的上佳之作。

北宋大文豪苏轼,一生仕途坎坷。王安石变法期间,苏轼遭人诬陷被贬黄州,后又得到朝廷启用,于元丰八年,短暂任登州知事,即后奉诏入京任职。尽管在登州停留的时间并不长,但登州辖地内的人物风土给这位文学大家留下了极深的印象。他有多篇以登州和渤海为主题的诗作名篇。《过莱州雪后望三山》有云:"东海如碧环,西北卷登莱。云光与天色,直到三山回。我行适冬仲,薄雪收浮埃。黄昏风絮定,半夜扶桑开。参差太华顶,出没云涛堆。安期与羡门,乘龙安在哉。茂陵秋风客,劝尔麾一杯。帝乡不可期,楚些招归来。"[1]诗中"三山"是指莱州湾中的三座山峰,因其三面环海、一面承陆得名三山岛。根据清人孙星衍对于古籍的研究,古时的渤海曾有"东海"、"西海"、"北海"、"蒲昌海"等诸多称谓。[2] 因此,苏轼的《过莱州雪后望三山》中所提的"东海"即为登莱地区所辖的渤海海域。此外,苏轼还作有描写蓬莱弹子涡石的诗:"蓬莱海上峰,玉立色不改。孤根捍滔天,云骨有破碎。阳侯杀廉角,阴火发光采。累累弹丸间,琐细成珠琲。"诗人在《诗序》中说:"文登蓬莱阁下,石壁千丈,为海浪所战,时有碎裂,淘洒岁久,皆圆熟可爱,土人谓此弹子涡也。"[3]这首诗描写了蓬莱阁下的渤海海岸的壮阔景色。苏轼素闻登州近海常有海市蜃楼出现,他任登州知事五天便赴海边,希望能遇到海市蜃楼,结果不负所望,得以一观,遂作脍炙人口的咏海佳作:"东方云海空复空,群仙出没空明中。荡摇浮世生万象,岂有贝阙藏珠宫。心知所见皆幻影,敢以耳目烦神工。岁寒水冷天地闭,为我起蛰鞭鱼龙。重楼翠阜出霜晓,异事惊倒百岁翁。"[4]直至多年之后,苏轼对这一经历仍念念不忘,又赋诗一首:"忆观沧海过东莱,日照三山迤逦开。桂观飞楼凌雾起,仙幢宝盖拂天来。"[5]这两首诗记录了作者在登州观看海市蜃楼的经历,描写了海市蜃楼奇幻迷人的神韵风姿。崇宁元年(1102 年),宋人郭异到掖县(今山东莱州市),拜谒海神庙,即兴吟咏:"汹汹澜无际,滔滔势欲东。百川容莫量,三岛杳难穷。"[6]这首诗作被镌刻在海神庙的墙壁上。

与文学高度发达的北宋相比,辽金的咏海诗篇虽不繁盛,但也有佳作传世,

---

〔1〕《苏东坡全集(上)》卷一五,中国书店,1986 年。

〔2〕(清)孙星衍:《尚书今古文注疏》卷二,中华书局,1986 年。

〔3〕《苏东坡全集(上)》卷一八。

〔4〕《苏东坡全集(上)》卷一五。

〔5〕《苏东坡全集(上)》卷一六。

〔6〕(清)杨祖宪修,侯登岸纂:《再续掖县志》卷一《古迹》,道光二十三年刻本。

其中吟咏渤海的作品主要是全真教道士创作的。"全真七子"之一的马钰有多首描写海市蜃楼的诗词流传下来,其一云:"海市呈空惊众目,于中唬到白鬟翁。时当腊八生异象,稀奇造化现来雄。龙虎绕蟠吟不尽,神仙出没画无穷。宝殿珠楼水摇荡,琼林琪树气浮融。跨鹤金童敲玉磬,登坛玉女击金钟。"〔1〕其二云:"腊八海市现寒空,虚无气象杳冥中。紫雾化成蓬岛洞,红霞变作宝瓶宫。隋珠照海相连蚌,蜀锦牵船岂见工。风光摇曳奔山虎,云彩横斜出水龙。遥观引鹤垂髻子,远望披蓑策杖翁。乘鸾玉女异中异,扑象金狮雄更雄。"〔2〕其三云:"琅琅海市秀腊空,相次东坡十月中。瑞气结成蓬岛洞,彩霞捧出九霄宫。我来西高行教化,祥生北海显仙工。跃岭奔山投穴虎,喷云吐雾戏珠龙。"〔3〕同为"全真七子"之一的栖霞(今山东栖霞市)人丘处机,也创作了很多咏海名篇。《登蓬莱阁》云:"一上蓬莱阁,虚心瞪目遥。云移山自长,水到海还消。俯视蛟龙窟,傍观乌鹊桥。何忧远轻举,咫尺近丹霄。"《望海》云:"海色吞天色,风声杂水声。云翻鱼鳖骇,雷动鬼神惊。射激千岩险,汪洋万里平。时无钓鳌手,掷饵引长鲸。"《秋风海上》云:"蓬莱有客无家乡,身拟学仙游大方。大方洪水浸天阔,东极万里青茫茫。晓来雨过西风急,策杖凭高看呼吸。鸿雁连天剥枣晴,鱼龙戏水操舟人。千尺丝纶直下垂,碧波深处钓鲸鲵。纷纷鱼鳖不肯食,𫘝𫘝波澜空自迷。挂席未能超彼岸,乘槎再欲浮天汉。天汉高高万象明,白云谁是长生伴。"〔4〕这些道士创作的诗篇,使渤海文学增加了仙风道骨的意蕴。金代著名诗人、东莱(今山东龙口市)人刘迎,创作了多首咏海诗篇,最有代表性的是《海上》。其诗云:"潮蹙三山岛,烟横万里沙。蜃楼春作市,鼍鼓暮催衙。一曲水仙操,片帆渔夫家。安期定何处,试问枣如瓜。"〔5〕

二、宋金时期渤海地区的海洋崇拜与海神信仰

　　海洋沿岸地区的社会生产与生活和海洋联系紧密。海洋所具备的强大自然力促成了人们对于大自然的崇拜,进而人们把这种超出人力控制的自然力想象为"神"。海洋崇拜与海神信仰由此而产生。渤海海域沿岸地区的海洋崇拜与海神信仰亦如此。环渤海区域是华夏先民定居比较早的地区,很早便有丰富的海洋文化产生。虽然宋金时期这里聚居着不同的民族,政权更迭,战事绵延,但

---

〔1〕《洞玄金玉集》卷四《腊月海上见海市用东坡韵》,涵芬楼影印明正统《道藏》本。
〔2〕《洞玄金玉集》卷四《宁海军判官乌延乌出次韵》。
〔3〕《洞玄金玉集》卷四《复用前韵》。
〔4〕《磻溪集》卷二,北京图书馆藏金刻本。
〔5〕《中州集》卷三,《文渊阁四库全书》本。

这里的海洋崇拜和海神信仰依旧非常发达。

　　从国家层面来讲,海洋崇拜最重要的表现是"岳镇海渎"祭祀。对于"岳镇海渎"的祭祀可追溯至远古先民的原始崇拜,这是一个长期演变发展的过程。大体上经由图腾崇拜—山形祭祀—山镇祭祀—封禅行典—五岳行典—岳镇海渎祭祀这样一个过程。岳镇祭祀在国家祀典中最为重要。岳镇成为皇权和国家社稷的象征。《周礼·职方氏》载九州之镇山,《周礼·大宗伯》亦载有五岳四镇四渎之说。秦汉以后大致沿袭此制,至隋唐岳镇海渎祭祀逐渐兴盛。《隋书·礼仪志》和《旧唐书·礼仪志》中均有相关记载。五代十国时期,岳镇海渎祭祀由于国家分裂混战一度不能正常进行。宋承隋唐之制,逐渐恢复了岳镇海渎的祭祀:"太平兴国八年……秘书监李至言:'按五郊迎气之日,皆祭逐方岳镇、海渎。自兵乱后,有不在封域者,遂阙其祭。国家克复四方,间虽奉诏特祭,未著常祀。望遵旧礼,就迎气日各祭于所隶之州,长史以次为献官。'其后,立春日祀东岳岱山于兖州,东镇沂山于沂州,东海于莱州,淮渎于唐州。立夏日祀南岳衡山于衡州,南镇会稽山于越州,南海于广州,江渎于成都府。立秋日祀西岳华山于华州,西镇吴山于陇州,西海、河渎并于河中府,西海就河渎庙望祭。立冬祀北岳恒山、北镇医巫闾山并于定州,北镇就北岳庙望祭,北海、济渎并于孟州,北海就济渎庙望祭。土王日祀中岳嵩山于河南府,中镇霍山于晋州。"[1]金代沿袭唐宋以来的礼制,以时致祭岳镇海渎:"大定四年,礼官言:'岳镇海渎,当以五郊迎气日祭之。'诏依典礼以四立、土王日就本庙致祭,其在他界者遥祀。立春,祭东岳于泰安州、东镇于益都府、东海于莱州、东渎大淮于唐州。立夏,望祭南岳衡山、南镇会稽山于河南府,南海、南渎大江于莱州。季夏土王日,祭中岳于河南府、中镇霍山于平阳府。立秋,祭西岳华山于华州、西镇吴山于陇州,望祭西海、西渎于河中府。立冬,祭北岳恒山于定州、北镇医巫闾山于广宁府,望祭北海、北渎大济于孟州。"[2]金大定四年,从礼官请,以五郊迎气日祭五岳、五镇、四海、四渎,东岳泰山、东镇沂山、东海、东渎因在东方,而东方属春,故于立春日祭之,其他岳、镇、海、渎依例而行。其中《宋史》以及《金史》所记的"东海"即今日之渤海。岳镇海渎祭祀是"祈岳镇海渎及诸山川能兴云雨者",[3]其目的在于禳解水旱之灾,反映了人们期盼名山大川对于经济与社会的发展继续发挥积极的影响力,实现国泰民安的愿望。但从政治上考量,这一祭祀活动也彰显了封建统治阶级宣示政

---

〔1〕《宋史》卷一〇二《礼志》。
〔2〕《金史》卷三四《礼志》。
〔3〕《隋书》卷七《礼仪志》。

权正统性和合法性的目的,特别是在宋辽、宋金的对峙时期,这种目的愈发地明显。比如对于那些不在封域之内的岳镇海渎实行"望祭"即为如此。

随着祭祀制度的完善,海神崇拜在宋金时期有了较大发展,海神在国家宗教中的地位日益提高。《山海经》中便已存在"四海海神"的观念。[1] 经历了秦汉隋唐,海神的人格化特征越来越明显,到了唐代为了体现对于海神的尊崇,四海海神还被赐予了王、公封号:"(天宝)十载正月,以东海为广德王,南海为广利王,西海为广润王,北海为广泽王。"[2]其中的东海广德王即为渤海海神。至宋金时期,由于政治因素、战乱等原因,统治者尤其是宋的统治者对东海神尤为敬重:"俗传宋太祖微时,至海上,每获奇应。及即位,乾德六年,有司请祭东海,使莱州以办品物。开宝五年,诏以县令兼祀事,仍籍其庙宇祭器之数于受代日交之。六年,大修海庙,规制焕然一新。仁宗康定二年,又封海神为渊圣广德王。徽宗遣使祭东海于莱郡。孝宗时,太常少卿林栗请照国初仪,立春以祀之。宋未尝不以海庙为重。"[3]除了"渊圣广德王",崇宁年间北宋朝廷还曾为东海神庙赐额"崇圣宫",加封"助顺"、"显灵"号,并拨官田五顷。北宋对于东海神加封的情况大多发生在国家遭受自然灾害或战事频仍的时期,突出反映了东海神在庇护江山社稷安定方面的作用。

正如《宋史》《金史》所载,宋金时期东海神祭祀的主祭场所在莱州的海神庙。宋人朱彧云:"东海神庙在莱州府东门外十五里,下瞰海咫尺,东望芙蓉岛水,约四十里。岛之西水色白,东则色碧,与天接。岛上有神庙,一茅屋,渔者至彼则还。屋中有米数斛,凡渔人阻风则宿岛上取米以为粮。得归,便载米偿之,不敢欺一粒。"[4]实际上,渤海范围内的东海神庙并不止这一处,登州治下的蓬莱也建有东海神庙。嘉祐六年,时任登州郡守的朱处约着手建造蓬莱阁。根据蓬莱阁的陈列资料,朱处约曾作《蓬莱阁记》:"嘉祐辛丑,治邦逾年,而岁事不愆,风雨时若,春蓄秋获,五谷登成,民皆安堵。因思海德润泽为大,而神之有祠……遂新今庙,即其旧基构此阁,将为州人游览之所。"根据朱处约的记述,当时为建蓬莱阁移地别建的旧庙应为东海神庙,即今天的蓬莱龙王宫。苏轼任登州知事时曾到海神庙祷告,期望得海市蜃楼一观:"予闻登州海市旧矣。父老云常出于春夏,今岁晚,不复见矣。予到官五日而去,以不见为恨。祷于海神广德

---

〔1〕 王青:《海洋文化影响下的中国神话与小说》,昆仑出版社,2011 年,第 105、106 页。
〔2〕 《通典》卷四六《礼·吉》。
〔3〕 雍正《山东通志》卷三五,《文渊阁四库全书》本。
〔4〕 (宋)朱彧:《萍洲可谈》卷二,中华书局,2007 年。

王之庙,明日见焉。"[1]随着北宋的灭亡,东海神祭祀的主要地点莱州、登州等地已经不在偏安江南的南宋朝廷的封域范围内,东海神祠也从山东半岛迁至钱塘江口的定海县。而莱州的东海广德王庙,不仅成为金后期祭祀东海神的场所,也成为金遥祭南海神之地。

北宋时期,另一个被给予官方认可的海神信仰是山东地区的妈祖信仰。妈祖是两宋时期起源于福建湄洲地区的海洋女神,最初她只是乡土性的海神,后经发展经历了由南向北的传播。北宋徽宗宣和五年(1123 年),给事中路允迪奉命出使高丽,途中遇大风,得妈祖神助,平安而归。[2] 路允迪后来奏请朝廷,于是有了"莆田县有神女祠,徽宗宣和五年八月赐额'顺济'"[3]的记载。这说明宣和年间起源南方的妈祖信仰已有北传的事实。也恰是在宣和年间,山东半岛地区出现了妈祖庙。在今天山东丹崖山蓬莱阁景区"白云宫"和"龙王宫"之间,有一座"天后宫",它始建于北宋,根据天后宫明廊中的清朝道光年间《重修天后宫碑记》载:"宋徽宗时,敕立天后圣母庙,乃于阁之西营建焉。时在宣和四年(误,实为宣和五年),计建庙四十八间。"与这座庙同时修建的还有另外一座妈祖庙,位于登州外港的沙门岛。初为沙门岛上佛院,仅草屋三间,福建会馆捐资整修。后世元、明、清不断扩建。由于环渤海地区称"妈祖"为"海神娘娘",因此"沙门岛"逐渐被"海神娘娘庙岛"的俗称所取代,后世即简称为"庙岛"。

除了东海神与妈祖这样被官方认可的海神,渤海地区还存在着其他地方性的海神,最具代表性的就是流行于长岛地区的"老赵"。老赵即鲸鱼,又被称为"老人家""赶鱼郎",是一位鱼神。鱼丰即发财,因此"老赵"可能是财神"赵元公帅"的简称,而"老人家"则是"老赵"较亲近的称呼。"赶鱼郎"比较合乎科学道理,鲸鱼在海中追食鱼群,渔民随其后撒网,保获丰收。对于"老赵"的崇拜,无偶像、无庙宇,大多数情况下可称之为"现场祭拜"。渔民在岸上见鲸鱼游行于海中,称为"过龙兵",视为吉兆,遥望祝拜。[4] 除了鲸鱼神,渤海湾地区被称为"老人家"的鱼神还有龟神、鲨鱼神等地方性海洋神灵,但和鲸鱼神"老赵"一样,类似的信仰由于年代的久远,具体起源已难以考证。

从渤海海域内海洋崇拜和海神信仰的情况看,主要的祭祀活动多集中于渤

---

〔1〕《苏东坡全集(上)》卷一五。

〔2〕《宣和奉使高丽图经》卷三九《海道》。

〔3〕《宋会要辑稿·礼》。

〔4〕 马咏梅:《山东沿海的海神崇拜》,《民俗研究》1993 年第 4 期。

海湾南侧的登莱地区。在科技不发达的古代,人们将沿海地区的生产生活同掌控着无穷自然力的"神灵"联系在一起,一个港口海神庙的规模大小、香火多少大抵也反映出这个港口的地位和作用。这也恰恰印证了登莱地区是宋金时期重要的海运港口的历史。

第六章 元朝时期的渤海

蒙古族在建立蒙古汗国和元王朝之前,为长期生活在内陆高原地区的游牧民族,畜牛羊而食,逐水草而居。其最早据有海疆是在金贞祐三年(1215年),蒙军将领木华黎占领瑞州(今辽宁绥中前卫)、广宁(今辽宁北镇)等金朝沿海故地。随后,蒙古军队陆续灭亡金与南宋,统治了金与南宋领有的全部疆域,其中就包括渤海海域。

第一节 渤海行政区域的整合

一、蒙古占领河北、山东和东北等沿渤海地区

金章宗后期,正是金朝盛极衰始之时,金朝统治者腐败无能,境内阶级矛盾和民族矛盾相当尖锐,经济凋敝,民生困苦,在其国势转弱的情况之下,蒙古国兴起,铁骑频频南下,进逼中原。在同金政权以及地方豪强地主武装的反复争夺后,蒙古最终占领了河北、山东和东北等渤海沿岸地区。

金泰和八年(1208年)十一月,金章宗病卒,卫绍王完颜永济即位,其被蒙古所轻视,蒙金关系遂陷入决裂,蒙古开始对金采取主动的军事进攻,并不断夺得胜利。蒙古军队在初期对金战争中曾多次占领沿渤海地区,但其抄掠之后均退出,并未实际占领统治。金大安三年(1211年)至崇庆元年(1212年)两年间,蒙古军队先后占领了德兴府、弘州、昌平、怀来、缙山、丰润、密云、抚宁、平州、滦州、昌州、桓州等地,抄掠之后复又退出。金贞祐元年,成吉思汗分兵三道南下,右军循太行而南,取保、遂、安肃、安、定、邢、洺、磁、相、卫、辉、怀、孟,掠河东,最后回兵中都;左军沿海而东,取蓟、平、滦、辽西诸郡而还,再回中都;中军,取霸、雄、莫、安、河间、沧、景、献、深、祁、蠡、冀、恩、濮、开、滑诸州郡,再挥师东进,攻取博、滨、济南、棣、益都、淄、潍、登等州郡,直抵海岸,接着又西进攻占莱、密、沂等州,然后回中都。"是岁,河北

郡县尽拔,唯中都、通、顺、真定、清、沃、大名、东平、德、邳、海州十一城不下"。[1]
在如此的攻势之下,渤海海域西侧地区尽被蒙古所占。贞祐二年,金宣宗求和,蒙
古军队退出居庸关。被蒙古军队蹂躏的渤海沿岸地区已是残破之区,生产生活难
以恢复。贞祐五年,成吉思汗专顾西征,将攻取中原的全权交给大将木华黎。木华
黎改变蒙古军队以往以抄掠为目的的战争行为,大胆笼络汉族地主豪族武装力量
为先锋,进军神速。同时他注意对占领城池的百姓加以安抚,因此以平州为代表的
部分河北沿渤海地区为蒙古所有。

金元之际,出于不同目的,河北、山东成为蒙、金、宋反复争夺的战场。尽管黄
河以北至中都的大部分地区已被蒙古军队的闪电式攻掠占有,但蒙古人未能及时
在这大片地区建立起政权,社会秩序失控。因此金政权便利用这个机会,用地主豪
族武装来抵抗蒙军,从而在蒙古势力包围中形成了一些"插花地"。比如渤海周边
地区就封有沧海公王福(驻沧州)、河间公移剌众家奴(驻河间)、高阳公张甫(驻雄
州)等。这些人当中高阳公张甫与蒙军周旋的时间较长,河间公移剌众家奴在其
势力范围不能守的时候也迁到张甫所在的信安。元光元年(1222 年),张甫奏请
金宣宗,将信安改为镇安府。[2] 在蒙军包围形势日趋严峻的情况下,移剌众家
奴上奏金廷,开辟镇安至辽东海上航线:"镇安距迎乐堌海口二百余里,实辽东
往来之冲。高阳公甫有海船在镇安西北,可募人直抵辽东,以通中外之意。"[3]
按今地理,由镇安迤东至海口一百余公里,其地点恰是今天的塘沽海口。

山东是渤海沿岸另一处战略要地。金末,河北、山东爆发人民大起义,因参
加者"皆衣红衲袄以相识别",故称红袄军。其中山东海疆便由红袄军首领杨安
儿、李全等先后占据。正大四年(1227 年),红袄军首领李全降蒙,山东东部各
"郡县闻风款附"。[4] 加之之前已降蒙的济南地主武装严实、益都守将张林、红
袄军将领石珪等,至此,蒙古占领山东全境,渤海海域南部尽被收于蒙古版图。

渤海海域北部被蒙古占领的过程与渤海南部的情况相比较为顺利。蒙古最
初据有的东北沿海地区,是金贞祐三年占领的今辽宁的绥中、北镇一带。次年,
降附蒙古的原金朝北边千户耶律留哥和蒙古军队共同击败自立为辽王的蒲鲜万
奴,将其赶到海岛之上,攻克了苏(今辽宁金县)、复(今辽宁复县)、海(今辽宁海
城)诸州,占领了辽东沿海。耶律留哥据辽东建东辽,觐见成吉思汗,蒙古允其
仍号辽王。此后东辽长期依附蒙古。至元六年(1269 年),忽必烈撤藩,东辽灭

---

〔1〕《元史》卷一《太祖纪》。
〔2〕《金史》卷二四《地理志》。
〔3〕《金史》卷一一八《移剌众家奴传》。
〔4〕《元史》卷一一九《字鲁传》。

亡,渤海海域北部归于元朝版图。

二、元朝时期渤海海域疆域划分及镇戍与管辖

1260 年,忽必烈即大蒙古国汗位,建元中统。至元八年,忽必烈改国号为"大元",至元十六年,元军最终消灭了南宋的残余力量,统一了中国,结束了自五代十国以来的分裂局面。元统一之后,忽必烈在地方行政区划上做了较大调整,在宋金时期实行的路、府、州、县四级行政机构之上,增设"行中书省",简称"行省"或"省"。其中位于渤海海域的省、路主要有辽阳行省下的辽阳路、广宁府路、大宁府路,腹里地区的永平路、大都路、河间路、济南路、益都路、般阳路等。

虽然元代的蒙古统治者也是出身于游牧民族,但频繁的对外战争特别是涉及水战的经历,让蒙古人不同于辽、金这样的少数民族政权。早在窝阔台统治时期,元朝便创建了水军并主动对其加以训练。元朝正式建立后其统治者十分重视海疆地区的军队镇戍和行政管辖。元军主力也多屯驻于沿海沿江要地。在渤海海域内,辽东半岛设有总管高丽女直汉军万户府,复州、金州万户府等。中书省直辖的腹里地区: 在直沽(天津)沿海设镇守海口侍卫亲军屯储都指挥史司(简称海口侍卫);在武清、新城设有卫率府,右翼屯田万户府;在清州、沧州设立左翼屯田万户府;在临清设临清御河运粮上万户府。此外,在今山东地区还设有山东河北蒙古军都万户府,下辖左手万户府、右手万户府、拔都万户府、蒙古回回水军万户府、玘都哥万户府等。该万户府最初可能设于益都,后移至濮州(今山东鄄城北)。

第二节　渤海与元朝海运

一、元朝海运的兴起

金贞祐三年五月,蒙古军攻破金中都,改中都为燕京。后来,忽必烈立足燕京,进而统一中国。至元八年元朝建立,定都于燕京,次年改燕京为大都,并迁居民于大都城内。内城分五十坊,有口约十万户,各种市集三十多处,外城还住着许多过往商人和外国人。人口的激增必然要求大量物资的供给,然而与大都人口增加不相匹配的是北方经济的萎靡凋敝。金元之际北方屡遭战祸,田园荒芜,粮帛枯竭。蒙古统治者虽也颁布了一些鼓励农桑的法令,使北方经济有所复苏,但还是无法满足政权中心地区庞大的粮食开支。而在政治重心与经济重心出现严重分离的情况下,南方经济的发展则呈现出快速发展的势头。隋唐之后,中国

的经济重心便开始南移。两宋时期,统治者偏安江南,更加速了这一过程。宋元之际的战争虽然也波及中国南方,但是战火的破坏程度远不及北方。因此,元朝定都大都之后,巩固统治必须依赖富庶的江南,这才有了"百司庶府之繁,卫士编民之众,无不仰给于江南"[1]的说法。至元十六年,南宋灭亡,元统一了中国南北疆域。至此,大都所需官俸银米,军需粮草,臣民之盐、茶、丝、绢,源源不断从江南运来。

元朝每年要征收粮食 1 200 余万石,其中将近 1 000 万石出自南方。组织这样巨额的南粮北调,对中央政府是一个极为沉重的负担。元初,曾一度因循前代的内河漕运,"自浙西涉江入淮,由黄河逆水至中滦(今河南省封丘县)旱站,陆运至淇门(今河南汲县),入御河(今卫河),以达于京"。[2] 但此线水陆辗转,劳役很大,且运量每年只有三十万石,十分有限,不敷实用。此后,元政府又决定在原运河基础上"广开新河",但运河初开,岸狭水浅,只能通航一百五十料以下船只,河运数量远远不能满足大都的需要。

在河运运力不足的情况下,元朝把目光投向海运,想以此来解决燃眉之急。至元十九年,元太傅丞相伯颜追忆平江南时,尝命张萱、朱清等,以宋库藏图籍,自崇明州从海道载入京师之事,"以为海运可行,于是请于朝廷,命上海总管罗璧、朱清、张瑄等,造平底海船六十艘,运粮海船六十艘,运粮四万六千余石,从海道至京师"。[3] 尽管这次海运试航因风信失时,次年始至直沽且损失了四千石粮食,但毕竟证明了海运的可行性。自从元代海漕的兴起,运力大大增加,天历二年(1329 年),经海漕所运输的粮食高达 352 万石,约占每年元朝收粮总数的十分之三左右。[4] 可见当时海运规模的巨大和性质之重要。

二、行经渤海的元朝海运路线

元代海运的路线基本上都是由江南出发终到渤海直沽港的线路,不过元代航海者在长期的航行实践中不断探索,将这条海运线路的具体航程进行调整,最终使其臻于完善。其中航路大致经历了三次重要的调整。

(一)航路初创期

至元十九年海运初创时,其航路:"自平江刘家港(今江苏省太仓县浏河镇)

---

〔1〕《元史》卷九三《食货志·海运》。
〔2〕《元史》卷九三《食货志·海运》。
〔3〕《元史》卷九三《食货志·海运》。
〔4〕 章巽:《我国古代的海上交通》,新知识出版社,1956 年,第 32 页。

入海,经扬州路通州海门县黄连沙头、万里长滩(上二处在今江苏省海门县东南,现已与长江三角洲涨连)开洋,沿山峿而行,抵淮安路盐城县,历西海州、海宁府东海县(今江苏省东海县、连云港附近)、密州(今山东省诸城县)、胶州(今山东省胶县)界,放灵山洋(今青岛以南灵山湾)投东北。路多浅沙,行月余始抵成山",[1]"转过成山,望西行使,到九皋岛、刘公岛、诸高山、刘家洼、登州沙门岛,开放莱州大洋(今莱州湾),收进界河(今海河)",[2]至直沽杨村(今天津市武清县)码头泊定。这条航路,辟自冬季,一路顶风顶水,从刘家港启程耗时两个多月才抵直沽,全程共计13 350里。关键问题是,该航路出长江后投西北,作沿岸航行,浅滩、暗礁众多,行路十分危险,沉舟损粮事故多发。至元二十八年起运量为150万石,事故损失竟高达245 635石,相当于16%的漕粮葬身海洋。惊人的海损与漫长的航期,使改进海漕航路变得刻不容缓。

(二)航路改进期

至元二十九年,朱清等"建言此路险恶,踏开生路",[3]并于当年夏季即付诸实施。该次航行的具体走向是:"自刘家港开洋,遇东南水疾,一日可至撑脚沙(今江苏省太仓县西的撑角浦)",因"彼有浅沙,日行夜泊,守伺西南便风,转过沙嘴(今太仓浏河镇南北甘草沙一带)";然后,"一日到三沙洋子江,再遇西南风色,一日至匾担沙(今崇明岛北),大洪抛泊;来朝探洪行驾,一日可过万里长滩",直至海水"透深",方才转向东北"开放大洋"。"先得西南顺风一昼夜约行一千余里,到青水洋(元代指34°N,122°E附近海域,海色透绿)",再"得值东南风三昼夜,过黑水洋(元代指32°—36°N,123°E以东一带,海域,海色蓝黑),望见沿津岛(又称延真岛)大山,再得东南风一日夜,可至成山";继而,掉橹西行,"一日夜至刘岛(今刘公岛),又一日夜至芝罘岛,再一日夜至沙门岛";然后"守得东南便风,可放莱州大洋,三日三夜方到界河口",[4]最后至直沽靠岸。这条航线的优点在于借助西南和东南季风,航期大为缩短,而且此线离开海岸稍远,避开了江苏、山东沿岸的浅险区域,安全度提高,由于事故而损失的粮食数量大为减少。不过此线也有不足,如遇信风不至或非常风阻,航行必将拖延。于是至元三十年元朝又对航路作了调整,其走向是:"粮船自刘家港开洋,过黄连沙,转西行使,至胶西,

〔1〕《元史》卷九三《食货志·海运》。
〔2〕 沈云龙:《明清史料汇编初集·海道经》,文海出版社,1967年,第580页。
〔3〕《大元海运记》卷下。
〔4〕《大元海运记》卷下。

投东北,取成山"。[1] 但这次航路的改进近岸水程添长,航行危险反倒增加。因此,寻找一条安全又便捷的海漕航路再次被提上议事日程。

（三）航路成熟期

至元三十年,海运千户殷明略继而受委,"踏开生路"。他指领船队,"自刘家港开洋,至崇明州三沙放洋,望东行使入黑水大洋,取成山,转西至刘家岛,聚粽取薪水毕,到登州沙门岛,于莱州大洋入界河"。[2] 殷明略的新航路具有明显的进步:第一,由崇明三沙出海后,整个航路全在远离海岸的黄海水域进行,完全避开了近岸浅险水域。航行安全带来了重大的效益。以至元三十一年为例,海漕起运量为5 404 000石,事故损失粮仅为1 100石,仅占起运量的2%左右,较之海漕开辟期近16%的海损,事故损失率大大降低。第二,此航线内终年流着东北走向的黑潮暖流,海船由黑水洋北驶成山,一路顺风顺水,对提高船速极为有利。

除了上述主要航路外,在元代漕运中尚有从其他港口驶达直沽的航路。一条是"就定海港口放洋,经赴直沽交卸";[3]另一条是从嘉兴的澉浦(今浙江省海盐县西南杭州湾北岸,元时该地通海,今湮塞)启程,直达京师。[4] 这两条航路,其大部分走向仍是因袭殷明略航路。

无论元代海漕线路如何变迁,渤海海域的航运线路基本是固定的,即由登州沙门岛,过莱州湾直入直沽。频繁的海运活动带动了渤海海域原本在宋金时期陷入萧条的各港口的发展,以直沽为代表的渤海港口又呈现出一派欣欣向荣的景象。

三、元朝的渤海港口

（一）直沽港

元代的直沽港是海漕、河槽的重要转运站,仅海漕一项运粮的峰值曾达到335万余石,几乎占据了元代每年征粮总数的四分之一。直沽港作为转运港的重要地位不言而喻。元政府为了保障粮食运输的线路畅通,对直沽港的建设投入了大量的精力。

元初海运初兴,元朝造海船六十只,大船装千石,小船载三百石。延祐元

---

〔1〕《大元海运记》卷下。
〔2〕《大元海运记》卷下。
〔3〕《大元海运记》卷下。
〔4〕 (明)樊维城修,胡震亨等纂:天启《海盐县图经》卷三,明天启四年刻本。

年(1314年)开始,海运繁盛,进入界河的海船不仅数量多,而且载重量也大大增加,对航道的水深、航行安全提出了新的要求。界河海口,水慢速减,多有沙淤,形成浅滩,有碍于大船通行,海船易遭受搁浅损坏。延祐四年,元政府令浙江行省制造幡竿,筹备绳索、布幡、灯笼,次年春,由海运万户府顺便运载至直沽,在直沽海口首次立竿,设立望标于龙山庙前。望标之地高筑土堆,四旁砌石,幡竿由司差夫竖起,竿顶日间悬挂布幡,夜则悬点火灯。[1] 白天进出直沽港口的海船以布幡为引,夜间循灯笼航行,可避开浅滩,防止船舶搁浅。每年海运完毕,望标设备交看庙僧人保管。次年复立悬点。除了悬幡点灯,为了保障航道畅通,元代还对直沽港的航道采取了人工治理。如至治元年(1321年)直沽航道的三岔河口因潮汐往来,淤泥壅积达七十余处,漕船通行不便。元王朝募大都民夫三千,四月十一日开始清淤,五月十一日工毕。[2] 由于海运的持续发展,到达三岔口码头的船舶数量不断增多,船舶吨位也逐渐加大,直沽港的码头从三岔口一带向海河下游延伸了十余里,称为大直沽码头。由于直沽港的码头岸线向下游深水处延伸发展,不但满足了船舶数量增多的需要,而且大直沽又成为大型海船的良好泊地,促进了元朝海运的发展。

直沽不仅是皇粮最重要的转运港,也是京师重要物资的储备之地,与码头相适应的仓储设施十分发达。至元十六年,在潞河尾闾,三岔河口附近,地势较高的地方,建立了广通仓,以接储南来海船之粮。随着海运量的增长,直沽港周边不断兴建起新的仓库。比如在直沽港附近的河西务置十四仓,另有沿河仓库十七座。直沽港的存储仓库约占京师、通州等地皇粮仓库总数的五分之二,主要仓库有:永备南仓、永备北仓、广盈南仓、广盈北仓、充溢仓、崇墉仓、大盈仓、大京仓、大稔仓、足用仓、丰储仓、丰积仓、恒足仓、既备仓以及直沽广通仓、直沽米仓等。[3] 仓库的建设和发展标志着直沽港开始向转运、存储等多方面发展。中华人民共和国建立后,在河西务漕运遗址发现分类堆放的元代龙泉窑、磁州窑、景德镇的瓷器,显然是码头仓廒存储之物。[4] 元代张翥在《读瀛海喜其绝句清远因口号数诗示九成皆寔意也》之一中写道:"一日粮船到直沽,吴罂越布满街衢。"[5]这两句诗反映了直沽港口除转运皇粮之外,南方的瓷器及丝织品也随海船被大量地带到直沽市场(图三)。

---

〔1〕《大元海运记》卷下。
〔2〕李华彬:《天津港史(古、近代部分)》,人民交通出版社,1986年,第26页。
〔3〕《元史》卷八五《百官志》。
〔4〕李华彬:《天津港史(古、近代部分)》,第27、28页。
〔5〕(元)张翥:《蜕庵集》卷五,《文渊阁四库全书》本。

图三 元代直沽港仓库文物[1]

随着海运和直沽港口的发展,元政府在直沽还设立了漕粮接运厅;临清运粮万户府也设于此,负责对官私船舶的接运和港口管理工作。都漕运司于河西务置总司,掌御河上、下及直沽、河西务、李二寺等处攒运粮斛。[2] 至大二年(1309年)枢密院也在直沽增置"镇守海口屯储亲军都指挥使司",每年漕运旺季,调兵千人到直沽,保护海口和航行,这对完成直沽港的漕粮转运发挥了一定作用。

(二)永平路沿海各港

元时的永平路大致相当于辽金时期的平州,治所在卢龙,下辖昌黎、乐亭等临海县。在元代的海运中虽然直沽港充当了漕粮运输的枢纽港,但随着海运事业的发展,永平府沿海各港也成了重要"漕盆"。元代之所以要往辽东运粮,主要是因为元世祖征日之后在辽东屯有重兵,大量的粮饷须经海路送达,至元二十九年,中书省臣言:"今岁江南海运粮至京师者一百五万石,至辽阳者十三万石,比往岁无耗折不足者。"至元三十年"敕海运米十万石给辽阳戍兵"。[3]《乐亭县志》载,元代海运漕粮船队"并海通河者有三道焉",其中两条由直沽中转,然后于三岔河口继续沿着运粮河、卢沟河等分流,北至通州或大都,而另外一条航

---

〔1〕 引自韩嘉谷《天津古史寻绎》,天津古籍出版社,2006年。
〔2〕《元史》卷八五《百官志》。
〔3〕《元史》卷一七《世祖本纪》。

路则"由芦台经黑洋河蚕沙口、青河至滦州、蓟……若滦肇自前古,而至是始盛行焉"。〔1〕这条航线即是"黑羊河海道"。其间主要经行的永平府沿海各港有:以滦河为界,由滦河溯水而至永平路治所卢龙;由滦河口继续向东为古碣石海域,经昌黎县的七里海、抚宁县的洋河口和戴河口,最后抵达迁民镇(今山海关)和瑞州总管府(今山海关外止锚湾),如果继续延伸可抵桃花岛(今菊花岛)。〔2〕可见,元代南粮北调的海运活动已经发展和延伸到今秦皇岛市沿海一带了,使自辽金以来长时间萧条的永平路沿海各港又开始活跃起来。由于元代航海已经运用指南针,并能掌握季节与气候的变化,利用信风与洋流纵涉渤海。此外,永平路沿海各港受"黑潮暖流"影响,具有不冻等优越条件,因此古代碣石海港直达山东登、莱的航线,在元朝历时数十年源源不断的海漕活动中得到特殊的重视和利用。

元代永平路各港口除了发挥分流漕粮的职能外,也肩负着制造海船的任务。东晋义熙十年(414年),河间人褚匡言于燕王(冯)跋曰:"陛下龙飞辽、碣(辽西郡治所临渝与碣石),旧邦族党,倾首朝阳,以日为岁,请往迎之。"跋曰:"道路数千里,复隔异国,如何可致?"匡曰:"章武(今天津县南)临海,舟楫可通,出于辽西临渝,不为难也。"〔3〕褚匡的建议马上被采纳,临渝沿海造船业首次出现。不过自东晋十六国之后,临渝造船业由于社会变迁陷于沉寂。直至元代,由于海运的发展永平路地区的造船业重新兴盛起来。史载,元世祖至元十九年,"于平滦州(即永平路)造船,发军民合九千人,令探马赤伯要带领之,伐木于山,及取于寺观坟墓,官酬其直",同年九月又"敕平滦、高丽、耽罗及扬州、隆兴、泉州共造大小船三千艘"。〔4〕可见,永平路的港口通过造船也为元代海运事业做出了积极的贡献。

（三）登莱港口

与直沽港和永平路各港口不同,登莱港口的重新兴旺最初并非因为海运漕粮的出现,而是由于元朝征战日本的需要。至元十一年,忽必烈调兵遣将,"屯田军及女直军,并水军,合万五千人,战船大小合九百艘,征日本"。〔5〕当时登莱地区的港口作为战备运输的重要基地,逐步复苏(图四)。有关这一部分的内容,将在下一节中进行详述。

〔1〕（清）游智开修,史梦兰纂:《乐亭县志》卷一四《武备·海防》,光绪三年刻本。
〔2〕黄景海:《秦皇岛港史(古、近代部分)》,人民交通出版社,1985年,第73页。
〔3〕《资治通鉴》卷一一六"晋安帝义熙十年"条。
〔4〕《元史》卷一二《世祖本纪》。
〔5〕《元史》卷八《世祖本纪》。

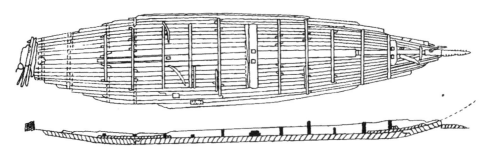

图四　1984 年山东蓬莱水城水下出土元代战船[1]

　　忽必烈的两次征日均以失败告终,但登莱港口并未就此衰败,至元十九年海漕航路开辟之后,登州港继续焕发着生机。从元代三次海漕航线的调整看,无论航线如何改变,登莱地区都是历条航线的必经之地,始终处于元代海漕航线的咽喉要道上。登州港之所以成为咽喉港,源于它得天独厚的自然条件和地理位置。元代海运漕粮的航线,"计其水程,自上海至杨村马头,凡一万三千三百五十里"。[2] 往返于万里航线,元代的漕粮船需要锚泊、避风、补给等,而登州港的外港——沙门岛恰恰是理想的寄泊之地。沙门岛之外,有个海上湖泊——庙岛塘,其位置紧靠庙岛,由十几个岛礁环拱萦绕。在庙岛之外波浪滔天的海况下,塘内始终风平浪静,向来被船工当作理想的锚泊地。再加之此处位于海道中枢,船只出入络绎不绝。

　　为了保障往来沙门岛的船舶安全,元朝官员还把因海运需要而发明的导航设施也应用于登莱港口及周边岛屿。登莱沿海和庙岛群岛一带的海上防务也得到加强。元在"沙门岛设监置戍",[3]至正十七年二月,"又于莱州立三百六十屯田,每屯相去三十里",[4]这些屯戍部队经常驻守在登莱沿海和港城,加强了登莱海防的管辖。此外,元代册封妈祖为"天妃",原本宋时在沙门岛建起的妈祖庙香火日盛,"沙门岛"的名字也逐渐被"庙岛"所取代。沙门岛东西两侧以及北去的大小岛屿便统称为"庙岛群岛"。因此,元时南来北往的船舶无论是觅取航海所需的物资,还是寻求安全航海的精神慰藉,总愿到沙门岛寄泊。当时的沙门岛由于大量船只出入,繁华异常,常住人口竟达十万之多,犹如一个海上都市,充分显示了海上运输给海港带来的繁盛。

---

〔1〕　引自王冠倬《中国古船图谱》,生活·读书·新知三联书店,2001 年,第 117 页。

〔2〕　《元史纪事本末》卷一二。

〔3〕　(清)施闰章修,杨奇烈纂:《登州府志》卷二《山川》,顺治十七年刻本。

〔4〕　《元史》卷四五《顺帝本纪》。

登州港依靠元代南粮北运的海漕航线而焕发出活力,但到元朝末年,江南不少省分相继爆发了农民起义,致使"海运之舟不至京师者积年矣"。[1] 以方国珍和张士诚为首的江浙起义军活动于沿海地区,经常拒不缴粮赋,阻碍了漕运的正常进行。由于运粮船逐年减少,登州港也自然而然地慢慢萧条了。

第三节　渤海与海外的航行交流

随着大量科学技术的运用,元代的航海业十分发达。尤其是位于东南沿海的港口得到充分的发展,成为与外海航行交流的主要通道。与东南沿海的港口相比,渤海海域各港口虽然重新焕发了活力,但由于地域的限制,其与外海的航行交流主要限于朝鲜半岛和日本列岛。

一、征战日本之渤海海运

元初,家住朝鲜半岛南端的高丽人赵彝向元世祖忽必烈建议:"日本国可通,择可奉使者。"[2]元世祖听信此言,即于至元三年八月,命兵部侍郎黑的和礼部侍郎殷弘持国书使往日本,并诏高丽王王植遣官导使。高丽国遣人导送黑的和殷弘至对马,"为日本人所拒而还"。[3] 此事使忽必烈十分恼怒,即于至元六年遣统领脱朵儿等到高丽国查看建造的海船和修筑的道路,准备征服日本。至元七年十二月,忽必烈又命"秘书监赵良弼充国信使,使日本",[4]并赐日本玺书:"高丽安辑,特令秘书监赵良弼充国信使,持书以往。如即发使,与之偕来。亲仁善邻,国之善事。其或犹豫,以至用兵,夫谁所乐为也? 王其图之。"[5]赵良弼到日本后,详细了解了日本状况,并一一向忽必烈详细陈述,元朝对日本的备征正式开始。元世祖于至元十年进行调兵遣将,至元十一年八月,命"都元帅忽敦、右副元帅洪茶丘、左副元帅刘复亨与高丽将金方庆等征日本"。[6] 忽敦旗开得胜,于当年十月就攻克了日本的对马岛,后来又败日本兵于博多,然而不久即因孤军深入,损兵折将,只得引兵还国。元朝征战日本的这

〔1〕《元史》卷九七《食货志》。
〔2〕《元史》卷二○八《日本传》。
〔3〕《新元史》卷八《世祖本纪》。
〔4〕《新元史》卷八《世祖本纪》。
〔5〕《新元史》卷八《世祖本纪》。
〔6〕《新元史》卷九《世祖本纪》。

次海战,时间较短,以失败而告终。这次海上作战主要以朝鲜半岛为海上基地而进行。但与朝鲜半岛隔海相望的山东登莱港口也受到很大震动。港口的战备气氛较浓,并进行着短途海运支援。

第一次征日本失败后,忽必烈又于至元十二年(1275年)遣礼部侍郎杜世忠等人使日。"九月甲戌,杜世忠等为日本人所杀"。[1] 此事更加激怒了忽必烈。至元十七年十二月,忽必烈第二次调兵遣将征战日本。但是这次元军又是铩羽而归,惨败程度几乎到了全军覆没的境地。

经历了两次征日的失败后,元世祖忽必烈仍不罢休,继续备征日本。为了稍许平复朝野内外的反对之声,忽必烈接受了一些大臣的建议。至元二十年,浙西道宣慰使史弼上奏:"以征日本船五百艘科诸民间,民病之。宜取阿八赤所有船,修理以付阿塔海(注:忽必烈任命的征日统帅),庶宽民力,并给钞于沿海募水手。"[2] 阿八赤及其统领的万余人大军,原是在山东半岛开凿胶莱新河。至元二十一年,"罢阿八赤开河之役,以其军及水手各万人运海道粮"。[3] 可见阿八赤的大军也被调做备征日本之用。至元二十二年,"敕枢密院计胶、莱诸处漕船,高丽、江南诸处所造海舶,括佣江淮民船,备征日本"。[4] 同年十一月,阿八赤督运军需,"敕漕江淮米百万石,泛海贮于高丽之合浦"。[5] 与此同时,又令"东京及高丽各贮米十万石,备征日本,诸军期于明年三月以次而发,八月会于合浦"。[6] 兵马未动,粮草先行,所以至元二十二年的登州港十分繁忙。据记载,这一年由海道运抵高丽合浦的粮食达百万石之多。元代渤海与外海的交往在这种紧张形势下急速发展。然而,至元二十三年事情发生了突然的变化,元政府"以日本孤远岛夷,重困民力,罢征日本"。[7] 征日行动虽然结束,但渤海与外海的航行交流并未就此停止,相反原来出于战争目的而建立起来的航线,随着和平时代的到来,变为海运互市的重要通道。

二、化干戈为玉帛的渤海与外海海运交通

元世祖的两次征日虽然都以失败而告终,但备征活动却使船舶猛增,港口迅速发展起来,原来陷于沉寂的渤海港口逐步复兴。由此,渤海与外海的交往

〔1〕《新元史》卷九《世祖本纪》。
〔2〕《元史》卷一二《世祖本纪》。
〔3〕《元史》卷一三《世祖本纪》。
〔4〕《元史》卷一三《世祖本纪》。
〔5〕《元史》卷一三《世祖本纪》。
〔6〕《元史》卷一三《世祖本纪》。
〔7〕《元史》卷一四《世祖本纪》。

化干戈为玉帛,原来被战争阴云所笼罩的渤海航线,很快便用于粮食运输和海上贸易。

　　事实上,元代渤海与外海的海运航线早于征日战争便已存在。高丽元宗十四年(至元九年),忽必烈曾下令运东京(今辽宁辽阳)米二万石到高丽赈济饥民,由于"水路阻运",次年四月才运到。[1] 可见,通过渤海航线元朝与高丽之间的海运交通由来已久。而且这条线路在忽必烈征日时得以频繁利用,即使到了征日被放弃之时,航路也未萧条,而是继续用来运输粮食。高丽忠烈王十五年(至元二十六年),元朝政府要求高丽措办十万石粮食接济辽东。高丽以船480艘转米六万四千石于盖州(今辽宁盖县)。[2] 至元二十八年忽必烈"以其国(高丽)饥,给以米二十万斛"。[3] 组织这次高丽赈济粮运输的人是元朝海运的主持者之一朱清。朱清早年是横行于海上的强盗,"若捕急,辄转引舟东行,三日夜,得沙门岛。又东北,过高句丽水口,见文登、夷维诸山。又北,见燕山与碣石。……亡虑十五六返"。[4] 可见朱清的海盗生涯令他熟悉经渤海通往高丽的航行路线。"庚寅(至元二十七年),运高丽辽东粮,枢密院奏功,进骠骑冲上将军,余如故"。[5] 这里的"庚寅"显然是"辛卯"(至元二十八年)或"壬辰"(至元二十九年)的讹误。元代诗人宋无在"至元辛卯"(即至元二十八年)曾搭乘海运船北上,他将"舟航所见"按照先后顺序用诗篇记录下来,总题为《鲸背吟集》,共三十余首,第一首题为《盐城县》(今江苏盐城),后又有《莺游山》(莺游山,今江苏省连云港市的东西连岛)、《沙门岛》《莱州洋》等诗。《鲸背吟集》最后两首为《分腙》和《直沽》。《分腙》诗云:"高丽辽阳各问津,半洋分路可伤神。风帆相别东西去,君向潇湘我向秦。"根据这组诗歌的排列顺序来看,"分船"之事应发生在过莱州洋之后,到直沽港之前。如果的确如此的话,结合嘉奖朱清的史料记载,至元二十八年赈济高丽的粮船很可能是沿渤海湾北上,经辽东半岛,再到朝鲜半岛的。至元三十一年,辽东饥荒,元朝命高丽从江华岛调运粮食赈济。"元遣中书舍人爱阿赤来。先是为征日本,运江南米十万石在江华岛。今辽沈告饥,帝(元成宗)诏以五万石赈之",次年高丽的忠烈王"遣中郎将宋瑛如元请减运粮,帝不从。……遣将军柳温如元,请减辽阳运粮,帝许减二

〔1〕《高丽史》卷二七《元宗世家》。
〔2〕《高丽史》卷三〇《忠烈王世家》。
〔3〕《元史》卷二〇八《高丽传》。
〔4〕《国朝文类》卷六九《何长者传》。
〔5〕至正《昆山郡志》卷五《人物》。

万石"。在此前后,高丽用船分三次将江华岛储粮运往辽阳,共计三万余石。[1]
这批粮食的运输同样要行经渤海海域。

除了运输粮食,渤海航线也是元朝与高丽互市的重要通道。因为地理位置
的原因,又加之漕运的压力,处于渤海中北部的直沽港和永平路各港主要承载着
南粮北运的任务,当时渤海海域内进行对外贸易的港口主要还是在登州港。相
比较而言,到登州港口的外国商船数量要比直沽等渤海港口多,且多为高丽商
船。登州港便捷的交通网络是吸引高丽商人的一个重要原因。除了登州港,元
朝与高丽贸易的海港还有庆元(今宁波)、泉州、太仓和直沽(今天津)。相对于
庆元、泉州、太仓等港口,登州港依山而建,易于避风停靠。而且从航程路线上
看,从登州前往高丽的海上交通路线就是比南方的港口更为便捷、安全,这一点
早在前代人们便已知晓。

根据史料,元朝时期在山东西部的济州、高唐等地都活跃着高丽官方和民间
商人的身影。据《高丽史》记载,高丽忠烈王二十一年(元成宗元贞元年,1295
年)四月二十六日,"遣中郎将赵琛如元进济州方物草苎布一百匹、木衣四十叶、
脯六笼、獐皮七十六领、野猫皮八十三领、黄猫皮二百领、麂皮四百领、鞍鞯五
幅",[2]济州在今山东济宁。高丽王遣中郎将赵琛购买的是山东济州的土特产
品。忠烈王二十一年,"遣中郎将宋瑛等航海往益都府,以麻布一万四千匹市楮
币",[3]当时高丽世子求婚于元皇室,需要费用,于是高丽王遣宋瑛到益都府出
售麻布来换取元朝的货币纸钞,以供婚礼之用。益都是"路",不是"府",此处有
误。元代益都路治所益都县,即今山东青州,管辖山东半岛中西部的地区。楮
币,泛指宋、金、元时期发行的纸币,山东是元朝首发纸币的地区。高丽王派使者
赵琛到山东济州购买土特产品,又派宋瑛到青州出售高丽麻布换取元朝的纸币,
这些都说明了高丽忠烈王经常派人过海到山东半岛来进行贸易。元代山东与高
丽的官方贸易频繁,那些来往于山东和高丽经商的船舶,其航路也多经过登
州港。

除了高丽官方经常来华贸易外,高丽民间商人也经常来华做生意。成书于
元末明初的《原本老乞大》记载:"(高丽商人)从年时正月里将马和布子到京都
卖了。五月里到高唐,收起绵绢,到直沽里上船过海,十月里到王京。投到年终

〔1〕《高丽史》卷三一《忠烈王世家》。
〔2〕金渭显:《高丽史中中韩关系史料汇编》,食货出版社,1983 年,第 610 页。
〔3〕《高丽史》卷二九《食货志·科敛》。

行货都卖了,又买了这些马并毛施布来了。"〔1〕高唐在山东半岛西部,元代设高唐州,是山东重要的棉花和丝绸产地。从山东购货,从直沽过海,显然高丽商人走的也是行经渤海的航路。另外,据史书记载,高丽西海道安廉使李齐贤,在延祐三年以后,曾经多次前往元大都,还乘船到过蓬莱。可见,当时的渤海航线,不论是海外贸易,还是友好往来,都是不少的。

在大量的史料记载之外,近些年来在渤海沿岸以及朝鲜半岛沿海地带发现的古迹和古沉船,也同样能够说明元代与高丽之间的海运贸易对渤海航线的依赖。据长岛航海博物馆资料,1984 年重修庙岛"显应宫"时,挖掘地基发现并出土了一些朝鲜瓷碗,经鉴定是元末物品,很可能就是元末通商贸易的海船带来的东西。2005 年 7 月,在山东蓬莱水城清淤过程中出土三艘古代木质沉船,还有许多器物,其中两艘从船舶形制和制造工艺特征上看都被确认为高丽古船,蓬莱第三号古船是迄今发现的最大的高丽古船。在三号古船上还发现了两件高丽镶嵌青瓷,这应该与朝鲜半岛的商贸交流有关。经过中国与韩国的专家对两件高丽镶嵌青瓷的判断,可以确定高丽镶嵌青瓷的年代为元末明初。元朝时期,高丽青瓷作为名品,源源不断输往中国,《高丽史·忠烈王世家》记载,高丽忠烈王十五年(1298 年)"八月戊午,耽罗安抚使忽都塔儿还自元,中书省牒求青砂瓮、盆、瓶",元朝廷要求高丽青瓷作为贡品输往元都,此外高丽青瓷的民间贸易也在进行,这说明元代曾有高丽青瓷输入中国。在登州港古代沉船上发现的高丽镶嵌青瓷表明,高丽青瓷从朝鲜半岛西南海岸青瓷产地的港口装运上船,通过海路输往山东登州港。

蓬莱水城清淤时,"元代出土的瓷器以龙泉窑和北方窑为主,同时还有较多的浙或闽一带的民窑及少量的景德镇、磁州(在今河北磁县境内)、金华窑等瓷器……且多是粗器……说明登州港在南瓷北运中起到了重要作用。另外,在日本、朝鲜也发现有景德镇的粗器"。〔2〕 1976 年,韩国在新安郡海域发现了中国元朝的贸易船,新安沉船上"发现了两万多件中国瓷器。新安沉船上的中国瓷器以龙泉窑、定窑的瓷器为主,基本包含中国元朝的各地名窑产品,如龙泉窑、景德镇窑、定窑、钧窑、吉州窑、建窑,代表了元朝制瓷业的发展水平。这批瓷器中,还包含少量中国北方古代最大的民窑——磁州窑产品,说明当时北方民窑产品也用于国际贸易"。〔3〕 韩国新安郡海域发现的瓷器种类和蓬莱水城出土的瓷

〔1〕　郑光:《原本老乞大》,外语教学与研究出版社,2002 年,第 36 页。

〔2〕　山东省文物考古研究所:《蓬莱古船》,文物出版社,2006 年,第 181 页。

〔3〕　袁晓春:《韩国新安沉船与中国古代沉船之比较研究》,《当代韩国》2004 年第 4 期。

器基本相似,可以认为,韩国新安郡海域发现的中国元朝贸易船至少是在登州中转、销售和装载部分物品,并补充给养后,再驶离中国大陆的,而其航线必然是行经渤海的。

元代通过渤海航线与中国进行贸易除了高丽之外,还有日本。经历过隋唐时期的繁荣,中日商贸关系在元代则进入了一个低潮,主要原因是元世祖发动的两次征日战争。不过,战争并未使双方的贸易禁绝,尤其是日方对此种贸易还非常依赖。宋元之际,日本国内商业迅速发展,对铜钱需求量增加。到元初,当时日本国内以铜钱缴纳年贡几乎已推行至全国。其次,日本武士阶级、上层统治者的腐朽生活所需奢侈品依赖对元贸易。至元二十九年六月,"日本来互市,风坏三舟,惟一舟达庆元路(今宁波)",[1] 冬十月,"日本舟至四明(亦今宁波)求互市"。[2] 这次日船来华目的便是兑换铜钱。不过直到大德三年三月,元朝才命妙慈弘济大师等使日本,双方的贸易恢复起来。[3] 两国的商船往来几乎每年都有,但海上的贸易活动主要集中在中国东南沿海口岸进行。虽然登莱港口是靠备征日本重新兴旺起来的,但是海运互市之后来登莱港口的日本船只并不多。由于日本一直拒绝与元通好,双方不存在正式的外交关系,这也使得来华的日本海船目的非常复杂。比如来到登州港等北方地区的日本商船常常打着商业贸易的旗号,进行着走私甚至是抢劫的勾当。至正二十三年,"八月丁酉朔,倭人寇蓬州,守将刘暹击败之"。[4] 这里所说的蓬州,中、日两国的史学家经过研究都认为,就是今天的山东蓬莱。由此可见,当时日本商船的贸易,是带着各自不同目的而来的。也可以说,这些现象就是后来明朝倭患之肇始。

第四节　渤海地区经济的发展

由于多种原因,渤海海域周边地区经济在元代得到了巨大的推动,发展迅速。农牧业、手工业、商业等都有不同程度的进步。渤海地区的经济进入一个恢复发展的阶段,并呈现出与以往不同的发展状况。

---

　　〔1〕《元史》卷一七《世祖本纪》。
　　〔2〕《元史》卷一七《世祖本纪》。
　　〔3〕《元史》卷二〇《成宗本纪》。
　　〔4〕《元史》卷四六《顺帝本纪》。

一、渤海地区农业、手工业的恢复

渤海周边地区是蒙、金、宋三方反复争夺的地带，经历过战争的荼毒，这里的农业经济曾一度凋零。元初，农业的恢复和发展是当务之急。对于渤海周边地区来说，辽阳行省所属的渤海北部农业恢复较快。至元中后期，元朝政府便在辽阳行省大兴屯田，其规模比起金朝略有过之。而腹里地区所属的渤海中南部地区由于存在着国家监牧区，农业恢复较为缓慢。后来随着徙居汉地日久，蒙古贵族逐渐懂得了粮食生产的益处，因而许多被他们占用的沿渤海牧马草地渐被开垦，这样渤海中南部沿岸地带传统农业区的种植业才逐渐得以恢复。

元代手工业上承唐、宋、辽、金手工业故基而发展。但与以往不同的是，元代统治者并不敌视和打击手工业。比如蒙古灭金、灭宋时期，大量的匠人由于拥有一技之长而免遭屠城之难。元代实现大一统之后，国内各地各类手工业得到了较充分的汇集交流，一些传统的优势手工行业如丝织、制盐、矿冶等进一步繁荣。其中，依赖海洋最重的手工业部门当属制盐业。

沿渤海的各盐场曾是金代税课收入颇多的产业。成吉思汗在命木华黎南下攻金之际，便注意到盐利的价值。1223 年，成吉思汗授刘敏为安抚使，"便宜行事，兼燕京路征收税课、漕运、盐场、僧道、司天等事"。[1] "燕京路"即今北京地区。所辖盐场包括原金宝坻盐司下辖的芦台等场。不过由于蒙金战争的原因，渤海沿岸的各盐场产量极为有限。直至窝阔台时期，蒙古人才在因袭金代盐制的基础上，使盐业生产得以逐渐恢复。辽宁、河北、天津、山东等沿渤海的盐场，在元代归河间盐运司和山东盐运司管辖。但两盐司的盐业生产恢复得较为缓慢。河间盐运司到至元二年才恢复到金承安三年(1198 年)以前的水平，而超过金承安三年的课额则是至元七年以后的事情了。山东盐运司盐业生产的恢复就更为缓慢了，直到至元十八年才超过金承安三年以前的课额，至元二十三年则超过了金代的最高生产额度。[2] 尽管盐业生产恢复得慢，但河间、山东两盐司的产量一直在稳步增长，根据《元史·食货志》中盐课额计算，大约在至大元年，两盐司的产量都达到了极致，突破了亿斤大关。

渤海沿岸地区在元政府恢复经济的政策促使之下，无论生产技术还是产品品种、产量都大为提高。这为渤海海域内商业的发展提供了可靠的物质基

〔1〕 《元史》卷一五三《刘敏传》。
〔2〕 张国旺：《元代榷盐与社会》，天津古籍出版社，2009 年，第 211 页。

础。加之受到元代海漕事业发展的推动,该地区商业发展水平有了较大程度的提高。

二、商业

元朝政府为了恢复和发展社会经济,满足统治阶级的奢靡生活需要,积极推行重商政策,发展商业,甚至在律令上特设保护商业的条款。而渤海沿岸地区由于处在社会经济发展较快的地区,且拥有交通便利之优势,商业发展尤为蓬勃繁荣。

渤海沿岸的河北、山东地区,无论农业、手工业还是其产品的商品化发展都比较迅速。这从元代该地区所缴纳的商税数额便可窥见一斑。元代对凡出售的物品一律征税,以 1/30 的税率征课,因此商税数量也可反映商业发展的概况。天历年间,渤海沿岸的辽阳行省、腹里地区所收商税额总计 54 968 锭。[1] 而此时期全国商税总额为 93 万锭,渤海沿岸地区约占全国商税总额的 5.9%。

渤海沿岸地区,农业、手工业产品商品化程度的提高,除了和生产技术和产量直接相关外,与人口的集中和转移也有着密切联系。元代一些大中型手工业场、坊和矿冶设施,使用的工匠往往是几十、几百乃至几千人。依赖海洋发展的制盐业,其使用的工人更是达到千人乃至万人。人口集中与转移的结果之一就是缔造出数量颇为可观的新兴市镇。渤海沿岸地带拥有比较多的大型港口和重要都市,是整个元代海漕运输的必经之地。比如大都,是整个海漕运输物品的终极目的地,这个规模庞大的城市,不仅是元代的政治中心,也是北方最大的商业中心,人口密度高,需要的商品特别是生活资料极多,形成了庞大的消费市场。再比如沿渤海的各大港口,这些港口在漕运兴盛时期云集着来自全国各地甚至是海外的客商,数量之大不可小觑。这些人同样需要消耗大量的商品,同时也把渤海沿海的特色产品通过行商活动带入商品交换之中。由于存在着如此巨大的商业需求,许多在前代并不出卖的家庭手工业产品,这时也卷入商品交换的过程中。

元代渤海范围内庞大的商业需求得以满足,很大程度上与当时海运的兴盛有着密不可分的关系。日常消费品是渤海地区海运的大宗。"自粟帛器用财贿,凡宫庭供用万端,皆赖商贾贸迁",[2]登莱港口、直沽港、永平路各港口成为

〔1〕《元史》卷九四《食货志》。
〔2〕《元史新编》卷三三《贺仁杰传》。

重要的商业口岸和物资集散基地就是最有力的证明。除了日常消费品,粮食更是渤海海运贸易的重要物资。元代北方粮食仰赖南方,每年除了有大运河或海道转运的漕粮外,还有不少经海运而来的商品粮。"来的多呵贱,来的少呵贵有"。[1]《元史·崔彧传》记载:至元三十年,"大都民食唯仰客粜,顷缘官括商船载递诸物,致贩鬻者少,米价翔踊"。由此可见行经渤海的海运航线对于渤海沿岸地区而言不仅是物资补给线,更是生命保障线。

由上述内容可知,元代渤海沿岸地区经济的发展,对于行经渤海的海运线路有着相当大的依赖,海运已经成为元代渤海地区经济发展的重要推动力。

第五节　元朝渤海文化

元代是中国海洋文化发展的又一个高峰期,元曲当中浪漫的涉海故事,海神信仰在北方地区的进一步传播,都彰显出元代海洋文化的繁荣。在这样的背景之下,元代渤海的文化继续向前发展。

一、元朝的渤海文学

元代是我国戏曲艺术大发展、大繁荣的时代,元代海洋文学最突出的现象是叙事性作品如戏剧的发展繁荣。因此元代的渤海文学中出现了一种新的形式——杂剧。

元曲当中,最重要的涉海曲目为海洋神话剧《张生煮海》。元杂剧的著名剧作家尚忠贤和李好古都写过这个故事。《张生煮海》的全题是《沙门岛张生煮海》。故事的大致情节是:青年书生张羽在东海边结识东海龙王的三女儿琼莲,张生对琼莲一见钟情,两人遂私定终身,并约定八月十五日中秋节成亲。然而东海龙王生性暴戾,怎肯嫁女给他一介书生。张生遇到仙姑毛女,愿成全张生与龙女的好事,便授予张生三件法宝——一只银锅、一文金钱、一把铁勺,并授其方法:用铁勺将海水舀进银锅,将金钱放进水内,然后将锅内海水煮煎。锅内海水煎去一分,海中水深便减去十丈。如此煎煮下去,东海龙王肯定会无法生存,定会向张生求饶,从而允诺其娶琼莲的要求。于是,张生来到沙门岛架锅煮海,最后龙王只得答应嫁女给张生,张生成了东海龙王的东床快婿。

《张生煮海》当中煮海伏龙情节的产生应受北方沿海地区制盐工艺的影响。

---

〔1〕《通制条格》卷二七《拘滞车船》。

中国北方的沿海地区,"煮海为盐"是人们熟知的常识,并且具有悠久的历史。有关元代渤海地区海盐的生产技术,文献中并无直接记载,但《马可波罗行纪》中有一段关于河北地区盐业生产过程的描述:"取一种极咸之土,聚之为丘,泼水于上,俾浸至底,然后取此出土之水,置于大铁锅中煮之,煮后俟其冷,结而成盐,粒细而色白,运贩于附近诸州,因获大利。"〔1〕可见以锅煮盐是中国北方制盐的传统方法,这成为《张生煮海》故事创作的灵感来源。

在这出元杂剧中,张生煮海的地点在沙门岛。中国沿海各地叫沙门岛的地方很多,比如浙江温州就有一个沙门岛孤悬大海之中,而最著名的沙门岛位于渤海庙岛群岛当中。《张生煮海》故事发生地点的原型应是后者。据研究,这出元杂剧最初的故事雏形形成于宋代,遗憾的是现在宋代的剧本已不存了。宋代延续了五代十国时期的制度,将庙岛群岛当中的沙门岛作为重犯流放地。据《宋史·刑法志》记载,流配由重到轻分几个等级:"配隶,重者,沙门岛砦;其次,岭表;其次,三千里至邻州;其次,羁管;其次,迁乡。"刺配沙门岛是最严厉的惩处级别,岛上关押的通常是犯死罪而获减刑的重罪犯。据记载岛上罪犯始终徘徊在死亡线上,监押官随便找个借口就可以处死他们,甚至由于人犯数量激增,口粮不够,不仅有被活活饿死的犯人,还有被装进口袋直接扔到海里的。《水浒传》中就曾多次提到沙门岛。薛霸对卢俊义说得明白:"便到沙门岛,也是死,不如及早打发了你。"可见沙门岛就是个鬼门关。张生不畏暴戾的龙王,敢于为爱情对抗强权的精神包含有置之死地而后生的含义,将"沙门岛"这一"死地"设置为故事的背景恰有契合之处。

元代除了杂剧,诗词当中亦有对渤海描绘的作品。除了在上一章所提到的金元之际,全真道人马钰等人的作品外,元初诗人宋无的作品当中也存有一些关于渤海的诗文。其中《沙门岛》云:"积沙成岛浸苍空,古祀龙妃石崦东。亦有游人记曾到,去年今日此门中。"《莱州洋》云:"莱州洋内浪频高,碇铁千寻系不牢。传与海神休恣意,二三升水作波涛。"〔2〕元初的翰林侍读兼国子监祭酒张翥曾代皇帝前往直沽妈祖庙祭祀,写有《代祀天妃庙次直沽作》一诗:"晓日三叉口,连樯集万艘。普天均雨露,大海静波涛。入庙灵风肃,焚香瑞气高。使臣三奠毕,喜色满宫袍。"〔3〕该诗证明了元代妈祖信仰传入天津地区。元代诗人臧梦麟写有一首《直沽谣》,描写了从直沽入海的船工的辛酸:"杂遝东入海,归来几

---

〔1〕 [意]马可波罗著,冯承钧译:《马可波罗行纪》,上海书店,2001 年,第 319 页。

〔2〕 顾嗣立:《元诗选》,中华书局,1987 年,第 1297、1298 页。

〔3〕 乾隆《天津府志》卷三九。

人在。纷纷道路觅亨衢,笑我蓬门绝冠盖。虎不食堂上肉,狼不惊里中妇。风尘出门即险阻,何况茫茫海如许。去年吴人赴燕冀,北风吹人浪如砥。一时输粟得官归,杀马椎牛宴闾里。今年吴儿求高迁,复祷天妃上海船。北风吹儿堕黑水,始知滇渤皆墓田。劝君陆行莫忘莱州道,水行莫忘沙门岛。豺狼当路蛟龙争,宁论他人致身平。君不见,贾胡剖腹藏明珠,后来无人鉴覆车。明年五月南风起,犹有行人问直沽。"[1]

二、元朝渤海区域内的海神崇拜

元代渤海海域内的海神崇拜,尤其是妈祖崇拜呈现出进一步传播与发展的情况。这一时期的渤海海域内的海神崇拜都与元代的漕运有着密切的联系。

出于对海运的依赖,在海洋领域内有重要影响力的妈祖信仰受到元代政府的重视。最初,元代海运航线的开辟者认为,航线的开辟和历次调整都归功于妈祖的"护海运有奇应"。为了褒封妈祖的功劳,从至元三十年开辟第三条航线始,到至正二十三年元代最后一次海运岁粮止,对妈祖的遣使祭祀,《元史》上记载有多次。

除此之外,元代承袭宋代的做法,政府曾多次对妈祖进行加封,如至元十八年封"护国明著天妃",诏曰:"惟尔有神,保护海道。舟师漕运,恃神为命。威灵赫濯,应验昭彰。"至元二十六年加封"显佑",诏曰:"护岁漕而克有济,忠贞卫国,慈惠宁民。"大德三年加封"辅圣庇民",诏曰:"利涉洪波,显造化难名之德。"延祐元年加封"广济",诏曰:"当临危履险之际,有转祸为福之方。祥扬迭驭,曾闻瞬息。危樯出入,屡见神光。有感即通,无远弗届。顾东南之漕运,实左右之凭依。"天历二年加封"徽烈",诏曰:"在国尤资转运之功……惟漕运之艰,不有护持,曷臻浮达?"八月,祭直沽庙文曰:"国家以漕运为重事,海漕以神力为司命。今岁两运,咸藉匡扶,江海无风涛之虞,朝野有盈宁之庆。"[2]

除了对妈祖的多次加封,妈祖信仰的传播范围也由山东继续向北发展,到达今天的天津地区。天津当地有"先有天后宫,后有天津城"或"先有娘娘庙,后有天津卫"一说。这里所说的"天后宫"或"娘娘庙"便是妈祖庙。天津的妈祖庙始建于元代。史料载:"惟南海女神灵惠夫人,至元中,以护海运有奇应,加封天妃神号,积至十字,庙曰'灵慈'。直沽、平江、周泾、泉、福、兴化等处,皆有庙。皇庆以来,岁遣使赍香遍祭,金幡一合,银一铤,付平江官漕司及本府官,用柔毛酒

---

[1]　乾隆《天津府志》卷三九。
[2]　《天妃显圣录》,《台湾文献丛刊》本。

醴,便服行事。祝文云:'维年月日,皇帝特遣某官等,致祭于护国庇民广济福惠明著天妃。'"[1]由这段内容可知,元代北至天津亦流传有妈祖的信仰,并建有妈祖庙。

妈祖庙能够传至天津与海漕兴起密不可分。元延祐三年宋时所称的"直沽寨"被改为海津镇,从此,南北运河和海河交汇的三岔河口一带"舟车攸会,聚落始繁",日益兴盛。来自江南的船工抵达直沽上岸后都要"再请天妃下海船",就地祭祀,再求平安。因此直沽所设立的妈祖庙,完全是随海运而来,为海运而设。泰定三年(1326 年)为庇佑漕运,祭祀海神妈祖的天后宫打桩建立。天津的妈祖庙不止一座,大直沽和小直沽各有一座天后宫,俗称为"东庙"(大直沽妈祖庙)和"西庙"(小直沽妈祖庙)。天后宫建立后,如前所述,元代每年海漕顺利抵达直沽后,统治者也会遣使至直沽祭祀妈祖。在官方的祭祀之外,无论是北上抵港还是南下离港的船只,无论是船工、水工还是商贾、官吏,都要到此奉祀海神娘娘,或感恩酬谢天后一路保佑,平安抵达;或祈求保佑乘风破浪,一帆风顺。南北船只在此汇集,商品在此交换,集结的人群日渐增多。自此,三岔河口地区成为天津最早的居民聚落点,直至明永乐二年(1404 年)天津城才始建。因此天津的妈祖庙早于天津城建成(图五)。

元代统治者笃信佛教与道教,尤其是佛教更受朝廷的重视,所以妈祖信仰传入直沽之后,妈祖庙置于佛僧管理之下。根据元人危素的《河东大直沽天妃宫旧碑》的记载,元代天津大、小直沽两座妈祖庙,都由江南来的和尚做住持。在东庙住持圆寂之后,西庙的僧人福聚被请来继任。由于佛僧的管理,妈祖信仰逐渐与佛教文化相融合,这对妈祖文化的全面形成和发展具有重要意义。泰定年间,东庙失火,遂进行重新修缮。后来妈祖庙前不仅建观音堂,妈祖庙里妈祖像旁还多了其他四位娘娘——送子娘娘、子孙娘娘、眼光娘娘和癍疹娘娘。这四位娘娘被当地人认为是妈祖属下,分掌不同职权,也可视作妈祖的化身。四位娘娘中以送子娘娘和子孙娘娘最为重要,她们均由送子观音演化而来。天津人信奉观音,将妈祖和四位娘娘同时供奉体现了神权的完美结合。在众多的妇女信众中,她们崇拜的是妈祖与观音的结合体——一个更无所不能的妈祖。这标志着妈祖文化多元化的开端,具有重要意义。

除了具有广泛影响力的妈祖信仰,传统的岳镇海渎祭祀在元代也继续存在。《元史·祭祀志》有两条关于岳镇海渎的记载,一条题为"岳镇海渎",其实际内

---

[1] 《元史》卷七六《祭祀志》。

图五　天津所存元代始建的妈祖庙[1]

容为"岳镇海渎代祀",另一条题为"岳镇海渎常祀",即岳镇海渎所在地的地方
官每年前往举行的祭祀。根据《元史·祭祀志》的记载,对于东海神(即渤海海
神)的祭祀在般阳路莱州。多数情况下,有官府指定人员前往代祀。

---

[1]　引自李家璘《天津旧影》,人民美术出版社,2000年。

第七章　明朝时期的渤海

　　崛起于长江流域的朱元璋起义军,在元末群雄纷争的动荡时局中,纵横捭阖、浴血奋战,最终"由南而北"地混一中原,光复华夏,建立起中国历史上最后一个汉人王朝。起家于河湖沟汊密布的长江流域、惯习舟楫的大明肇造者朱元璋,不同于许多王朝的统治者,他给予了东南沿海地区以超乎寻常的重视,尽管这些政策有利有弊。综合看来,整个明朝时期,环渤海地区在政治、经济、社会、军事、文化等领域都在稳步发展。但无疑,政治性、军事性强是明代环渤海地区发展的一个典型特色。建国伊始,明朝政府便在山东、北直隶、辽东地区设置了诸多府、州、县及卫、所,它们在渤海沿岸星罗棋布,构成普通"行政区"与"军管型"政区并存的局面。此外,重视海防也是明代环渤海地区的一大特色,成为明朝迁都北京后,环渤海地区的中心任务之一。早在洪武时期,面对倭寇的入侵,朱元璋就采取了一系列措施,如设置起一系列海防卫所、巡检司,并建构起墩、堡、水城等海防设施,切实加强了当地的海防。朱棣迁都北京后,环渤海地区海防进一步发展,并在不同的时段呈现出不同的特色,这些都是前所未有的变化。此外,围绕着海防的发展,明朝政府在环渤海地区采取了一系列配套措施,如发展海运、厉行海禁等。与此同时,从明初开始,众多移民(既有海防移民,也有一般性移民)进入到环渤海地区,他们或戍守海疆、保国卫国,或开垦荒地、发展生产,与原住民一起用辛勤的双手共同促进了渤海沿岸地区的进一步开发,初步奠定了今天环渤海地区城市结构分布的雏形。这些都是明代渤海周边的新变化。

第一节　环渤海地区的行政
区划及形势

　　明代的环渤海地区,由南向北依次是山东布政使司的部分地区、北直隶、辽东都指挥使司部分地区。现将山东、北直隶、辽东三省沿海府、州、县及卫、所等，基本上按照由南向北的顺序加以胪列：

一、山东

山东之海，"自登、莱以南，接南直安东所界，环绕而北，接辽东、朝鲜之境，又西至济南府滨州东北，而北接北直盐山县界，凡千余里"，[1]海岸线较为绵长，濒海依次、交错分布有青、登、莱、济四府，分辖若干州、县。其由南及北顺序大体如下。

明代的青州府由南自北贯穿山东，其南部、北部均有沿海州县。据嘉靖《青州府志》记载："北海：按海一也，有东海、北海之名。今青州属县诸城东南近海，太公四履所谓'东至于海'是也。乐安、寿光北岸海，则《汉书》所谓'北海'也，古称曰'小海'，本谓之'渤海'，亦谓之曰'渤澥'，海别枝名也。"[2]由上可见，青州府南濒"东海"，北靠"渤海"，地理位置非常重要，是明代山东海防要地。关于明代青州府之海滨状况，该书也有记载："青郡为州县者十有四，而山居十三、水居十一，濒海斥卤之地又强半焉。"[3]青州府下辖濒临渤海的县有两个，即寿光、乐安。

寿光、乐安都濒临莱州湾，处于渤海湾内部，虽说海上形势并不险要，但海洋资源却比较丰富，尤以盐业为重。寿光县东北濒海，"海在县东北一百四十里。……泻土无毛，一望皆圹垠之野……刘《志》云：……背则少海环之，海之上斥卤圹莽，草木不生，越百余里之外方有村墟庐舍，非若蓬莱、胶、掖之海，依山阻陵，可以观眺也。然而盐灶渔网之利，实一方居民之所仰给"。[4]乐安县东北濒海，也是历史上重要的盐业产地，"此一海也，在昔则擅利鱼盐，而今也则濒海千里，一望崔茇，岂天地自然之利独盛于昔而啬于今耶？议者乃谓：国家设立盐课，贩禁太严，民不专利，故无所藉赖于海"。[5]由上可见，乐安海滨属斥卤之地，昔日当地民众多务煮盐，一度非常富饶。但在明代，政府限制煮盐，加之地方豪猾垄断盐利，导致该县濒海居民无从得利，故其沿海地区较为荒凉，出现了"濒海千里，一望崔茇"的局面。

---

　〔1〕（清）顾祖禹：《读史方舆纪要》卷三〇《山东》，中华书局，2007年。

　〔2〕（明）杜思修，冯惟讷纂：嘉靖《青州府志》卷六《地理志·山川》，《天一阁藏明代方志选刊》第41册，上海书店，1982年。

　〔3〕嘉靖《青州府志》卷六《地理志·山川》。

　〔4〕宋宪章修，邹允中、崔亦文纂：民国《寿光县志》卷二《疆域》，王椿《县令王椿寿潍疆记》，《中国地方志集成·山东府县志辑》第34册，凤凰出版社，2004年。

　〔5〕嘉靖《青州府志》卷六《地理志》。

　　明代的莱州府贯穿山东半岛南北。在明初,莱州府辖有后来归属登州府的
三个县。洪武九年,朱元璋出于抗倭考虑特建登州府,将莱州府属的文登、招远、
莱阳三县划归登州府,同时又将原属青州府的昌邑、即墨、高密三县划归莱州
府。[1] 此后,莱州府版图确定,迄明末未改。清人顾祖禹曾如是概括莱州府的
海防地位:"内屏青、齐,外控辽、碣,藉梯航之便,为震叠之资,足以威行海外,岂
惟岛屿之险足以自固乎哉?"[2] 可见,莱州府是环渤海地区海上形势比较险要
的一个地区。莱州府濒临渤海的县主要有掖县、昌邑、潍县。

　　掖县北濒海,是古代山东地区通往辽东、朝鲜的重要海道,"海,在海西北
二十里。道出辽东、朝鲜",[3]海上形势比较重要,"掖介山海之中,东南半壁
层峦叠嶂,洋洋渤海绕其西北,秦皇、汉武之踪迹在焉"。[4] 昌邑县北濒海,
"海,在县北五十里。有鱼儿浦巡检司,为濒海戍守处"。[5] "渤海,在县北五
十里,产鱼盐之利"。[6] 潍县北濒海,"海,县北八十里。东连昌邑,西接寿
光。海滨一带皆产盐地,地高水浅,海船不能入口,故有海无防"。[7] 由上可
见,莱州府濒临渤海之处,除掖县海上形势较为重要外,其余地区大多以鱼、盐
为重。

　　登州府设于洪武九年,据《明太祖实录》记载:洪武九年五月壬午,"改登州
为府,置蓬莱县。时上以登、莱二州皆濒大海,为高丽、日本往来要道,非建府治、
增兵卫不足以镇之。遂割莱州府文登、招远、莱阳三县益登州为府,置所属蓬莱
县,复以青州府之昌邑、即墨、高密三县补莱州府"。[8] 由此可见,登州府之设,
主要是朱元璋考虑到当时、当地特殊的海上形势,为了确保环渤海地区的海上安
全。登州府的海防地理位置非常重要,"三面距海,为京东扞屏。南走徐、扬,东
达辽左,水陆交会,比亦要冲之国也"。[9] 登州府主要濒临黄海,治下仅有蓬

　　〔1〕《明太祖实录》卷一〇六"洪武九年五月壬午"条。
　　〔2〕《读史方舆纪要》卷三六《山东》。
　　〔3〕《读史方舆纪要》卷三六《山东》。
　　〔4〕(清)张思勉修,于始瞻纂:乾隆《掖县志》卷首《序》,《中国地方志集成·山东府县志辑》
第45册。
　　〔5〕《读史方舆纪要》卷三六《山东》。
　　〔6〕(清)周来邰纂修:乾隆《昌邑县志》卷一《山川·渤海》,《中国地方志集成·山东府县志
辑》第39册。
　　〔7〕(清)张耀璧修,王诵芬纂:乾隆《潍县志》卷一《山川·海》,《中国地方志集成·山东府县
志辑》第40册。
　　〔8〕《明太祖实录》卷一〇六"洪武九年五月壬午"条。
　　〔9〕(明)陆钶等纂修:嘉靖《山东通志》卷七《形势》,《天一阁藏明代方志选刊续编》第51册,上
海书店出版社,1990年。

莱、黄县、招远县濒临渤海。

蓬莱县北濒渤海，"海，府北五里。又东西两面皆滨海，各去城三里许"。[1] 蓬莱的海上地位非常重要，"号称严邑，西枕群山，迤逦挺峙，北滨大海，波浪漾回，《通考》所谓东京之扞屏者"。[2] 黄县北濒海，"海，在县北。中有册屺岛、桑岛，皆屹峙海中"。[3] 海上形势比较重要，"县境形胜，面山负海"。[4] 招远县西北濒海。据道光《招远县续志》卷首《序》记载："我国家定鼎燕都，登当海道之冲，实为畿辅咽喉、东方保障，而西南联络群山，据险阻而通陆路者，即以招为门户"。[5]

除此之外，明代的济南府东北部濒临渤海，自东而西依次为滨州、利津、沾化、蒲台、海丰五州县。济南府属下的濒海州县，主要以经营渔、盐，或者贸易为主。利津县东北濒海，"海，县东北三十里。产盐，居民资其利"。[6] 蒲台县东北濒海，"海，县东北百四十里。海畔有沙阜，高一丈，周回三里，俗呼关口淀，旧为济水入海之处"。[7] 又据乾隆《蒲台县志》卷首引万历间何诗所撰《序言》云："蒲亦三齐海岱之间一附庸都会也，大清环其北，溟渤吞其东，西瞻古历，南引青□，□国最盛之遗风犹在焉"；卷首引李化龙所撰《序言》云："济南之属三十，蒲为小，方六七十者乎？然太公之所履也，秦皇之所陟也，其地近海，其土产盐，其民织啬而力农，其士劲特而勇于义，有泱泱大风之遗焉"。[8] 滨州东北濒海，"州滨海为险，鱼盐饶给，固景、沧之屏藩，连辽、碣之形援，盖海道之襟喉，三齐之户牖也"。[9] 沾化县东北濒海，据《读史方舆纪要》云："海，县东北六十里。滨海有富国、丰国、利国三镇，亦煮盐之所也。"[10] 海丰县东北濒海，据民国《无棣县志》云："海，县东北一百五十里。古云东海之别有渤澥，大海之支也。为鬲

〔1〕《读史方舆纪要》卷三六《山东》。

〔2〕（清）王文焘修，张本、葛元昶纂：道光《重修蓬莱县志》卷二《地理·山川》，《中国地方志集成·山东府县志辑》第50册。

〔3〕《读史方舆纪要》卷三六《山东》。

〔4〕（清）尹继美纂修：同治《黄县志》卷一《疆域志》，《中国地方志集成·山东府县志辑》第49册。

〔5〕（清）陈国器、边象曾修，李荫、路藻纂：道光《招远县续志》卷首《序》，《中国地方志集成·山东府县志辑》第47册。

〔6〕《读史方舆纪要》卷三一《山东》。

〔7〕《读史方舆纪要》卷三一《山东》。

〔8〕（清）严文典修，任相纂：乾隆《蒲台县志》卷首《邑志旧序》，《中国地方志集成·山东府县志辑》第28册。按：据嘉靖《山东通志》卷五《山川》记载济南府濒海州县时并未将蒲台算入，仅列"滨州""利津""沾化""海丰"。

〔9〕《读史方舆纪要》卷三一《山东》。

〔10〕《读史方舆纪要》卷三一《山东》。

津、马颊、钩盘、大沙诸河海口,东南至登莱,北抵天津,横渡山海关等处,可一帆而至。旧为运粮径道,商舶辐辏、轮船往来,沿海渔铺舟以千百计,鱼盐之利泛衍饶溢,民以滋殖焉。"〔1〕

二、北直隶

明代的北直隶为京畿要地,背山面海,"自山海关以南与辽东接界,天津卫以南与山东接界,皆大海也"。〔2〕沿海有河间、顺天、永平三府,辖有若干州、县。

河间府东濒海,关于该府之地理形胜,嘉靖《河间府志》记载为:"东濒沧海,西麓太行,北据三关,南面九河。"〔3〕盐山县东南濒海,据嘉靖《河间府志》记载:"东海在县东七十里,海潮朝夕所及,其土咸卤,可煮为盐。"〔4〕沧州东濒海,据《读史方舆纪要》记载:"海,在州东百八十里。东接登、莱,北连辽、碣,茫然巨浸。"〔5〕静海县东北濒海。据《读史方舆纪要》记载:"海在县东北百五十里。与山东、辽东接境,古名勃海。……《志》云:天津一隅,东南漕舶鳞集其下,去海不过百里,风帆驰骤,远自闽、浙,近自登、辽,皆旬日可达,控扼襟要,诚京师第一形胜处也。"〔6〕

此外,帝都所在的顺天府也有一部分濒临渤海,主要是宝坻、丰润。宝坻,据乾隆《宝坻县志》引旧序记载:"宝邑引漕河,滨大海,如带如砺,为股肱邑。"〔7〕丰润县濒海之地也比较少,且形势并不险要,袁黄《防倭二议》说:"如蓟州一镇,原无海,惟丰润有海岸四十里,又系梁城所旧辖,且无口,皆系浅滩、不能泊船者。"〔8〕

永平府位于北直隶东北部,地势险要,堪称京畿重镇,其幅员"东至山海,北至边墙,西至丰润县,南至大海",自永乐迁都以后,"兹地遂为畿辅望郡",其形势据弘治《永平府志》云:"密迩天府,实东北之藩篱,华夷之界限。"〔9〕又据陈循撰《重建永平府城楼记》记载:"太宗文皇帝建北京,以其畿内东藩,且为夷夏喉襟之地,

〔1〕　侯荫昌修,张方墀纂:民国《无棣县志》卷一《疆域·山川》,《中国地方志集成·山东府县志辑》第24册。

〔2〕　《读史方舆纪要》卷一〇《北直》。

〔3〕　(明)郜相修,贾深纂:嘉靖《河间府志》卷一《地理志·山川》,《天一阁藏明代方志选刊》第1册,上海古籍书店,1981年。

〔4〕　嘉靖《河间府志》卷一《地理志·山川》。

〔5〕　《读史方舆纪要》卷一三《北直》。

〔6〕　《读史方舆纪要》卷一三《北直》。

〔7〕　(清)洪肇懋修,蔡寅斗纂:乾隆《宝坻县志》卷首,《中国地方志集成·天津府县志辑》第4册,上海书店出版社,2004年。

〔8〕　(明)刘邦谟、王好善辑:《宝坻政书》卷一〇《防倭二议》,《北京图书馆古籍珍本丛刊》第48册,书目文献出版社,1998年。

〔9〕　(明)吴杰修,张廷纲、吴祺纂:弘治《永平府志》卷首《永平府修辑志书文移》、卷一《形胜》,《天一阁藏明代方志选刊续编》第3册,上海书店出版社,1990年。

朝鲜诸番朝贡必由之路,乃增置卢龙、东胜左二卫,所以控制守御乎一方者严矣"。[1]永平府属下的乐亭县南濒海,"海,县南三十里"。[2]滦州南濒海,据《读史方舆纪要》记载:"州控临疆索,翼蔽畿甸,负山滨海,称为形胜"。"海,州南百三十里。亦谓之潮河。海水荡潏,延漫百余里,即黑洋海口也。州境群川悉由此入海,南望天津,东望山海,为州境之巨防"。[3]昌黎县东南濒海,"北负碣石,南临沧海,险关控游徼之胜,边塞列重关之阻"。[4]卢龙为永平府附郭县,"海,府南百六十里,东入辽东,西趣直沽,南抵登、莱,风帆易达。中多岛屿,可以依阻,有事时出奇制胜之道也"。[5]抚宁县东南濒海,据《读史方舆纪要》记载:海在"县东南六十里。县介山海之间,地势完固,因置关以扼其要道。《志》云:'海自直沽、新桥、赤洋而来,势渐北转,抵辽境为登、莱、金、复一带海面。'"[6]据弘治《永平府志》记载:"东跨山海,西接滦江,镇山拥边徼之椎,沧海渺幅员之广。"[7]

三、辽东

明代的辽东地区比较特殊,其境内多为卫、所等军事建置,很少有州、县,是一个典型的"军管型"政区。关于辽东形胜,嘉靖《辽东志》中曾有一番形象描述:"辽地阻山带河,跨据之雄甲于诸镇,至我朝经制为详。盖北临朔漠,而辽海、三万、铁岭、沈阳,统于开原以遏其锋,南枕沧溟,而金、复、海、盖、旅顺诸军联属海滨以严守望,东西倚鸭绿、长城为固,而广宁、辽阳各屯重兵以镇,复以锦、义、宁远、前屯六卫,西翼广宁,增辽阳、东山诸堡以扼东建。烽堠星联,首发尾应,使西北诸夷不敢纵牧,东方赞琛联络道途,民得安稼穑饮食,以乐生送死,形胜之功巨矣"。[8]由此可见,明代的辽东地区北控蒙古、女真诸族,南遏可能出现的海上入侵势力,地理形势非常重要。明朝在辽东地区实行"军管型"统治,基本不设州、县,而是以卫、所等军事机构加以统治。由南往北、缘海而行,辽东地区的濒海卫所依次是:广宁前屯卫中前所、广宁前屯卫、广宁前屯卫中后所、宁远中右所、宁远卫、宁远中左所、广宁中屯所(广宁中屯卫中左所)、广宁中屯卫、广宁左屯卫、广宁左屯卫中左所、

〔1〕　弘治《永平府志》卷一〇《集文》陈循《重建永平府城楼记》。
〔2〕　《读史方舆纪要》卷一七《北直》。
〔3〕　《读史方舆纪要》卷一七《北直》。
〔4〕　弘治《永平府志》卷一《形胜》。
〔5〕　《读史方舆纪要》卷一七《北直》。
〔6〕　《读史方舆纪要》卷一七《北直》。
〔7〕　弘治《永平府志》卷一《形胜》,第58页。
〔8〕　(明)毕恭等修,任洛等重修:嘉靖《辽东志》卷一《地理志》,《辽海丛书》第1册,辽沈书社,1985年。

广宁右屯卫、海州卫、盖州卫、复州卫、金州卫。[1] 这些卫所构成了一条依渤海海岸而部署的锁链,直接起到了防御海上之敌的作用。

由上可见,从山东青州府日照县沿海岸线而上,至蓬莱入渤海区域,直至北直隶永平府的抚宁县,在渤海沿海地区分布着一系列府、州、县,它们有着或长或短、或险要或平静的海岸线。因为濒临大海,上述府、州、县成为从海上入侵之敌的目标,也是明朝政府加强沿海地区开发、进行海防建设的重要区域。有明一代,上述濒海地区的一些地方政府结合本地海防形势做了或多或少的努力,以提高这些地区的经济实力,并加强防御力量、抵御外敌入侵。在政府和当地民众的共同努力下,这些地区得到了最大程度的开发。

第二节　海禁政策的实施与渤海的寂静

洪武时期,朱元璋为防备张士诚、方国珍等沿海残余敌对势力的骚扰,并抵御倭寇侵袭,实行海禁政策。在环渤海地区尤其是山东濒海,海禁政策执行得比较严格,取得了一定的成效。后来,其继任者朱棣等继续执行海禁政策,为环渤海地区带来了安宁的同时,也影响了海洋经济的发展活力。

洪武四年十二月,朱元璋下诏,"仍禁濒海民不得私出海"。[2] 这是有关明代海禁政策的最早记载。其实,明代推行海禁政策应当早于此时,由上文的"仍"字可以推知,以前应当出台过此类禁令。只不过其执行与否及执行力度如何无从得知。此外,是月乙未,朱元璋谕大都督府臣:"朕以海道可通外邦,故尝禁其往来。近闻福建兴化卫指挥李兴、李春私遣人出海行贾,则滨海军卫岂无知彼所为者乎?苟不禁戒,则人皆惑利而陷于刑宪矣,尔其遣人谕之,有犯者论如律。"[3]由其中的"尝禁其往来""人皆惑利而陷于刑宪"也可以推知,洪武四年十二月之前朱元璋已经明确过海禁政策。[4] 洪武四年十二月,朱元璋再次以诏书的形式重新强调禁令,显示了朱元璋对海禁政策的重视。此后,明朝海禁政

---

[1]　赵树国:《明代北部海防体制研究》,山东人民出版社,2014 年,第 50—52 页。
[2]　《明太祖实录》卷七〇"洪武四年十二月丙戌"条。
[3]　《明太祖实录》卷七〇"洪武四年十二月乙未"条。
[4]　关于这一点,有学者也注意到。范中义、杨金森《中国海防史》:"朱元璋实行海禁政策开始的时间是在洪武四年以前,因在洪武四年的两条禁令中一个用'仍禁',一个用'尝禁'。"(海洋出版社,2005 年,第 80 页)

策日趋严格。

后来,明朝政府又陆续颁布了几次禁海令。如洪武十四年十月,朱元璋下令,"禁濒海民私通海外诸国"。[1] 洪武三十年四月,又"申禁人民,无得擅出海与外国互市"。[2] 总体上说,洪武时期的禁海令主要有两个特点:

其一,朝廷重视程度高。终洪武一朝,朱元璋前后至少七次明确颁布禁海令,频率颇高;此外,禁海令内容越来越详细,由原先笼统的"禁濒海民不得私出海",到后来禁止出海捕鱼、贸易。如洪武五年九月前,朱元璋下令户部,"石陇、定海旧设宣课司,以有渔舟出海故也,今既有禁,宜罢之,无为民患"。[3] 洪武十七年正月,"命信国公汤和巡视浙江、福建沿海城池,禁民入海捕鱼,以防倭故也"。[4] 对于从事贸易的禁令也很严格,洪武二十三年十月,"诏户部申严交通外番之禁。上以中国金、银、铜、钱、段匹、兵器等物,自前代以来不许出番,今两广、浙江、福建愚民无知,往往交通外番,私易货物,故严禁之。沿海军民官司纵令私相交易者,悉治以罪"。[5] 洪武二十七年正月,"禁民间用番香、番货。先是,上以海外诸夷多诈,绝其往来,唯琉球、真腊、暹罗许入贡,而缘海之人往往私下诸番,贸易香货,因诱蛮夷为盗,命礼部严禁绝之,敢有私下诸番互市者,必置之重法。凡番香、番货皆不许贩鬻;其见有者,限以三月销尽。民间祷祀,止用松柏枫桃诸香,违者罪之。其两广所产香木听土人自用,亦不许越岭货卖,盖虑其杂市番香,故并及之"。[6]

其二,海禁范围较广,但有所侧重。洪武时期海禁涉及范围较广,纵观洪武朝禁海令,朝廷不但禁止沿海居民出海,对沿海卫所官军也有限制。不过,洪武时期的禁令显然也有一定的侧重性。首先,侧重经济。由以上禁海令来看,除去笼统的"禁民出海"及禁止捕鱼外,大多数禁令是针对东南沿海贸易的,如禁止走私金、银、铜、钱、段匹、兵器等物,禁用番香、番货,禁止与外国互市等。这些禁令主要侧重于经济。其次,以东南沿海为重点。纵观洪武朝的禁海令,尤其是洪武后期所颁布者,主要针对沿海贸易,而沿海贸易的繁盛地区主要是东南沿海的浙江、福建、广东。此外,朱元璋之所以实行海禁,还有一个重要原因,那就是"海滨之人,多连结岛夷为盗,故禁出海"。此处的"海滨之人",主要是指张士

〔1〕《明太祖实录》卷一三九"洪武十四年十月己巳"条。
〔2〕《明太祖实录》卷二五二"洪武三十年四月乙酉"条。
〔3〕《明太祖实录》卷七六"洪武五年九月己未"条。
〔4〕《明太祖实录》卷一五九"洪武十七年正月壬戌"条。
〔5〕《明太祖实录》卷二〇五"洪武二十三年十月乙酉"条。
〔6〕《明太祖实录》卷二三一"洪武二十七年正月甲寅"条。

诚、方国珍余部,据郑晓《吾学编·四夷考》记载:"初,方国珍据温、台、处,张士诚据宁、绍、杭、嘉、苏、松、通、泰诸郡,皆在海上。方、张既降灭,诸贼强豪者悉航海,纠岛倭入寇。以故洪武中倭数掠海上。"[1] 还有沿海海盗,"海盗张阿马引倭夷入寇,官军击斩之。阿马者,台州黄岩县无赖民,常潜入倭国,导其群党至海边剽掠,边海之人甚患之……遂获阿马斩之"。[2] 此处的阿马即是海禁所防之海盗。江浙、福建等地是海患频发地带,所以江、浙以南是洪武时期海禁的重点区域。

应当说,洪武时期的海禁政策是较为全面的,并不仅限于东南沿海,在山东等地也得到了认真贯彻。如洪武五年,朱元璋在给高丽国的赐书中说道:"去年姓洪的海面上坏了船只。见海上难过,有许多艰难,与恁船只脚力,教恁官人每往登州过海,三个日头过的。今后不要海里来。我如今静海,有如海里来呵,我不答应。恁如海里来的廉干好秀才吏员,着小船上送将来,我便答应。不要贪的来。今后其余的海里,不要通连。"[3] 由此可见,朱元璋的海禁政策不仅实行于东南沿海,山东等地也在禁止之列。而且,禁海令不光禁止本国军民出海,也禁止外国人进入。

此外,为有效防御倭寇,北部沿海有些地区还实行过迁海,即将沿海岛屿中的居民迁往内地。如洪武二十五年八月,山东宁海州莒岛民刘兴等诣阙诉:"旧所居地平衍,有田千五百余亩,民七十余户,以耕渔为业。近因倭寇扰边,边将徙兴等于岛外,给与山地,硗瘠不堪耕种,且去海甚远,渔无所得,不能自给,又无以供赋税,愿复居莒岛为便。诏许之。"[4] 即为一例。此外,又如文登县刘公岛,"有田可耕,多林木",为威海东南屏障,"旧有辛、汪二里,明初魏国公徐辉祖徙居民于近郭";[5] 胶州黄岛,"在州东南六十里海中,旧有居民,后因倭寇,其地遂墟"。[6] 由此可见,明朝政府在北部沿海的山东一带还一度实行过迁海政策。

永乐时期,朱棣仍然坚持朱元璋的海禁措施,在此后的相当长的时间里,明朝的皇帝们大都秉持这一国策,直到明朝后期"隆庆开海"之前。朱棣即位之

〔1〕 (明)郑晓:《吾学编·四夷考》,《北京图书馆古籍珍本丛刊》第12册,书目文献出版社,1998年。

〔2〕《明太祖实录》卷二一一"洪武二十四年八月癸酉"条。

〔3〕 吴晗:《朝鲜李朝实录中的中国史料》第1册,中华书局,1980年,第31、32页。

〔4〕《明太祖实录》卷二二〇"洪武二十五年八月己巳"条。又据光绪《增修登州府志》卷三《山川》记载:宁海州养马岛,"岛中多古墓,洪武间因倭患徙其民,墓遂为人盗发"。按:莒岛即养马岛。

〔5〕 光绪《增修登州府志》卷三《山川》。(明)李兆先修、焦希程纂嘉靖《宁海州志》卷上《地理》:"刘公岛:岛中多林木,四、五月间,舟人入采之,旧有辛、汪二里居民,国初魏国公徐达徙之,今其遗址尚存。"《天一阁藏明代方志选刊续编》第57册,上海书店出版社,1990年。

〔6〕《读史方舆纪要》卷三六《山东·莱州府》。又据顾炎武《肇域志·山东·莱州府·胶州》记载:"黄岛……地势平敞,旧有居民,因倭寇迁入,遗址尚存。"(《续修四库全书》第589册)

初,就下令:"缘海军民人等,近年以来,往往私自下番,交通外国,今后不许。所司一遵洪武事例禁治。"〔1〕永乐二年(1404年)正月,朱棣得知福建沿海居民"私载海船,交通外国,因而为寇"的事情后,再次重申:"禁民下海……禁民间海船。原有海船者,悉改为平头船,所在有司防其出入。"〔2〕由上可见,朱棣登基伊始也是坚持海禁政策的。不过,朱棣对于海禁的坚持似乎没有朱元璋严格,自从永乐二年之后,他便不再颁布禁海令,这与朱元璋不同。另外,他在登上皇位后对于海洋产生了浓厚的兴趣,曾经先后六次派遣郑和下西洋,创下了中国航海史上的一个壮举。

宣德以后,明朝政府仍坚持海禁政策。不过,禁海令的颁布主要是针对东南沿海地区,环渤海地区似乎并不在其视阈内。如宣德十年(1435年)七月,有人上奏指出:"豪顽之徒私造船下海捕鱼者,恐引倭寇登岸。"行在户部借此上言:"今海道正欲提备,宜敕浙江三司,谕沿海卫所,严为禁约,敢有私捕及故容者,悉治其罪。"〔3〕据此可知,在这一时期,海禁仍是朝廷的基本国策,连下海捕鱼都属于被禁止的范围。景泰三年(1452年)六月,"命刑部出榜,禁约福建沿海居民,毋得收贩中国货物,置造军器,驾海交通琉球国,招引为寇"。〔4〕这一次颁布禁令主要是针对东南的福建沿海。天顺三年(1459年)七月,"禁浙江并直隶缘海卫军民不许私造大船,纠集人众携军器下海为盗,敢有违者,正犯处以极刑,家属发戍边卫",〔5〕这次又是主要针对浙江沿海。由上可见,明朝的海禁政策主要是针对东南沿海的浙江、福建、广东等地,这主要是因为当地具有浓厚的航海传统和冒险精神,而地处环渤海的辽东、北直隶、山东等地,要么滨海地区人烟稀少、经济萎靡,要么缺乏优良港口不适合航海,要么缺乏海上冒险精神,航海兴趣并不浓厚,所以不值得大张旗鼓地、有针对性地进行查禁。

应当说,仅就海防角度而言,海禁政策的实行确实在一定程度上减轻了倭患。有学者曾对此加以论述。〔6〕我们认为:就防倭而言,海禁政策对东南沿海的作用较之北部沿海要更大一些。东南沿海为张士诚、方国珍余部活跃地区,禁海可以有效地切断其与内陆亲属之间的联系。此外,东南沿海地区相对较为富庶,倭寇入侵可以获得充分补给。而北部沿海则与张、方势力联系较少,且沿海

〔1〕《明太宗实录》卷一〇上"洪武三十五年七月壬午"条。
〔2〕《明太宗实录》卷二七"永乐二年正月辛酉"条。
〔3〕《明英宗实录》卷七"宣德十年七月己丑"条。
〔4〕《明英宗实录》卷二一七"景泰三年六月辛巳"条。
〔5〕《明英宗实录》卷三〇五"天顺三年七月辛巳"条。
〔6〕范中义、杨金森:《中国海防史》,海洋出版社,2005年,第82页。

地区较为贫瘠。因此,北部沿海禁海的迫切性不如东南沿海。不过,仅就战术角度而言,禁海仍不失为一种有效的防御手段,虽失于消极,却较为有效。

第三节　环渤海的移民迁徙与定居

元朝末年,天灾人祸接连不断,以致民不聊生,最终酿成了一场规模空前的农民大起义。在数十年的时间里,黄河上下,大江南北,群雄并起,纷争不断,无数生灵惨遭涂炭。地处环渤海地区的今山东、河北、天津、辽宁地区,在这场战争中也遭受重创。尤其是山东、河北一带成为农民起义军与元朝交锋的重要战场,兵锋所至,民不聊生。明朝建立后,朱元璋实行安养生息政策,以恢复经济、发展生产,移民就是其中的一项重要措施。不过好景不长,朱元璋去世后不久,燕王朱棣便发动了靖难之役,南、北双方在河北、山东等地又进行了三四年的残酷战争,再度重创当地社会经济。朱棣登基后,为了医治战争创伤,再度推行移民政策。就这样,在明初的洪武、永乐时期,大量外地居民被迁徙到环渤海地区。与此同时,随着明初军事布防的调整,还有一大批军事移民移居此地。这些移民后来大都扎根于环渤海地区,他们兢兢业业、勤勤恳恳,对当地的国防安全、经济开发、文化建设等做出了积极贡献。明代环渤海地区的移民状况大致如下:

一、山东地区

经过元末明初的战乱,山东大地经济残破,民生凋敝,尤其是人口数量锐减。如明初人高巍曾经在上疏中指出:“臣观河南、山东、北平数千里沃壤之土,自兵燹以来,尽化为榛莽之墟。土著之民流离军伍,不存十一。地广民稀,开辟无方。”[1]恰如其分地反映了当时的社会现实。在后来的靖难之役中,山东西部地区又成为南北双方厮杀的主要阵地,人口损失惨重。为此,洪武、永乐时期,明朝政府向山东进行了大规模的移民,涉及渤海沿岸的主要有以下地区:

（一）济南一带

为恢复和发展山东经济,明朝洪武年间和永乐年间,政府组织将大量的外地

---

〔1〕 （明）宋端仪:《立斋闲录》卷一,转引自葛剑雄《简明中国移民史》,福建人民出版社,1993年,第380页。

移民移入济南府。关于济南府的移民，虽然官修史书中记载甚少，但地方志和民间文书以及墓志中却有不少资料，可资佐证。有学者根据地方志和碑刻文献，断定"济南（范围大体上同今天的济南市）一带居民多数是从山西迁来，至今民间父老口耳相传，多说自己祖先是从所谓'山西洪洞老鸹窝发迁来的'"。[1] 这也有其他史料可以佐证，如清代历城人周彤桂，就是洪洞移民后裔，其先世有名德祜者，明永乐间自山西洪洞迁历城之朱官庄。[2] 阳信县温店镇庆云赵村，由赵姓建村，名为赵家，元末明初之际，屡遭兵祸，独赵元贞一家幸存。永乐二年，赵养川兄弟从山西洪洞老鸹窝迁入。永乐末年，该村划归庆云县管辖，故称为"庆云赵"。[3] 他们均认为迁自山西洪洞大槐树。

其实，直到现在大部分山东人仍认为自己是洪洞移民的后代。有一首在黄淮流域广泛流行的一首歌谣，其歌词是："问我祖先何处来，山西洪洞大槐树；祖先故居叫什么，大槐树下老鹳窝。"其实洪洞移民，只是明清以降华北一带相传的传说，[4]事实上山东地区的洪洞移民主要集中于鲁西南和鲁西北，并非济南府所有的移民均来自山西洪洞。据历城、章丘一带的许多碑刻、墓志记载，不少家族的祖先是从河北枣强迁入的。明代著名文学家李开先就曾经说过，"章人由枣强徙居者，十常其九"。[5] 蒲松龄也认为，鲁中的淄川一带"乡中则迁自枣、冀者，盖十室而八九焉"。[6] 考诸《历城县志》，发现历城、邹平的枣强移民比比皆是：

> 江浚，字子泉。其先枣强人，有名湖者，迁于城西门外，方水而居，人谓之"江家池"。
>
> 赵应奎，字子征。其先枣强人。明初有赵十四者，徙历城，五传至强，为应奎父。
>
> 张九贤……其先枣强人，迁于县东雁山，数传至九贤。[7]

---

〔1〕　济南市社会科学研究所：《济南简史》，齐鲁书社，1986年，第225页。

〔2〕　毛承霖：民国《续修历城县志》卷四四《列传·一行》，民国十五年历城县志局铅印本。

〔3〕　滨县地名委员会：《山东省滨县地名志》（内部资料），1984年。转引自刘德增《山东移民史》，山东人民出版社，2011年，第221页。

〔4〕　赵世瑜：《祖先记忆、家园象征与族群历史——山西洪洞大槐树传说解析》，《历史研究》2006年第1期。

〔5〕　（明）李开先：《李开先全集》之《闲居集》卷七，文化艺术出版社，2004年。

〔6〕　（清）蒲松龄：《蒲松龄全集》，齐鲁书社，1998年，第1030页。

〔7〕　（清）胡德琳修，李文藻纂：乾隆《历城县志》卷三七《列传》，清乾隆三十八年刻本。

孙建宗,字毓祺。其先自枣强迁于县。[1]

王诏,字孟宣。其先枣强人,洪武初,徙县中。

许邦才,字殿卿。其先枣强人,五世祖伯成迁于县。[2]

韩刚,字克柔。其先枣强人,迁历城,数传至刚。[3]

尹济源,字东沈,号竹农,先世由枣强迁历城。[4]

由此可见,枣强移民是明初济南府迁入居民的主要组成部分之一,枣强移民主要居住于济南府北部、东北部和青州府的北部地区。如长山县吴氏家族,自从明代由河北枣强迁至长山后,世代经营菜园,相沿三百余年,虽然屡经析产、转售,但直到康熙年间还有菜地五十余亩,"皆以种菜为业"。[5] 再如滨州段李乡洛王家,原名为"骆驼王",元末明初战乱,村民被杀绝。明代,有戴姓兄弟三人从河北枣强迁来,一在利津建"东戴"村,一在今滨城堡集建"后戴"村,一在此建村,因地势低洼易涝,取名"涝洼家",后因字音不祥,取谐音改名为"洛王家"。[6] 当然,这一移民过程并非仅存在于明代,元代就已零星出现,据道光《章丘县志》记载:李四,原籍枣强,元时迁章丘新城镇,[7]此即一例。

此外,明朝实行的卫所制度也是一种变相移民形式。洪武九年,明朝政府于德州设卫,于德州境内设 42 屯,与德州民地接壤,另设 14 屯,散出东昌府境。这 42 屯士兵及其家属,从人数上绝对超过了民籍人口,恰巧是民籍土著与移民人口的三倍,达到 4 620 户,13 680 人。[8] 如历城人李愚山,始祖在明时为世袭指挥,籍济南。[9] 王见宾,先世为淮之安东人,明初从军徙济南,遂隶济南卫。[10] 刘信,枣强人,明初从军,积功至武略将军、武功中尉,世袭千户,以官籍

―――――――――――

〔1〕 乾隆《历城县志》卷三八《列传》。

〔2〕 乾隆《历城县志》卷四〇《列传》。

〔3〕 乾隆《历城县志》卷四三《列传·一行》。

〔4〕 民国《续修历城县志》卷三九《列传》。

〔5〕 (清)倪企望修,钟廷英、徐果行纂:嘉庆《长山县志》卷一二《艺文志》,清嘉庆六年刻本。

〔6〕 滨县地名委员会:《山东省滨县地名志》(内部资料),1984 年。转引自刘德增《山东移民史》,第 220、221 页。

〔7〕 (清)吴章修,曹楙坚纂:道光《章丘县志》卷一五《轶事志》,清道光十三年刻本。

〔8〕 葛剑雄:《中国移民史·明代卷》,福建人民出版社,1997 年,第 204、205 页。

〔9〕 民国《续修历城县志》卷四四《列传·一行》。

〔10〕 道光《济南府志》卷四九《明人物·历城》。

迁邹平。[1] 王刚,长清人,以祖龙从太祖克汴梁,累建奇功,世袭济南卫中所正千户,遂占籍。[2] 陈志,先世宿松人,明初以千户官德州,遂家焉。[3] 江洽,先世江南丹徒籍,明初以军功授指挥,迁德州世袭职。[4] 由此可见,军屯也是明初济南府移民的重要形式。不过,这批移民在"靖难之役"中遭受巨大创伤,因此永乐年间,明朝政府又大量向德州移民,并且又设立了德州左卫,其屯田遍布鲁西北的东昌府、济南府境内。

当然,还有其他原因造成的移民,如乔岱,其先世栖霞人,为躲避元末战火,迁居章丘。[5] 又如滨州小唐乡于家湾村,元兵与明军鏖战,一户于姓人家逃到村前的苇塘中避难。兵燹之后,遂于此建村,取名"于家湾"。阳信县鹁鸽李乡王博士村,元末明初战乱,村民逃匿,社会安定后,又返回乡里。[6] 金世臣,德州卫人,先世籍浙之余姚,明初家于德。[7] 赵元爵,字苍儒,先世潍县人,明初景祥始迁德州。[8] 这种移民只占少数。

总起来说,明代济南府的移民,大多集中于洪武、永乐年间,这与当时的形势息息相关。这一时期大量移民的迁入,极大地促进了济南经济的恢复和发展。他们积极垦荒屯田,农业经济得到了较快的发展。洪武二十五年,后军都督府都督金事李恪、徐礼报告:彰德、卫辉、广平、大名、东昌、开封、怀庆七府移民598户,"计今年所收谷粟麦三百余万石,棉花千一百八十万三千余斤,见种麦苗万二千一百八十余顷。上甚喜曰:'如此十年,吾民之贫者少矣。'"[9]在大量移民和当地居民的共同开发、经营下,济南及山东濒海地区社会经济迅速恢复,经济实力逐步强盛起来。

(二) 青州府

明代青州府北濒渤海,乐安、寿光二县濒海,附郭县益都距海也不远,明初这一地区也有大量的移民涌入。明初寿光的移民,以洪洞大槐树、河北枣强居多。

---

〔1〕 道光《济南府志》卷五〇《明人物·邹平》。
〔2〕 道光《济南府志》卷五二《明人物·长清》。
〔3〕 道光《济南府志》卷五二《明人物·德州》。
〔4〕 道光《济南府志》卷五六《国朝人物·德州》。
〔5〕 道光《济南府志》卷四九《明人物·章邱》。
〔6〕 滨县地名委员会:《山东省滨县地名志》(内部资料),1984年。转引自刘德增《山东移民史》,第220、221页。
〔7〕 道光《济南府志》卷五二《明人物·德州》。
〔8〕 道光《济南府志》卷五六《国朝人物·德州》。
〔9〕 《明太祖实录》卷二二三"洪武二十五年十二月辛未"条。

据刘德增统计：今寿光市共有自然村落 958 个，洪洞"大槐树"移民村落 245 个，占村落总数的 25.57%；建置于洪武年间者多达 158 个，占洪洞"大槐树"移民村落总数的 64.49%。如圣城街道办事处父子侯村，有侯姓父子二人从山西洪洞县迁此建村，取名"父子侯"；稻田镇董家稻庄，洪武二年，董明星从山西洪洞县迁此建村，村落毗邻稻庄，遂名"董家稻庄"；田马镇灶户村，洪武二年，孙姓从山西洪洞迁寿光北部，以熬盐为生，名曰"灶户"。后因海潮侵袭，南迁至此建村。[1] 此外，寿光的枣强移民也非常多，今寿光有自然村落 958 个，其中枣强移民村落 154 个，占村落总数的 16.08%。寿光的枣强移民村落绝大多数建置在洪武、永乐两朝，建置于洪武年间者 89 个，永乐年间者 36 个，尤以洪武二年居多。诸如：圣城街道办事处梨园村，洪武二年，张伯顺从河北枣强迁此建村，村西有一沟，形似木犁，遂以"犁眼"名村，后演变为"梨园"；田柳镇刘佳桥村，洪武二年，刘姓从河北枣强迁此建村，村北卧龙河上有一桥，遂名"刘家桥"；纪台镇刘家官庄，洪武二年，李子初从河北枣强迁此建村，取名"李家官庄"。[2] 青州（今山东青州市，原名益都）是山东历史最为久远的地区之一，曾经长期作为山东的政治、经济、文化中心，历史悠久。据统计，青州市有 1 153 个自然村落，其中洪洞大槐树移民村落 152 个，占村落总数的 13.18%，洪武年间建置的有 81 个，占青州洪洞大槐树移民村落总数的 53.29%。如益都县张家河村，洪武八年，张姓从山西洪洞迁青州北关，再迁此建村，因地处南阳河畔，遂名"张家河"；谭坊镇北傅村，洪武初年，傅姓从山西洪洞迁此建村，取名"傅家庄"。万历年间，万姓在傅家庄南建村，取名"南傅"，傅家庄改名"北傅"。庙子镇小牟家庄，洪武八年，牟姓从山西洪洞迁此建村。村北有个"大白崖村"，遂名"小白崖"，后牟姓居多，改为"小牟家庄"。[3] 与此同时，青州市内枣强移民所占比重与洪洞移民相去不大，有移民村落 153 个，占村落总数的 13.27%，绝大多数建于洪武时期，如益都县西店村，洪武二年，李姓从直隶真定府枣强县师友村迁居益都马驿店。雍正年间建满洲旗城，村在城西，遂改为"西店"。益都镇房家庄，明初，房姓从直隶真定府枣强县铁佛寺迁此建村，取名"房家庄"。弥河镇大张冀村，洪武四年，刘姓从河北省枣强县隋河刘村迁此建村。相传此村为韩信驻军竖旗之处，遂名"大张旗"，后来演变为"大张冀"。[4]

由上可见，明代青州府益都县、寿光县的移民主要发生于明初，特别是洪武

〔1〕 刘德增：《山东移民史》，第 246、247 页。
〔2〕 刘德增：《山东移民史》，第 260 页。
〔3〕 青州市地名委员会办公室：《青州市地名志》，天津人民出版社，1992 年。
〔4〕 青州市地名委员会办公室：《青州市地名志》。

时期,移民主要来源于传说中的山西洪洞、河北枣强。

(三)莱州府、登州府

地处胶东半岛的莱州府、登州府,一直以来人口相对稀少,故而在明朝初年也接收了大量的外地移民。这些移民来源地相对复杂,既有与上述山东中、西部的青州府、济南府相同的洪洞移民、枣强移民,同时又有一些不同之处,如相传有来自"云南"等地的移民。

在明代,登、莱二府南、北濒海,不过多处黄海沿岸,只有北部的一段地区面临渤海,而靠近渤海的主要是莱州府的昌邑、潍县、掖县和登州府的福山、蓬莱等地。这几个地方的移民与中、西部比较起来有很大的不同,在传统移民之外,还有大量的军户移民。明朝洪武年间,朱元璋大力加强山东沿海防御力量,陆续设立了一系列海防卫所,这样一部分军事移民便因此而迁至山东沿海,以下仅以潍县为例,略作说明。民国《潍县志稿》卷一二《民社·氏族》中详细记载了辖区内诸多氏族的源流,其中多有来自云南乌撒卫者,如:"田氏:一族始祖陌,明洪武初由云南乌撒卫迁潍县贾庄。""李氏:一族始祖栖梧,明洪武二年由云南乌撒卫迁潍县韩尔庄李家。一族始祖安,明洪武中由云南乌撒卫迁潍县。一族始祖世永、世英二人,明洪武中由云南乌撒卫迁潍县李家庄……"等。关于民国《潍县志稿》中所见云南乌撒卫移民,刘德增已经做了详细梳理,兹不赘述。[1] 事实上,根据民国《潍县志稿》卷一二《民社·氏族》的记载,潍县移民除去来自乌撒卫者,还有不少来自其他地方,如有迁自河北者,"王氏:一族始祖成文,明洪武四年由北直隶枣强县迁潍县枣林庄","一族始祖孝,明洪武中由北直隶枣强县迁潍县牛埠庄";"一族始祖子成,明洪武四年由北直隶沧州迁潍县王家柳沟庄"。当然为数众多的还是自称迁自山西洪洞者,仅就王姓而言,就有诸多宗支,"一族,明洪武初由山西洪洞县迁潍县","一族,明洪武初由山西洪洞县迁潍县烽台庄","一族,明洪武初由山西洪洞县迁潍县王家屯庄","一族始祖奎,明洪武初由山西洪洞县迁潍县眉村,是为八甲王氏"等,不一而足。

关于明初莱州府、登州府移民比例状况,曹树基有过推测。关于莱州府,他认为:"根据万历《莱州府志》卷三的记载,该府洪武二十四年有人口76万。北部的潍县、昌邑、平度和掖县有人口共40万人,除去外迁人口,仅有人口28万左右。洪武年间莱州府有军籍移民4.3万,设其中3万军籍移民在北部(主要是屯种),北部共有人口约31万,其中38%左右为移民,则有移民人口11.8万。其

---

[1]　刘德增:《山东移民史》,第298、299页。

中 3 万为军籍移民,民籍移民约 8.8 万。以潍县和昌邑县各类移民的比例均值作为莱州府各类移民的比例进行推算,知山西移民约有 6 万,河北移民约 1.8 万,云南、四川移民合计为 2.7 万,来自江苏的移民仅 0.2 万,其余移民约 0.4 万。云南、四川移民多为军籍移民。"[1]关于登州府,他认为:"洪武年间登州府人口约为 73 万,其中西部的莱阳县人口有 23.3 万。其余西部和中部的招远、黄县、蓬莱及栖霞共有人口约 33.3 万。登州西部和中部的各县拥有该府人口的大多数,达到 56.6 万。又假定其中有 30%左右的人口外迁,约有人口为 40 万。洪武年间登州府有军籍移民 4.2 万,又假定其中一半军人及家属居住于上述五县,登州府的西北部有人口约为 42 万。其中 44%为移民,就有移民人口约 18.5 万。按照上述各县的情况作一粗略的统计,在这 18.5 万移民中,山西移民约占 64%,有人口约 11.8 万;四川、云南移民约占 35%,有人口约 6.5 万。"[2]由曹树基的研究可见,这一时期、这一地区移民来源多元而具体,其中军户甚多,故称之为"胶东半岛上的军人世界"也不为过。

二、河北

洪武大移民结束后,经历元末战火涂炭的地方逐渐显露生机,荒野得以开辟,往日的残垣断壁也重新出现了生机。但对于河北来说,战争并没有真正远去,不久后,一场叔侄之间的惨烈厮杀又在这片土地上展开。这场历时四年的"靖难之役"对河北地区的摧残极重,如据民国《盐山新志》记载:"燕军之战德州,攻济南,纵横出没,惟天津以南,济南以北,被祸为最酷。"[3]比如河北沧州,就因抗拒朱棣而遭遇燕军的报复性屠杀,"建文以盛庸驻德州,吴杰、平安守定州,徐凯、陶铭筑沧州,互相犄角以窥燕。……燕兵四面攻之(沧州)……生擒凯等,余众悉降。燕将谭渊尽坑杀之,沧城由是破废。后乃移治长芦。沧城距盐山今治仅五十里,其时沧、盐居民争起义以抗燕军,燕军恨之,遂赤其地,畿南兵祸之惨,遂为亘古所仅见"[4]。在这种背景下,大量迁徙民众便成为明朝政府安定这一地区社会秩序、发展当地经济所必不可少的举措。

明代河北濒海地区的移民中,既有军事性移民,也有一般性移民。如永平府,该府位于北京东北部,燕山山麓东侧、渤海西侧,战略位置非常重要,其辖区

〔1〕 葛剑雄:《中国移民史·明代卷》,第 201、202 页。
〔2〕 葛剑雄:《中国移民史·明代卷》,第 202 页。
〔3〕 孙毓琇修,贾恩绂纂:民国《盐山新志》卷二八《故实略·兵事篇》,《中国方志丛书》,成文出版社,1966 年。
〔4〕 民国《盐山新志》卷二八《故实略·兵事篇》。

内的山海关号称"天下第一关",是控扼华北与东北的咽喉。该府在洪武时期的移民,主要是将关外民众迁入,如洪武六年,"冬十二月,元兵攻瑞州,诏罢瑞州,迁其民于滦州",[1] 这次迁徙规模不小,曹树基估计有 3 万人之多。[2] 实际上,这种整体性迁徙的移民方式并不多见,当为明初朱元璋应对元朝残余势力而将塞外人口迁入内地的权宜之计。除此之外,永平府还有诸多军卫,如永平卫、山海卫等,所以也有大量的军事移民迁入。此外,朱棣在靖难之役胜利后,还迁徙一部分罪人充实北平及附近府,如永乐元年八月,有一批来自全国各地的罪犯和家属被迁入顺天、永平二府。[3] 直到永乐十年,还陆续有罪犯及其家属被迁徙到该地区,其中"越诉虽得实而据律当笞者免罪"发良乡、涿州、昌平、武清为民,而"诬告犯徒流笞杖者亦免罪"发配至卢龙、山海、永平及小兴州等地为民,不过人数不详,[4] 估计应该不会很多。永乐时期,这一地区再度接收大量移民,如滦州,据万历《滦县志·世编》记载:永乐"二年编社屯,革除时州民为辽军残破,至是土民复业,江淮迁民亦至,始以土民编社,迁民编屯,社四十有一,屯二十有六;(乐亭)县社十有八,屯九",其中提到来自江淮地区的移民。另外,康熙《永平府志·风俗》中也提到一批来自南方的移民,说道:"永平因靖难为东兵残伤,而四郊半墟,召南方殷实户就荒地而栖止,谓之屯,如古之移宽乡意也。"曹树基认为此处的"南方"是相对于永平府的地理位置而言。实际上,永平府的移民中来自山东者占有很大比例。[5]

这一时期河北濒海地区移民还有来自江南者,如河北丰润,据康熙《丰润县志·里社论》记载:"明永乐二年始编社屯。改革之后,人民鲜少,地广不治,招集流亡复业,并迁江、淮、浙江、江右之民实边,乃以土民编社,迁民编屯。"由此可见,当时迁徙民众的范围很广。此外,这一地区还有大量的山东移民,曹树基经过统计后,认为这些来"自山东的移民当年极可能是军屯的士兵"。[6]

三、天津

天津是兴起于明代的一个城市,其兴建及初步发展与明朝的军事性移民有直接关系。天津的地理形势非常重要,"东临海,西临河,南通漕粟,北近上都。

---

〔1〕 袁荣修,张凤翔、刘祖培纂:《滦县志》卷一六《故事·纪事》,民国二十六年铅印本。
〔2〕 葛剑雄:《中国移民史·明代卷》,第 225 页。
〔3〕 《明太宗实录》卷二二"永乐元年八月己巳"条。
〔4〕 《明太宗实录》卷一二四"永乐十年壬子"条。
〔5〕 葛剑雄:《中国移民史·明代卷》,第 342 页。
〔6〕 葛剑雄:《中国移民史·明代卷》,第 337 页。

武备不可一日弛也"。[1] 朱棣取得靖难之役的胜利后,着意于加强对北方地区的控制,于是陆续设立了天津三卫,是为天津的第一次军事性移民。天津三卫的修建主要是在永乐初年。先是永乐二年十一月己未,"设天津卫。上以直沽海运商舶往来之冲,宜设军为卫,且海口田土膏腴,命调缘海诸卫军士屯守"。[2]十二月丙子,又"设天津左卫"。[3] 永乐四年十一月甲子,"改青州右卫为天津右卫"。[4] 至此,天津设卫过程结束。在这个过程中,大量的军事移民迁入天津,据高艳林先生推测,天津三卫人数大致为 40 760—59 733 人之间。[5]

天津是京师的海上门户,海防地位非常重要。有明一代,明朝政府不断调兵驻守,不少军事移民陆续到天津。如明朝中后期,卫、所已经逐渐不能适应军事形势的需要,又出现了海防营。尤其是万历援朝御倭战争前后,设在天津的就有天津海防营、天津水陆海防营。前者因倭警从万历十九年(1591 年)开始驻防于天津,计有左营兵士 3 000 名、右营兵士 2 992 名,合计 5 992 名。[6] 同为防御倭患,万历二十五年,明朝政府又特设天津水陆海防营,于葛沽驻扎,共有兵士5 000 余人。至万历三十四年时,又因倭患宁息,裁汰官兵,仅存一营,共 2 503人。[7] 这也是为数不少的一批军事性移民。

援朝御倭战争胜利后,天津兵员陆续调离或裁撤。明清之际,女真势力崛起于东北,对天津等地造成了严重的军事威胁,明朝政府不得不再次调兵。这次调兵主要是征集本地兵员(主兵)和调拨外地兵员(客兵),其中主兵有标兵营2 174 员名、正兵营 2 173 员名、选锋营 1 287 员名、内丁营 240 员名、镇海营 2 851员名、外加官丁 85 员名,合计 8 810 员名,后来又裁撤、逃亡 2 027 员名,计实有6 783 员名。[8] 而客兵也人数不少,其中河南兵 2 304 人、山东毛兵 1 833 人、扬州兵 316 人、江南兵 471 人。[9] 天津地区再度聚集起数量庞大的兵员,其中有些客兵携家带口居住于天津,而主兵中又有不少是从天津周边地区如河间府等

〔1〕 (明)李邦华:《文水李忠肃先生集》卷三《抚津荼言》之《修造城垣疏》,清乾隆七年徐大坤刻本。

〔2〕 《明太宗实录》卷三六"永乐二年十一月己未"条。

〔3〕 《明太宗实录》卷三七"永乐二年十二月丙子"条。

〔4〕 《明太宗实录》卷六一"永乐四年十一月甲子"条。

〔5〕 高艳林:《天津人口研究(1404—1949)》,天津人民出版社,2002 年,第 8 页。

〔6〕 (明)杜应芳修,陈士彦纂:万历《河间府志》卷六《武备志》之《天津卫志》,明万历四十三年刻本。转引自高艳林《天津人口研究(1404—1949)》,天津人民出版社,2002 年,第 13 页。

〔7〕 万历《河间府志》卷六《武备志》之《葛沽兵志》。

〔8〕 (明)毕自严:《饷抚疏草》卷六《津门新兵归并营伍疏》,《四库禁毁书丛刊》本,北京出版社,2001 年。

〔9〕 (明)毕自严:《饷抚疏草》卷二《津兵征调已多营制澄汰已定疏》。

地招募而来,他们后来多住于天津。

除此之外,明代天津还有不少一般性移民,高艳林在《天津人口研究(1404—1949)》一书中作了细致研究,从中可见,在天津的一般性移民中,既有永乐年间燕王扫北时移居于此的一些被俘人员和部分随军士兵,也有河北、河南、山西、山东等处的移民,以及部分商人、匠人、手工业者。[1]

由上可见,明代天津移民以卫所、海防营等军事性移民为主。除此之外,随着经济的开发,周边省份、府县的居民也有移入者,尤其是明朝中后期,随着天津漕运经济的发达,稍远地区的一些商人、手工业者也移入天津,这为天津城市的发展奠定了初步的基础。

四、辽宁

明代的辽东是一个军人的世界。朱元璋建立明朝后,一开始并没有迅速控制辽东,而是有一个循序渐进的推进过程。洪武四年,元辽阳行省平章刘益遣使归降,朱元璋设置辽东卫指挥使司,以刘益为指挥同知。同年五月,刘益被叛将杀害,朱元璋命马云、叶旺从山东渡海征辽,陆续建立起对辽东的"军管型"统治。

明朝政府在辽东地区移民的过程,也就是其军事扩张的一个过程,对此毕恭在为《辽东志》所作序言中有所叙述,兹录于下:

> 自金州而抵辽阳,设定辽都卫。继而,分设定辽左等五卫,并东宁卫,金、复、盖、海四卫于沿边,已而改设都指挥使司而统属之,招降纳附,开拓疆宇。复于辽北分设沈阳、铁岭、三万、辽海四卫,于开原等处西抵山海,分设广宁及左右中卫、义州、宁远、广宁左右中前后五屯卫于沿边,星分棋布,塞冲据险,且守且耕,东逾鸭绿而控朝鲜,西接山海而拱京畿,南跨溟渤而连青冀,北越辽河而亘沙漠。又东北至奴儿干,涉海有吉列迷诸种部落。[2]

就这样,明朝政府陆续在辽东地区建立起一系列卫、所,其中辽南沿海也有不少,构建起一道完整的海防防线。辽南沿海地区的这些军事性海防移民,主要职责为防护海疆,他们为辽东海疆的安定做出了积极的贡献,其中尤以永乐年间取得的望海埚大捷影响最大。

---

[1]　高艳林:《天津人口研究(1404—1949)》,第14—21页。
[2]　《辽东志序》,《辽海丛书》本。

总体而言,明代环渤海地区出现了一个旷日持久且规模较大的移民潮,其中既有一般性移民,如在山东北部及河北南部地区,这些移民对当地的经济开发做出了积极的贡献。同时,与明朝政府推行的军事政策相呼应,该地区出现了大量的军事性移民,如辽东、天津、河北北部、山东东部,这些军事性移民的迁入,加强了当地的海防力量,随着时间的推移,他们逐渐融入当地社会,为当地经济的发展做出了积极的贡献。[1]

第四节　环渤海地区的海洋经济

有明一代,辛勤的渤海周边民众不断开发沿海地区、海岛以及海洋,使得当地经济状况不断得到改善。这一时期,环渤海地区在农业开发缓慢进行的同时,传统的盐业、渔业等领域都取得了较好的成绩。

一、农业

由于特殊的自然地理原因,渤海周边地区盐碱地较多,自然环境相对较差,所以发展农业经济的条件并不理想。历代史书中关于沿海遍地“斥卤”的记载不绝于书,明人刘应节在《赠韩鉴奏免东郡养马序》中说道:“青登莱者,山海之国,地多砂砾,不堪牧种……西府地熟多荒少,东府地熟少荒多。”[2]《明世宗实录》中也记载了这种状况:“济、兖迤东并青、登、莱三府,负山滨海,其民以沙矿、鱼盐为利,惰窳不耕,蒿莱满野。”[3] 由此可见,直到明朝中后期山东滨海地区的农业开发仍不尽如人意。其实,不仅山东沿海,河北、天津等地也存在这种状况。如万历年间宝坻知县袁黄便说,“本邑滨海一带,皆为盐卤之地,弃而不耕,荒芜弥目”。[4] 又如河北山海关一带,史书说“山海土瘠狭多寒,无嘉生农产以厚我民”。[5] 就上引史料可见,渤海周边地区的农业条件相对而言较为单薄,这从根本上制约了当地农业的发展。

中国是一个传统的农业社会,历朝统治者都重视农业,明朝统治者也不例

---

〔1〕 本节在撰写中参考了葛剑雄主编《中国移民史·明代卷》、刘德增《山东移民史》、高艳林《天津人口研究(1404—1949)》等著作,特此说明,并致谢忱!

〔2〕 (清)严有禧修纂:乾隆《莱州府志》卷一四《艺文》刘应节《赠韩鉴奏免东郡养马序》,清乾隆五年刻本。

〔3〕 《明世宗实录》卷九八“嘉靖八年二月癸未”条。

〔4〕 《劝农书·地利》。

〔5〕 (明)詹荣纂修:嘉靖《山海关志》卷一《土产》,嘉靖十四年刻本。

外。明朝的开国皇帝朱元璋就非常重视农业发展,在王朝肇造之初便推行安养生息政策,以促进农业发展。同时,朱元璋及其后继者的海禁政策在客观上也起到了将沿海居民束缚于土地上的作用。所以,尽管渤海沿海地区农业条件并不优越,但在国家政策的驱动下也有一定的发展。

渤海海滨盐碱地较多,"济南府的武定州、滨州、沽化,青州府的乐安、寿光,莱州府的潍县、昌邑、平度、掖县等地是濒海盐碱地的集中分布地区"。[1] 如何改良土地,使其更适应于农业发展,成为当时一个非常重要的问题。其中,推广稻作不失为一条好的路子。明代的渤海周边出现了一些稻产区。如鲁北博兴县水源充足,县丞郑安国"建地漏引水灌田,招南民十余人教民种稻"。[2] 济南周边地区,据许成名《大小清河记》载:明成化年间,朝廷疏浚大小清河,历城县"得湖田数百顷,历城之有稻实自兹始",成为山东著名的稻产区。嘉靖《章丘县志·物产》记载,"稻之种四:香粳稻、白粱稻、赤粱稻、糯稻",至迟在嘉靖时期,章丘稻作已经较为发达,种类相当齐全。明末清初,章丘成为著名的稻作区。据成书于明末清初、以济南地区为叙述背景的世情小说《醒世姻缘传》记载:"割完了麦,水地里要急忙种稻。""(举人宗昭)他父亲把几亩水田典了与人。""(张氏妯娌)自己也有二亩多的稻地,遇着收成,一年也有二石大米;两个媳妇自己上碾,碾得那米极其精细,单与翁婆食用。""(狄希陈)火急般粜了十六石绝细的稻米,得了三十二两银子。"[3] 此处的"水地""水田"即为稻田,也称"稻池"。以上四段描述,除第一段是概述外,下边三段人物身份各不相同,分别为士子、平民、富户,他们都有稻田,这说明在自然条件便利的地区,稻作已经非常普遍。该书在描述秋收景象时曾作《西江月》一首,其中有"鱼蟹肥甜刚稻熟,床头新酒才堪漉"[4] 的句子,俨然一幅江南秋收的图景。如胶东沿海地区,万历年间,登州府福山县知县宋大奎治理县城外的清、洋二河,根据河流形势,"开渠筑堰",辟水田千余亩,使得沿河斥卤之地,"渐成膏腴"。[5] 实际上,明代山东濒海地区的治理还是比较成功的,有学者指出"由于采取了换土与灌水洗盐等标本兼治的办法,确实取得了一些成绩。滨州地区盐碱耕地在当地耕地中的比例甚至达到了23.1%,其中还包括部分被改良利用的死碱地。阳信地区对死碱地的改良

〔1〕 李令福:《明清山东盐碱土的分布及其改良利用》,《中国历史地理论丛》1994 年第 4 期。
〔2〕 (清)周壬福修,李同纂:道光《重修博兴县志》卷一〇《宦迹·郑安国传》,清道光二十年刻本。
〔3〕 (清)西周生:《醒世姻缘传》,齐鲁书社,1980 年。
〔4〕 (清)西周生:《醒世姻缘传》。
〔5〕 万历《福山县志》卷一《地理志·水利》。

利用同样取得了一定进展"。[1]

再如天津一带,明代稻种也已经推广。但明初至中期,水稻在天津种植规模一直不是很大,明代中后期官方和民间不断地开发水利营田,水稻开始逐渐在天津普及并广泛种植。较早在天津推行水稻种植是在万历年间,"时顺天府臣张国彦、道臣顾养谦方有事于兴水田,行之蓟州、玉田、丰润而效,于是荐贞明,召还为尚宝丞"。[2] 万历十三年,徐贞明在京东推行水田,持续不到一年时间,开垦成熟地39 000余亩。万历十四年正月,因宦官向皇帝进言水田不便而停止。其后,万历十五年至二十年袁黄为宝坻县令,他以个人之力在宝坻推行水田种稻并取得了一定的成效,"葫芦窝四十三顷系马房地,已申请巡青衙门每亩一分起科矣……典史谭华于近城洼地为民所弃者皆开为水田,收谷甚佳,乃知北地原宜稻,北人不知其利耳"。[3] 袁黄对发展水田很有一套经验,在其所著《劝农书》中《田制》记载了其学习南方水田技术治理沿海田地的"围田"法:"随地形势,四面各筑大岸以障水,中间又为小岸。或外水高而内水不得出则车而出之,以是常稔而不荒。"这种做法旱涝保收,适合改造宝坻的洼地,是一种成功的经验。袁黄本欲在宝坻继续多开辟水田,后因调任而作罢。对天津地区水田开发做出较大贡献的还有汪应蛟。万历二十九年,汪应蛟在天津大力开展水利营田活动,当年开"葛沽、白塘二处耕种共五千余亩,内稻二千亩,其粪多力勤者亩收四五石。余三千亩或种蔔豆,或旱稻。蔔豆得水灌溉,粪多者亦亩收一二石,惟旱稻竟以碱立槁"。[4] 汪应蛟在天津开种屯田内有水田共约8 000亩。汪应蛟在天津推广水稻对后世产生了很大的影响,其所开葛沽等处水田,逐渐发展为天津重要的水稻产区。《明史·左光斗传》中曾经引用邹元标之言:"三十年前都人不知稻草何物,今所在皆稻,种水田利也。"[5]不过,明代天津地区的水田开垦、种植等政策缺乏恒定性,往往因守土之人不同而或支持或罢斥,没有持之以恒地发展下去。不过,明末天津水田的大量开发仍是当地农业发展中一个值得注意的现象。

渤海周边民众还采取其他措施开发沿海土地,如山东北部濒海地区滨州等地因地制宜地种植了果树等经济作物。为了改变当地土壤湿下的环境,隆庆、万

〔1〕 成淑君:《明代山东农业开发研究》,齐鲁书社,2006年,第151、152页。
〔2〕 (明)孙承泽:《天府广记》卷三六,北京古籍出版社,1984年。
〔3〕 (明)袁黄:《两行斋集》卷九《尺牍·答张杨村书》,《袁了凡文集》第11册,线装书局,2007年。
〔4〕 (明)汪应蛟:《抚畿奏疏》卷八《海滨屯田试有成效疏》,《续修四库全书》本。
〔5〕 《明史》卷二四四《左光斗传》。

历年间,滨州地区针对当地环境"濒海,地在洼下,每遇淫雨连绵,积水停留,耕稼田亩尽为淹没"[1]的状况,进行了系统地整治,通过挑浚沟渠,疏通水道,将多余的水引入大清河,导之入海,解决了沿海低洼地区的水患。在这些地区,人们比较重视经济作物如果树、棉花等的种植。如光绪九年《利津文征》中引用明朝人胡宣《东津述怀》诗:"东津古渤海,独枕海东隅。路僻人稀到,天寒物未苏。……鱼盐饶地利,桑枣了官租。"另外,《朱太复文集·海上秋日漫诗三十首》中也描述道:"碛里潦收后,田家秋熟时。木棉吹白雪,枣实落胭脂。"[2]鲁北滨海地区经济作物的种植,在一定程度上为当地农业经济的发展注入了新的活力。

尽管明代环渤海地区的农业经济也取得了一定的成效,但总体而言,较之于内陆地区仍有一些差距,如直到明朝晚期,沈一贯在上疏中仍然说道:"该省六府,大抵地广民稀,而迤东海上尤多抛荒。"[3]此外,明末天津垦荒虽有一定的成绩,但却缺乏恒定性,断断续续,所垦荒地往往接着便被抛荒,这也从根本上影响了农业经济的发展。

二、渔业

在渤海周边地区,农业仅为当地民众谋生的一个来源而已。除此之外,面对浩瀚的大海,人们还有其他谋生之计,如从事捕捞等。由于海洋资源较为丰富,海洋渔业在渤海周边民众的经济生活中占据了非常重要的地位。如明代的莱州府,"男通鱼盐之利,女有织纺之业",[4]济南府,"南阻泰山,北襟勃海,擅鱼盐之利"。[5]天津卫以东濒海地区的人们,"乐于应兵□,以打鱼为计,自己田地弃不力作"。[6]

渤海中海产品资源非常丰富,海产品的种类比较多。在明代,沿海居民捕捞的主要对象是海藻、虾、蟹、贝以及种类繁多的海鱼。如对海菜的采集、利用,据明人张志聪《本草崇原·海藻》记载:"海藻生东海岛中,今登、莱诸处海中皆有,黑色如乱发,海人以绳系腰,没水取之。"再如采集虾蟹、贝类等,《古今图书集成·职方典·济南府部》中记载了鲁北沾化县民众采集蛤蜊的情景:"蛤蜊桥在

---

〔1〕 (清)李熙龄纂修:咸丰《滨州志》卷一一《艺文》阎司讲《重疏蓇子沟详文》,清咸丰十年刻本。

〔2〕 以上内容参考了王赛时《山东沿海开发史》(齐鲁书社,2005年,第253、254页),特此说明。

〔3〕 《敬事草》卷三《垦田东省疏》。

〔4〕 (明)龙文明修,赵燿、董基纂:万历《莱州府志》卷三《风俗》,民国二十八年铅印本。

〔5〕 《读史方舆纪要》卷三一《山东·济南府》。

〔6〕 《天津卫屯垦条款》,《北京图书馆古籍珍本丛刊》第47册,书目文献出版社,1998年。

劳盐滩北,蛤蜊活物,大者如盘盂,岁积聚于此,横数尺,亘三二里,行人往来其上,俨然一桥也,故名。岁饥,居近桥者割而食之,足以卒岁。"又如白蚬,据嘉靖《河间府志·风土志·土产》记载:"白蚬,海边人挹沙取之。"除此之外,还有一些珍贵的海产品,如鳆鱼、海参等。谢肇淛在《五杂俎》中对产自辽东的鳆鱼、海参等推崇备至,说道:"昔人以闽荔枝、蛎房、子鱼、紫菜为四美……子鱼、紫菜海滨常品,不足为奇。尚未及辽东之海参、鳆鱼耳。"[1]又如银鱼也是本地区的著名特产。据杨强统计,明清时期,本区盛产银鱼的地方有:复县、盖平、锦县、安东三道沟、临榆、抚宁、昌黎、乐亭千金社、宝坻、昌邑等。[2]

除去以上诸多品种的海货外,数量较大的还是海洋鱼类。渤海中丰富的海洋资源为渔场的形成奠定了基础,明代渤海海域的渔场主要有七里海、绿洋沟等。据弘治《永平府志·山川》记载:"七里海,在昌黎县东南三十里。源自弋海,宽广七里,延三十里,或深或浅,有鱼菱,滨海之民衣食赖焉。"乐亭县的绿洋沟也是个比较大的渔场,据《读史方舆纪要》记载:"沟去岸二十里,遥亘如带,中多鳞介之利。"此外,辽南金州卫附近的岛屿,也是产鱼之地。据《读史方舆纪要》记载:"卫境凡七十二岛,罗列海滨,居民往往渔佃于此。"还有一些季节性的鱼类聚集地,据《古今图书集成·济南府部》"沾化县条"记载:"浑水汪在降河直东,每年小满后鱼大至,渔舟集此地者不下千艘,然多燕赵客,六十日鱼去即止,俗名海秋。是年得鱼则曰收海。"

这时,渤海地区人们的捕鱼技术也在不断进步。《古今图书集成·济南府部》"沾化县条"记述了置网捕鱼之事,"抢网铺在海之阳,距久山河八里,潮前置标布网,潮至,网在水中,当自得鱼,潮落取之。复置网如故",说的是在潮水上涨之前将网布置于海中,等潮落时拦网捕鱼的一种方法。此外,驾舟入海捕捞是当时沿海渔民常用的方式,如据《明英宗实录》记载:"青、登、莱三府有渔舟,方春而渔,及夏则止。"[3]顾炎武在《天下郡国利病书·山东篇》中谈到了沾化县渔民入海捕鱼的情况:"濒海之民夏泛舟入海捕鱼虾……举网得鱼者如农有秋,曰秋海。"实际上,掌握鱼类繁衍的基本规律,在鱼虾丰收之际出海是沿海渔民捕鱼的一种惯用方式,《古今图书集成·职方典·登州府部》记载:"四民之外,渔者为最,或以舟,或以筏,清明试海,小满止焉。余则暇时即钓,惟秋冬之间得鱼味美,而所获不多。郡城海口多石,有流网、旋网,间亦钓于中流,无分土著。

---

[1] 《五杂俎》卷九《物部》。

[2] 杨强:《北洋之利:古代渤黄海区域的海洋经济》,江苏高校出版社,2005年,第147页。

[3] 《明英宗实录》卷九○"正统七年三月己巳"条。

属县海口有沙多无石,用拨网、重网,几联绝流而渔。"

沿海之地多贫瘠,农业生产发展受到限制,而海洋又有丰富的渔业资源,这就使得渔业成为沿海人们谋生的重要手段。曾经担任过明代吏部尚书的杨巍曾写过一首名为《海》的诗以描述家乡民众的生计,写道:"仲尼欲浮海,而我居海边。海中有大鱼,岸上有薄田。种田须荷锄,捕鱼还刺船。农夫与渔父,相见复可怜。"从杨巍的诗中,我们可以看出,在明朝后期,鲁北沿海的无棣一带,从事海洋捕捞业已经是沿海民众谋生的一种手段,几于可与沿海农业平分秋色。谢肇淛在《入无棣》一诗中也写道:"风雪逢人少,鱼盐近海多。"印证了鲁北一带渔业经济的发展。

随着海洋渔业的发展,海产品也逐渐影响到周边民众的生活,如小说《醒世姻缘传》中狄婆子说道:"我吃不惯这海鱼,我只说咱这湖里的鲜鱼中吃。"〔1〕万历年间阳信知县朱长春也作《海鲜小诗》说道:"二月海飞雨,海人出市鲜。银鱼分白小,文蛤漾清圆。暂益春庖美,添思香味变。"〔2〕

不过,明朝政府的海禁政策对沿海渔业的发展也有阻碍。明代海禁主要有两个时期,第一个时期是明初,第二个时期是嘉靖时期。前一个时期影响不大,康熙《永平府志》曾说:"其时巡检能行其法,自逋成私盐外,缉捕严而民无外寇,渔七里之海、石臼之坨者,未尝有严禁而乐其生矣。"〔3〕看似海禁,实际上并没有严格执行。但嘉靖时期的海禁却对渔业产生了一定的影响,嘉靖《山海关志》描述了当时山海关地区,"古称滨海擅鱼盐,据今渔乏舟网,商绝水运,故寡获而售艰矣",〔4〕这种海禁极大地影响了沿海民众的生计。

三、盐业

一提到海,鱼、盐总是相提并论,尤其是渤海,历来是中国著名的盐场。早在春秋时期,管仲就曾以"鱼盐之利"为基础辅佐齐桓公夺得春秋首霸。后来,渤海沿岸一直是中央政府倚重的盐场。

明朝初年,朝廷为加强对盐业的控制,在全国的主要产盐区设官管理,以控制盐业的生产和流通。据《明史》卷八〇《食货·盐法》记载,当时在全国设立了六个都转运盐使司,其中渤海地区有长芦、山东两处。此外,在辽东还设立了辽

〔1〕 (清)西周生:《醒世姻缘传》。
〔2〕 《朱太复文集》卷一三。
〔3〕 (清)路遵修,宋琬纂,常文魁续修:康熙《永平府志》卷五《风俗·海》,康熙二年修十八年续修刻本。
〔4〕 嘉靖《山海关志》卷一《土产·鳞介类》。

海煎盐提举司,至正统六年裁撤,职权并入辽东都指挥使司。[1] 除了都转运盐使司外,还设有同知、副判,下设分司,如长芦下辖沧州、青州二分司,管辖自山海关至山东利津县的渤海沿岸地区,山东下辖胶莱、滨乐二分司,管辖利津以东至山东南部的渤海、黄海沿岸地区。由上可见,明朝政府对环渤海地区的海盐生产非常重视,设立了周密、完备的管理机构。

以上这些盐业管理机构又各下辖诸多盐场,如长芦盐区有 24 个盐场,每个盐场设立盐课司,分别是:洛丰场、海润场、阜民场、利国场、益民场、海阜场、海丰场、阜财场、富民场、润国场、深州海盈场、利民场,隶属于沧州分司管辖,又有归化场、越支场、严镇场、惠民场、兴国场、富国场、芦台场、丰财场、三汊沽场、石碑场、济民场、厚财场,隶属于青州分司。有明一代,盐场的数目前后有过变化,但大致相差不多。明朝政府设置盐场的目的在于督促、管理盐户生产,以保证盐税。明代环渤海地区盐场的规模非常大,万历《永平府志》记载了几个盐场的规模:济民场,"南滨海,西跨运河连越支,延亘百三十五里";石碑场,"南临海,东接乐亭界之石阁,北跨永平之南河,西抵刘家河与济民接壤,广百七十里"。[2] 由此可见,明代渤海周边的盐场规模非常可观。

明代渤海盐业经济的发展,还体现在制盐技术的不断提高,煎盐法、晒盐法两种技术同时都有运用。如明代山东地区就煎盐来说主要有两种做法,一是"灰压法取卤煎盐",这是将稻麦草灰平铺于地,以其灰吸收地表盐分的一种方法。另外一种是"刮土法取卤煎盐",具体可分为取卤、淋卤、煎制三个环节。[3] 煎盐法在明代的河北、山东一带是比较流行的。嘉靖《山东通志》说道:"盐出胶莱近海之地,今胶莱滨乐间设灶户,取碱淋卤,蒸火煮釜而盐成。"[4] 章潢《图书编·长芦煎盐源委》中详细记载了煎盐的流程,兹录于下:"南有利民等八场,北有严镇等一十二场,产盐出于煎煮而成。每灶十丁伙,置浅锅一面,阔五尺,深垛在滩。二、三、四月,天道晴明,将滩内碱土黑色者用耙或锄铲浮在地,晒干刮土入池,以水浸之,淋卤流入池内。陆续舀入浅锅内,发火烧煎,随干随添,盐至满锅方止,约可得盐二十斗,每次为用三日。"当然,随着技术交流的增加和民众生活水平提高的要求,明代这一地区也开始采用晒盐法。晒盐之法始自明代中叶,相传为福建人所传授,据汪砢玉《古今鲑略·山东盐志》记载:"海丰等场,产盐

---

[1]《明英宗实录》卷八二"正统六年七月己未"条。

[2]（明）徐准修,涂国柱纂:万历《永平府志》卷三《政事志·盐法·郡四场》,万历二十七年刻本。

[3] 纪丽珍:《明清山东盐业研究》,齐鲁书社,2009 年,第 52—55 页。

[4] 嘉靖《山东通志》卷八《物产》。

出自海水滩晒而成。彼处有大口河一道,其源出于海,分为五派,列于海丰、深州海盈二场之间,河身通东南而远去。先年有福建一人来传此水可以晒盐,令灶户高淳等于河边挑修一池,隔为大中小三段,次第浇水于段内晒之,浃辰则水干,盐结如冰。"这种生产盐的方式,使得生产工序得以简化,成本也大为降低,提高了生产效益。后来,其他灶户见晒盐之法更省时省力,于是纷纷学习、采纳。这样,晒盐法逐渐在山东等地流行开来,出现了一些经营规模巨大的盐业从业者,如高登,据《明世宗实录》记载:嘉靖元年,直隶巡按卢琼上奏,"长芦运司所辖有海滩六十余里,布散海丰、海盈二场之间,向为灶民高登等买占,共立滩地四百二十七处,通计每年所得盐利十万余引"。[1]

盐是重要的物资,其销售由国家严格控制。在明朝前期,沿海制盐业完全操控于官方手中,灶户按照丁口计课,必须完成国家规定的产额,国家则给予相应的工本和米钞,完成盐课后的余盐也要交给国家,灶户不能私自支配。一开始,国家对灶户相对优待,虽然控制严格,但灶户的生活待遇尚可。但随着沿海经济的发展,这种统得太死的食盐生产体制逐渐显露弊端,灶户不能自由作业,有时盐生产得太多造成积压,有时又无盐可收。所以,政府后来也采取了变通措施,据《皇明世法录·盐法·山东》记载:宣德五年,"山东信阳等场盐课,每二大引折阔白绵布一匹,运司委官总催运赴登州交收,备辽东支用",后来适用的盐场不断增多。到弘治时期,朝廷又对高家港、涛雒、富国等盐场征收白银,再往后,征收白银的盐场又越来越多。以银两代替实物,直接增加了明朝政府的财政收入,不过在客观上减轻了对灶户的人身束缚,弱化了政府对盐业生产的控制。

总体而言,盐税仍是明朝政府最为重要的财政来源,明朝户部尚书李汝华曾说:"国家财赋,所称盐法居半者,盖岁计所入止四百万,半属民赋,其半则取给于盐策。"[2]由此推论,渤海周边的盐场为明朝政府的财政收入做出了重大的贡献。

四、造船业

明代渤海周边的造船业并不是很发达,在很长的时间里一直没有很大的进展。明朝初年,由登州转运辽东是一条重要的海上运输通道。为此,明朝政府在登州地区保持了一支规模较大的船队,是为登州卫船队。永乐十三年,明朝政府

---

〔1〕《明世宗实录》卷二一"嘉靖元年十二月辛未"条。
〔2〕《春明梦余录》卷三五《户部·盐法》。

废止海运，"增造浅船三千余只，一年四次，从里运河转漕，遂罢海运"。[1]　此后，大规模的海运废止，登州卫船队却仍然得到保留，"犹用之以输辽东之花布，以备倭夷之侵扰"。[2]

但是，随着大规模海运的停止，山东等地的战船数量也逐渐减少。据《龙江船厂志》载："登州卫，每年装送花布钞锭，原设海船一百只，正统间，止存三十一只。"[3]又载："登州卫海船，原设一百只。正统十三年，减免八十二只，止造一十八只。岁拨五只，装运青、登、莱三府花布、钞锭一十二万余匹、斤，前去辽东赏军；余船湾泊海滨，以备海寇。"弘治十六年（1503年），因山东巡抚奏，又"减四只。其十四只分派湖广、江西各四只，就彼成造；浙江、福建各三只，每只解银五千两，赴部买料成造"。正德四年（1509年），明朝政府下令，登州卫遭风暴毁坏的船只不再打造，"为遭风损坏官船事，题准不必打造。今后各布政司，每三年征价解部，三府花布准收折色"。但是正德五年，却又因户部上奏，而"仍复打造"。不过时间不长，到嘉靖三年（1524年），户部尚书上奏指出："海船之设，本为装运花布、防御海寇，今花布已收折色，若资此以为战舰，恐遇风则奔驰莫止，临阵则重大难旋。"嘉靖皇帝批复："海船工程依拟停工，今后各布政司不许科派扰民。"[4]

此外，据《明实录》记载，明朝政府曾两次命工部负责打造部分山东战船。《明英宗实录》记载：正统四年（1439年）十月，"命工部造海运船十六艘，从山东登州卫奏请也"。[5]《明孝宗实录》记载：弘治三年五月，"先是，工部以山东登州卫岁运布钞自海道往给辽东军士，乞下福建布政司，造海船二艘以助之。镇守福建太监陈道言：'福州近年山木消乏，且自此至登州，海道险远，恐有人船俱没之患。请备银万五千两，送南京龙江提举司，造海船为便。'从之"。[6]　由上可见，这一时期，登州所需船只已经主要依靠外地制造，且两次造船时间均为弘治以前。嘉靖五年，明朝政府"停登州造船"，[7]登州卫船队迅速衰落。实际上，明代渤海地区造船业不发达与当地缺乏优质木料有直接关系。据《崇祯长编》"崇祯五年正月乙未"条记载，"登州周围三十里内，原无薪柴……素所仰给，惟

〔1〕（明）申时行：万历《大明会典》卷二〇〇《工部》，《续修四库全书》本。
〔2〕（明）李昭祥：《龙江船厂志》卷二，《续修四库全书》本；又据《明史》卷八六《河渠》记载："（永乐）十三年五月复罢海运，惟存遮洋一总，运辽、蓟粮。"
〔3〕《龙江船厂志》卷一。
〔4〕《龙江船厂志》卷一。沈启《南船记》卷二记载亦同（《续修四库全书》本）。
〔5〕《明英宗实录》卷六〇"正统四年十月己丑"条。
〔6〕《明孝宗实录》卷三八"弘治三年五月丙子"条。
〔7〕《明史》卷八六《河渠》。

黄县、莱阳、宁海三邑耳”，山东沿海地区连烧火都成了问题，更何况造船。其实，不惟登州一地，整个渤海周边地区大多以平原为主，缺乏造船的良木。如鲁北地区，杨巍在《存家诗稿》卷三《戏题草屋三首》中写道：“土壁须臾就，柴扉容易开。海乡乏木石，栋宇借蒿莱。尚恐秋风妒，应无燕雀来。”连建造房屋所需的木材都非常缺乏，更遑论造船！

此外，这一时期，山东战船之所以减少，既与山东缺乏造船材料不无关系，也与这一时期海疆承平及山东海疆地理特点有关。对此，王世贞曾说道：“造海舶，此尤非策也。夫山东陆战地也，山无大材，人无善水，地无支港，海无宽洋，此其势必募闽浙之卒，鬻淮扬之木，费巨万而成舟师，闲居何所置之？有急何所用之？”[1]由此可见，王世贞认为，山东本身并非海战区域，加之缺少大木材，造船成本太高且无实用，所以实在没有必要大造海舶。但登州海船的减少和废止，客观上不利于山东海防的发展，对此李昭祥在《龙江船厂志》中有所评论：“然窃闻其说不过曰：花布已收折色，无事装运而海船重大难旋，不可用以为战。噫！是说也，以为为国家惜财则可，恐非所以达变也。迩者岛夷屡发，为寇闽浙，至焚村落、屠居民，虽添设重臣，奔走二省，而全效未著，其兵威之未振哉？士不习也。夫海涛之势与江湖稍异，士非素习其间，一旦欲用之，头旋股栗，不能安其身矣，况欲展其技能乎？然则谓海船之不可废者，未必无深意也。”[2]

此外，明朝政府对民间的船只也有诸多限制。如万历年间，还有人建议朝廷，“山东、辽东舟楫相通，若私船不禁，是仍开递送之途，合将海岸民船每口不过三只，听其搬运米薪，捕采鱼虾”。[3]诚如王赛时所说，“由于长时期限制造船，山东造船业在原料储备、工匠技术、船舶设计和附属设施诸方面都处于落后状态，前代经验逐渐失传，工匠群体日渐稀疏，整体能力大为削弱”。[4]在这种主、客观条件都不理想的情况下，环渤海地区造船业停滞不前便可以理解了。[5]

---

〔1〕（明）王世贞：《弇州山人四部稿》卷一二四《议防倭上傅中丞》，《景印文渊阁四库全书》本。

〔2〕《龙江船厂志》卷二。

〔3〕《明神宗实录》卷二八“万历二年八月壬戌”条。

〔4〕王赛时：《山东沿海开发史》，第273页。

〔5〕本章在撰写过程中参考、引用了王赛时《山东沿海开发史》、杨强《北洋之利：古代渤黄海区域的海洋经济》（江苏高校出版社，2005年）、纪丽珍《明清山东盐业研究》、张磊《天津农业研究》（南开大学博士学位论文，2012年）等论著，特此说明，并致谢忱！

第五节　环渤海地区的海运及
辽海航道

自古以来,渤海内部及周边都有航路相通。明朝建立后,为了加强对辽东新占领地区的后勤供应,明朝政府推行海运,将大量的粮食等战备物资运到永平及辽东,此举迅速安定了辽东形势,作用甚为明显。永乐年间,为营建北京城及供应军需,仍然推行海运。这一时期的海运,不但起到了转运物资的作用,强大的运输部队也保持了一种军事威慑,有助于加强环渤海地区的海防力量。后来,直到大运河通航,海运方才停止。明朝中后期,在大运河航道屡屡被洪水阻隔的情况下,明朝政府再度尝试海运,却因海难而迅速作罢。明代环渤海地区的海路,除了用作海运军饷、粮食之外,在明初、明末还是中朝交流的重要途径,即自朝鲜渡海至登州,然后经山东至京的一条路线。这条海路在陆路不通的情况下,保障了两国之间的正常交流。

一、洪武时期的海运

朱元璋征服天下的过程大致遵循了一个"由南而北"的进取路线,这也就使得水军、航运等在明朝军队中占有较高的地位,否则朱元璋不可能从江南地区河湖纵横的地形中脱颖而出。所以,朱元璋对水军、水运非常重视。这一政策体现在环渤海地区,就是以海运供应辽东。洪武初年,朱元璋派兵攻打辽西走廊南端的永平地区,设置了永平卫。为了稳定后勤供应,他想到了海运,据《明太祖实录》记载:"命中书省符下山东行省,召募水工,于莱州洋海仓运粮,以饷永平卫。时永平军储所用数多,道途劳于挽运,故有是命。"[1] 这条海运路线,由山东东北部出发,经由渤海内部,抵达渤海西北岸的永平卫。

洪武四年二月,故元辽阳行省平章刘益,"以辽东州郡地图并籍其兵马、钱粮之数,遣右丞董遵、金院杨贤奉表来降",朱元璋特置辽东卫指挥使司,以刘益为指挥同知。[2] 五月,故元平章洪保保、马彦翚等发动叛乱,刘益被杀。[3] 六月,叛乱平定。七月,明朝政府置定辽都卫指挥使司,以马云、叶旺为都指挥使,吴泉、冯祥为同知,王德为金事,"总辖辽东诸卫军马,修治城池,以镇边疆"。[4]

---

〔1〕《明太祖实录》卷四八"洪武三年正月甲午"条。
〔2〕《明太祖实录》卷六一"洪武四年二月壬午"条。
〔3〕《明太祖实录》卷六五"洪武四年五月丙寅"条。
〔4〕《明太祖实录》卷六七"洪武四年七月辛亥"条。

至此,辽东地区基本上纳入明帝国疆域。此后,明朝政府为保障辽东地区的军粮供应,实行了海运政策。

洪武时期,辽东海运比较频繁,《明太祖实录》中对此有详细记载。如洪武四年十一月,朱元璋"命青州等卫官军,运山东粮储以给定辽边卫";洪武五年正月,朱元璋"命靖海侯吴祯率舟师运粮辽东,以给军饷";洪武六年三月,朱元璋"命德庆侯廖永忠督运定辽粮储,仍以战衣、皮鞋各二万五千给其军",四月,又"诏以苏州府粮十二万石由海道运赴定辽,十万石运赴北平";洪武七年正月,"命工部令太仓海运船附载战袄及裤各二万五千事,赐辽东军士","诏命水军右卫指挥同知吴迈、广洋卫指挥佥事陈权率舟师出海转运粮储,以备定辽边饷";洪武十年正月,"命靖海侯吴祯督浙江诸卫舟师,运粮往给辽东军士"。洪武十二年八月,"延安侯唐胜宗督海运还京师,上辽东城池、军马、田粮之数";洪武十七年十月,命将士运粮往辽东,朱元璋告诫将士,"海道险远,岛夷出没无常,尔等所部将校毋离部伍,务令整肃以备之,舟回登州,就彼巡捕倭寇,因以立功可也"。洪武十八年五月,"命右军都督府都督张德督海运粮米七十五万二千二百余石,往辽东";洪武二十一年九月,"航海侯张赫督江阴等卫官军八万二千余人出海运粮,还自辽东";洪武二十四年九月,"舳舻侯朱寿、左军都督佥事黄辂督海运粮储还自辽东,人赐钞百五十锭";洪武二十五年三月,"命舳舻侯朱寿、左军都督佥事黄辂,督舟师出海运粮,以给辽东军食";洪武二十七年二月,"命江阴卫指挥佥事朱信等率军士,运粮往辽东"。洪武二十八年三月,"制谕中军都督佥事朱信充总兵官,前军都督佥事宣信充副总兵,率舟师运粮赴辽东,其海运大小官军,悉听节制";洪武二十九年三月,"命中军都督府都督佥事朱信、前军都督府都督佥事宣信,总神策、横海、苏州、太仓等四十卫将士八万余人,由海道运粮至辽东,以给军饷,凡赐钞二十九万九千九百二十锭"。洪武三十年三月,"以中军都督府都督佥事陈信为副总兵,率舟师运粮往辽东"。

直到洪武三十年十月,朱元璋方才下诏停止海运。据《明太祖实录》记载:"辽东海运,连岁不绝。近闻彼处军饷颇有赢余,今后不须转运,止令本处军人屯田自给。其三十一年海运粮米,可于太仓、镇海、苏州三卫仓收贮,仍令左军都督府移文辽东都司知之。其沙岭粮储,发军护守,次第运至辽东城中海州卫仓储之。"[1] 由此可见,朱元璋之所以停止海运,是因为经过"连岁不绝"的海运,辽东军饷已经较为充足,加之当地屯田也渐渐有所起色,因此朱元璋在经过深思熟虑后决定停止海运。

---

[1]《明太祖实录》卷二五五"洪武三十年十月戊子"条。

海运并非一帆风顺,经常会碰到危险。如洪武初年,定辽卫都指挥使马云等运粮 12 400 石出海,遭遇暴风,"覆四十余舟,漂米四千七百余石,溺死官军七百一十七人,马四十余匹",朱元璋也闻之恻然,"命有司厚恤死者之家"。〔1〕所以,海运要尽量避开风急浪高之时节,洪武十三年,登州卫指挥使上奏,"海运之船经涉海道,遇秋冬之时,烈风雨雪多致覆溺,继今运送军需等物及军士家属过海者,宜俟春月风和渡海,庶无覆溺之患",朱元璋表示同意。〔2〕

海运官兵顺路负责剿倭。如前引洪武十七年十月朱元璋给往辽东运粮的将士所下之诏:"海道险远,岛夷出没无常,尔等所部将校毋离部伍,务令整肃以备之。"即明确规定了海运将士剿倭之责任。有学者也认为:"太祖时代的海运与后来漕运供给京师的目的有明显区别,这时的海运完全是一种军事行为。向辽东的海运除了满足东北边境的军事补给,对付倭寇和海盗也是其明显的目的。"〔3〕朱元璋也对海运的总指挥给予了特别褒奖,洪武二十年十月,朱元璋下令封后军都督府都督佥事朱寿为舳舻侯、右军都督府都督佥事张赫为航海侯,赐诰券,其中对于朱寿的诰文写道:"咨尔寿,从朕开国,多著勋劳,今已年高,屡涉风涛之险,服勤漕运以给辽海之军,既懋厥功,必加崇劝,今特封尔寿为开国辅运推诚宣力武臣、柱国、舳舻侯,食禄二千石,延于子孙,世袭封爵,用报尔功,尔其敬哉。"〔4〕

总体而言,在洪武时期,朱元璋长期推行海运,对于遏制倭寇活动应当是有积极作用的。虽然朱元璋并非专以海运作为剿倭的主要手段,而是立足于通过完善沿海军事设施等来抗击倭寇,但是在海运中保持了一支强大的海上力量,且统领者皆为一时之秀,这支海上力量游弋于东部、北部沿海,在客观上对倭寇造成了震慑,打击了其嚣张气焰。

二、永乐时期的海运

朱棣通过靖难之役夺取皇位后,积极营建北京,这需要大量的物资供应。所以,在永乐时期,明朝政府继续实行了海运。如《明史》所说:"明成祖肇建北京,转漕东南,水陆兼挽,仍元人之旧,参用海运。"〔5〕永乐时期,海运漕粮的路线大致与元代相同,即"今太仓,即平江刘家港,元人海运开洋之处。永乐初,苏、松、

---

〔1〕《明太祖实录》卷九〇"洪武七年六月癸丑"条。
〔2〕《明太祖实录》卷一三四"洪武十三年十二月戊午"条。
〔3〕樊铧:《政治决策与明代海运》,社会科学文献出版社,2009年,第39页。
〔4〕《明太祖实录》卷一八六"洪武二十年十月戊申"条。
〔5〕《明史》卷八五《河渠·运河》。

浙江岁粮,俱输纳于此,装运入海,以达直沽".[1] 由此可见,永乐时期的海运是先将南方粮食集中于刘家港,然后由刘家港起航,穿越黄海、渤海,最终抵达天津。

实际上,与洪武年间一样,永乐时期的海运也是一举两得。这一时期的海运总兵官也负有剿倭职责,并起到了一定的作用。如永乐四年十月,平江伯陈瑄督海运至辽东,还舟时,在山东沙门岛遇倭,"追击至朝鲜境上,焚其舟,杀溺死者甚众"。[2] 这一时期,朱棣在给平江伯陈瑄等人的敕书中,多次明确强调海运总兵官应顺道剿除倭寇。如永乐七年三月丙辰,朱棣"敕总兵官平江伯陈瑄等曰:海运粮舟发时,必会合安远侯柳升等,令以兵护送,或遇寇至,务协力剿杀,毋致疏虞"。[3] 据此,这一时期的海运官兵也是一支重要的海防力量。

在永乐时期,陈瑄等人曾多次总督海运,在《明太宗实录》中有详细记载。如永乐元年三月,"命江平伯(按:当作"平江伯")陈瑄及前军都督佥事宣信俱充总兵官,各帅舟师海运粮饷,瑄往辽东,信往北京";永乐二年三月,"命平江伯陈瑄充总兵官,前军都督佥事宣信充副总兵,帅舟师海运粮储往北京";永乐三年二月,"命平江伯陈瑄充总兵官,前军都督佥事宣信充副总兵,帅舟师海道运粮赴北京";永乐四年六月,"先是,命平江伯陈瑄督海运诣天津卫";永乐五年正月,"命平江伯陈瑄、都督宣信总督海运粮储";永乐六年二月,"命平江伯陈瑄总率官军,前军都督佥事宣信为副,海道运粮赴北京";永乐七年正月,"命平江伯陈瑄充总兵官,都督宣信副之,督馈运赴北京";十二月,"命平江伯陈瑄充总兵官,前军都督佥事宣信充副总兵,帅舟师海运粮储赴北京";永乐九年三月,"命平江伯陈瑄充总兵官,都督宣信充副总兵,帅舟师海运粮储赴北京";永乐十年二月,"赐平江伯陈瑄充总兵官,都督宣信副之,率舟师海运粮饷赴北京";永乐十一年二月,"命平江伯陈瑄充总兵官,都督宣信充副总兵,帅海舟运粮赴北京"。

在永乐元年到永乐十一年的11年间,陈瑄曾十数次总督海运,这支庞大的水军队伍,在负责海运的同时,如果遭遇倭寇,也会加以剿捕和追击。这一时期的明代海运,自江南地区出发,抵达直沽,渤海海域的大部分均在其活动范围之内。可以说,永乐时期海运的实行在一定程度上给倭寇造成了震慑。后人对此评价道:"国初海运之行,不独便于漕纲,实令将士习于海道,以防倭寇。自会通

〔1〕《西园闻见录》卷三七《漕运》。
〔2〕(清)谷应泰:《明史纪事本末》卷五五《沿海倭乱》,中华书局,1977年。
〔3〕《明太宗实录》卷八九"永乐七年三月丙辰"条。

河成而海运废。近日倭寇纵横,海兵脆怯,莫之敢撄,亦以海道不习之故耳。"〔1〕

永乐十三年后,明朝政府修浚大运河成功,京城粮食供应由海运转为漕运。此后明代海运停止。海运的废止对环渤海地区海防造成了一定影响,乾隆《掖县志》曾经指出:"自至元二十年开海运,初由登海,继导胶河,始置防汛。明永乐十三年会通河成,海运罢,兵防少疏。"〔2〕

三、隆庆、万历时期的海运

永乐十三年后,海运废止,京师粮食供应仰赖运河。此后,运河的畅通与否,便成为制约漕粮供应的关键。明朝中期以后,黄河屡屡决口,威胁到运河的畅通,如隆庆三年(1569年)七月,"河决沛县,自考城、虞城、曹、单、丰、沛抵徐州,俱罹其害,漂没田庐不可胜数,漕舟二千余皆阻邳州,不得进"。〔3〕九月,"淮水涨溢,自清河县至通济闸及淮安府城西淤者三十余里","山东莒州、沂州、郯城等处水溢,从直河出邳州,人民溺死无算"。〔4〕隆庆五年四月,黄河决口于邳州王家口,"自双沟而下,南北决口十余,损漕船运军千计,没粮四十万余石,而匙头湾以下八十里皆淤"。〔5〕隆庆时期,连续不断的河决造成了巨大的水患,使得漕运无法正常进行下去。在这种情况下,明朝政府为确保京师的粮食供应,再度想起海运。

自永乐废止海运至隆庆已历一个半世纪,在这种情况下,如何开展海运成为一个必须要仔细斟酌的问题。一开始,不少大臣倡议开凿胶莱新河,也就是试图开凿一条南起山东胶州附近的麻湾口,北至掖县附近的海仓口,贯穿胶东半岛的大运河,以避开风涛凶险的成山头海域。不过,经过多次争论后,明朝政府派人前往巡视,最终因"水多沙碛"而止。〔6〕与此同时,不少官员也在尝试恢复海运。山东巡抚梁梦龙就是海运的坚定支持者,他为了证实自己倡导海运的观点真实有效,还做了一些试验,据他说:"臣遣卒自淮、胶各运米麦至天津,无不利者。淮安至天津三千三百里,风便,两旬可达。"〔7〕《明史》本传也说他主持的这

〔1〕 (明)严从简:《殊域周咨录》卷二《东夷·日本国》,中华书局,1993年。
〔2〕 (清)张思勉修,于始瞻纂:乾隆《掖县志》卷二《海防》,乾隆二十三年刻本。
〔3〕 《明穆宗实录》卷三五"隆庆三年七月壬午"条。
〔4〕 《明穆宗实录》卷四六"隆庆四年六月丙辰"条。
〔5〕 《明史》卷八五《河渠·运河》。
〔6〕 《明史》卷八七《河渠·胶莱河》。
〔7〕 《明史》卷八六《河渠·海运》。

次海运,"自淮安转粟二千石,自胶州转麦千五百石",取得了成功。在这种情况下,梁梦龙的建议得到了朝廷的认可,明朝政府同意了他的漕粮海运计划,"命量拨近地漕粮十二万石,俾梦龙行之"。[1] 隆庆六年,明朝政府将海运任务交给了当时的漕运总督兼凤阳巡抚王宗沐,据《明史·河渠·海运》记载,这条海运航线具体为:"六年,王宗沐督漕,请行海运。诏令运十二万石自淮入海。其道,由云梯关东北历鹰游山、安东卫、石臼所、夏河所、齐堂岛、灵山卫、古镇、胶州、鳌山卫、大嵩卫、行村寨,皆海面。自海洋所历竹岛、宁津所、靖海卫,东北转成山卫、刘公岛、威海卫,西历宁海卫,皆海面。自福山之罘岛至登州城北新海口沙门等岛,西历桑岛、坞屺岛;自坞屺西历三山岛、芙蓉岛、莱州大洋、海仓口;自海仓西历淮河海口、鱼儿铺,西北历侯镇店、唐头塞;自侯镇西北大清河、小清河海口,乞沟河入直沽,抵天津卫。凡三千三百九十里。"[2] 隆庆六年的这次海运获得了成功,得到了张居正的赞誉。不过好景不长,万历元年的一次海运出了问题,"即墨福山岛坏粮运七艘,漂米数千石,溺军丁十五人",如此,便引得"给事、御史交章论其失",于是朝廷"罢不复行"。[3] 这次海运尝试如昙花一现,没有实行几次就遭遇灾祸,在朝臣们的激烈反对下,王宗沐也不敢坚持,最终不再施行。

四、中朝之间的交通

朝鲜是中国一衣带水的邻邦,在历史上相当长的历史时期内一直与中国保持着非常密切的友好关系。明朝建立后,统治朝鲜地区的高丽王朝接受了明朝的册封,开始与明朝交往。不过,这一时期,由于辽东地区仍然控制在元朝残余势力手中,高丽与明朝的交往只能通过海路进行,于是朝鲜至山东登州之间的海路便成为双方交流的主要路线。王赛时在翻阅朝鲜《李朝实录》记载后认为"洪武年间,高丽政权共有使者几十次泛海至登州,高丽官员张子温、李茂方、郑夑周等人都不止一次往返于山东与朝鲜之间",[4] 可见双方交流之勤。

后来,明朝政府控制了辽东,又绥服东北地区,设置奴儿干都司,加强对东北的控制。永乐以降,明朝都城迁至北京,加上实行了海禁政策,所以朝鲜与明朝的交通便改走陆路,从朝鲜渡鸭绿江,而后经由辽东重兵把守的各个边镇而入。

但是到万历末期,这种情况又有所转变。此时,努尔哈赤逐渐崛起于东北地

---

〔1〕《明史》卷八六《河渠·海运》。
〔2〕《明史》卷八六《河渠·海运》。
〔3〕《明史》卷八六《河渠·海运》。
〔4〕 王赛时:《山东沿海开发史》,第294页。

区的白山黑水之间,强大起来的女真政权与明朝发生了战争。在这场战争中,国力渐趋衰落的明王朝一步步陷入被动,不断丧师失地,这就使得朝鲜与明王朝之间的陆地交通线被切断。在这种情况下,朝鲜使臣不得不再走海路。天启元年(1621年),朝鲜国王上疏请求,"改朝鲜贡道自海至登州,直达京师"。[1] 其实,朝鲜这次上疏请求改变贡道是迫不得已的选择,明朝朝廷之上的有识之士并不赞同。崇祯元年(1628年),登莱巡抚孙国桢即建议改朝鲜贡道,他主张应对朝鲜保持威慑,说道:

> 尝稽成化时,朝鲜屡被建人邀劫,因请改贡道由鸭绿江抵前屯入山海,朝议将可之。识者谓:"朝鲜贡道自鸦鹘关出辽阳,经广宁过前屯而入山海,迂回三四大镇,盖有深意存焉。若从鸭绿竟抵前屯,路径直捷,恐贻他日之忧。"竟寝其议。今辽左沦没,贡使自铁山开洋直抵登州,顺风不过三日程耳,较鸭绿抵前屯更为近便,前屯至京必由山海,犹有雄关铁至当关莫开之势,今由登入都,平原易地,防守在在疏虞,此甚不足以弹压外国,令其且畏且怀也。计惟有速改贡道,由旅顺越双岛,逾南北汛口,直走觉华入芝麻湾,扣关而入,不失祖宗防微杜渐之意。[2]

由上可见,孙国桢对于明朝政府为朝鲜所设贡道之深意较为熟稔,那就是让朝鲜使臣经由明朝重兵防御之处入见,以保持天朝上国的强大威慑力。但是在辽东沦陷后,朝鲜贡使改由登州登陆,经山东而至京师,但是这些地区设防空虚,毫无威慑力可言,难免为其轻视,很可能会导致其他问题。而由旅顺一线,经山海关而入,则当地兵马颇强悍,可以对其产生震慑,坚定其与明朝保持一致之心。不过,这次朝鲜贡道之变受制于战争形势,是迫不得已的选择。

总体而言,明代环渤海地区的海上交通较为顺畅,既能通过海上交通来运输粮草、物资,加强边境防御力量,同时还可以实现与属国之间的交流,密切双方的联系。

第六节　环渤海地区的海防

明朝初年,倭寇曾经数次入侵环渤海海域,甚至侵入到渤海内部,给当地百

---

〔1〕《明熹宗实录》卷一三"天启元年八月甲午"条。
〔2〕《崇祯长编》卷八"崇祯元年四月丙午"条。

姓带来了灾祸。面对倭寇的猖獗进犯，当地军民展开了激烈的反抗，取得了一系列胜利。与此同时，朱元璋及其继任者也采取各种措施，建立起较为完善的防御机制，取得了一系列胜利，尤其是永乐后期辽东望海埚一战，几乎歼灭了倭寇的有生力量，为北部海疆赢得了长达一个半世纪的和平局面。明朝后期，日本统治者丰臣秀吉侵入朝鲜，并妄想以朝鲜为踏板入侵中国，在明朝政府的主持下，大量的军队又通过这一地区进入朝鲜，与朝鲜民众并肩作战，最后取得了胜利。在这场影响深远的战争中，环渤海地区的民众提供了大力支持，为一衣带水的邻邦兄弟贡献了自己的力量。

一、洪武时期反击倭寇入侵

明朝建立后，方国珍、张士诚等残余势力勾结倭寇，不断入侵中国沿海地区，"北自辽海、山东，南抵闽、浙、东粤，滨海之区，无岁不被其害"。[1] 这一时期，在北部沿海地区，倭寇活动也非常频繁。如洪武二年正月，"倭人入寇山东海滨郡县，掠民男女而去"。[2] 洪武三年六月，"倭夷寇山东，转掠温、台、明州傍海之民，遂寇福建沿海郡县。福州卫出军捕之，获倭船一十三艘，擒三百余人"。[3] 洪武四年六月，"寇胶州，劫掠沿海人民"。[4] 洪武六年六月，"辛亥，倭夷寇即墨、诸城、莱阳等县，沿海居民多被杀掠。诏近海诸卫分兵讨捕之"。[5] 洪武七年夏六月，"倭寇瀕海州县。靖海侯吴祯率沿海各卫兵捕获，俘送京师"。[6] 洪武七年七月，"壬申，倭夷寇胶州，官军击败之"，"壬申，倭寇登、莱"。[7] 洪武八年七月，"倭寇莱州"。[8] 洪武二十七年十月，"辽东有倭夷寇金州，卒入新市，烧屯营、粮饷、杀掠军士而去。诏以沿海卫所将校不加备御，命都督府符下切责之"。[9]

上文所列仅为见诸史书的记载，其实倭寇入侵的实际次数当远不止此。如据上文所列，洪武二年正月以前，倭寇入侵山东仅有一次。然而，洪武二年二月辛未，朱元璋在赐给日本国王的玺书中说道："间者，山东来奏，倭兵数寇海边，

〔1〕《明史纪事本末》卷五五《沿海倭乱》。
〔2〕《明太祖实录》卷三八"洪武二年正月乙丑"条。
〔3〕《明太祖实录》卷五三"洪武三年六月乙酉"条。
〔4〕《明太祖实录》卷六六"洪武四年六月戊申"条。
〔5〕《明太祖实录》卷八三"洪武六年六月辛亥"条。
〔6〕（清）张同声修，李图等纂：道光《重修胶州志》卷三四《记·大事》，道光二十五年刻本。
〔7〕《明太祖实录》卷九一"洪武七年七月壬申"条；《明史》卷二《太祖本纪》。
〔8〕（清）乾隆《掖县志》卷五《大事记》。
〔9〕《明太祖实录》卷二三五"洪武二十七年十月己巳"条。

生离人妻子，损伤物命。”〔1〕由玺书中“数寇海边”来看，其对山东的侵扰绝不止上文所记的只有洪武二年正月一次。由此推论，洪武时期，环渤海地区遭受倭寇入侵的实际次数肯定多于上文所列。

为应对倭寇入侵，保障海疆安全，明朝政府及渤海沿岸的地方军政机构采取了一系列措施奋起抗击，在一定程度上打击了倭寇的嚣张气焰。这一时期，明朝政府积极抗击倭寇。一般来讲，倭寇入侵具有一定的不可预见性，他们来无规律，去无影踪，往往随风“倏忽而至”，进行一番劫掠后，迅速驾船而遁，很难对其进行有效打击。尽管如此，明朝政府及渤海沿岸诸州县、卫所等，在面临倭患之时，大多仍能奋起抗击。洪武时期，环渤海地区抗击倭寇的事例，据史书记载主要有以下几次：其一，洪武初，倭寇辽东，帝命常遇春率师御之，战于本境，倭人败北，由毕利河窜去。〔2〕洪武二十六年，有寇百余人入金州新市屯劫掠，获其一人张葛买者。〔3〕当然，也有面对倭寇入侵，沿海卫所不加备御、抵抗的记载。如洪武二十七年十月，“倭夷寇金州，卒入新市，烧屯营粮饷，杀掠军士而去。诏以沿海卫所将校不加备御，命都督府符下切责之”。〔4〕为什么会出现这种情况呢？这主要与倭寇的入侵方式有关，洪武初年的倭寇，“鼠伏海岛，因风之便以肆侵掠。其来如奔狼，其去若惊鸟；来或莫知，去不易捕”，〔5〕他们一般乘风而来，登岸劫掠、杀戮后，迅速逃离。

二、永乐时期的海患与抗倭行动

永乐至宣德时期，渤海周边海防形势依然较为严峻，倭寇仍不时骚扰北部濒海州县，有时甚至规模较大。为此，明朝政府沿袭了洪武时期的一些政策，积极采取各种措施，如派兵抗击、派遣舟师巡海、海运官兵顺路剿倭等，在一定程度上遏制了倭寇的侵略，并在辽东沿海的望海埚一战中，给倭寇以致命性打击，基本上解决了渤海地区的倭患问题。

这一时期，倭寇入侵规模较之以前更大。如永乐四年，倭寇入侵威海，“几无噍类”。〔6〕又据《朝鲜王朝实录》记载：永乐十三年七月初四日，“倭贼入旅

〔1〕《明太祖实录》卷三九“洪武二年二月辛未”条。

〔2〕章运熺修，崔正峰、郭春藻编辑：《盖平县乡土志》卷上《兵事录》，民国九年石印本。

〔3〕《明太祖实录》卷二三〇“洪武二十六年十月丙戌”条。

〔4〕《明太祖实录》卷二三五“洪武二十七年十月己巳”条。

〔5〕《明太祖实录》卷七八“洪武六年春正月庚戌”条。

〔6〕（清）毕懋第修，郭文大续修，王兆鹏增订：乾隆《威海卫志》卷一《疆域 · 兵事》，《中国地方志集成 · 山东府县志辑》第44册。

顺口,尽收天妃娘娘殿宝物,杀伤二万余人,掳掠一百五十余人,尽焚登州战舰而归"。[1] 尽管这一表述可能有夸张之处,不过从中仍能推测出这次倭寇入侵规模应该不小。再如永乐十七年六月前,辽东总兵官刘江于望海埚设伏,取得胜利,"生获百十三人,斩首千余级"。[2] 由此推断,此次倭寇入侵人数当在千人以上,这样的规模比洪武时期要大得多。

永乐时期,为应对倭寇的大规模入侵、确保京畿地带的安全,朱棣采取一系列军事应对措施,如积极敦促、指挥海防将士防御,恢复了洪武后期一度停止的舟师巡海,并敕令海运将士顺路剿倭,起到了一定作用。具体如下:

永乐时期,倭寇曾数次入侵环渤海地区,沿海卫所一般都积极展开防御、抵抗。这一时期,沿海官兵抗击倭寇的事例,主要有以下几次:永乐四年十月,平江伯陈瑄督海运至辽东,还舟时,"值倭于沙门,追击至朝鲜境上,焚其舟,杀溺死者甚众";[3] 永乐七年三月,总兵官安远伯柳升,率兵至青州海中灵山,遇倭贼交战,大败之,即同平江伯陈瑄追至金州白山岛等处;[4] 永乐十七年六月,辽东都督刘江在金州卫金线岛西北望海埚上筑城、筑城堡、立烟墩瞭望倭寇,后来发现"东海洋内王家山岛夜举火",江以寇聚其间,亟遣马步军赴埚上下堡备之。翌日,倭舡三十一艘泊马雄岛,众登岸径奔望海埚,江亲督诸将伏兵堡外山下,伺贼既围堡,举炮发伏,都指挥钱真等领马队要其归路,都指挥徐刚等领步队逆战,寇众大败,奔入樱桃园空堡中,军围杀之。自辰至酉,擒戮尽绝,生获百十三人,斩首千余级。[5]

以上是环渤海地区海防官兵在倭寇入侵之际,积极防御、奋力抵抗的事例。除此之外,还有倭寇入侵未见抵抗记载的。如永乐九年三月,刘江守辽东,不谨斥堠,以致"海寇入寨,杀边军"[6];永乐十三年七月初四,倭寇入侵旅顺口,掠夺天后宫宝物,杀伤二万余人,掠舟而去。在此事件中都督刘江消极怠战,"领军至金州卫,相去甚近,不策应,及明日调兵至,而贼已遁。都指挥周兴、巫凯俱不用心隄备,致倭寇屡为边患"。[7] 不过,这些消极畏战者,一般会受到明成祖惩治。如永乐六年,倭寇宁海,指挥赵铭因失机被斩。此外,明成祖甚至对于战

〔1〕　吴晗:《朝鲜李朝实录中的中国史料》上编卷三《太宗恭定大王实录》。
〔2〕　《明太宗实录》卷二一三"永乐十七年六月戊子"条。
〔3〕　《明史纪事本末》卷五五《沿海倭乱》。
〔4〕　《明太宗实录》卷八九"永乐七年三月壬申"条。
〔5〕　《明太宗实录》卷二一三"永乐十七年六月戊子"条。
〔6〕　《明史纪事本末》卷五五《沿海倭乱》。
〔7〕　《明太宗实录》卷一七一"永乐十三年十二月己丑"条。

败者,也会施以惩处。如永乐六年四月十四日,倭寇靖海卫,靖海卫后所百户乐用出战败绩,"提赴京,刑曹拟徒八年"。[1] 同时,在奖掖抗倭战功时,明成祖也秉承公平原则。如永乐十八年,朱棣赐敕辽东总兵官广宁伯刘江,指出:"剿杀倭寇之时,都指挥并领队官旗曾经力战者就彼各升一级,退缩者不升,务合至公。"[2] 刘江本人境遇也是如此,如前所述,他曾数次因抗倭不利遭朱棣训斥,但在望海埚大捷后,朱棣"赐敕褒进,封江广宁伯,子孙世袭",[3] 可见赏罚分明。

除此之外,朱棣还积极敦促地方防御。永乐时期,因倭寇入侵较为频繁,明成祖多次下令敦促山东、辽东沿海地区做好防御,以备不虞。

永乐十四年五月丁巳,朱棣因直隶金山卫奏"有倭船三十余艘,倭寇约三千余,在海往来",敕令辽东总兵官都督刘江及各都司缘海卫所,令"护备及相机剿捕"。[4] 永乐十六年五月癸丑,因金山卫奏有"倭船百艘、贼七千余人攻城劫掠",朱棣敕令福建、山东、广东、辽东各都司及总兵官都督刘江,"督缘海各卫,悉严兵备"。[5] 永乐十六年六月辛丑,朱棣敕辽东总兵官都督刘江曰:"今倭寇为首者已被擒,其遗孽未获者尚出没不常,尔可相机剿捕,若兵势多寡不敌,则固守城池,慎勿轻战。"[6] 永乐十七年四月丙戌,朱棣敕辽东总兵官都督刘江曰:"今朝鲜报倭寇饥困已极,欲寇边,宜令缘海诸卫严谨备之,如有机可乘,即尽力剿捕,无遣(遗)民患。"[7] 永乐十八年正月乙巳,缘海诸卫奏"有倭寇三百余人、船十余艘,于金乡、福宁及井门、程溪等处登岸杀掠,复东南行",朱棣敕辽东总兵官广宁伯刘荣(即刘江)及山东、浙江、福建滨海诸卫"严兵为备,贼至,则相机剿捕"。[8]

由上可见,朱棣对于渤海周边的防御非常重视,他能总括全局,根据倭寇入侵情形,及时敦促相关地方做好协调防御,这在一定程度上加强了沿海诸省的协防,实现战略配合。同时,朱棣不断的敦促和提醒,也有助于增强沿海官员的警惕性。

---

〔1〕 (清)李祖年修,于霖逢纂:光绪《文登县志》卷五《职官表》,《中国地方志集成·山东府县志辑》第54册。

〔2〕《明太宗实录》卷二二三"永乐十八年三月甲午"条。

〔3〕《明史纪事本末》卷五五《沿海倭乱》。

〔4〕《明太宗实录》卷一七六"永乐十四年五月丁巳"条。

〔5〕《明太宗实录》卷二〇〇"永乐十六年五月癸丑"条。

〔6〕《明太宗实录》卷二〇一"永乐十六年六月辛丑"条。

〔7〕《明太宗实录》卷二一一"永乐十七年四月丙戌"条。

〔8〕《明太宗实录》卷二二〇"永乐十八年正月乙巳"条。

自永乐十七年,辽东望海埚战役大获全胜后,"自是倭大惧,百余年间,海上无大侵犯",[1]北部海疆渐趋平静。至嘉靖中后期,倭寇大举入侵东南沿海,对北部海疆也偶有侵扰,但较之东南沿海,从程度上、次数上要轻要少,诚如万历间即墨知县许铤所谓:"登莱地瘠民贫,渔盐之外无他利,非如淮扬诸富商大贾聚集处,为倭夷垂涎也,猝而一至,不过海风漂泊,食穷则抢岸耳,非常有之患也。"[2]

三、环渤海地区与援朝御倭战争

万历二十年,日本统治者丰臣秀吉调动十万日军侵入朝鲜。应朝鲜国王的请求,明朝政府派援军入朝支持朝鲜军民反击日本侵略者。战争前后持续七年之久。在此期间,山东半岛东部的登州、莱州一带成为明军支援朝鲜的兵源和物资输送基地。

万历二十一年,明朝兵部侍郎、朝鲜经略宋应昌率数万明军进入朝鲜,首战攻克平壤,继而又将日军逐出汉城,取得很大胜利,然而明军的粮食匮乏问题很快就显现了。明军进入朝鲜后,原想就地获取部分军粮,但由于日军大肆破坏,自平壤至汉城一带"尽经焚荡,村落丘墟,所见残酷",已无粮可供明军,再加上辽东到朝鲜的陆路均经多山之地,崎岖难行,后勤难以及时供应,因此严重影响了明军士气。军需供应成为决定战争胜负的一个重要因素。由于陆路运输艰难,海路运输便成为明朝向朝鲜输送粮草的主要渠道。山东沿海的登、莱二州由于距朝鲜最近,在海运中地位尤为突出,和天津一起成为当时运粮运兵的主要基地。为了保证海运粮食的来源,明朝政府采取两个步骤:

一是在山东沿海大兴屯田,将屯田所获用来供援朝明军的军粮开支。此建议由山东巡抚郑汝璧于万历二十二年十一月提出。对于这一建议,明朝政府很快就同意了。从第二年起,青州、登州、莱州一带沿海广泛开辟军屯,另外在长岛也进行军屯。在登、莱沿海一带屯田种粮,为运往朝鲜境内提供了很大的方便。

二是将山东各地粮食转运到登、莱沿海一带,再通过海运支援朝鲜。因登、莱一带所筹粮食难以供应数万明军,包括部分朝鲜军队的开支,明朝政府还多次从内地调拨军粮到登、莱沿海,特别是在万历二十五到二十六年战争后一阶段,海运粮食尤多。如万历二十五年五月,明朝政府让户部立即采取措施:"请行山

---

〔1〕《明史》卷九一《兵三》。

〔2〕(清)林溥修,周翕镳纂:同治《即墨县志》卷一〇《文类》许铤《地方事宜议·海防》,《中国地方志集成·山东府县志辑》第47册。

东发公帑三万金委官买籴,运至登莱海口,令淮舡运至旅顺,辽舡运至朝鲜,又借临、德二仓米各二万石,运至登莱转运。"[1]同年十一月,"计来岁用粮八十万石,以十万石取办朝鲜,七十万石酌派山东、辽东、天津等处……令督发接济"。[2]万历二十六年二月,明朝政府又急令:"山东、天津、辽东岁运各二十四万石;山东、天津则海运,辽东则水路并运……务期速济,毋仍前推诿,以误军需。"[3]

由于山东各地及临清、德州仓储中的粮食物资大批汇聚到登州、莱州沿海,明朝政府还督促天津、山东沿海加紧造船,每年各添造海船 100 艘以上,用以增强海运能力,及时保障朝鲜战场上所需的粮草物资。

曾亲身参加朝鲜战争的明朝军官千万里曾写下《思庵实记》一书,对万历二十年至二十六年动用军队和从山东调拨粮食作了下列统计:

1. 壬辰年(万历二十年),南北兵 5.55 万人,山东米 5 万石,金 14 万两,银 4 万两,蜀帛 1 600 段。

2. 癸巳年(万历二十一年),西蜀兵 5 000 人,山东米 10 万石,金 9 万两,银 5 万两,蜀帛 1 800 段。

3. 丁酉年(万历二十五年),水路兵 14.35 万人,山东米 27 万石,金 19 万两,银 6 万两,蜀帛 1.52 万段。

4. 戊戌年(万历二十六年),水路兵 3 万人,山东米 12 万石,金 24 万两,银 9 000 两,蜀帛 38.032 万段。

共计:兵 23.4 万人,米 54 万石,金 36 万两银 159 万两,帛 39.892 万段。[4]

由上可见,援朝御倭战争时期,环渤海地区发挥了重要的作用。一方面,通过加强当地海防,巩固了京畿地带的海防力量。同时,环渤海地区的这些兵力又对朝鲜战场形成了纵深支援,这些生力军可以根据朝鲜战场形势的变化随时开赴朝鲜战场。

总起来说,明代环渤海地区对于抵御倭寇做出了很大贡献。在明朝初年,面对倭寇的猖狂入犯,环渤海地区的卫所军民等坚决抵抗,取得了望海埚一战的胜利,这一战事成为明代抗倭史上的经典战例。而在万历年间日军侵入邻国朝鲜后,环渤海地区大量的生力军赶赴朝鲜,与朝鲜人民并肩作战。环渤海

〔1〕《明神宗实录》卷三一〇"万历二十五年五月乙巳"条。
〔2〕《明神宗实录》卷三一六"万历二十五年十一月壬寅"条。
〔3〕《明神宗实录》卷三一九"万历二十六年二月壬申"条。
〔4〕转引自孙文良《明代"援朝逐倭"探微》,《社会科学辑刊》1994 年第 3 期。

地区又为朝鲜战场提供了大量的人力、物力支援,最终取得了援朝御倭战争的胜利。[1]

　　有明一代,环渤海地区的海防体制经历了一个不断调整和整合的过程,并最终形成了一个较为完整的体系。在明初,环渤海地区内的海防机构基本上是各自为战,即在倭寇入侵之际,由当地卫所、巡检司组织兵员奋起反抗。在永乐时期,明朝政府已经开始着意加强海防机构之间的内在联系,突出表现就是设置山东备倭都司和沿海海防营。明朝政府通过在山东设立备倭都司,以节制沿海诸卫所,调控内部兵员、组织协调防御。同时,又设立了登州、文登、即墨三大海防营,将沿海卫所精锐调入其中,一旦倭寇入侵,即可迅速驰援,形成了小范围内的综合防御,在一定程度上整合了当地海防力量,有助于应对较大规模的外敌入侵。正统以后,环渤海海疆相对比较平静,海防体制也没有大幅度的调整。但是,这一时期,明代政治制度却在日臻完善。明朝政府在环渤海地区设立诸多督抚、兵备道,督、抚大都统御一省或数省军事力量,兵备道也可节制一府乃至数府军事力量,更加扩大了战区的范围。如此,一旦爆发战事,督抚、兵备道即可整合统帅一府、数府乃至一省、数省的兵员共同对敌。这样就在北部沿海形成了一些较大范围的军事辖区。应当说,这一时期,环渤海地区诸多督抚、兵备道的设置,虽非着意于防海,但却在客观上完善了海防统御体制。可以说,环渤海地区海防体制至此已经基本形成。在援朝御倭战争期间,日军侵入朝鲜,扬帆可至登、莱、天津,环渤海地区直接面临着严重的海防威胁。为应对外患,这一时期,明朝政府设立朝鲜经略(后为蓟辽总督兼任),后又设立天津巡抚。这样,在北部沿海就形成了由朝鲜经略(蓟辽总督),通过节制天津巡抚及其他沿海巡抚,以综合统御当地所有军事力量的格局。而后,由天津巡抚专理当地海防,其他沿海巡抚佐理、配合,各巡抚共同节制沿海兵备道及总兵、副总兵的一个战时体制。这个战时体制范围较广,基本涵盖朝鲜及环渤海数省,体系内部上下有序,文武相维。可以说,这一时期,环渤海海防战时体制正式形成。援朝御倭战争胜利后,北部海防建设再度趋于停滞。但是,区域海防体系已经形成,一旦遇有战事,即可迅速组织起来。在明末与后金的战争中,明朝政府设置辽东经略(后为督师),该职位位高权重,为明朝东北地区与后金作战最高军事长官。明清战争伊始,战争主要在陆地进行,该职并没有过多干预海防。自熊廷弼提出"三方布置"策略后,开始重视海上力量。后来,辽东督师职衔即为经略辽东、蓟镇、天津、登、莱等

---

〔1〕　本小节系与朱亚非教授合作撰写。

处。[1] 明朝政府的意图在于,以辽东经略(督师)综合统御北部沿海军事力量,
海、陆并举,收复辽东。此外,为应对后金占领辽南四卫后的海上威胁加重的形
势,并配合"三方布置"方略,明朝政府还设置了天津巡抚、登莱巡抚,意在以此
加强京畿防御,并恢复辽东。尤其是新设置的登莱巡抚,不但需加强山东半岛防
御,并屯兵备战,为恢复辽东做准备,还需支援、节制盘踞东江镇的毛文龙。虽然
在明清战争中,明朝一方一败涂地,但是其失败的原因是复杂的,主要应当归咎于
当时的政治腐败和军事混乱。应当说,这一体制还是比较合理的。它整合了北部
沿海及东北地区的军事力量,从海、陆两翼完成了对后金的包围。

　　总体而言,环渤海地区地理形势较为特殊,山东半岛与辽东半岛合抱形成了
一个较为完整的地理单元,这一防御单元北可拒蒙古、女真势力,东可防御倭寇,
加之京师所在,战略地位非常重要。所以说,仅就海防而言,北部沿海海防体系
的形成,有助于实现区域内协调防御,巩固京畿地带。

第七节　环渤海地区的海疆文化

　　明代的环渤海地区,除去在明初曾遭遇倭寇入侵外,大多数时间相对平静。
所以,尽管沿海地区的农业经济受制于自然环境而不发达,商业贸易也因为长期
海禁并不非常繁荣,但由于社会形势比较稳定,沿海地区社会仍在稳步发展,海
疆文化也不断发展。

一、反映海洋的文化作品

　　明朝时期,环渤海地区出现了一些反映海洋文化的诗词歌赋。渤海地区历
来是人们非常向往的神秘之区,早在先秦时期就出现了海上仙山、海外仙药等各
种传说,这吸引了历代文人的浓厚兴趣,他们不断将其发扬光大。如明代著名的
文学家李开先就曾赋诗吟咏,他写道:

　　　君不见四海相连独称东,渤澥沧溟名不同。回洑百川云缥缈,委输万壑
　　量含洪。一望鲸波无畔岸,千寻蜃气何巃嵷。疏派横流如地尽,元精灵气与
　　天通。迎承濛谷容无外,吞吐三山势自雄。水伯长居岛屿下,仙人时聚金银
　　宫。鳌头稳载波如镜,兔魄东生月似弓。水影照临丛桂绿,霞光掩映扶桑

---

〔1〕《明熹宗实录》卷二〇"天启二年三月甲辰"条。

红。瀛洲员峤虚无里,方丈蓬莱指顾中。[1]

李开先在这首诗中,展现了自己对于渤海三神山上神仙世界的认识和向往。明朝人张书绅也作诗吟咏"海外十洲",他在《摩云顶观海》中写道:

> 海上曾闻有十洲,逸人骑鹤恣遨游。直超尘世三千界,亲见神仙十二楼。[2]

明朝末年,登莱巡抚袁可立主政登莱三年,一直忙于筹备与后金作战,无暇游乐,但内心却期望能一睹海市。恰逢天公作美,他在离任之际终得一见海市,并作诗留念,感慨万千:

> 仲夏念一日,偶登署中楼,推窗北眺,于平日沧茫浩渺间俨然见一雄城在焉。因遍观诸岛,咸非故形,卑者抗之,锐者夷之;宫殿楼台,杂出其中。谛观之,飞檐列栋,丹垩粉黛,莫不具焉。纷然成形者,或如盖,如旗,如浮屠,如人偶语,春树万家,参差远迩,桥梁洲渚,断续联络,时分时合,乍现乍隐,真有画工之所不能穷其巧者。世传蓬莱仙岛,备诸灵异,其即此是欤?自巳历申,为时最久,千态万状,未易殚述。岂海若缘余之将去而故示此以酬厥夙愿耶?因作诗以记其事云。
>
> 登楼披绮疏,天水色相溶。云霭泽无际,豁达霭长风。须臾屃气吐,岛屿失恒踪。茫茫浩波里,突忽起崇墉。垣隅迥如削,瑞彩郁葱茏。阿阁叠飞槛,烟霄直荡胸。遥岑相映带,变幻纷不同。峭壁成广阜,平峦秀奇峰。高下时翻覆,分合瞬息中。云林荫琦坷,阳麓焕丹丛。浮屠相对峙,峥嵘信鬼工。村落敷洲渚,断岸驾长虹。人物出没间,罔辨色与空。倏显还倏隐,造化有玄功。秉钺来渤海,三载始一逢。纵观历巳申,渴肠此日充。行矣感神异,赋诗愧长公。[3]

袁可立的这番描述,与苏轼《海市并叙》一诗并称为描述登州海市之佳作,在诗

---

[1]　(明)李开先:《李中麓闲居集》卷一《海山谣寿少溪谢亚卿》,《续修四库全书》影印明刻本。

[2]　(清)严有禧纂修:乾隆《莱州府志》卷一五《艺文》张书绅《摩云顶观海》,《中国地方志集成·山东府县志辑》。

[3]　(明)袁可立:《甲子仲夏登署中楼观海市并序》,山东蓬莱阁避风亭刻石(董其昌书)。

序中袁可立对海市的形貌做了细致入微的描述,并臆测了其与蓬莱仙境的关系,指出:"世传蓬莱仙岛,备诸灵异,其即此是欤?"最后赋诗一首,表达自己的赞叹和感慨之情。

由上可见,这一时期,人们对蓬莱仙境的向往之情仍非常强烈,吟咏蓬莱的诗词歌赋成为渤海海疆文化的一个重要特色。除去以上三首诗外,还有明朝人吴廷翰撰写的《海山篇为石黄门乃翁寿赋》,通过吟咏蓬莱仙境,给予长寿者以真诚的祝福。明朝人张凤翼写过一首《蓬莱仙弈歌》,描述了想象中的仙人下棋场景,以烘托神秘的气氛。此外,明朝人屠龙所作《观海篇》、王维祯所作《东海篇送刘大人入觐》等均为描述观海的佳作,也都与蓬莱仙境密不可分。

除去以上这种专门描述海外仙山、海上仙境等虚无缥缈的神仙世界的作品外,渤海周边还有不少反映沿海民众社会生活的作品。如隆庆年间,利津知县贾光大作《均田至官灶城有感》写道:"古城谁筑在荒陬,遗址犹存动客愁。草色连天迷望眼,潮头喷雪簇渔舟。乍经茅屋人民少,惯见沙洲狐兔游。空有盐花堆似玉,年年辛苦几时休。"〔1〕在这首诗歌中,贾光大对利津盐区民众生活进行了一番感慨,认为他们兢兢业业从事生产,是国家财赋之源。

曾经担任过明代吏部尚书的杨巍曾写过一首名为《海》的诗歌描述家乡民众的生计,写道:"仲尼欲浮海,而我居海边。海中有大鱼,岸上有薄田。种田须荷锄,捕鱼还刺船。农夫与渔父,相见复相怜。"

以上这些文学作品,反映了民众对海洋生活的认识,虽说描述有艺术的夸张,却也反映了民众对海的认识。〔2〕

二、海神信仰

明代环渤海地区的海神信仰中,既有传统的海神、龙王,还有自南方传入的妈祖信仰。

渤海地区海神信仰起源甚早,自古代濒海民众开发海洋之时,便已悄然兴起,后来逐渐得到政府的认可,在历朝、历代受到政府、民众的祭祀。明朝洪武时期,朱元璋下令去掉各神的爵位而仅称其名,四海神亦然。不过,明朝政府对海神还是非常重视的,仍然岁时致祭。其实,在历代王朝的海神祀典中,东海海神的地位最为尊崇。据《汉书·地理志》记载,东莱郡临朐县有"海水祠",很可能就是西汉时期祭祀东海神的场所。此外,当面临水旱和疾疫等灾祸之时,朝廷也

---

〔1〕　光绪九年编《利津文征》卷四贾光大《均田至官灶城有感》。
〔2〕　本节在撰写中参考了王赛时《山东海疆文化研究》一书,特此说明,并致谢忱!

常常会遣使祈祷于东海之神。谨据《明史》所载,略举数例:成化六年(1470年),因山东大旱,遣使"祷于东岳、东镇、东海";八年,又因京师阴霾、运河水涸,遣使"祷于郊社、山川及淮、渎、东海之神"。此外,明朝嘉靖年间东南沿海倭患甚重,负责剿倭的赵文华便上言:"倭寇猖獗,请祷祀东海以镇之。"[1]朝廷同意。这些都显示了东海神地位的尊崇。历史上,山东地区祭海的中心是莱州。据说,在莱州曾经建有一座历史悠久、规模宏大的海神庙,每年都有大规模的祭祀活动,香火比较繁盛,地位最为尊崇。明朝人任万里还曾经专门撰文介绍这座庙宇的祭祀及其来龙去脉。除此之外,濒海州县有些也建立了海神庙,如据乾隆《诸城县志》卷七记载:"海神庙在琅琊台上……庙建于明万历二十六年,知县颜悦建……凡常山神祠、烽火山神祠、海神庙,皆以三月三日、九月九日祭也。"

　　一开始,山东濒海地区民众主要信仰东海之神,后来,随着海洋活动的增加和海上交流的密切,一些新的神灵不断涌现。另外,一些"颇著灵应"的外地神灵也陆续传到了这片海域,成为沿海民众供奉的神灵。

　　龙神本是自然神,自宋代以后逐渐兴起,在元代时期利津县就建了龙神庙,"自至正迄今七十余载……壮观海宇,俯瞰清河,邑人偕四方过者咸起敬焉。由是乞潮则滩场生盐,祷雨则禾稼茂盛,占风信则盐艘舸舰免狂涛之险"。[2]由此可见,人们对龙王的祈求,内容要多于单纯的海神,前者主要负责海上安全,而此处的龙王既可以降雨,又可以保护盐业生产和海上交通,职能更加扩大。在山东地区,龙神祠宇所在多有,人们多认为龙神具有"倏隐倏见,能大能小"的特点,龙王庙亦可"不梁不栋"、"不黝不垩"、"不甓不甃",甚至可以"不必庙不必不庙"。[3]所以,这一地区的名山大川,抑或乡野村落,甚至一般靠近水湾、泉水、河流之处,经常有或大或小的龙王庙。而且,龙王也成为真实的人,如莱芜县旧寨龙王庙,"祠宇三间,置神像,南向二妃袝,风雨神西向,雷电神东向",龙王家属、僚属一应俱全。[4]再如临朐县禅堂崮,崮下有泉,自白龙洞中出,洞侧有龙神祠,岁旱祷雨多应。此"白龙神"也是真实的人,"相传神生于元末,姓钟名玉秀。父世太,字安邦。母张氏。住城北五里庄。明洪武中于六月十三日尸解成仙,栖白龙洞中"。[5]在民间信仰中,龙王在降水中起着不可替代的作用,是

〔1〕《明史纪事本末》卷五五《沿海倭乱》。

〔2〕(清)韩文焜纂修:康熙《利津县新志》卷一〇《重修龙王庙记》,清乾隆二十三年刻本。

〔3〕王荫贵修,张新曾纂:《续修博山县志》卷一三《艺文志·龙王庙碑记》,民国二十六年铅印本。

〔4〕李钟豫修,亓因培等纂:《续修莱芜县志》卷三五《艺文志·新建龙王庙记》,民国二十四年铅印本。

〔5〕周钧英修,刘仞千纂:《临朐县续志》卷一五《礼俗·祀典·白龙神庙》,民国二十四年铅印本。

降水的一个重要环节。如成化年间莱芜大旱,知县伍礼先是派司吏王辅、里老人魏良友至魏家庄迎请二郎神入城隍庙。有小民傅真入庙昏眩,醒后曰:"神白马黄袍,真及从者十二人行空至东海,见高城铁门内若王者居,曰:'此龙宫也。'神入于宫……须臾取故道归庙……庙之中则城隍与神会议良久。"[1]通过傅真的奇遇,展现了一场牵涉到二郎神、龙王、城隍神三者的降水过程。这次降水由二郎神与城隍神决策,龙王负责实施,行政程序非常完善。此外,在山东临朐西北地区也流传着各种龙王降雨的传说。在当地民众普遍信仰逢伯陵,每当天旱无雨之时,六社社长(会首)共同会议,定下求雨的章程。然后,他们作为六社之代表,拜祭逢山爷。拜祭完毕后,抬上逢山爷的法身,一路东行,到九里地远的珍珠山玉皇庙,去拜祭玉皇,称作"朝玉皇"。其含义为,请逢山爷出马,到玉帝处为一方生民求情,以讨取降雨圣旨。而后,龙王爷即可据圣旨降雨。降雨后,则要举行"谢雨祭",其费用由求雨的各社均摊。在谢雨祭中,最有意思的现象是,要请赫坛村前的龙王爷来听戏,据说其为降雨活动的真正施行者。由此可见,龙王在降雨中是无可替代的,蒲松龄曾描述龙神显灵的事迹:"泉最久,故其神最灵。每旸亢,远迎舁柳辇驻其下,呼神者三,谷渊渊有应声,其声彻,雨则立澍。"[2]在众多的龙王庙,四海龙王是地位最为尊崇的。据明代徐道所撰《历代神仙通鉴》记载,四海龙王为:"东海,沧宁德王敖广;南海,赤安洪圣济王敖润;西海,素清润王敖钦;北海,浣旬泽王敖顺。"按其排列顺序来看,东海龙王职位最高,地位最为尊崇。这一时期,山东沿海民众所供奉的龙王,主要就是东海龙王,一般敬称其为"龙王爷",其余海龙王、龙王均需服从东海龙王,东海龙宫堪谓海龙王的"总统府"。

此外,这一时期,原先盛行于南方的萧神也传播到环渤海地区,如在鲁北濒海的利津县就有供奉。据说,在明代万历年间,利津县建起了一座宏伟的海神庙,正殿供奉的就是萧神。[3]

其实,从外地传入的海神中,影响最大的还是妈祖。明代以降,沙门岛妈祖庙名声日益显赫。这一时期,朝鲜使臣入中国,经常驻足于沙门岛。洪武时期,朝鲜从使画工第一次详细地描绘了沙门岛的实际状况及海神娘娘庙的图景,此后庙岛逐渐取代了沙门岛之称。崇祯时期,朝廷诏列官庙,对其进行大规模扩建,并由皇帝御赐匾额。至此,庙岛显应宫地位达于鼎盛。随着香火与声名的日

---

〔1〕 民国《续修莱芜县志》卷三五《艺文志·祷雨有感记》。

〔2〕 (清)张鸣铎修,张廷寀等纂:乾隆《淄川县志》卷一〇《满井募建龙王庙序》,乾隆四十一年刻本。

〔3〕 王赛时:《山东海疆文化研究》,第86页。

益隆盛,在明代,庙岛显应宫已成为我国北方的妈祖祖庙,有"北庭"之称。当时,正值妈祖信仰在北方传播的全盛时期,黄、渤海沿岸的海口与内河相继出现了大大小小许多家妈祖庙,其中多数与显应宫有主附关系,庙岛显应宫成为当时我国北方沿海地区的妈祖信仰与妈祖文化的传播中心,其影响不仅遍布黄、渤海沿岸的海口与内河,而且远播于朝鲜和日本等地。[1]

　　综上可见,明代是环渤海地区发展的一个重要时段。随着以海防为中心的各种活动的展开,环渤海地区也在经历着一场巨大的变化。伴随着卫所、巡检司的设立,一大批军事移民进入到这个区域,他们的生产、生活促进了当地的开发,如天津地区,明初原为荒芜之地,"属小直沽,荒旷斥卤之地,初无所隶焉",[2]自永乐二年天津卫设立后,该地逐渐发展起来,至清初康熙年间,"设立仅三百年,其中大小衙门及寺观、宫庙、庵祠、牌坊之丽,洵然大观,巍然一大都会也"。[3] 由于明朝政府对环渤海地区进行了长期而精心的经营,为其发展奠定了坚实的基础,使得明朝政府在援朝御倭战争这种大的政治事件中游刃有余,最终取得了胜利。

---

　　[1] 本小节在撰写过程中对王荸萱《妈祖文化在环渤海地区的历史传播与地理分布》(中国海洋大学硕士学位论文,2008 年)有所参考,特此说明,并致谢忱!
　　[2] 康熙《天津卫志》卷一《沿革》,《天津通志(旧志点校卷)》上册。
　　[3] 康熙《天津卫志》卷首《图说》,天津地方志编修委员会编著《天津通志(旧志点校卷)》上册,第 7 页。

第八章 清 朝 的 渤 海

第一节 清朝环渤海政区的设置

清朝渤海沿岸的政区由北向南依次为奉天、直隶和山东。清朝建立之初,为了便于统治,关内地区的地方行政设置基本沿袭明制,但废除了南京的留都地位,将北直隶改为直隶。在东北及边疆地区则设立中央辖区,如盛京地区即委派重臣设立了将军辖区。康熙之后,随着国内局势的稳定,渤海沿岸的政区设置也渐有变动,现将各府、州、县罗列如下。[1]

一、奉天

后金天聪八年(1634年)皇太极尊首都沈阳为盛京,顺治元年(1644年)清军入关以后,将明朝在此所设的卫所全部裁撤,改由八旗驻防并设内大臣、副都统。顺治三年(1646年),改内大臣为昂邦章京,康熙元年(1662年)改昂邦章京为镇守辽东等处将军,三年后又改镇守奉天等处将军,直至光绪三十三年(1907年),罢将军,置奉天巡抚,改为行省。

从地理位置而言,奉天北至洮南与黑龙江相接,南至旅顺口濒渤海,西至山海关与直隶相接,东至安图与吉林相接,共领八府、五直隶厅、三厅、六州、三十三县,其中新民府、兴京府、长白府、海龙府、昌图府、洮南府皆不濒海,在此不作赘述,仅将濒临渤海的奉天府和锦州府以及濒海直隶厅分列如下:

(一)奉天府

清王朝于顺治十四年在盛京城内置奉天府,设府尹管辖,光绪三十一年设知

---

[1] 下文皆参考嘉庆《大清一统志》、赵尔巽《清史稿·地理志》(中华书局,1976年)等。

府取代府尹,奉天府也成为此后奉天省治,领厅一、州二、县八,分别是:

厅一:金州厅。位于奉天府南约720里处,明朝在此设置金州卫,雍正十二年(1734年)改置宁海县,隶奉天府,光绪二十三年清政府改宁海县为金州厅。金州厅辖地为碧流河东岸至普兰店湾以南的辽东半岛全部,厅界几乎为海所环绕,深入渤海湾,辖区西南的旅顺铁山角与山东登州隔海相望,共扼渤海咽喉,因此,金州厅因其特殊的地理位置在渤海北岸乃至整个北部沿海都占据着重要的军事、经济地位。光绪二十六年,沙俄军队突袭金州城,金州厅的建制从此被强制废除。

州二:辽阳州、复州。辽阳州,大约在奉天府南120里处,于康熙三年(1664年)由此前的辽阳县升为州,境内山脉、河流众多。复州,位于奉天府南约540里处,康熙四年曾将其地并入盖平,雍正时期从盖平分地置复州厅,雍正十一年改为州。复州西部与西南部皆濒渤海,且境内多山,有东崖、西崖等重要港岸,是渤海湾内商船往来停泊中转的重要之地。

县八:承德、抚顺、开原、铁岭、海城、盖平、辽中、本溪。

(二)锦州府

锦州府在奉天省西南部,东临新民府、奉天府,西接直隶省,南部濒渤海。康熙三年(1664年)置广宁府,治广宁县。次年,清政府裁撤广宁府,置锦州府,治锦县。共领厅二、州二、县三,分别是:

厅二:锦西厅、盘山厅。盘山厅南部濒渤海。

州二:宁远州、义州。宁远州位于锦州府西南,其南部濒渤海。

县三:锦县、广宁、绥中。其中锦县和绥中南部濒渤海。

此外,奉天省还有五个直隶厅,分别是:一法库直隶厅;一辉南直隶厅;一营口直隶厅,位于奉天省西南部,濒临渤海,道光时期在此兴办海防,其地位日益重要,开埠通商后不断繁盛,至宣统元年(1909年)分海城、盖平两县地置厅,直隶行省;一凤凰直隶厅,位于奉天省东南部,其南部濒海,乾隆年间在此设凤凰城巡司,光绪二年改置厅,领岫岩州及安东和宽甸二县;一庄河直隶厅,位于奉天省南部,濒临渤海,光绪三十二年分凤凰厅、岫岩州地置厅,是渤海湾内商船往来要地。[1]

由上可见,清朝时期奉天省濒临渤海的主要有奉天府所属的金州厅、复州,锦州府所属的宁远州、锦县和绥中,营口直隶厅、凤凰直隶厅以及庄河直隶厅等地。这些沿海地区,在清代渤海地区海上贸易发展中扮演着重要角色,其中,奉

〔1〕《清史稿》卷五五《地理志》。

天省南部半岛地带与山东半岛的登州府形成掎角之势,共扼渤海咽喉,也因此成为鸦片战争之后列强不断争夺之地。

二、直隶

直隶位于渤海西岸,清朝定鼎北京后,将明朝时期的北直隶改为直隶。直隶省的政区设置在有清一代历经多次调整变动,至清末光绪三十四年,共领府十二,直隶州七,直隶厅三,散州九,散厅一,县百有四。[1]

十二府:朝阳府、承德府、宣化府、顺天府、保定府、正定府、顺德府、广平府、大名府、河间府、天津府、永平府。

直隶州:赤峰直隶州、遵化直隶州、易州直隶州、冀州直隶州、赵州直隶州、深州直隶州、定州直隶州。

直隶厅:多伦诺尔厅、独石口厅、张家口厅。

其中永平府、天津府所属部分州县濒临渤海,罗列如下:

(一)永平府

永平府位于直隶东部,领州一、县六。

州一:滦州。位于永平府西南,渤海在其南部约 130 里处。

县六:卢龙、迁安、抚宁、昌黎、乐亭、临榆。其中抚宁、昌黎、乐亭濒海。

(二)天津府

天津府,雍正三年为直隶州,雍正九年升为府。咸丰十年(1860 年),海禁大开,清政府因其重要的地理位置,在此设立了三口通商大臣。领州一、县六。

州一:沧州。雍正七年,沧州曾被升为直隶州,不久降州隶天津府。

县六:天津,雍正九年设置,天津水师营即设于此;青县,位于天津府西南部;静海,天津府西南部;南皮,天津府西南部;盐山,位于天津府南部,濒海;庆云,位于天津府东南部。[2]

直隶省主要的濒海口岸及其发展情况在后文第五节有详细论述,在此不作赘述。

三、山东

清朝时期,山东的政区设置基本沿袭明制,略有调整。山东在京师之南,东

〔1〕《清史稿》卷五四《地理志》。
〔2〕《清史稿》卷五四《地理志》。

至大海,西至直隶元城县界,南至江南沛县界,北至直隶宁津县界,领府十,直隶州三,县九十六。[1]

府十:济南府,为省治所在;东昌府、泰安府、兖州府、沂州府、曹州府、青州府、登州府、莱州府、武定府。

直隶州:临清直隶州、济宁直隶州、胶州直隶州。

山东濒临渤海的主要是半岛北部地区,即武定府、莱州府、登州府、青州府等所属州县。

（一）武定府

武定府位于山东西北部,领州一、县九。

州一:滨州。县九:惠民、青城、阳信、海丰、乐陵、商河、利津、沾化、蒲台。其中濒临渤海的主要是海丰、利津、沾化。

（二）登州府

登州府,位于山东东北部,领州一、县九。

州一:宁海州,濒海。县九:蓬莱,三面环海;黄县,其北部和西部临海;福山,北部濒海;栖霞;招远,西北临海;莱阳,南部临海;文登,临海;荣成,三面际海;海阳,临海。登州府大部分州县都临渤海,因此登州府在渤海湾的经济、军事地位尤为重要。

（三）莱州府

莱州府位于山东东北部,领州一、县三。

州一:平度州。县三:掖县,北部濒海;潍县,北部濒海;昌邑,北部濒海。

（四）青州府

青州府南、北部皆有濒海县,共领县十一:益都、博山、临淄、博兴、高苑、乐安、寿光、临朐、安丘、昌乐、诸城。其中濒渤海的主要是乐安、寿光等县。

总体而言,奉天、直隶和山东的政区设置在清朝基本稳定,在不同时期面临不同的经济、军事需要时做过略微的调整,三省濒临渤海的州县,在清朝时期也随着海上贸易及海防的推进,都有了进一步的发展。

---

〔1〕《清史稿》卷六一《地理志》。

第二节　海岸线的自然变动与
沿海居民的增多

　　自然地质的长期运动导致清代渤海海岸线发生变动,尤其是在河海区域,这种变化较为明显。历史上的黄河屡决屡塞,致使行洪河道不断淤积抬高,在一定条件下往往会决堤泛滥,改走新道。清咸丰年间就曾发生黄河改道、入海口北移的现象。据史料记载,咸丰五年六月,黄河在河南兰阳铜瓦厢决口,清王朝财政紧张,无力筑堤束流,便因势利导使黄河夺大清河道东北流,由利津铁门关东北流入渤海,[1]几十年间,由于黄河淤沙沉积,黄河三角洲不断向外延伸,造成海岸线的变动。其他入海口也出现过类似情况,如在莱州湾南岸,由于弥河等水系的冲积,造成海岸线向外缓慢推移。但有清一代,渤海海岸线总体上变化不大。

　　清乾隆时期,齐召南所著的《水道提纲》一书对清前期渤海海岸线的走向作了较为完整、详备的描述:

　　　　自鸭绿江口西襟盛京南、京师直隶东南,又南襟山东之北而东,古所谓渤海也。

　　　　盛京东南之鸭绿江口,在九连城南,其东为朝鲜国界,海口与山东登州之成山遥相望。海自鸭绿口,西经凤凰城秀岩城南……又西南为宁海县之旅顺城,旅顺三面悬海,南望蓬莱仅二百五十里,西望天津千里。海自旅顺城折而北经城西,其西为铁山岛,又北而东为宁海县西,又北稍西为复州城,有小水口三。复州城西南为长兴岛,又北而东为永宁监城、李官屯、熊岳城……又西北为海城县西南之大辽河口。海自辽河口西北经右屯卫南,有小水口二,至卫南为大凌河口,又西经锦州府南为小凌河口。……又西为山海关南。

　　　　直隶东北自山海关之南,经山海卫南,又西南经抚宁县东南……又西南经昌黎县东南……又西南经乐亭县南之齐家庄,为永平府之滦河口……又西经滦州南,又西经顺天丰润县南之润河庄南……又西经神堂韩沽南、宝坻县东南境,为蓟运河口。海折而南,经武清县东南境,为新河镇,东即天津直沽口也,口曰大沽,有海神庙,当天津府之东南(东北至山海关六百里,南至

---

〔1〕《清史稿》卷一二六《河渠》。

山东界二百五十里,东南至山东登州府八百余里,古黄河入海之口也)。海
自直沽南,经静海县东,又南稍西,为青县东之济沟小口,又东南经监山县东
北(其东南入山东海丰县界)。

　　山东地,东北、正东、东南三面滨海。海自武定府之海丰县,东北有大
沽口。又东南经沾化县、滨州东北。又东南为利津县东北之大清河口(俗
曰牡蛎口,东省巨川惟大清河)。又东南经蒲台县东北,又东为青州府之
博兴县、乐安县……又东南经寿光县北、莱州府之潍县东北、昌邑县
北……又东为北胶河口,又东为海仓口,又东北经莱州府治掖县北……又
东北经登州府之招远县西北,有界河口。又东北有地悬入海中,曰峗屼
岛。又东北经黄县北……又东北经登州府治蓬莱县城之西北而东,又东
南经福山县北(有小水口),又东北地悬入海中曰之罘岛。又东南经奇山
所东北,又东南经宁海州城北(有小水口,外岛屿无数……)。又东经文
登县北之威海卫西、北、东三面……成山地一线(纵二十里,横八十里),
北、东、南三面悬居海中……[1]

　　齐召南的记述以行政州县和河流入海口为地理坐标,同时标注重要港口和
海上岛屿,从而将渤海海岸线较为清晰地勾勒出来,使我们对清代前期渤海海岸
线的大体走向有一个较为直观、完整的了解。

　　从渤海海岸线的走向来看,主要涉及奉天、直隶和山东三个行政区,这些地
区经过明末清初的几十年战乱,经济遭到极大的破坏。清王朝建立之后,为了对
付郑成功等海上势力对新生政权的威胁,实行比明代更为严格的禁海令和迁界
令,进一步限制了这些省份沿海地区海上经济活动的开展。由于沿海地区多沙
碛,不适合传统农作物的生长,粮食产量无法满足日常所需,加上沿海居民本就
是"靠海吃海"的,海禁、迁界的实行更给他们的生活雪上加霜。在这种情况下,
沿海居民迫于生计只得背井离乡,向内陆地区逃生,造成清初渤海沿岸人口减
少,一片荒凉景象。

　　清初的禁海、迁界政策虽出于政治考虑,却造成了严重的社会后果,正所谓
"当年迁海禁海,使百万无辜室庐、田产荡然不存,饥寒流离而死者不可胜
数"。[2] 渤海沿岸地区自然不能幸免,康熙十二年山东官员上奏:"宁海州荒芜

〔1〕 (清)齐召南:《水道提纲》卷一《海》,《文渊阁四库全书》影印本。
〔2〕 (清)李光地:《榕村语录》卷二七《治道》,中华书局,1995 年。

地二千七百余顷,逃亡户三千余丁。"〔1〕土地荒芜、人口逃亡、海船被弃置海岸,致使在明隆庆年间有所发展的海上贸易再度沉寂,诸城人丁耀亢为此赋诗感叹:"千人引一樯,百金买一舵。……一朝海口孙恩乱,奉禁封诰置海岸。舟楫有用不逢时,野渡无人空浩叹。"〔2〕沿海地区人口和商业的萧条,造成的直接后果就是国家财税来源的减少,康熙十二年,渤海南岸的山东黄县知县李蕃对这一窘况深有感触:

> 黄地狭人稠,有田者不数家,家不数亩,养生者惟贸易为计,而妇女尤勤纺织,美矣;然一遭俭岁,粟必行三四百里,则痴重难致,而逃亡者多。……往者登为要地,士马如云,加以海运通道,商旅如归,以故黄四门集市之外,尤设乡集四,而定税额,岁为成规。今商贩寥落矣,在册之例不可遽减,而散行税于居民,查杂税于土产,则税课宜减也。〔3〕

　　黄县濒海,土地不适宜耕种,因此当地人多依靠贸易为生。根据李蕃的这番描述,在清朝实行海禁政策之前,黄县地区的贸易往来显然较为繁荣,且能够定期缴纳商业税额,但禁海、迁海之令一经实施,此地的贸易寥落,税收只能以散行于居民、征收土产杂税的方式征收,税额比此前大幅度减少。

　　至于奉天地区,情况更为严重。明末,长期的战乱加上后金统治时期的落后政策,导致当地的汉人大量逃亡,经济受到极大破坏。清朝建立之后,由于统治者一直忙于统一全国的战争,无暇顾及其龙兴之地,导致奉天地区一度人口大大减少。顺治十八年奉天府尹张尚贤上疏言奉天内陆地区虽有土地,民众却大量逃亡,人烟稀少,以致"皆成荒土",至于边海一带更是"黄沙满目,一片荒凉"。〔4〕这种情况带来的严重后果就是,边防荒废,一旦海寇来袭,朝廷短时间内必然难以有效对抗。

　　海上贸易不通给沿海地区人民的生活带来极大影响,地方官员和百姓要求开海的呼声日益高涨。迫于压力,康熙四年,清廷对山东沿海居民出海监管稍有放松,出现了近海航运活动。随着东南沿海敌对势力的肃清,清廷于康熙二十三年正式下令废除禁海令,环渤海地区的海上商贸和航海运输得到较大

〔1〕《清圣祖实录》卷四三"康熙十二年八月丙戌"条。
〔2〕(清)丁耀亢:《椒丘诗》卷二《海舟无渡行》,清顺治康熙递刻《丁野鹤集》八种本。
〔3〕(清)李蕃修,范廷凤等纂:康熙《黄县志》卷首李蕃《黄县志略》,康熙十二年刻本。
〔4〕《清圣祖实录》卷二"顺治十八年三月丁巳"条。

发展,不仅区域内山东、直隶与辽东之间的粮食贸易往来不断,还有更多的南方商人来到渤海海面通商贸易,他们或"经过登州海面,直趋天津、奉天",或在登州、天津等港口从事贸易,一时之间,渤海沿岸帆船云集,海上贸易和航海运输一片繁荣,沿海居民也随之不断增多,正如魏源在《复蒋中堂改南漕书》中所言:"自康熙中年开禁以来,沿海之民始有起色,其船由海关给执照,稽出入,南北遄行,四时获利。"如此一来,与人多地少的内陆地区相比,沿海地区有了更大的发展空间,这就促使内陆居民纷纷向海边迁徙,或开垦荒地,或从事海上贸易,沿海地区的人口密度不断上升。以山东地区为例,乾隆六十年(1795 年)山东总人口数达到 2 400 多万,嘉庆二十五年(1820 年)人口接近 2 900 万,根据同年统计的山东各府、州人数来看,山东半岛东部的登、青、莱三府约有 860 多万人口,〔1〕这三府所辖有十多个州县位于沿海一带。清朝末年,登、青、莱三府的人口数达到 1 200 万,可以推测,清朝结束时,山东沿海居民总数能够突破1 000万大关。〔2〕

　　海上贸易和航海运输的发展,也为大批关内人民向关外迁徙提供了重要渠道。为了改变奉天地区"有土无人"的状况,清王朝从顺治年间开始就对这一地区实行开放招徕政策,吸引关内各省人民前来垦荒种地,顺治十年正式颁布《辽东招民开垦条例》,规定给予移民一定数量的粮食、种子和耕牛,同时采取降低赋税的方法。如此一来,不仅使曾为躲避战乱而逃至登州、长山诸岛的汉民纷纷乘船返回辽东,也吸引了大批关内人民前来垦种。之后,清朝统治者出于保护满洲风俗和八旗生计的考虑,于康熙七年开始对东北实行封禁政策,特别是乾隆、嘉庆年间封禁尤严,但始终禁而不止,仍有大量关内各省人民出关垦种。其途径主要是闯关和泛海。当时关内北方出关较多的是直隶、山东、河南、山西等省,其中直隶、河南和山西部分由陆路山海关出关;山东与奉天仅一海之隔,登莱地区与金州、旅顺隔海相望,若顺风晴天,帆船一日便可到达,因此山东人民多泛海乘船至奉天等地。此外,也有南方沿海各省如江苏、浙江、福建等省百姓来到奉天地区垦荒、经商。乾隆五十六年"奉天、锦州一带沿海地方,竟有闽人在彼搭寮居住,渐成村落,多至万余户"。〔3〕 后经查实,仅在牛庄、盖州及沿海各海口即查出流离闽人 1 450 名,清廷自乾隆四十六年起,将奉天沿海的福建渔民、流民一一编立甲社。由此可见,关内各省人民的到来,大大促进了奉天沿海地区人口

〔1〕 人口数参见嘉庆《大清一统志》。
〔2〕 王赛时:《山东沿海开发史》,齐鲁出版社,2005 年,第 331 页。
〔3〕 《清高宗实录》卷一三七六"乾隆五十六年四月辛亥"条。

的增加。

　　清代康熙年间海禁的废除和海上贸易的开展,为"靠海吃海"的沿海人民提供了生活来源和保障,从而促进了渤海沿海地区人口的大量增加。这种人口数的增加不仅仅是人口自然繁衍的结果,更大程度上是百姓由内陆向沿海、由关内向关外不断迁徙的缘故。人口的增加促进了渤海沿岸地区的开发,而沿海地区的深入开发又进一步刺激了人口的增长,如此循环往复,渤海沿岸地区再也不是清初荒凉败落的境况,取而代之的则是沿海人口密集、海面商船不断的繁荣景象。

第三节　海洋资源综合利用范围的扩大

　　由于占据独特的地理优势,沿海先民在注重农业基础经济的同时,也在不断开发利用丰富的海洋资源,以兴鱼盐之利、通舟楫之便。环渤海地区发展海洋经济的传统古已有之,早在春秋战国时期,本区的齐国就利用"山东多鱼盐"[1]的优势发展鱼盐经济,管仲相齐后"兴鱼盐之利","齐以富强"。之后的历朝历代,沿海地区皆重视对海洋资源的开发利用,至清朝时期,虽有禁海政策的束缚,但总体而言,环渤海地区的海洋资源综合利用范围得到进一步扩大。

一、海洋渔业的发展

　　清朝初年实行禁海政策,不许片帆下海,环渤海地区的捕鱼业也因此受到限制。康熙四年,山东巡抚上疏朝廷要求在山东近海开禁捕鱼,得到批准,康熙皇帝谕令:"山东青、登、莱等处沿海居民,向赖捕鱼为生,因禁海,多有失业……今应照该抚所请,令其捕鱼,以资民生。"[2]于是,环渤海区域内山东沿海的渔业首先发展起来。康熙中叶废除禁海令之后,环渤海地区其他沿海各地的渔业也逐渐兴盛起来,滨海一带凡是不宜耕种的地方,人们大多以捕鱼为业。

　　渤海与黄海相连,二者属于同一鱼类区系,每年春夏间在黄海中部和南部

[1]《史记》卷一二九《货殖列传》。
[2]《清圣祖实录》卷一四"康熙四年正月乙未"条。

越冬的绝大多数鱼虾会洄游到渤海各海湾产卵繁殖,然后分散到各水域索饵育肥,九十月再先后离群离开渤海,回到越冬场栖息。因此,环渤海区域的渔场渔汛一年两次,3—6 月为春汛期,9—11 月为秋汛期,其渔场主要有两处:渤海湾渔场和辽东湾渔场。[1] 清朝时,渤海沿岸居民对海洋鱼类资源有了更加全面的认识,获取的海产品种类也不断增多,尤其注重捕捞经济价值较高的鱼类。除此之外,环渤海地区还普遍存在白虾、对虾、螃蟹、海螺、蛏、牡蛎、文蛤等海洋生物资源,而海狗、海豹、海牛、海驴等在明朝就常见于辽东半岛和山东半岛沿海。

每逢渔汛,环渤海地区的沿海居民就会扬帆出海,下网捕捞,沿海一线到处可见渔帆游走的热闹景象。以山东登、莱沿海为例,顾炎武辑《天下郡国利病书》中这样描述当时的渔业劳作:

> 海上渔户所用之网,名曰作网。……数十家合伙出网,相连而用。网至百贴,则长二百丈,乘海潮正满,众乘筏载网,周围布之于水。待潮退动,鱼皆滞网中,众齐力拽网而上。……可得杂鱼巨细数万,堆列若巨丘。[2]

《招远县志》对沿海渔民作业也有相关记载:

> 四民之外,渔者为多。以船及筏载网,网至数百丈,鱼滩至四五里,每下网,计约费数十金,举重网者获利无算,若鱼不赴滩则伤本。清明试水,小满止。秋成后则用拨网,谓之打小海,亦有微利。[3]

一些近岛海域由于适宜的水温和海洋环境,成为多种洄游性鱼类的产卵场、索饵场、越冬场和过路场,因此也是渔民捕鱼的重要场所,如文中提到的三山岛、砣矶岛等,每逢渔汛就会掀起捕捞高潮,成为小型渔场,为渔民提供丰富的渔业资源。

出海捕鱼之外,沿海居民还根据潮涨潮落的规律,充分利用海滩资源,在潮落时到海岸的滩涂或礁石上采集冲上岸的海产品,这被当地人称为"赶海"。这种采集作业难度不大,妇女小儿都可在潮退时到海滩采集,所获海产品数量虽无

---

[1] 杨强:《论明清环渤海区域的海洋发展》,《中国社会经济史研究》2004 年第 1 期。
[2] 《天下郡国利病书·山东备录》。
[3] (清)张凤羽等纂修:顺治《招远县志》卷四《风俗》,顺治十七年刻本。

法与出海捕鱼量相比,但对于沿海居民的日常生活也颇具意义。当时有诗云:
"种一亩田家数口,纵教丰岁亦长饥。那知更有无田种,妇女随潮拾蛤蜊。"[1]
赶海采集始终是清代环渤海地区捕鱼业的一个补充项目。

最初,清政府延续了明朝对渔民加收高额渔税的做法,直至雍正四年(1726
年),清政府废除这项税制,乾隆年间又蠲免捕鱼船筏税,使沿海渔民的负担大
为减轻。消除海禁和高额渔税的消极因素,清代环渤海地区的海洋渔业较之前
代有了进一步发展,除山东之外,环渤海其他沿海地区的捕鱼活动也十分普遍。
虽然相关文献记载较为零散,但根据日本学者松浦章收集到的漂流船资料来看,
清代环渤海地区从事海洋作业船只遭风漂流到朝鲜、日本、琉球的渔船就有 33
只,其中奉天 11 只,山东 22 只。清朝时环渤海地区的海洋渔业已渐成规模,渔
业劳作也成为沿海居民的一项重要生产活动。

二、海盐业的发展

环渤海地区海湾众多,沿海宜盐土地较多,同时降雨量少且集中、蒸发量大,
相对湿度低,这些气候条件都有利于海盐业的发展,因此环渤海地区的海盐经济
一直都很发达,自古就是我国重要的产盐区。清朝虽保留了明朝的盐业制度,只
允许专业灶户开滩制盐,但在灶户和滩户的管理上却相对放松,尤其是滩户可以
自主选择滩地和制盐方法,并可在划定范围内扩大生产规模,占有某些生产资
料。[2]加之乾隆年间灶丁人头税的彻底取消,提高了灶户的生产积极性,使环
渤海地区的海盐业在清代有了更大发展。

清代,环渤海地区主要有长芦、奉天和山东三大海盐产区。长芦盐场主要分
布于直隶和天津的渤海沿岸,明朝时期在沧县长芦镇就设置了管理盐课的转运
使,统辖直隶地区的海盐生产,清朝虽然将这一机构转移至天津,但仍沿用旧名,
一直称为长芦盐区。这里海滩宽广、风多雨少、日光充足,盐民善于利用这些有
利的自然要素,具有丰富的晒盐经验,为该盐区的大规模发展提供了良好基础。
奉天盐场主要分布于奉天渤海沿岸和辽东湾营口、盖县一带,其次是黄海沿岸的
大连、新金等地,这一盐区因岩岸割裂,制盐面积较为狭小,但所产海盐质量上
乘。山东盐场是我国最早开发的盐场,主要包括渤海莱州湾盐场和黄海的胶州
湾盐场,《史记·夏本纪》中记载山东半岛的青州因"海滨广潟,厥田斥卤"而生

---

〔1〕 (清)李天骘修,岳赓廷纂:道光《荣成县志》卷九《艺文》鹿松林《海上二首》(其一),道光二
十年刻本。

〔2〕 王赛时:《山东沿海开发史》,第364页。

产盐,春秋时期居住在山东沿海的夙沙氏最早煮海为盐。元朝初期,山东渤海沿岸盐场就有 19 处,到清初莱州湾沿岸的海盐年产量近万吨。关于环渤海地区的这三大海盐产区的盐场数量及销售地,据《清史稿》记载:"长芦旧有二十场,后裁为八,行销直隶、河南两省。奉天旧有二十场,后分为九,及日本据金川滩地,乃存八场,行销奉天、吉林、黑龙江三省。山东旧有十九场,后裁为八,行销山东、河南、江苏、安徽四省。"〔1〕总体看来,清朝时环渤海地区盐场分布广泛,海盐产量大且行销多省。

清代行盐方法主要有官督商销、官运商销、商运商销、商运民销、民运民销、官督民销、官督官销,其中以官督商销最为普遍。所谓官督商销,就是政府控制食盐的专卖权,盐商向官府缴课领取盐引后,到指定的地点买盐,之后再运到指定的地区销售。一般情况下,官府不允许自由贩运,也不允许越界行盐。引盐之外,清政府于道光之后改行票盐,实行"招贩行票,在局纳课,买盐领票"的政策,"不论资本多寡,皆可量力运行,去来自便",〔2〕但同样也限定区域。当出现食盐滞销的情况时,清政府也会视情况予以调节,如渤海沿岸的山东盐区,因交通不便、成本较高等原因,许多富商大贾不愿来此行盐,有些地区甚至出现无商贩运的尴尬情况。为此,清政府曾在山东盐区反复招商,但都效果不佳,只得破例允许山东盐区"穷民散卖",将一部分票盐"给予民贩赴滩陆续买盐",同时采取"筑包设商"〔3〕的形式来加快食盐销售。

清代,环渤海地区海盐业发展的重要推动力主要是制盐方法的变化。煎盐和晒盐是清代制盐的两种方法,环渤海地区的许多盐场最初多采用煎盐方法制盐。所谓煎盐之法,首先要晒土、制卤,然后煎盐,这种制盐方法费时费力,随着环渤海沿岸人口的增多,沿海滩地多用来垦种,煎盐所需的柴草来源更成问题。因此,更为简便的晒盐法逐渐受到了青睐。晒盐之法更多地利用海水、日光等天然资源,与煎盐相比大大节省了成本,而且,晒盐每池大者可成盐一二千斤,小者一次也可得五六百斤,产盐量大大高于煎盐法。

约从康熙年间开始,晒盐方法在环渤海地区广为推行,如《掖县志》中提到"康熙四十年,西山唐玉之倡为晒滩,一滩岁可得数千斤。初只二滩,今则沿海皆是。暮春初夏,堆累如山,视熬煮者工简利倍。"大体到清朝中叶,晒盐法已取代煎盐法在环渤海地区的食盐生产中占据了主导地位。由煎到晒这一制盐方法

---

〔1〕 《清史稿》卷一二三《食货志》。
〔2〕 《陶文毅公全集》卷一四《会同钦差覆奏体察淮北盐票情形折子》。
〔3〕 (清)严有禧纂修:乾隆《莱州府志》卷一三《艺文》,乾隆五年刻本。

的转变,成为清朝环渤海地区海盐业大规模发展的一个重要因素。

三、海产品的再加工

清朝本区沿海人民通过自身的努力和劳作,不断地对海洋资源进行开发,出产了众多海产品。为了便于保存和运输,沿海人民在从事海洋作业的同时,还对捕捞来的海产品进行再度加工,大大提高了一些海产品的产业价值。

在众多海产品中,尤以海洋鱼类的再加工数量为最多。大多数海鱼都能通过干制、腌制的方式进行处理,因此清代环渤海地区的沿海渔民多采用这两种方式对新鲜海鱼进行再加工。经过加工的海鱼不仅保存时间长,且售价也不低,渔民"网取鱼虾……少则日获数十斤,多则一网数百斤,货鲜供急,腌鲞待价,毕生业此,致富者亦往往有之"。[1] 山东文登沿海一带,渔产丰富,海鱼腌制数量极大,甚至出现因腌制鱼类而导致当地食盐供应短缺的状况,可见当时沿海地区海鱼再加工产业的普遍和庞大。

有些海鱼还可加工制成酱类制品,如鳊鱼、鲲鱼等小型鱼类。鲲鱼是鲲科中的小型鱼类,集群性强,风平浪静时,起群的鲲鱼在海面上呈黑褐色,比较容易捕捞,但这种鱼易腐烂,很难保存,所以这种鱼又被沿海人民称为"离水烂"。于是,沿海人民根据其特性将其加工成为美味的酱制品,清代学者郝懿行的《记海错》中载:"(鲲鱼)海人为难于收藏,腌以为酱,鲜美可啖,经典所称鱼醢当指此而言。"这类海鱼被加工为鱼酱,不仅延长了其保存时间,而且美味可口,极具经济价值。

清代环渤海地区的沿海渔民不仅能够将捕捞到的海鱼加工为食用品,还能充分利用一些鱼类自身的特点,制成日常用品。如石首鱼的鱼鳔,人们不仅可以将其做成"鱼肚"以供食用,还能够将鱼鳔做成胶,用来粘合物品。在众多石首鱼科中,鮸鱼鳔最肥,是食用、制胶的首选原料。此外,黄花鱼和黄锢鱼也是区内重要的经济鱼类。黄花鱼腹中的白鳔同样可食用,亦可作胶,而黄锢鱼由于腹中多脂,所以常被沿海人民提取练成黄油,作为灯油使用。

因补益作用而得名的海参,在清代成为一种昂贵的海产品,众多海参种类当中,唯有山东和辽东沿海出产的刺参可以称得上是上等珍品。清朝,由于海参要加工成干制品才能够出售,因此加工海参也成为渤海沿岸地区的一项重要手工劳动。《文登县志》对此就有记载:"海人没水底取之,腌以炭灰,坚韧而黑,货致

---

〔1〕 梁秉鲲修,王丕煦等纂:民国《莱阳县志》卷二《渔业》,民国二十四年刻本。

远方,唉者珍之。"〔1〕渤海海域所产的刺参闻名中外,为当地渔民带来极大的经济收益。

清朝时,渤海沿岸地区有时会出现鲸鱼搁浅的现象,往往给沿海居民带来意外收获。对于这种搁浅的庞然大物,附近渔民一般会割取其肉当作食物,也有人专取鲸鱼骨,用作建筑材料,还有人把鲸鱼的脂肪炼为膏油,当作燃料。在清代山东沿海的地方志中,即有许多有关鲸鱼搁浅及割食利用的记录,如《寿光县志》记载:

> 雍正六年春,海水溢,水落获大鱼,长十余丈,口阔丈余,居人以巨木撑之,入腹中,割其脂以燃灯。

又载:

> 光绪癸卯十月,弥水入海处,又有落水巨鱼,长三丈余,众人环视,高及肩形似猪而无鳞,两目俱无,陷泥淖中。滨海人鬻其肉于市,质粗味不佳。取其脊骨,圆径二尺许,有用之为坐墩者。〔2〕

清朝渤海沿岸渔民尚不具备出海捕鲸的能力,一旦有搁浅在岸的鲸鱼,就往往会被人们瓜分一空,对其进行充分的利用。

清朝环渤海地区对海洋资源综合利用范围的扩大,除了上文提到的鱼盐经济、海产品加工业之外,还体现在对海洋贝类和藻类资源的开发利用等多方面。总体看来,清朝本区沿海居民通过对海洋的不断探索,扩大了可利用的海洋资源范围,既继承了以往的海洋经济传统,又在规模和程度上较之前代有了进一步的深化。

第四节　渤海商贸与航海运输

明朝长期实行禁海,到嘉隆时期,沿海居民开始冲破禁令发展海上贸易,渤

---

〔1〕　(清)李祖年修,于霖逢纂:光绪《文登县志》卷一三《土产》,民国二十二年铅印本。
〔2〕　宋宪章等纂修:民国《寿光县志》卷一六《杂记》,民国二十五年铅印本。

海湾内山东、辽东、直隶等地商人"贩运布匹、米豆、曲块、鱼虾并临清货物"[1]往来不绝,但因属于违禁私贩,贸易范围和规模都比较小。清朝建立之初,郑成功海上力量的发展壮大令清政府深感不安,为了断绝沿海地区与郑氏集团的往来,顺治十三年,顺治帝下令禁海,敕谕浙江、福建、广东、江南、山东、天津各督抚严禁商民出海贸易。顺治十八年,康熙帝即位,亦实行"迁界"令,将"山东、江、浙、闽、广海滨居民尽迁于内地,设界防守,片板不许下水,粒货不许越疆"。[2]在禁海、迁界的双重压制下,环渤海区域的海上商贸与航海运输深受其害,直至康熙中叶开放海禁之后,才有了较大规模的发展。

一、环渤海区域内的粮食贸易

康熙二十二年,清王朝收复台湾之后,统治阶级内部一些官员要求开海的呼声越来越高,同时为了安抚沿海民心,康熙皇帝决定着手开放海禁。在朝廷取得共识的基础上,康熙二十三年下令:"今海外平定,台湾、澎湖设立官兵驻扎,直隶、山东、江南、浙江、福建、广东各省,先定海禁处分之例,应尽行停止。"[3]正式拉开了开海的序幕。在此政策主导下,渤海湾内山东、天津和东北地区的贸易往来也逐渐频繁起来。

清代前期,东北地区与天津、山东等渤海沿岸地区的商贸往来多以粮食贸易为主。明王朝统治时期,东北地区人口稀少而战事频仍,粮食、布匹等军需民用物资多依靠内地供给。而作为满族的龙兴之地,清王朝建立之初便对其进行开发,多次颁布招垦令,鼓励各省农民移居辽东,被招之民到辽东之后,官府可贷给口粮、种子、耕牛,秋收后归还。在招垦政策的吸引下,大量移民来到东北地区,其中以山东、直隶二省为数最多。山东移民主要来自山东半岛的登州、莱州、青州三府,大多泛海而至;直隶移民以北部与东北相邻的永平、顺天、天津等府为多,大多走陆路从山海关北上。随着移民的不断迁入,对耕地和粮食的需求量也显著增加,东北地区的荒地得到大面积开垦。据统计,顺治十八年,辽东奉天、锦州二府仅有耕地6万余亩,康熙二十四年增至31万余亩,雍正二年达到58万余亩;乾隆十八年奉天地区共有耕地252万亩;到嘉庆二十五年,东北三省的耕地面积总计达到了2 317万亩。[4] 与清初相比,东北地区的耕地面积有了大幅度

---

〔1〕 （明）梁梦龙:《海运新考 · 海道捷径》。

〔2〕 （清）夏琳:《闽海纪要》"顺治十八年"条,《台湾文献丛刊》本。

〔3〕 《清朝文献通考》卷三三《市籴》,商务印书馆,1936年。

〔4〕 梁方仲:《中国历代户口、田地、田赋统计》,上海人民出版社,1980年,乙表61、77。

的增长,粮食产量也不断提高,从康熙中叶开始,已陆续有余粮可供输出,据《清圣祖实录》的记载,这一时期出现了"有运米于山海关内者,又泛海贩粜于山东者多有之"[1]的现象。但当时海禁初开,加上东北地区农业尚处于开发阶段,这种贩运规模是比较小的,遇到灾荒,仍需从内地调运粮食。

最初,清政府对东北地区的粮食输出抱有非常谨慎的态度,对输出数量和地点也有诸多限制。随着生产的不断发展,东北地区的粮食产量越来越多,而内地由于灾荒、人多地少等问题则时常出现缺粮的状况,清政府因此逐渐放宽了对东北地区粮食输出的限制。雍正年间,曾下令"盛京米粮不必禁粜,听其由海运贩卖"。[2] 乾隆初年,直隶地区因歉收导致粮价上涨,清政府下令由奉天调运粮食到天津等处接济,乾隆皇帝曾在一道谕旨中明确说道:"朕思奉天乃根本之地,积储盖藏固属紧要,若彼地谷米有余,听商贾海运以接济京畿,亦哀多益寡之道,于民食甚有裨益。嗣后奉天海洋运米赴天津等处之商船,听其流通,不必禁止;若遇奉天收成平常,米粮不足之年,该将军奏闻,再申禁约。"[3]这番话突出反映了清政府在对待东北地区的粮食输出问题上已持相对灵活的原则。乾隆中叶以后,随着开发的进一步深入,东北地区已然成为一个新的粮食产区,对外输送粮食的能力大大提高,清政府对东北地区的粮食输出也最终解禁。同处渤海湾沿岸的天津、山东等地是其最主要的输送地,不仅有官方组织调运,在遇到灾年等状况时,清政府还鼓励民间商贩从海路进行贩运,至嘉庆年间,东北输往直隶、山东二省的高粱、粟米等粮食每年可达一两百万石。

清代前期,随着东北地区的不断开发,渤海湾内山东和京津地区的商人也纷纷前往东北进行贸易。天津与东北地区的粮食贸易始于康熙年间,主要从东北地区输入杂粮,郑尔瑞、蒋应科、孟宗孔等人都是当时有名的粮食贩运商。海禁开放后,清政府就多次下令,奉天运米赴天津贸易"不必禁止",甚至采取减免关税的措施以促进商品流通,保障京畿地区的粮食供给。康熙年间,天津赴东北贸易的商船不过数十艘,乾隆中叶对东北的粮食输出解禁之后,已增至数百艘,嘉道时期天津与东北的粮食贸易持续兴盛。嘉庆年间,监察御史牟昌裕上书说:"天津粮船于东省贩买米石,向在锦、盖、复、宁等州,而边外之粟得以辗转出卖,获有善价,亦大便利。"又称:"天津一县向来以商贩东省粮石营生者,每岁约船六百余只,每船往返各四五次或五六次不等。"[4]东北地区粮食贸易的不断繁

---

〔1〕《清圣祖实录》卷一二八"康熙二十五年十二月丙辰"条。
〔2〕《清圣祖实录》卷二九八"康熙六十一年六月壬戌"条。
〔3〕 王树楠、吴廷燮、金毓黻等纂:《奉天通志》卷三二《大事》,辽海出版社,2003年。
〔4〕 (清)黄丽中纂辑:光绪《栖霞县志》卷九《艺文》,光绪五年刻本。

荣,使得天津地区依靠贩运粮食而起家者大有人在。

清代山东从东北地区输入的也主要是粮食。山东半岛耕地资源欠佳,尤其是登州府,境内丘陵山地面积占70%左右,是山东最主要的缺粮区。为了满足当地的粮食需求,清政府不得不就近从较为充裕的奉天调运粮食,如府治蓬莱"合境地少土薄,丰年且不敷所用,一遇凶歉愈不能不仰食奉省"。[1] 因此,即使在对东北粮食输出诸多限制时期,清政府也曾多次特许山东从东北运粮,到清代中叶,山东半岛每年从东北输入的粮食可多达一百万石左右。

由于海禁的开放和人地资源的日趋紧张,大量山东沿海商人纷纷前往京津和东北地区寻求生财之道,渤海湾区域的经济联系由此得到进一步加强。如据《清圣祖实录》记载,康熙四十六年圣祖巡行边外时就看到"各处皆有山东人,或行商或力田,至数十万人之多"。随着东北地区封禁政策的解除,山东商人的足迹更是遍布东北各地,《登州府志》记载,境内"地狭人稠,境内所产不足以给,故民多逐利四方,或远适京师,或险泛重洋,奉天、吉林、绝塞万里皆有登人"。此外,还有黄县、莱阳、文登等地的经商者也多前往辽东和京津地区进行贸易。

下表所列是文献所见渤海湾内贸易往来的部分商船示例,从中我们可以对清代前期环渤海区域内的海上商贸往来有更加具体的了解:

表1 清代前期渤海湾内往来贸易商船示例[2]

年 代	船籍、船号或船户	停泊地	航运路线和装载商货
雍正十年	山东福山县福字九号商船	(东关)	运载客商及所带布匹、线带、布鞋、羊皮帽等前往关东贸易
乾隆十四年	直隶天津县船户田圣思	锦 州	在锦州置买元豆、瓜子等货赴山东贸易
乾隆三十九年	山东福山县商船	(奉天)	装载清布480匹、白布26匹,以及钱1 270吊,拟往奉天买粮返回
乾隆四十二年	奉天府金州第四十一号官船		装载盐鱼279尾,前往山东出售
乾隆四十三年	直隶天津商船	锦 州	该年六月至十月,计有199只商船前往锦州贩运粮食,其中往返三次者44只,往返两次者90只,共计377船次

〔1〕 (清)王文焘修,张本等纂:道光《蓬莱县志》卷五《食货志》,道光十九年刻本。
〔2〕 转引自张利民《近代环渤海地区经济与社会研究》,天津社会科学出版社,2003年,第44、45页。

续　表

年　代	船籍、船号或船户	停泊地	航运路线和装载商货
乾隆五十六年	山东福山县十一号商船	奉天金州	携带银两由芝罘空船出口,在金州购买粮食200石以及山茧、凉花、烟草等货返航
乾隆五十九年	山东登州黄字十九号商船	(奉天)	系因登州年荒,前往奉天亲戚处借钱购买粮柴
嘉庆十二年	山东登州蓬字五十九号商船	奉　天	系蓬莱县商船,受雇于宁海州商人王阑若等十人,在奉天购买茧包386包、高粱60石、玉米40石,拟赴山东宁海州发卖
嘉庆二十一年	直隶天津商字四十三号商船	辽　东	在关东置买黄豆、苏油、豆饼等货拟赴上海发卖

资料来源：据《正谊堂文集》《官中档雍正朝奏折》《官中档乾隆朝奏折》《历代宝案》以及松浦章《清代にわける沿海贸易について》《李朝漂着中国帆船の问情别单について》等文整理。

注：括号内为原定目的地,因遭遇风暴未能抵达。

　　总之,海洋政策由禁到开的转变,使得从清初到嘉道时期,渤海湾内各港口城市之间的商船通过渤海海面"不时往来",促进了环渤海区域内海上商贸和航海运输的繁荣,这既是经济发展的需要,也是经济发展的结果。海上贸易的往来加强了区域内各地区的联系,大批粮食运往山东、直隶地区,不仅帮助当地人民度过了灾荒,也促进了相关农副产品加工业和商业的发展。如山东黄县、栖霞等地居民向以粉丝加工为主要家庭副业,每年所需数十万石的绿豆就是从辽东购来的;利用辽东柞蚕发展起来的柞丝织绸业也成为山东半岛极具特色的产业。

　　对于东北地区而言,大批粮食外运也提高了其农业商品化的程度,对当地社会经济的恢复和商品经济的发展起到了巨大的推动作用,并加速了东北土地的开发,使其成为一个新的粮食生产基地。海上商贸和航海运输的发展,也促使山东、直隶地区的人民不断进入东北,他们在此或开荒或经商,极大改变了东北地区原本地多人少、大片土地闲置、多处荒无人烟的闭塞景象。

　　海禁开放之后,在以粮食贸易为主的区域内海上商贸往来的同时,南方各沿海地区的商船越来越多地出现在渤海海面,环渤海区域与南方各省的海上贸易有了大规模的发展。

二、环渤海区域与南方海域的贸易往来

　　随着海禁的松弛和海上运输条件的改进,环渤海地区与江、浙、闽、粤等南方

海域的海上贸易往来不断发展。天津、山东沿海的登州以及东北地区的牛庄、锦州等地,凭借其比较优越的地理位置和港口条件,吸引了大批南方商船前来贸易,成为南来北往各路商品的集散地,加强了南北方的经济联系。

早在清初,便有闽广地区的商船北上贸易,海禁开放之后,渤海西岸的天津与南方海域的贸易往来活跃,康熙四十二年即有记载:"历年福建商船于六月内到天津,候十月北风始回。"[1]雍正年间,已有大量闽广、江浙地区的商船来津贸易,受气候等因素的影响,每年的六月到九月是南方商船抵津的高峰期,如雍正七年六月中旬有"闽商张宁世等闽船十只,装载客货到津",自六月中至七月十八日又有闽广商船12只陆续抵达天津;雍正九年自六月至九月,先后共有53只福建商船抵津。[2] 这些船只主要来自泉州府晋江、同安,以及漳州府龙溪、福州府闽县、兴化府莆田等县。到乾隆年间,无论是南方商船来津贸易,还是天津去往南方地区的商船数量都有了进一步的增加。可以说,天津的兴起虽以漕运为基础,但清代开海后沿海贸易的发展却是其迅速崛起的重要助推力,到清代中叶天津发展成为华北地区最大的商业中心和港口城市。

乾隆年间由闽广地区至北方贸易的商船一般在本地装载货物至天津交卸,转至奉天府等处装载米豆杂粮,再转至山东放洋回籍。当时,南方商船输入天津的商品主要有糖、茶、纸张、瓷器、药材等,其中糖是运至天津的最大宗商品。在雍正九年抵达天津的53只福建商船中,有45只载有糖货;广东来津商船载运的商品中糖也是最重要的商品,据广东《澄海县志》记载:"邑之富商巨贾当糖盛熟时,持重货往各乡买糖……候三四月好南风,租舶艚船装所货糖包由海道上苏州、天津。"[3]此外,瓷器、纸张等货物也大量输入天津,数量十分可观。显然,这些货物大量输入天津之后并非由其本城全部消费,其中大部分应转销于京师以及直隶等其他地区。

山东是渤海湾内的沿海大省,明朝隆庆时期贸易较盛的港湾已有十余处,清初"禁海"和"迁界"的实行,使其原本在明朝后期有所发展的沿海贸易受到很大影响,民间海上商贸活动基本停止。康熙中叶海禁开放之后,山东沿海贸易得以再次发展,江南等省的货物源源而来,出现"自从康熙年间大开海道,始有商贾经过登州海面,直趋天津、奉天。万商辐辏之盛,亘古未有"[4]的景象。贸易范围由之前的江淮一带扩大至闽广台地区,如武定府蒲台有"海船自闽广来,泊蒲

〔1〕《清圣祖实录》卷二一三"康熙四十二年八月戊午"条。
〔2〕《雍正朝关税史料》,见故宫博物院《文献丛编》第18辑。
〔3〕(清)李书吉等修,蔡继坤等纂:嘉庆《澄海县志》卷六《风俗》,嘉庆二十年刻本。
〔4〕(清)谢占壬:《古今海运异宜》,《皇朝经世文编》卷四八,文海出版社,1968年。

台关口",使该城"商贾辐辏,号称殷富"。[1] 就商船载运量而言,这一时期也有了较大规模的发展,清代南方北上贸易的船只多为沙船,其载运量小则千余石,最大可达两三千石,绝非明朝时期"轻舟来贩"可比拟的。这些商船回程时,又把山东的货物运贩南方,对于调剂各地余缺起到了积极的作用。

山东豆产丰富,所出产的大豆以及豆油、豆饼等是向南方输出的主要货物,早在明代即有输出。康熙中叶开放海禁之后,清政府允许商货流通,但仍严禁米粮出海,唯独山东大豆除外,"米粮出洋例禁甚重,惟东省青、白二豆素资江省民食,因内河路远,必由海运,不在禁例",[2]特许江苏商船赴山东采买大豆,由山东沿海各州县给票放行,通过海路运抵江南,供榨油、磨腐以及豆饼肥田之用,极大保障了江南百姓的日常生活。清中叶之后随着山东榨油业的发展,大豆输出渐为豆油、豆饼所取代。除此之外,山东出产的干果、海货等货物在南方也极为畅销,如益都核桃、聊城胶枣等也多经海运南贩。由此可见,海上商贸的发展使山东物产得以销售外省地区,不仅拓宽了销售渠道,还在一定程度上提高了原产品的价值利润,其益处显而易见。

当然,山东沿海不能自给的生产生活物资,也同样依赖于沿海各省的相互调剂。除了前文提到的登莱沿海一带常常依靠辽东调运粮食补给之外,棉花也是山东半岛的紧缺品。正如同治十年《黄县志》记载:"黄地不产木棉,丰年之谷不足一年之食,海舶木棉来自江南,稻菽来自辽东,民所仰给也。"这些必需品都需要南北各省的补给。由于土地条件所限,山东半岛有十余州县几乎全不植棉,是全省最主要的缺棉区,所需棉花主要来自江南,因此棉花就成为南方商船输入山东半岛的主要商品。随着海上商贸的繁荣和航海运输的发展,有些地区所需棉花甚至完全依靠江南商船来贩,如光绪《文登县志》载,登州地区"明季尚种草棉作布,今全仰给江南,以豆饼往易棉包。来海商交易,此为常货"。前往南方贸易的山东商人回棹之时,也多装载棉花运回本省贩卖。正是通过海上商路的互通有无,不仅保障了人们的生活需求,还大大激发了沿海地区的经济活力,其积极作用可见一斑。

海禁开放后,奉天地区的海上贸易也逐渐发展起来,渤海沿岸的锦州和牛庄很快成为南方海船贸易的重要码头。锦州所属的天桥厂海口,由于更适合吨位较大的南方商船停泊,到乾嘉时期发展极盛,每年来此贸易的船只千余艘,"进口船只来自福建、广东、宁波、安徽、上海、直隶、山东等处,闽粤曰雕船、曰鸟船、

---

[1] （清）严文典等修纂：乾隆《蒲台县志》卷二《风俗》,乾隆二十八年刻本。
[2] 《清朝文献通考》卷三三《市粜考》。

曰红头,江浙曰杉船,山东曰登邮。凡滇黔闽粤江浙各省物产、药类暨外洋货品,悉由此输入"。[1] 牛庄是东北境内最古老的海运码头之一,明初由海路向辽东运送军粮及"钱钞花布",多运至此地,即使在清初海禁甚严时期,牛庄仍有粮食贩运。海禁开放后,"海艘自闽中开洋十余日即抵牛庄",加之牛庄当时尚未设关税,海船由牛庄海口出入可不必纳税,更使其百货云集。从康熙至乾隆年间,这里一直是东北地区与南方各省往来贸易的主要海运码头,之后由于辽河的不断淤塞,海船贸易港口不断下移,在乾隆末年最终移至距离海岸最近的营口。

大豆和杂粮是东北地区输出的最主要商品,南方各地从东北输入的商货即以大豆为最大宗。根据山海关黄豆豆饼税定额 28 133 两折算,乾隆年间东北地区每年输出的大豆至少在 120 万石以上,其中绝大部分运往江南,嘉道年间这一数量又有增长。[2] 时人谢占壬在《古今海运异宜》中记载:"数十年前江浙海船赴奉天贸易,岁止两次,近则一年行运四回,凡北方所产粮、豆、枣、梨运来江浙,每年不下一千万石。"闽广商船从东北输入的大豆也不在少数。

同天津、山东相差无几,东北地区从南方输入的商品大多也是茶叶、纸张、瓷器和糖等各种手工业产品。福建、台湾和广东是清代最主要的产糖区,所产的红白糖不仅大量运抵渤海湾内贩卖,也沿海道运往江南苏、沪地区,乾隆年间福建商船北上贸易有很多是先载糖至上海,再由上海装载茶叶北上东北、天津等地贸易。

得益于由"禁海"到"开海"的政策转变,环渤海地区的海上商贸活动在清代得到极大发展。与南方海域贸易往来的不断发展,不仅对调剂南北方商品货物的余缺起到了积极作用,也在很大程度上促进了环渤海沿岸农业生产结构的调整和经济布局的优化,将沿海地区与其内陆腹地及全国各省区紧密联系在一起。尽管受到地理位置和传统观念的束缚,渤海海域的商贸和航海运输与东南沿海相比,整体上并未摆脱沉闷之气,但不可否认的是,这一地区在清代开海后得到极大发展,迸发出我国北方海域的生命力。

第五节　渤海出海口和港口建设

环渤海沿岸分布着许多天然海口,先民们在充分利用这些天然海口作为航

---

〔1〕 王文藻修,陆善格等纂:民国《锦县志略》卷一三《交通》,民国时期铅印本。

〔2〕 张利民:《近代环渤海地区经济与社会研究》,第 37 页。

海基地的同时,也进行人工改造将其建设为海港,作为航海通道的起始点和归宿点。清代环渤海地区的港口,主要有渤海湾西岸的天津港,山东半岛北岸的登州港、福山县的烟台港,奉天沿海地区的锦州、牛庄和营口港等,这些港口有的早已有之,有的则是随着清代海上贸易的发展而兴起。

一、天津港的繁荣

天津位于华北平原东北部,东临渤海,北接燕山,西北距京师仅百余公里,北运河、永定河、大清河、子牙河、南运河等五河在此汇流为海河,东注入海。天津地理位置优越,交通十分便利,素有京津门户、海陆咽喉之称。

天津的前身为直沽寨,明建文四年(1402年)朱棣夺取政权之后,因起兵时"自小直沽渡跸而南",遂将其赐名为"天津",取"天子津渡"之意,永乐二年在此建城设卫。明朝虽罢海运,漕粮改由运河北上,但天津作为京师的门户和运河漕运的枢纽站,地位依然重要。清袭明制,漕船仍可携带私货沿途贸易,商船可载免税货物二成。随着商船、漕船的到来,各地杂货倾入京津市场,船舶返回时,北方的土特产又通过天津港运往南方各地。天津盛产的长芦盐是沿内河南下的主要商品,运销长城以北、黄河以南,直隶130余州县及河南开封、彰德、陈州、怀庆4府50余州县所需食盐都由天津供应运输。清代天津港的盐运地区,比明代增加了宣化、开封、怀庆三府及所属州县。[1]

清朝海禁开放后,天津港再次成为海上贸易的重要港口,贸易范围逐渐由南北大运河沿线地区,逐步扩展到华北、江浙和闽粤的沿海地区;运载的商品类别也大大超出了内河漕运所限定的范畴,正如前文所述,南方的瓷器、纸张、茶叶、糖、药材、水果等随商船进入天津港,由此转运京师等内陆地区,商品流通不断加强。乾隆年间,已有大量西洋商船来华贸易,各种洋货随着闽广海船贩运到天津港,使得天津原有的洋货行已不足以应付货物的起卸、贮存等业务,遂另外开设洋货局栈九家,共同管理洋货;邻近港口的北门外、东门外出现了"洋货街""针市街",专销南方及国外百货。天津港口来往商船不断,呈现一片繁荣景象,天津港在广大地域内商品流通中的桥梁作用得到加强。

随着天津港商业的发展,天津在建置上也逐渐上升。雍正三年(1725年),清政府将天津卫改为天津直隶州;雍正九年,升州为府,天津成为府城,城市规模日益扩大。明代设于河西务的钞关在清代也移驻天津,运河商船和闽广海船均

---

〔1〕 (清)张焘:《津门杂记》卷上《盐坨》,《近代中国史料丛刊》第57辑。

在此验关纳税。[1] 清代沿海贸易的发展,推动了天津的迅速崛起,在鸦片战争之前,已初步发展成为以海河为轴线的经济中心城市,天津港不仅是京师的水路门户,也已成为沟通江南、连接北方各地的运输枢纽。

二、登州港的衰落与烟台港的崛起

登州港位于山东半岛最北端,蓬莱城北丹崖山下,北距庙岛群岛 6 海里,地处要津,形势险峻,与辽东半岛隔海相望,扼渤海海峡之咽喉,守卫京都之门户,是我国古代北方重要的贸易港和军事港口。登州港最初是一个自然港湾,历经多次修建逐渐形成规模,唐中宗神龙三年(707 年),伴随登州治所由牟平迁至蓬莱,才正式称为"登州港",清朝建立后,这一港口继续得到使用。

清朝前期,登州港仍按前明军港模式管理,在禁海时期,官方严格控制出入港区的商船,致使商业活动冷落,山东登莱沿海与朝鲜半岛的交往也一度沉寂。雍正八年,清朝开始允许装运赈粮的船舶进出登州港,到乾隆初年,有条件地开放了山东与奉天之间的商业海运。乾隆《莱州府志》卷五《海汛》记载:"登州卫水城即新开海口,紧贴海滨,北城即为蓬莱岛,岛下即为水城,出水城即为大洋。自南来者,或由海道,或由开洋,皆于此萃聚。向北去者或收旅顺,或收津通,皆于此启程。"一时间登州港帆船云集,再现商业的繁荣景象。有清一代,登州港作为商港,随着海洋政策的变化时盛时衰,但作为军港,则一直备受重视,常年驻守重兵,此事后文再详加叙述。

咸丰八年,清廷战败,与英、法签订《天津条约》,拟将登州港辟为通商口岸,但经英国人多次考察发现,登州港湾水浅,不适合大型商船的停泊,便把通商口岸改为地处渤海入口的烟台。此后,登州府的政治、经济和军事中心也随之东移,登州港的商务和航运活动都转移到烟台港,出现"自烟台兴而此口废,仅余断港绝潦,为贩夫佣妇洗菜浣衣之所"[2] 的萧条景象,登州这座在历史上曾因中外交往而名盛一时的海港,在清代失去了它的昔日光辉。

烟台,位于山东半岛北岸渤海湾入口处,与辽东半岛水路相隔仅百余里,属登州府福山县,原本只是一个小渔村,由于地理位置的优越和沿海贸易的发展,在清中叶前后逐渐发展成为重要的港口城镇,烟台港也因此取代登州古港成为北方重要海港。民国《福山县志稿》记载了烟台发展的早期经过:

---

〔1〕　张利民等:《近代环渤海地区经济与社会研究》,第 79 页。

〔2〕　张相文:《南园丛稿》卷四《齐鲁旅行记》,上海书店,1996 年。

明为海防,设奇山所驻防军。东通宁海卫,西由福山中前所以达登州卫,设墩台狼烟以资警备,土人因呼之曰烟台。其始不过一渔寮耳。渐而帆船有停泊者,其入口不过粮石,出口不过盐鱼而已,时商号仅三二十家。继而帆船渐多,逮道光之末,则商号已千余家矣。维时帆船有广帮、潮帮、建帮、宁波帮、关里帮、锦帮之目。至咸丰八年,天津约成,而轮船往来于津沪间者,亦皆必停泊于此,于是乃设东海关监督,移登莱青道领之,设税务司,以税轮船,其常关帆船则统归之于监督焉。[1]

这段文字实际上梳理了烟台从明初至清代中后期数百年间的发展脉络。明初,烟台为登州卫所属地,为军事目的在此设立墩台"以资警备",烟台即以此得名。但此时的烟台还只是一个渔村,海禁废止之后,沿海贸易逐渐发展起来,才渐有船只来泊,开设商号"三二十家",之后,随着往来商船的不断增多,南北各帮商人在此汇集,至道光末年在烟台开设的商号已达千余家。烟台港在沿海贸易中的地位已然超越山东半岛的其他港口,出现商旅辐辏的繁荣景象。

道光、咸丰年间,清廷通过海运漕粮以解决京师所需,南北商品流通量加剧。当时南北海上运输多用沙船,烟台港所处的芝罘湾滩浅沙平,更适合沙船停靠;且当时南方漕船北上时"每因北洋风劲浪大,沙洲弯曲,时有搁浅触礁之患,非熟谙北路海线舵手不敢轻进,往往驶至烟台收口,另雇熟悉北洋小船,将货物分装搭载,拨至天津",[2]各类船只将搭载的货物在烟台港中转贩卖,带动了当地商业的繁荣和经济的发展。

咸丰九年,清政府指派山东巡抚文煜前往山东沿海协助郭嵩焘筹办厘局,准备将港口税纳为国有,同年十月,烟台厘局正式成立。当时在山东沿海共设六局征收港口税,根据从沿海 14 州县汇总的税银数字来看,仅福山一县所征税额即达 12 100 余两,占 14 州县总额的 28.67%。[3] 税额比重的增加与福山县的地理位置密切相关,随着环渤海地区沿海贸易的发展和南北商品流通的剧增,扼渤海湾入口处的福山诸港口地位自然随之日渐上升,其中以烟台港为最。

1860 年第二次鸦片战争结束后,英国侵略者通过实地考察发现烟台港更适合停泊大型轮船,通商条件更为优越,于是逼迫清政府将通商口岸由条约中规定的登州港改为烟台港,并于咸丰十一年将烟台港对外开放,设置东海关。英国驻

〔1〕 许钟璐等修,于宗潼等纂:民国《福山县志稿》卷五《商埠》,民国二十年铅印本。
〔2〕 丁抒明:《烟台港史》,人民交通出版社,1988 年,第 20 页。
〔3〕 许檀:《明清时期山东商品经济的发展》,中国社会科学出版社,1998 年,第 143 页。

烟台领事馆在《1865 年烟台贸易报告》中写道："在《天津条约》签定之前,烟台的贸易已表明它是一个重要之地。""将近 30 年来,它和渤海湾的其他几个港口一起,成为欧洲与中国商品的巨大贸易中心。"〔1〕正因如此,烟台港为侵略者所青睐,代替登州成为山东半岛最早的通商口岸,逐渐发展成为直通海外的国际贸易大港,影响至今。

三、锦州、牛庄的再发展与营口在晚清的兴起

锦州,位于今辽宁省西南部,是清代前期辽东湾内重要的贸易港口,也是山海关的主要税口之一。从明代后期开始,锦州港作为从海上向华北输送税粮的海运港口而闻名,康熙《锦州府志》中就曾提到"锦县、宁远、广宁南境俱临海,而锦、宁去海尤近。明时,海运商船,于此登岸"。〔2〕 清代前期大批沿海商船来此贸易,促进了锦州港的再度繁荣。

据文献记载,锦州港所属海口主要有马蹄沟和天桥厂两处。其中,马蹄沟海口位于锦州东南 35 里,俗称东海口,处于小凌河的河口处;天桥厂海口在锦州西南 70 里,俗称西海口,也是一个帆船商港。民国《锦县志略》中对这两处海口有详细记载:马蹄沟海口"进口船只来自天津、山东两处,曰卫船、曰登邮。入口货为天津、山东两处之麦,出口货以杂粮为大宗。清乾嘉间称极盛,每岁进口船约千余艘。自同治初天桥厂海口准运杂粮,此口船只为之大减";天桥厂海口"进口船只来自福建、广东、宁波、安徽、上海、直隶、山东等处……凡滇黔闽粤江浙各省物产、药类暨外洋货品,悉由此口输入。其出口货先惟油、粮,以大豆为大宗。清同治初年准运杂粮,马蹄沟海口船只遂减。出口粮石以红粮、小米为大宗,药物以甘草为大宗。在道咸间称极盛,每岁进口商船约千余艘"。

由此可见,由于海口条件不同,天津、山东商船多停在马蹄沟,而江浙闽广等南方海船则因为吨位较大,多停泊在天桥厂。因此,乾隆、嘉庆年间是马蹄沟最为繁荣的时期,由于乾隆时期已有不少南方商船前来锦州贸易,天桥厂海口的地位逐渐上升,同治年间清政府准许漕粮海运之后,大批南方商船的到来使得天桥厂海口不断繁荣,直至营口开埠通商才逐渐衰落。

牛庄,在清代属奉天府海城县,位于海城县西 40 里处,是辽东半岛最古老的海运码头之一。早在明朝初年,这里就是政府重要的军饷海运集散码头,清朝康

---

〔1〕 英国驻烟台领事馆 1865 年烟台贸易报告,转引自丁抒明《烟台港史》,人民交通出版社,1988年,第 35 页。

〔2〕 (清)刘源溥等修,范勋等纂:康熙《锦州府志》卷一《疆域》,《辽海丛书》本。

熙中叶到乾隆中叶,是牛庄作为海船贸易港口发展最为繁盛的时期。当时"牛庄城北有巨川焉,聚艨艟,通商旅。西连津沽,南接齐鲁,吴楚闽粤各省,悉扬帆可至"。[1] 一时之间,牛庄百货云集,南方商船源源而来。康熙四十六年山海关监督三太的奏报称:"越关所漏之货船,皆从海上直抵关外沿海牛庄等处起卸,每船不下百余车。"[2]与南方沿海贸易的发展,使大批商人聚集在此,商铺林立,是康乾年间东北地区与南方各省贸易的重要港口。清中叶以后,随着上中游的大规模开发,辽河河道的淤塞日益严重,导致大型海船无法进入,结果辽河的海运码头被迫转移到处于更下游的营口,牛庄仅成为辽河的内河航运码头,辽河北部的农产品多在此集散,转运营口。

营口,原名没沟营,清代前期为盖平、海城两县分辖,清末在此设置营口县。营口港的发展可以说是随着辽河的淤塞和海运码头的下移而后来居上的。据《海城县志》记载:"营口在辽河左岸,距牛庄九十里。海禁未开时,南商浮海由三岔河至萧姬庙河口登陆,入牛庄市场。嗣后河流淤浅不能深入,因就此为市。咸丰八年与英人订约通商仍沿牛庄旧称,实则以营口为市场。"[3]辽河作为一条纵贯奉天全省的河道,其腹地范围不仅包括辽河流域,还可向北延伸到整个东北平原,其腹地范围远远超过锦州港,随着东北开发的不断深化,地处辽河下游的营口港后来居上之势显而易见。最迟在道光末或者咸丰初年,营口港在东北地区沿海贸易中的地位已经超过锦州港,成为东北沿海税收额最高的港口。第二次鸦片战争后,侵略者在东北各海口中首先选中营口作为通商口岸,也被它当时在东北沿海贸易中的地位所吸引,成为最早开埠的北方三口岸之一。

综上所述,清代前期环渤海地区的出海口和海港建设,在该区域以及南北沿海之间的国内物资交流中,起到了一定的中介作用。但是,这些港口主要集中在天然水运条件较为优越的沿海小港湾或者较大入海河流的岸边,人为筑建的工程不多。面对自然力量的冲击,如泥沙的沉积和港口的淤浅,人们几乎无能为力,唯一的办法,就是消极退让,转移港口,如从牛庄到营口港的转移就是如此。此外,沿海地区经济发展程度、港口设施和航运技术等方面的限制,降低了港口对内陆腹地的有效辐射力度,使该时期的环渤海经济区,被迫束缚在主要入海河流和简短陆路交通线两侧,范围窄小。[4]

〔1〕　张辅相等纂修:民国《海城县志》卷六《艺文志》。
〔2〕　转引自加藤繁《中国经济史考证》第3卷,第132页。
〔3〕　(清)管凤龢等修,张文藻等纂:宣统《海城县志·商埠》,宣统元年稿本。
〔4〕　参见樊如森《环渤海经济区与近代北方的崛起》,《史林》2007年第1期。

第六节　渤海区域与海外国家交流

渤海是我国北方对外沟通的主要海上门户,渤海湾南岸的山东半岛沿海是我国古代"北方海上丝绸之路"的源头所在,北岸旅顺的老铁山是这一航道往来船只的必经之地,早在秦汉时期就开始了与朝鲜、日本等海外邻国的商贸活动和人员往来。清朝建立后,由于担心西方列强和国内反清势力联合,形成对清政府的威胁,实行严格的海禁。康熙后期一度放松海禁,但雍正年间复归严厉,乾隆时虽再度有所放松,但清廷仅允许广州一口通商,其余沿海各地均禁止人们私自出海与外国交往。在这样的气氛中,渤海与外海的交流一度沉寂,但由于实际的生产生活需要,尽管海禁森严,环渤海地区与朝鲜、日本的交往始终没有中断。

"北方海上丝绸之路",其形成时间要早于汉代通西域的陆上丝绸之路,而且它是由北方沿海地区向海而生的先民们所开创,并非出于政治目的。这条海上丝绸之路是自琅琊(今胶南)、芝罘(今烟台)、蓬莱一带出发,沿山东海岸北行,渡过长山列岛,先驶入辽东半岛,再转向东南,沿朝鲜西海岸南下,最后渡过对马海峡进入日本九州沿海一带。[1] 从先秦至隋唐时期,这一航道是环渤海地区连通朝鲜和日本的海上传播之路,先进的纺织技术和其他生产技术伴随大批来自山东、辽东的中国移民源源不断地传入朝鲜和日本,促进了两国纺织业和文化方面的进步。进入宋代以后,由于辽不断入侵,山东沿海的军事地位逐渐加重,加之宋代经济重心难移,由日本出发的商船也可直泊宁波港。北方海上丝绸之路逐渐冷落,除了少数朝鲜商船进入山东沿海以外,日本商船由此进入的已比较少见。明朝万历年间,随着倭乱的平息和海禁的相对松弛,中朝之间的经济往来增多,中日两国的商人们也都将丝绸、火药、粮食经这条丝绸之路运抵朝鲜,换取朝鲜的马匹、木材、人参、药材等。如此一来,以山东半岛为桥头堡,渤海区域民众与海外的交流又一度兴盛起来。

一、与朝鲜的海上贸易交流

清朝建立后,初期实行比明朝更为严厉的海禁,康熙中叶以后海洋政策时有

---

〔1〕　朱亚非:《论早期北方海上丝绸之路》,《中外关系史政丛》第八辑,香港社会科学出版社,2005年,第103页。

反复,但总体看来是一种保守的有限制的开海政策,至乾隆时期仅将广州一口作为通商口岸,环渤海地区的对外交往受锢尤深,山东沿海商人去朝鲜经商者大为减少,再加上辽东通朝鲜的陆路无阻,自山东登莱沿海经辽东到朝鲜的北方海上丝绸之路再度沉寂,但并没有完全中断。特别是在康熙后期到乾隆年间,山东和辽东沿海人民往往以捕鱼、采药等名目到朝鲜半岛进行经济贸易活动。《朝鲜李朝实录》对此有大量相关记载,如朝鲜肃宗二十九年(康熙四十二年)记有"时荒船出没海中,海西尤甚,船中人尽削发,服色或青或黑,去来无常……前后被执者五十余名,大抵皆山东福(山)、登等州人,以渔采为业,船中所载衣服器皿外无兵器云"。[1] 再如雍正九年有朝鲜官员上奏:"盖自丁丑运粟之后,唐人之端之海路者,为采海参,每于春夏之交,往来海西,岁以为常,而来者众矣,不知为几百艘。"[2]可见,海禁虽严,但迫于生产生活的需要,还是有许多山东、辽东等地的沿海人民冒险违禁前往朝鲜西部沿海采参、贸易。

乾隆年间,这种情形有更进一步发展的趋势。作为清王朝的附属国,朝鲜为配合清王朝不得不严下禁令,不允许山东等地船只私自入境。乾隆十一年,朝鲜黄海使臣曾上奏朝鲜英宗:"唐船之采参者,漂泊我境,近颇频数,故滨海愚混与之惯熟,或相买卖,遂使边禁渐弛,此宜严防也。"英宗为此下令曰:"此后唐船犯境者,守令、边将依律严办。沿民之交通买卖者,宜先斩后启也。"[3]于是,在清廷和朝鲜政府双方的严格控制下,不顾禁令在朝鲜西海岸采参、经商的山东、辽东百姓往往被朝鲜政府自陆路押解回中国,使得环渤海地区的对外交流总显得有几分无奈。但由于利益所在,朝鲜西海岸的一些地方官员有时也纵容本国商人与中国商人往来,特别是用人参、貂皮等换取来自山东的纺织品和粮食等。

清代的中朝史籍中有关两国沿海地方政府和百姓相互救援对方失事船舶、互为关照的记载不胜枚举。同样,漂落到山东沿海及环渤海沿岸的朝鲜船舶,中国沿海地方官员和百姓也积极地伸出援手。如《登州府志》记载:"康熙乙亥秋,成山海口漂来朝鲜国李江显、南太乙等八人,附板登岸,毡冠草履,白袄大袖,长者以网束发,幼者系髻,止一二人稍识文字,邑侯王公一瓂招置城内,供饮食给衣类,达之上台,题请送归本国。"[4]对于朝鲜漂流到山东沿海的物资,山东沿海居民也予以查清送还。如乾隆十年九月,有大批木材漂到蓬

〔1〕《朝鲜李朝实录中的中国史料》下编卷四,中华书局,1980年。
〔2〕《朝鲜李朝实录中的中国史料》下编卷八。
〔3〕《朝鲜李朝实录中的中国史料》下编卷九。
〔4〕(清)永泰等纂修:乾隆《登州府志》卷一二《杂志》,乾隆七年刻本。

莱县,山东巡抚喀尔吉善得知此事后,让该县官员妥善保管,并立即上报了朝廷,请朝鲜派人前来验收。以上事例充分显示出,中朝两国沿海居民在长期交往中已经建立了深厚的友谊。

二、与日本的海上贸易交流

清政府严格限制与日本的贸易往来,加之日本当时实行锁国政策,一些日本的商人就把朝鲜当作与中国进行贸易的跳板,特别是把长崎作为与中国通商的港口以前,双方的交流多在朝鲜的一些沿海港口进行,还有一些朝鲜人自登、莱等地购得丝绸等商品后,再与日本人交易,从中大肆牟利。乾隆以后,登、莱一带连年歉收,经济实力大不如南方沿海,并且海防极为严备,水师巡船不断在海上巡视,不准外国商船入境,即便如此,自日本、琉球、朝鲜来的商船仍驶向此处。[1] 当时山东、直隶等沿海口岸同南方港口一样,也成为与外国商人特别是与朝鲜、日本等国商人交往的地方。直至鸦片战争前夕,还有日本、琉球人自朝鲜沿海到环渤海沿岸尤其是山东沿海进行活动。从中可见,清代渤海的对外交往虽受到诸多限制,且作为守卫京津地区的咽喉之地,属于军事禁区,但沿海地区与朝鲜、日本商业往来与民间交往始终未间断。

乾隆年间,已有大量西洋商船来华贸易,各种西洋货物随着闽广海船贩运到了渤海沿岸各港口,出现了洋货行、洋货街等专门负责管理、销售西洋货物。由此促进了渤海与西洋的贸易往来和文化交流。

"北方海上丝绸之路"是朝鲜、日本与中国环渤海地区往来交流最为便捷的路线,尤其是对于中、日、朝民间交往而言。同时,渤海作为守卫京畿的海上门户,在明清时期历来受到统治者的高度重视,是有重兵驻守的军事要地,加上中、日、朝三国都在不同程度上实行海禁,禁止人民互相往来,给彼此间的经济文化交流造成了障碍。但这并没有切断渤海与外海的联系,一旦海禁稍有松弛,这种交往就会增多,推动中、日、朝三国之间的经济文化交流,加深彼此的了解。

此外,还应该看到,自明朝后期到清代,渤海沿岸尤其是山东半岛东部的登、莱一带灾荒不断,经济发展缓慢,与经济发展较快的南方沿海地区已不可比拟。东南沿海一带在资本主义萌芽产生之后经济日益发展,沿海贸易规模大、发展快,而这一时期的环渤海地区则受到海洋政策的诸多限制,显得颇为寂寥和冷落。

---

[1] 朱亚非:《古代山东与海外交往史》,中国海洋大学出版社,2007 年,第 190 页。

第七节　清朝渤海的海防建设

清代定都北京,渤海自然就成为拱卫京师的重要海防门户,其沿岸的山东、直隶和奉天地区的海防建设也就显得尤为关键。清前期学者顾祖禹曾对这三个地区的海防形势做过详细论断,他认为山东半岛北部沿海的登州府"北指旅顺,则扼辽左之噤喉,南出成山,则控江淮之门户,形险未可轻也";〔1〕天津卫则为海道咽喉,"东南漕舶鳞集,其下海不过百里,风帆驰骤,远自闽、浙,近自登、辽,皆旬日可达,控扼襟要,诚京师第一形胜处也"。他特别强调旅顺口对于控制辽东及渤海周围地区的重要性,"由登州新河海口至金州铁山、旅顺口,通计五百五十里。自旅顺口至海州梁房口、三岔河亦五百五十里。海中岛屿相望,皆可湾船避风。运道由此而达,可直抵辽阳沈岭,以迄开元城西之老米湾河,河东十四卫俱可无不给之虞"。〔2〕 由此可见,环渤海地区的海防战略地位极为重要。

清王朝入主中原以后,在海防建设上一方面筑界墙、严海禁,另一方面在沿海重要地区组建水师、加修炮台,将防范重点放在本国民众身上,即以"重防其出"为海防的主导思想。明清时期,海路进入京津地区,或直航天津,或停泊旅顺、威海,因此登州、天津和旅顺就成为清前期渤海海防建设的重点地区。与迁界、禁海等强制政策相比,建水师、修炮台是清前期较为积极海防措施,也是海防建设的中心环节。清代水师有内河和外海之分,环渤海沿岸的重点布防区——山东、直隶和奉天的水师均属于外海水师。

一、山东水师的兴建与萎缩

山东海岸线绵长,沿海岛屿星罗棋布,港湾众多,地理形势险要,尤其是半岛北岸的登州府控扼渤海水道,为山东海防的前哨。明朝曾实施大规模的海防改造工程,登州的海防建设达到了历史的顶峰,清朝建立后,逐渐废除了明朝在山东设置的卫所防御体系,沿海岸线不再分点驻兵,仅在各州县设置守备营。当时设置了登州镇,下属文登、胶州、莱州、即墨、青州、宁福、寿乐七营,负责海防。与此同时,清王朝开始在山东沿海重要地点组建水师,增设战船,通过巡弋近海的方式来保障海疆安全。

---

〔1〕 《读史方舆纪要》卷一三《北直》。
〔2〕 《读史方舆纪要》卷三七《山东》。

山东水师属于外海水师,始建于顺治元年,至雍正年间形成定制。康熙四十三年扩建登州水师营,常驻水师达到 1 200 人,分为前后两营,同时战船也从沙、唬船改为赶缯船,共 20 艘,分巡东西海口,东至宁海州,西达莱州府。两年后,清政府又将前营水师移驻胶州,巡哨南海;后营水师驻蓬莱水城,巡哨北海。康熙五十三年缩减水师力量,裁撤后营水师建制,裁水师 700 人,拨赶缯船 10 艘赴旅顺口,本地仅存前营水师游击等官和赶缯船 10 艘,分南北两汛,以游击、守备各带一半战船、水兵巡哨。雍正七年(1729 年)开始扩建山东水师,"每船增兵十人,两汛共增兵百人,增双篷艍船七艘,每艘配兵三十人,南汛艍船三艘,北汛艍船四艘,北汛增将弁一人"。〔1〕据乾隆元年《山东通志》记载,至雍正十二年,山东海疆正式形成了三大水师,分南、北、东三汛,总归水师前营节制,由登州镇统之,自此形成定制。从以上记载来看,漫长的山东海岸线上只有水战守兵 1 000 人,战船 20 艘(据《清史稿》中的记载,水战守兵 1 200 人,战船 24 艘),军事力量十分薄弱,只能在浅海附近出海巡哨,对付零星的海盗贼匪,威慑和镇压人民的反抗,根本无法深入大洋活动,更不能执行出海作战的任务,一旦遭遇海上强敌或者大规模的海盗船队,就往往不堪一击。

清朝建立之初,山东水师的海上战舰主要是沙、唬船和江边船。康熙四十三年起,山东水师开始配备赶缯船;雍正九年,又增配双篷艍船,此后直至鸦片战争前,赶缯船和双篷艍船一直都是山东水师的主力战舰。赶缯船最初是闽浙沿海地区使用的一种运输木材的商船,清王朝统一台湾之后,明确规定以中型战舰赶缯船为主力战舰。山东水师配备的赶缯船有明确的规格定式:"山东登、胶南北二汛海口赶缯船,照雍正六年浙江题定之例,身长七丈三尺,板厚二寸七分。"双篷艍船稍小于赶缯船,"身长六丈四尺,板厚二寸五分",〔2〕但性能并不差,与赶缯船属同类战舰。

总体看来,虽然经过康熙、雍正两朝的努力,山东水师规模有所扩大,但相对于辽阔的海域,其配置的人员和战船数量显得过于微弱。后来随着海上承平日久和统治者海防意识的淡漠,乾隆时期和道光前期又多次进行了裁减,使原本配置有限的山东水师更加捉襟见肘,道光十九年(1839 年),登州三汛水师仅有战守兵 525 名,战船 12 艘,〔3〕比雍正时缩减了近一半。而且,许多战船年久失修,甚至连出海巡逻的日常任务都无法完成,山东水师的战斗力由此大为削弱。在

---

〔1〕《清史稿》卷一三五《兵志》。
〔2〕《清朝文献通考》卷一九四《兵考·军器》。
〔3〕(清)王文焘修,张本等纂:《蓬莱县志》卷四《武备志》,道光十九年刊本。

战船规制方面,山东水师的战船装备自定制以来一直没有升级改进,乾隆、嘉庆年间朝廷甚至还有意将战船规制缩小,如嘉庆二年朝廷规定:"浙江战船俱仿民船改造。山东战船亦仿浙省行之。其余沿海战船,于应行拆造之年,一律改小,仿民船改造,以利操防。"〔1〕如此自趋落后的水师发展模式,最终导致海洋控制权的丧失。

清王朝还在山东沿海地区的重要口岸修建以火炮为主体的炮台,作为海岸防御的重要设施。据雍正《山东通志·海疆》记载,自清初以来陆续修筑并正常维护的沿海炮台有 20 座,这些炮台分散在山东沿岸的千里海疆之上,当时的清廷十分满意,自认为防范十分周密,加上同样是分散布防的水兵和陆营兵马,可以确保海疆安全无虞。但这些星罗棋布的炮台设置其实是与清朝"重防其出"的海防理念相一致的,用于保护军港和要塞、打击小股海盗贼匪、盘查来往船只,还可以应付,若碰上拥有坚船利炮的大型舰队,则难有大作为。此外,这些炮台所用的火炮种类繁杂,技术改进极慢,炮台的综合设施也很落后。直到光绪以后,山东海防所用火炮逐渐从国外购买,武器装备才得到更新。

综上看来,作为环渤海地区海防建设中的重要一环,清前期山东水师的建设具有一定的积极意义。但是,清前期的山东水师兵员少、分防海域广,水师战船规模小、性能差,沿岸炮台装备落后,分汛制的实行又牵制了协同作战的能力,诸多问题长期得不到解决,极大限制了山东海防力量的提高。再加上清朝统治者海权意识的缺失,并未将其作为海防重点,致使山东水师自乾隆年间开始就呈现衰败之势,最终面对西方列强的入侵而无力招架。鸦片战争后,清政府曾着手对山东水师进行改造,增设水师守备、增加战船配备等,但为时已晚。

二、天津水师的旋设旋撤

天津东临渤海,西接京师,《清史稿》称:"直隶津、沽口,为南北运河、永定、大清、子牙五河入海处,北连辽东,有旅顺、大连以为左翼,南走登、莱,有威海卫以为右翼,为北洋第一重镇。"〔2〕早在顺治初,天津巡抚雷兴就曾上疏,大沽海口为神京门户,请置战船以备海防,下司议行。当时天津虽有陆军驻防,但并未设置水师,直到雍正四年,才于天津设立八旗水师营,史载"直隶省水师……设天津水师营,都统一人,驻天津,专防海口,水师凡二千人,省内各河,咸归陆汛,

---

〔1〕 《清史稿》卷一三五《兵志》。
〔2〕 《清史稿》卷一三八《兵志》。

无内河水师"。[1] 是为当时最大的八旗水师营。

乾隆八年,增设副都统1人,水兵1000人,共有大小赶缯船24艘,篷仔船8艘。乾隆二十五年,裁减水兵500人,此后天津水师营共有驻兵2500人,另有养育兵(清廷为解决八旗余丁生计而设立的预备兵)342名。乾隆三十二年,乾隆皇帝巡视天津,检阅天津水师营时发现水师营兵丁"武艺平常,甚至不能清语乘骑",于是下旨裁撤天津水师营,将都统革职治罪,所辖兵丁改拨其他地方驻防。[2] 关于天津水师营裁撤的原因,史书记载各有不同。据昭梿在《啸亭杂录》中的记载,乾隆皇帝阅视天津水师营时,正值风浪大作,海船逆势难以施演,时都统为奉义侯英俊,年既衰老,又戎装繁重,所传军令俱错误,兵丁技艺既疏,队伍紊乱,喧哗不绝,皇帝大怒,于是下令裁革天津水师营。[3]《清史稿》则称乾隆三十二年"以海口无事,徒费饷糈,全行裁汰"。[4] 从各种记载综合看来,天津海面长期安谧、无外来威胁是乾隆中期裁撤水师营的根本原因。天津水师营设立后难如人意,乾隆帝没有加以整顿,反而因噎废食,直接予以裁撤,改设大沽游击公署,造成这一时期天津海防建设的倒退。

嘉庆二十一年闰六月,嘉庆皇帝决定复设天津水师营,在给内阁的谕旨中说道:"天津为畿辅左掖,大沽等海口直达外洋,从前曾建设水师驻防,后经裁撤。该处拱卫神京,东接陪都,形势紧要,自应参照旧制,复水师营汛,以重巡防。"[5]同年十一月,又谕令:"添设水师绿营兵一千名……著两江闽浙两广总督,各就该处地方情形共抽裁名粮一千名,交天津新设之水师营官弁照额募充,分营管辖。"[6]大学士同兵部奏议将新添的1000名水师分为左、右两营,归天津镇总兵官统辖。至嘉庆二十二年三月,嘉庆皇帝认为天津镇总兵官专管陆路,事务繁重,将水师两营归其统辖,恐洋面巡缉、操防之务难以兼顾,因此调福建漳州镇总兵官许松年为天津水师营总兵官。如此,天津水师营得以再次设立。但需要指出的是,雍正四年所设的天津水师营为八旗水师营,由满洲和蒙古八旗组成,其军官为都统、副都统、协领、佐领、防御和骁骑校等,而嘉庆二十年复设的则为绿营水师,其军官为总兵、参将、守备等,与之前的水师营并不相同。

与山东沿海的炮台设置无异,直隶海防炮台也是呈星罗棋布的状态。天津

---

〔1〕《清史稿》卷一三五《兵志》。

〔2〕《清高宗实录》卷七八二"乾隆三十二年四月乙未"条。

〔3〕(清)昭梿:《啸亭杂录》卷四《天津水师》,中华书局,1980年。

〔4〕《清史稿》卷一三五《兵志》。

〔5〕《清仁宗实录》卷三一九"嘉庆二十一年六月丁未"条。

〔6〕《清仁宗实录》卷三二四"嘉庆二十一年十一月丙辰"条。

为畿辅咽喉,大沽为天津门户,最为紧要。嘉庆二十二年,清政府在大沽口两岸添设水师汛衙署兵房及炮台两座,是为南、北炮台,南炮台高一丈五尺,宽九尺,进深六尺;北炮台规模稍小一些。此外,在大沽口周围还有许多旧炮台,大多是康熙、雍正、乾隆时期修建的。

清代统治者虽然意识到了天津作为京师门户的重要地位,再次设立天津水师营,但依旧把防卫的重点放在陆路,对其海防建设并未足够重视,多次裁减编制,最终于道光六年完全裁撤。道光六年二月,直隶总督那彦成因大名镇存城兵少,上奏曰:"直隶大名府属,界连豫、东二省,地居扼要……惟存城之兵尚少,不足以资操防;至天津地方,名为海口,实系腹地。且洋面久经肃清,所有现存水师营官兵,岁糜帑金,无裨实用。"[1]道光帝准其所请,将天津水师营裁撤,改归大名镇。

道光十二年正月,英国东印度公司在广州的商馆,派"阿美士德"号自澳门出发,沿中国海岸北上,直至天津,一路上有人专门测量沿途的海湾与河道,各地却未能阻止其北航。英国的这次侦察活动没有引起道光帝的反思和重视,当翰林院侍读鄂恒以天津距顺天不远,尤须慎重海防,保障京都,所以奏请复设天津水师时,道光帝命"琦善将天津应否添设水师,抑或该处原有总兵驻扎。陆路弁兵足资防卫之处,察看情形,从长筹计,悉心妥议具奏"。[2] 这年闰九月,琦善上奏:"天津地处海之西隅,与山东登州、奉天锦州遥相拱卫,沙线分歧,非熟习海径者,无由曲折而至。且海口二十里外,有拦港沙一道……俨若海河外卫。该处总兵驻扎处所,距海口甚近……足以资捍卫。"于是道光帝谕令:"所有天津水师,著毋庸复设,以节糜费。"[3]复设天津水师营的希望化为泡影。道光帝听从琦善的建议,对所谓的"地利"过分依赖,未能察觉潜在的海防危机,加上当时的财政紧张,以节俭著称的道光帝作出了这项贻害无穷的决策。

天津战略地位的重要性不言而喻,客观上应该设有相应强大的水师以御敌于外海。但是,由于嘉道时期社会的日趋衰弱和统治集团海防意识的缺乏,对西方列强海军实力的突飞猛进不甚了解,始终墨守成规,将布防重点放在陆地,忽视海防建设,致使清代天津水师营旋设旋撤。于是,在鸦片战争时期,天津有海无防,导致京师门户大开,引起统治者的恐慌,最终被迫开埠,严重丧失了国家

〔1〕《清宣宗实录》卷九五"道光六年二月辛未"条。
〔2〕《清宣宗实录》卷二一六"道光十二年七月乙丑"条。
〔3〕《清宣宗实录》卷二二一"道光十二年闰九月乙亥"条。

主权。

三、奉天水师的建设

奉天沿海，南自牛庄至金、盖各州，转东至鸭绿江口，西则自山海关至锦州，地皆滨海，口岸凡 39 处。[1] 在众多口岸中，尤以金州、旅顺最为重要。旅顺位于辽东半岛的最南端，地处黄、渤海之间，与山东半岛的登、莱二州隔海相对，共同构成保卫京畿的海上屏障。就自然条件而言，旅顺口地势险要，四周群山环抱，终年不冻，可容大型船舰出入，又与东北内地连接，腹地广阔，是我国北方优良的不冻海港。因此，旅顺历来是兵家必争之地，明末后金军占领旅顺之后，就以此为据点从海路入关与明朝争夺中原地区。

清初统治者的注意力主要在关内，当时旅顺口只有守军百余人，防御力量十分薄弱。黄、渤海面时常有海盗和倭寇出没，劫掠往来商船及财物，辽东半岛的金州沿海经常受其侵扰，沿海居民苦不堪言。为了防守海岸，缉捕海盗、倭寇，清政府逐渐加强旅顺口的海防建设。康熙五十年，为防海盗，兵部布置山东水师巡哨至旅顺口；康熙五十二年，朝廷决定在旅顺设置水师营；康熙五十四年，旅顺水师营正式建立并开始出海巡哨，水师营设主管协领一员、佐领两员、防御四员、骁骑校八员、水军五百名，均隶属于奉天将军，从登州调拨战船 10 艘，以投诚海盗陈尚义、张可达担任水师教习。由于满族崛起于白山黑水之地，熟悉陆路作战，不习水战，协领一职最初由清廷挑选熟悉水战的汉族军官担任，后来又增设满族协领一员。旅顺水师营建立的目的是缉捕海盗，抵御倭寇，保护来往商船及沿海岛屿百姓的安全，因此其主要任务就是巡防海疆，当时规定旅顺水师营每年三月出哨巡查，九月返回港口。

雍正七年，雍正帝谕令兵部："盛京旅顺地方虽设有水师官兵，而俱不能谙练水师事务。若无教习之员，恐其有名无实。著福建水师提督蓝廷珍于千总内拣选数员，于兵丁内拣选数名熟谙水师者……令其教习旅顺水师官兵。"[2] 乾隆十年，清政府规定了旅顺水师营巡查训练等事宜，如旅顺战船停泊之处，可因时改设，"每年二月停泊金井山北，派官兵看守，遇贼船即行追捕。至冬季，仍回娘娘庙停泊"；关于营兵训练，"宜添设官弁教习练习……令闽浙总督于水师千把外委内，拣选熟习外洋者十员送部，发往奉天教习"；关于水师操练，规定旅顺水师营隶属于熊岳副都统直接管辖，熊岳副都统需每年二月上旬"往

---

〔1〕《清史稿》卷一三八《兵志》。
〔2〕《清世宗实录》卷八五"雍正七年八月甲寅"条。

旅顺操演水师官兵一次"。[1] 乾隆十九年,旅顺水师营又增设战船 4 艘,每艘
战船设水兵 15 名,共增设水兵 60 人。[2] 至此,旅顺水师营的配置、任务、训练
等事宜都有了明确而具体的规定,旅顺港成为名副其实的军港。尽管如此,旅顺
水师营依然面临人员少、战船少、装备简陋等问题,只能负责近海巡查、防守海
口、缉私捕盗的任务,不具备深入海洋作战的能力。到鸦片战争前夕,旅顺口仅
有水师营官兵 600 名,水手 100 名,战船 10 艘,"惟战船十只内,方者不过八丈,
除守口巡哨,缉拿海洋盗贼,是其专责。若驱之攻击夷船,恐难制胜"。[3]

　　道光二十年,第一次鸦片战争爆发,英国舰队多次由黄海至金州外海,对满
族的龙兴之地造成威胁,因此,金州沿海一带的海防建设引起了清政府的高度重
视。道光二十一年,道光帝在其谕令中提到:

　　　　奉天地面西南环海,旅顺水师营独当其冲。面前南北隍城二岛,为奉
　　天、山东两省分辖,凡船只往来天津等处,必由左右经过,实为南来海路要
　　隘。请豫为把守,安设炮位,添驾船只,使两省声势联络。巡逻探哨,并旅顺
　　水师官兵额设无多,必须添募水勇,方能敷用……著耆英于盛京存贮炮位
　　内,择其大而有准者,运往旅顺各口,相度形势,或筑台安设,或用船驾放。
　　其迤南隍城各岛要地,著托浑布选运大炮,一体安置。设有夷船驶至,两面
　　轰击,可期得力。[4]

道光帝已然意识到旅顺水师营的战略地位,开始招募水兵,添设炮位,不断加强
这一地区的海防建设以抵御外敌。道光二十三年移驻熊岳副都统衙署于金州城
内,并改设为金州副都统,统辖金州、旅顺水师营协领和复州、盖州、熊岳城守尉,
管理旗民和军事要务。至此,旅顺水师营正式归属金州副都统衙门管辖。咸丰
六年,旅顺水师营又添设战船 4 艘。

　　鸦片战争爆发前,清政府在渤海海防建设方面,以登州、天津和旅顺为重点,
主要采用水师巡逻和重要海口设置炮台的方式来维持海面平静。在一定时期
内,这样的海防建设使渤海沿岸和海上安全得以保障,对于保卫京畿地区的安全
曾发挥过积极作用。同样也该看到,由于统治者对海防的不甚重视,人员配备

─────────────

[1] 《清高宗实录》卷二五四"乾隆十年十二月壬寅"条。
[2] 大连金州区地方志编纂委员会办公室:《金县志》,大连出版社,1989 年。
[3] (道光朝)《筹办夷务始末》卷一四,故宫博物院,1929 年。
[4] 《清宣宗实录》卷三四四"道光二十一年春正月丁酉"条。

少、战船落后和巡哨制度的缺陷,这些问题一直伴随着清前期渤海的海防建设。

四、北洋水师的兴建

西方列强的坚船利炮打破了清王朝天朝上国的美梦,两次鸦片战争的失败也刺痛了每个中国人的心,以林则徐和魏源等人为代表的有识之士提出向西方学习,于是一时间"师夷长技以制夷""以夷攻夷"等主张引起国人的广泛共鸣。同治十三年(1874 年),日本利用冲绳渔船漂流至台湾与当地高山族人民发生冲突,并以此为借口派兵企图占据台湾。这一事件使大清朝野甚为震惊,恭亲王提出了"练兵、简器、造船、筹饷、用人、持久"等六条紧急机务,原江苏巡抚丁日昌提出建立北洋、东洋和南洋三洋海军的建议,李鸿章则提出暂弃关外、专顾海防。在洋务派人士的一致努力下,清政府决心改变"塞防"重于"海防"的传统认识,加快建设新式海军。

同治十四年,清廷下令由沈葆桢和李鸿章分别担任南北洋大臣,尽快建立南北洋水师,并每年从海关和厘金收入中抽取 400 万两作为海军军费,供南北二洋使用。由于当时清廷的战略要点在于保卫京师和辽东,而且如果三洋并举,难免会导致"实力薄而成功缓",便采纳南洋大臣沈葆桢的建议,首先创设北洋水师。

同年,北洋大臣李鸿章开始主持组建北洋水师。在选择军港时,许多人建议选择地理条件比较优越的胶州湾,但李鸿章坚持选择金州沿岸的旅顺和山东半岛北岸的威海卫,他在给醇亲王奕譞的信中曾说明其中原因:

> 西国水师泊船建坞之地其要有六:水深不冻、往来无间,一也;山列屏障,以避飓风,二也;路连腹地,便运粮饷,三也;土无厚淤,可浚坞澳,四也;口接大洋,以勤操作,五也;地出海中,控制要害,六也。北洋海滨欲觅如此地势,甚不易得,胶州澳形势甚阔,但僻在山东之南,嫌其太远;大连湾口门过宽,难于布置;惟威海卫、旅顺口两处较宜。[1]

旅顺和威海卫凭借其易守难攻的地理位置和优越的自然条件被李鸿章选为建港之所,更为重要的是,旅顺和威海卫对于拱卫京师和整个渤海具有无法替代的作用,北洋水师在此建港实际上也就是拱卫清廷的政治中心和满族发源地。因此,清政府耗费巨资修建两港,旅顺军港从光绪六年开始修建,历时 10 年,直至光绪十六年才算最终完成,耗资超过白银 300 万两。清政府在此设营务处,隶北洋大臣管

---

[1] 《李鸿章全集·海军函稿》,海南出版社,1997 年。

制。威海卫军港的修建晚于旅顺,且工程也没有旅顺那样庞大,这是因为"旅顺基地的修建主要是为北洋水师修理保养军舰之用,而威海卫军港则是给北洋水师补给、会操时聚集停泊之地"。[1] 清廷还在两港修建了堡垒森严的防卫体系,北洋水师不仅在保卫京师、直隶地区的安全方面发挥了重要作用,其拱卫范围也扩展至朝鲜半岛,甚至对日本、俄罗斯远东地区起到了很好的震慑作用。

舰艇装备方面,李鸿章于同治十四年最先通过总税务司赫德向英国阿姆斯特朗造船厂订购了四艘小型军舰,实际上是西方所说的"伦道尔"式炮艇,只能勉强算得上是军舰,俗称蚊子船,并不适合远洋作战。1879 年,李鸿章又向英国订购了两艘巡洋舰,命名为"扬威""超勇"。然而当时海军舰队的主力是战列舰,因此清政府也开始寻求购买战列舰。采购大臣李凤苞奉李鸿章之命,在考察欧洲各大造船厂之后最终选择了德国伏尔铿造船厂,订购了"定远""镇远"两只铁甲舰,"舰长 94.5 米,舰宽 18 米,吃水 6 米,排水量 7 335 吨,马力 6 000 匹,航速 14.5 节,水线上下都装有厚厚的铁甲,两炮台各有双连装 305 毫米口径巨炮"。[2] 可以说是巨炮型大型铁甲舰,是当时世界上最先进的军舰,北洋舰队将其视为镇海之宝。

在中法战争不败而败之后,清政府归结原因为新式水师尚未成型,便于 1885 年 10 月采纳李鸿章的建议设立了海军衙门。自此之后,北洋水师又开始购买军舰,至 1888 年北洋水师正式组建,其舰艇装备基本到位:

> 从光绪十一年以来,北洋海军共添置新舰艇 14 只,其中铁甲舰"定远""镇远"共 2 只,新式巡洋舰"致远""靖远""经远""来远""济远"共 5 只,鱼雷艇"福龙""左一""左二""左三""右一""右二""右三"共 7 只。十四年十一月十五日,北洋舰队正式组建,以丁汝昌为北洋海军提督,林泰曾为左翼总兵,刘步蟾为右翼总兵;总计大小舰艇近 50 只,吨位约 5 万吨,实力已超过了日本海军。但是,从此以后,日本锐意扩建海军,六年间,添置 12 只军舰,特别是光绪十七年以后,日本在三年间添置战斗力很强的新式战舰 6 只;日本海军的装备力量又远远超过了北洋舰队。[3]

光绪十四年,北洋水师正式成立后基本停止购舰,甚至于连正常的设备更新

---

[1] 侯飞:《试论关洋海军基地建设的历史进程及其基本特征》,《郑和研究》2009 年第 1 期。
[2] 姜鸣:《龙旗飘扬的舰队——中国近代海军兴衰史》,上海交通大学出版社,1991 年,第 106 页。
[3] 戚其章:《北洋舰队》,山东人民出版社,1981 年,第 25 页。

以及弹药供给都停滞不前,不可避免地落后于不断加快海军建设步伐的日本,为此后北洋水师的覆没埋下了伏笔。

五、甲午之殇——列强对环渤海地区的侵略

号称亚洲第一的北洋舰队并没有使清王朝在鸦片战争之后走上富国强兵的道路,反而在海防初见成效之后得意轻敌,再次放松了军备意识。到19世纪末,清政府政治愈加腐败,人民生活困苦,俨然已是外强中干。而一向被清朝视为弹丸之地的日本,于1868年通过明治维新开始走上资本主义道路,国力不断强盛,并且日本一直在关注着清王朝这个看似强大的邻国,制定了以侵略中国为中心的"大陆政策"。有感于北洋水师装备的先进,自1890年起日本便以国家财政收入的60%发展军队,甚至日本天皇还每年从自己的宫廷经费和文武百官的俸禄中抽取部分以补充造船经费,举国上下皆以赶超中国为目标。到甲午战争前夕,日本的海军军舰数量和规模皆已赶超中国。除此之外,日本还派遣大量的间谍人员进入中国搜集情报,一场预谋已久的侵略战争蓄势待发。

1894年,以朝鲜问题为突破口,日本挑起衅端,引爆了中日甲午战争,渤海海面短暂的平静再次被坚船利炮打破。1894年9月,中日双方在朝鲜境内进行的平壤战役,以清军溃败而告终,并将战火引至了鸭绿江边。1894年9月17日,日本联合舰队在鸭绿江口大东沟附近的黄海海面发动海战,此战历经约五个小时,在竭尽全力重创日本舰队之后,北洋舰队虽然损失重大,但并未完全战败,李鸿章为了保存实力,便下令北洋舰队全部躲入威海卫港口避战不出,这种消极待守的做法无疑将黄海、渤海的制海权拱手让于日本。

虽然清政府在黄海海战之后曾经下令加强渤海海防,力保盛京,并命人重新部署鸭绿江防线。然而,制海权的丧失使渤海门户大开。10月下旬,两万多日本侵略士兵在军舰的掩护下,由旅顺后方的花园口登陆,开始向其觊觎已久的辽东半岛发起冲击。在金州、大连相继失守后,扼守渤海湾的旅顺失去后方屏障,结果在11月下旬,日军"只用了四天,就从不战而逃的清军手里拿下了旅顺"。[1] 日军制造了惨无人道的旅顺大屠杀,清政府苦心经营十余年的旅顺口自此完全落入敌手,日军获得了其在渤海湾内的重要根据地,北洋门户洞开,战局急转直下,日军接连占领了凤凰城、盖平、海城等地。自1895年1月17日开始,清军先后发动四次收复海城之战,但皆被日军击退,日军并于三月份又接连攻占了牛庄、营口等地,辽河一线全面崩溃。

---

〔1〕 胡绳:《从鸦片战争到五四运动》,人民出版社,1981年,第415页。

在攻占辽东半岛的同时,山东半岛的门户也被日军打开。1895 年 1 月,日本舰队护送第二军 25 000 名士兵在威海卫东部的成山角登陆,集中兵力进攻威海卫南帮炮台,遭到了驻守清军的顽强抵抗,但由于双方兵力悬殊,南帮炮台最终被日军占领。在日军登陆时,北洋舰队提督丁汝昌曾要求率舰队出击,但并没有得到李鸿章的同意,北洋舰队因此丧失战机。此后的几天内,日军迅速攻占了威海卫南北两岸所有的炮台,形成对港内北洋舰队的合围之势。与此同时,为了防止山东半岛其他各处的清军前来支援,日本联合舰队派出三艘巡洋舰自大连湾开往登州,炮轰登州城,声东击西。[1] 在日军的狂轰滥炸下,昔日繁荣的登州古城留下的是满目疮痍。更可悲的是,日本这种声东击西的意图显然取得了预期的效果,至 1895 年 2 月,威海陆地几乎悉数被日军占领,北洋海军和刘公岛守军更加孤立无援。在此艰难处境下,为了捍卫民族的尊严,北洋海军和刘公岛守军在日军海陆两面夹击下孤军奋战,一次又一次地击退日本军舰的进攻,日本官兵遭到重大伤亡,但北洋舰队的损失和清军的伤亡更加惨重。最终,由于清政府一味求和,援军迟迟未到,提督丁汝昌为了不使军舰落入敌人之手,先后下令炸毁了靖远舰、定远舰和镇远舰,2 月 11 日,丁汝昌自杀殉国。1895 年 3 月 17 日,日军正式在刘公岛登陆,北洋舰队至此全军覆没。

甲午战争之后,渤海湾门户洞开,几无屏障,清政府的京畿之地暴露于列强面前,重建北洋水师显得迫在眉睫。1896 年,清政府下令重建北洋舰队,经过数年努力,北洋舰队虽有所恢复,但再也难以和此前拥有旅顺、威海卫两大军港和装备先进的北洋舰队相比,清王朝的海军一蹶不振,渤海湾的海防局势陷入窘境。

清朝前期统治者墨守成规,忽视海防建设,最终导致了清前期渤海海防体系的日趋废弛,形成了鸦片战争前中国有海无防、有防无力的海防落后状态。第一次鸦片战争后,统治者意识到加强渤海海防对于保卫京师的重要性,不断建设山东、直隶和奉天沿海地区的海上防务,甚至组建了北洋水师,但海洋意识的淡薄和海防能力的低下,早已使清王朝在广阔的海洋上落后于西方列强,最终受"弹丸小国"日本沉重一击,甲午之殇留给中华民族百年隐痛。

第八节　渤海文化的发展演变

渤海三面环陆,东面通过渤海海峡与黄海相连,沿岸有大小港口近百个,在

---

[1] 刘凤鸣:《山东半岛与东方海上丝绸之路》,人民出版社,2007 年,第 347 页。

辽东半岛东侧和山东半岛附近海域,还有数百个大大小小有名称的岛屿。这些滨海、海岛上的居民利用天然的海洋资源,或从事渔业,或从事经商及服务行业,在长期变幻莫测的海洋生活中逐渐形成了有别于内陆的民俗文化,而海神信仰正是其中的一个重要组成部分。

清朝时,海神娘娘是环渤海沿岸渔民最为普遍尊崇的海神。本来,沿海地区的民间信仰中的女性海神,姓甚名谁并不一致,但自从南方沿海民间信仰中的女性海神妈祖被升格为皇家敕封的"国家级"海神之后,在官方力量和民间信众的推广下,妈祖信仰逐渐北传至环渤海地区,于是本区所崇拜的海神娘娘形象就被统一为"妈祖"了。[1]

清初,因东南沿海存在抗清力量,统治者更加注重借助妈祖威灵征战海疆、平寇助战、安抚民心,大肆对妈祖进行褒封,使妈祖的地位得以大幅度提升。康熙二十三年,妈祖封号由"天妃"升格为"天后";康熙五十九年起,妈祖与孔子、关羽并列入清朝各地最高祭典,每次祭典由官吏亲自主持,春秋二祭,行三叩九拜大礼。[2] 有清一代,妈祖共获封 15 次,同治十一年的封号甚至达到 64 个字,概括了妈祖作为海神的主要神能与恩泽,表明了清廷对妈祖的敬重。

清代妈祖文化在北方环渤海地区也已广为盛行。康熙中叶开禁之后,庙岛群岛成为往来商船的必经之地,随着妈祖地位的提高和航海贸易的日益频繁,庙岛显应宫的范围和规模也不断扩大。历经康熙、乾隆、道光的累世修葺扩建,形成了以显应宫为中心,以三元宫、关帝庙、龙王庙、雷神庙、玉皇庙等八大庙宇为辅翼的一组古庙群,时称"沙门九庙"。每年七月十五,闽、粤、浙等南方商船和天津、营口、安东以及登、莱等地的渤海沿岸商船都会聚首庙岛,举办盂兰盆会,会期往往长达一个多月,这期间各商帮为招徕生意,举办各种娱乐活动,一时之间热闹非常,足见庙岛显应宫的兴盛。以庙岛显应宫为辐射中心,妈祖文化的传播范围不断扩大,环渤海地区在清代掀起兴修妈祖庙的高潮。至道光年间,妈祖庙已遍布环渤海及内陆运河区域,仅庙岛群岛就有大大小小 28 座妈祖庙,[3] 天津、盖州、营口、锦州、金州等地都在清代出现了新建的妈祖庙。

值得一提的是,清代妈祖文化在辽东沿海地区得到广泛传播的原因,一方面是有赖于开禁之后海上贸易和航海运输的发展,辽东沿海地区对外往来频繁,妈祖文化借此不断北传;另一方面,清初颁布辽东招垦令,给予优惠政策,吸引大批

〔1〕 曲金良:《环渤海圈民间海神娘娘信仰的历史与现状》,《民间文化论坛》2004 年第 6 期。
〔2〕 金涛、蔡丰明:《东海岛屿妈祖信俗与习俗文化》,载上海社会科学院编《海峡两岸妈祖文化研讨会论文集》,2006 年。
〔3〕 阎化川:《妈祖信俗在山东的分布、传播及影响研究》,《世界宗教研究》2005 年第 3 期。

关内各省农民来此垦种,其中以山东人最多,他们将妈祖文化带到金州、锦州、旅顺甚至盛京等地,实现了妈祖文化在环渤海地区更大范围的传播。

　　会馆天后宫,是清代妈祖信仰在传播过程中形成的别具一格的形式。会馆是我国明清时期的一种由同乡或同行业组成的封建性团体,清朝统一台湾之后,海禁渐弛,海上贸易逐渐繁盛,一些商业性会馆也如雨后春笋般纷纷成立。而随着清朝妈祖地位的提高和妈祖信仰的广泛传播,在我国沿海、沿江区域,会馆大多是与天后宫建筑合为一体,主要有两种形式:一种是在天后宫内附设会馆,另一种是在会馆内特别修建一座天后殿。[1] 这一现象在当时的环渤海地区也非常普遍。

　　始建于雍正三年的锦州天后宫,是由江浙和福建茶商集资建造的,它既是同业行会,又有江浙闽会馆之称。这座天后宫融北方的庄重严正和南方的精巧华贵于一身,宫内有二十四孝壁画,还藏有嘉庆年间的铜钟,颇有文物价值。天后宫碑刻中还有“锦州众商云集之区”、“帆樯林立”等语句,可以反映出当时锦州港口贸易的繁荣。坐落于渤海北部沿海的营口天后宫,于雍正四年兴建于原龙王庙旧址,也是由当时南方江浙一带来此的客帮和本埠富商集资兴建的,因它坐落在城区西部,占地颇广,因此人们习惯称之为“西大庙”,庙内碑文也有“舳舻云集,日以千计”等字句。再如金州天后宫,建于乾隆五年,由山东船商集资修建,因此又被称为山东会馆。此外,环渤海沿岸的天津、烟台、登州等一些商埠城市,前来经商的南方商人甚多,加之妈祖信仰的广泛,也有许多会馆天后宫建筑。

　　到清朝时,环渤海地区妈祖文化的影响已远胜过其他海神信仰,其海神职能也不断扩展,成为人们心目中保航海安全、保渔业丰收、保男女婚配、保生儿育女、保祛病消灾等无所不保的神祇。为了表达对海神娘娘的崇拜,环渤海地区有一系列各具特色的祭祀海神、祈求平安的宗教活动和娱乐活动。

　　每逢天后诞辰、农历新年以及其他重大节日时,各妈祖宫庙都会举行大型庙会。清代环渤海地区最具规模的妈祖庙会,当属天津皇会,原本俗称“娘娘会”或“天后圣会”,后因康熙和乾隆皇帝频繁驾临天津,庙会活动增加了迎送皇帝的内容,受到封赏后逐渐被称为“皇会”。天津皇会的会期是七到八天,一般从农历三月十五日开始准备,二十三日为天后寿诞,庙会达到高潮,有一系列的文化和娱乐活动。清末,“皇会”不再年年举办,差不多为十年左右一次。近年来,天津古文化街得到修复,又恢复了“皇会”。山东蓬莱地区相传农历正月十六是天后的生辰,当地沿海居民从宋代起就把这一天当成节日庆祝,举办各种活动为天天娘娘祝寿。

---

　　〔1〕　蒋维锬:《清代商帮会馆与天后宫》,《海交史研究》1995 年第 1 期。

　　渔灯节,是环渤海地区最具特色的一种民俗信仰节日,在有些地区也被叫作"海灯节""渔民节"或者"祭海",其中比较有代表性的是蓬莱渔灯节、旅顺海灯节和獐子岛的"海神娘娘生日"。蓬莱渔灯节,是蓬莱一带渔村特有的民俗信仰节日,在节日期间,渔家各备香、纸、供品和渔灯,先去海神娘娘庙、龙王庙拜祭送灯,再去海边祭海,祈盼海神娘娘和海神龙王在新的一年里能够为渔民带来好运,出海平安,鱼虾满仓,寄托了渔民朴素而美好的愿望。旅顺海灯节是在每年的农历正月十三,在这一天人们会放海灯祭祀海神娘娘。从元朝开始这里就有放海灯的习俗,放海灯要在天黑以后,岛海边燃放鞭炮和礼花,将捆扎好的船灯用拖船放入海中,向大海祈福,祈求阖家平安。獐子岛渔民也于每年正月十三给海神娘娘过生日,人们白天到海神娘娘庙祭拜,傍晚到海边将纸质或木质的渔船模型、渔灯放入大海,燃放鞭炮,面海祭拜,以求海神娘娘保佑渔民一帆风顺。[1] 沿海先民将海神信仰融入中国传统民俗节日的内涵,从而创造出诸多极具海洋生活气息的民间信仰节日,体现了沿海居民的生活智慧和祭拜海神、祈求平安的朴素愿望。

　　在无力掌控的情况下,我国古代沿海先民尤其是渔民,面对着气候恶劣而又变幻莫测的神秘海洋时,自然而然会心有畏惧,于是他们希望能有一种力量来帮助他们化解危机,而海神信仰恰恰能够满足他们的这种心理需求。当遇到险情时,依赖于海神的庇佑,人们化险为夷的希望就不会破灭,往往会有战胜灾难的信心和勇气;若一帆风顺,则会以捐资修庙、祭拜等方式表达对海神庇佑的感谢。因此,海神信仰主要是一种精神力量,表达了沿海人民对平安、富足生活的渴望。

　　起源于南方的妈祖文化,在清代环渤海地区的影响力得到进一步发展,极大丰富了渤海文化,为后人留下了宝贵的精神财富。但与南方沿海各省相比,环渤海地区探索海洋的传统和规模略显单薄,对妈祖文化及其他海神的信仰也远不及东南沿海地区。清末以来,社会转型,动荡不安,在多种因素的内外作用下,环渤海地区的妈祖庙香火时断时续,有些庙宇甚至遭到破坏,早已不复往昔的繁荣。

第九节　晚清开埠以后对 海域的重新认识

　　第一次鸦片战争之后,西方列强取得了南方五口岸的通商特权,然而由于中

---

〔1〕　曲金良:《环渤海圈民间海神娘娘信仰的历史与现状》,《民间文化论坛》2004 年第 6 期。

国传统经济结构的顽固性,西方对华贸易额并没有出现大幅增长,反而是中国的茶叶和生丝等货物的出口大量增加。为了进一步扩大中国市场,英法两国借机发动第二次鸦片战争,在坚船利炮的反复威逼胁迫下,清政府被迫再次签订不平等条约,1858 年签订的《天津条约》规定,辟渤海沿岸的牛庄(实为营口)、登州(实为烟台)为通商口岸;1860 年签订的《北京条约》又增辟天津为通商口岸。于是,营口、烟台和天津成为北方最早开埠的三口岸。1898 年以后,在西方列强的胁迫下,本区的青岛也开埠通商。这些港口的对外开放,使城市功能得到强化,与国内外市场的联系不断密切,推动了环渤海区域经济近代化的发展。

早在开埠之前,营口和天津就凭借其较为优越的地理位置和港口条件,吸引了大批国内外海商的到来,成为各路商品的集散地和中转站。1861 年英国第一任驻牛庄领事密迪勒(Meadous)等人到牛庄勘查时,发现牛庄"海口淤浅",不适合大型轮船出入,而此时辽河下游的营口成为东北沿海税收额最高的港口。西方列强甚为垂涎,于是提出由牛庄"移就营口,辟设商埠"。[1] 同年六月,营口正式被辟为通商口岸。[2] 开埠后,营口的进出口贸易额迅速增长,清政府就在此设立了营口关,隶属于奉锦山海关道管辖,征收营口港货物进出口和复进口税。1864 年清政府按照条约规定,将营口海关交给英国人管理,并任用英籍职员办理营口海关及营口港外贸税收业务,营口海关的管理权就此落入英国人手中。[3] 奉锦山海关道衙署原设在锦州,由于营口开埠后对外事务日益频繁,英政府于 1866 年经清政府同意,又将奉锦山海关道移驻营口。

依据《天津条约》的规定,山东沿海被迫开放的是登州府城的蓬莱港,但英国驻登州领事马礼逊等人于 1861 年底对山东进行考察后,认为烟台港无论地理位置、自然条件和商业规模都远远超过登州港,于是选定由烟台取代登州,成为山东最早的通商口岸。

天津被辟为通商口岸之后,为了能够直接控制和威胁清政府,英国驻华公使又依据《北京条约》中"……允以天津郡城海口作为通商之埠,凡有英民人等至此居住贸易,均照经准各条所开各口章程,比例划一无别"的规定,于 1860 年 12 月正式向总理衙门提出照会,要求在天津开辟租界,建造领事官署及英商来津住房等。对于英国的这一要求,远避热河的清朝统治集团为了使英法联军尽快撤离,无可奈何之下予以答复,将城区东南的紫竹林辟为英国租界。随后,法国、美

〔1〕 参见魏福祥《近代东北海运的"豆禁"与"解禁"》,《东北地方史研究》1984 年第 1 期。
〔2〕 虽正式开放营口为通商口岸,但因最初条约规定的通商口岸为牛庄,在当时的地图、海关关册以及国外相关记载中,所用名字始终为牛庄。
〔3〕 伪满洲国经济部税关科:《满洲税关史》,转引自《营口港史》。

国、德国和日本等国也逼迫清政府在天津开辟了租界,到 1900 年八国联军侵华之后,天津已先后有九个国家的租界,成为中国开辟租界最多的城市。这些租界位于海河两岸,扼守交通要道,很快发展成为天津的对外贸易中心。为了便于货船进出,西方列强在海河沿岸和入海口处陆续修建新码头,结果使天津港拥有了三岔口、紫竹林和塘沽三个水深条件不同的码头区。

开埠以后,天津和营口与世界市场的联系加强,对外贸易增长迅速,带动了城市近代工商业的发展。1861 年,天津对外贸易总值约为 547.5 万海关两,1899 年为 7 760.5 万海关两,1906 年达到 11 286.5 万海关两。[1] 营口 1865 年为 382.8 万余海关两,到 1893 年达到了 1 765.9 海关两,与 1864 年相比增长了近 7.3 倍,[2] 1896 年又增长到 2 277 万海关两,其经济地位已超烟台,在全国 29 个通商口岸中上升到第 9 位。[3] 在近代工商业方面,这两个城市也得到不同程度的发展,天津 19 世纪末有打包厂、卷烟厂、机器磨坊、机器厂、织绒厂等一批近代工业,建立了自来水公司和煤气公司;洋行数量从 1879 年的 26 家增加到 1890 年的 47 家。[4] 营口 1896 年有 30 余家油坊,20 世纪初有土货、洋行批发商店百余家。

晚清环渤海地区除了在西方列强逼迫下被迫开埠通商的口岸之外,还有独具特色的自开商埠,且这些口岸不仅限于沿海一带,有的设在内地和边境。辽宁沿海地区的安东、大东沟以及沈阳在 20 世纪初率先自行开埠通商,进入 20 世纪以后,渤海北岸的秦皇岛、张家口,山东的龙口、济南、周村、济宁等城市也纷纷开埠通商。这些城市抓住时机,自行开埠,充分发挥当地优势实现经济发展,很大程度上也促进了近代城市的规范建设。

总而言之,晚清开埠以后,环渤海地区漫长的海岸线上通商口岸林立,这些沿海港口城市经济辐射力不断增强,拉动了环渤海地区广阔腹地的发展,极大拓展了环渤海地区经济发展空间,促进了本区由封闭型经济向外向型经济的转型。虽然这些通商口岸的发展速度和规模各不相同,也各有盛衰,但其对近代环渤海地区乃至整个北方地区的经济崛起意义重大。

---

〔1〕 历年天津海关年报。

〔2〕 张利民:《略论近代环渤海地区港口城市的起步、互动与互补》,《天津社会科学》1998 年第 6 期。

〔3〕 交通部烟台港管理局:《近代山东沿海通商口岸贸易统计资料》,对外贸易教育出版社,1986 年,第 31 页。

〔4〕 罗澍伟:《近代天津城市史》,中国社会科学出版社,1993 年,第 255—259 页。

第九章　民国时期的渤海

第一节　行政区划设置[1]

　　渤海区域在清朝覆灭后,统治政权几经变化,先后被北洋政府、南京国民政府、日本侵略者所控制,区域内各行政区的隶属并未发生太大变化,主要涵盖当时的河北省、山东省、辽宁省和察哈尔省、热河省。

　　河北省,在清代大致分属顺天府和直隶省,1914 年 5 月顺天府改为京兆地区,直隶省相沿未改。直隶省下设 11 个府、3 个直隶厅和 7 个直隶州。顺天府包括 5 州、19 县。之后区划几经变更,先后从直隶省之中划出承德等 14 县归热河特别区域,划多伦等 3 县归察哈尔特别区域,划滦县等 7 县归奉天省,直至 1928 年 6 月 28 日,南京国民政府统治时期,京兆地区和直隶省合并为河北省。7 月,河北省政府成立于天津,之后省府治所有所迁移,辖区也有所变动。9 月,宣化、赤城、万全、龙关、怀来、阳原、怀安、蔚县、延庆、涿鹿等 10 县划归察哈尔省,包括今日北京、天津、河北的大部分地区以及河南、山东部分县区。1937 年七七事变爆发后,河北省逐步被侵占,开始长达八年之久的日伪统治时期,直至 1945 年日本战败投降而结束。之后辖区日趋稳定,形成了 2 市、132 县、2 设治局的统辖格局。

　　清代山东省下设济南、东昌、泰安、武定、兖州、曹州、沂州、登州、莱州、青州等 10 府,此外还有包括临清、济宁、胶州等 3 个直隶州,县级区划为 8 州 96 县。民国时期山东省的统治区划范围与清朝基本一致,到 1948 年形成了 3 个市、108

---

　　[1]　本部分内容主要参考周振鹤主编,傅林祥、郑宝恒著《中国行政区划通史·中华民国卷》,复旦大学出版社,2007 年。

个县级单位以及 1 个设治局的区划局面。特别说明的是威海卫,1898 年英国强行租借,1930 年国民政府收回,设立威海卫行政区,隶属国民政府行政院,1945 年 10 月改设为威海卫市,属山东省。

民国建立后,察哈尔地区的统辖亦如清朝。1914 年,民国政府设置察哈尔特别区域,与省平行。辖区包括原直隶省的张北、独石、多伦 3 县与原绥远特别区域的丰镇、凉城、兴和、陶林 4 县以及蒙旗锡林郭勒 10 旗,察哈尔 8 旗等。之后,陆续增加了商都县、集宁县、康保县、宝昌县。1928 年,南京国民政府宣布改察哈尔特别区域为察哈尔省,所辖区域包括除去丰镇、凉城、兴和、陶林、集宁之外的原察哈尔特别区域的县区以及直隶省划拨的万全、赤城、宣化、龙关、怀来、阳原、怀安、蔚县、延庆、涿鹿 10 县,共辖 16 县、18 旗、4 牧群和达里冈厓牧厂,省会设在万全县。后来,1934、1935 年间增设化德、崇礼、尚义 3 个设治局。1935 年被日军占领。抗日战争胜利后,察哈尔省下辖 19 县、1 市。其统辖区大致包括张家口、北京延庆、内蒙古锡林郭勒盟大部分和乌兰察布盟 2 县等。

热河省,由热河特别区域改制而来。1912 年中华民国建立时,仍隶属清廷管辖。直到 1914 年 1 月,中华民国政府设置热河特别区域,下辖承德、滦平、丰宁、隆化、平泉、凌源、朝阳、阜新、开鲁、建平、绥东、赤峰、林西、围场 14 县及经棚设治局。1918 年废止,改设热河省,次年正式成立于承德。1933 年,热河被日军侵占,后归属伪满洲国。抗日战争胜利后重建,下辖承德、朝阳、赤峰、平泉、凌源、阜新、建平、开鲁、围场、凌南、滦平、隆化、丰宁、绥东、林西、经棚、林东、宁城、天山、鲁北 20 县,卓索图盟、昭乌达盟等 20 旗。

辽宁省,由奉天省演进而来。在中华民国成立之后,奉天省仍归清廷统治,之后控制在奉系军阀张作霖父子手中。1928 年,张学良宣布东北易帜,南京国民政府于次年改奉天省为辽宁省。九一八事变后,辽宁省沦陷,被日本扶植的伪满洲国管辖。抗日战争胜利后,原辽宁省被一分为三,设立了辽宁、安东、辽北三省,新辽宁省辖 4 市 22 县:锦州市、营口市、鞍山市、旅顺市以及沈阳、锦县、金县、复县、盖平、海城、辽阳、本溪、抚顺、新民、辽中、台安、黑山、北镇、盘山、义县、锦西、兴城、绥中、庄河、岫岩、铁岭等县。

第二节　港口发展与腹地扩展

民国时期,渤海区域伴随着对外通商和区域内的经济发展,海上贸易繁盛,环渤海地区的沿海港口获得快速发展。港口大发展对周边地区产生了较强的辐射作用。于是,港口的经济腹地也扩展开来。港口是一个地区经济发展的桥头堡,是近代海外贸易的中转枢纽。近代国际贸易是一个海洋贸易,因此港口的作用至关重要。其经济腹地的广阔程度决定了港口的规模和在经济贸易之中的地位。

一、港口发展

民国时期,随着海上交通工具的改善,环渤海地区沿海港口也随之发展,尤其是天津、烟台、营口等港口,借助优越的地理位置和港口条件,逐渐发展起来。营口、天津和烟台则成为各路商品的集散地,而且随着商业的发展和人口的集中,其政治、经济地位逐渐提高。港口建设和海上航运的发展,既是对外贸易发展的先决条件,也是在对外贸易的推动下逐步完善的,在与世界市场的接轨中起到十分重要的作用。

（一）天津

天津位于华北平原东部,海河下游,地跨海河两岸,是南北运河的枢纽,濒临渤海湾。天津一直是北京社会经济稳定发展的重要依托。早在清代中期,天津同东南沿海及辽东的贸易一直不断,"商船往还关东、天津等处,习以为常"。〔1〕同时,南方各地商旅纷纷北上,有的商人经过登州,直接到达天津,带来茶叶、毛竹、锡箔、绍兴酒、明矾、瓷器等物品,交易后再装棉纱、棉布、丝织品及粮食等南下。航路的畅通,促进了国内地区之间商品的流通。天津是海上和运河漕运的终点,在三岔河口等处形成了船舶聚集的码头。天津开埠以后,无论是国内还是国外,海上运输增多,这一时期商品中有不少是从海外进口来的,运到天津的外国商品,有欧洲的毛呢制品和纺织品、染料以及锡、铜等金属产品,有亚洲一些国家的土特产品,如印度的象牙、鱼翅,马来亚半岛和东印度群岛的燕窝、槟榔、胡椒等。天津港口基建也由初期的砖木结构发展到后来的石壁结构,轮船可以直接靠岸。这样,港口快速发展起来,天津也在对外贸易中逐渐凸显优势。

天津等港口的设施也有较大的改善。这时各国租界占据海河的岸线长达15公里,具备了建造码头的良好条件。各国还竞相整理河道、裁弯取直、加宽河面、修整堤岸、填平沼泽、构筑道路和建设仓库,以利航运的发展。如英国在原有码头的基础上,用10年时间又修建了1 039英尺长的新码头和222英尺长的河坝,建设了第一架岸壁式钢结构固定起重机,拓宽了租界内海河河道,不仅使吃水在12英尺以上的轮船可以进入海河,还可以顺利转头。法、德、俄租界码头

〔1〕《皇朝经世文编》卷四八《户政》。

也都有显著的改变,租界码头岸线的加长,奠定了近代天津港区的基本轮廓。更重要的是,开始在塘沽开拓新的海运码头,以补海河运输的不足。因租界码头为内河码头,轮船的进出要经过百余里的海河,而海河常淤浅,弯道多,给航行和装卸带来许多困难。因此,急需在海口修建码头。

（二）烟台

烟台地处山东半岛中部,濒临渤海、黄海,与辽东半岛对峙,并与大连隔海相望,是守卫京津地区的重要门户,也是南北海上运输的中转点。山东被迫开放的通商口岸是登州府城的蓬莱港,但是英国驻登州领事马礼逊等人1861年底对山东进行考察后,发现此处"港口浅,并且非常无遮蔽","登州府作为一个港口是不利的",而烟台港无论地理位置、自然条件和商业贸易规模,都远远超过了登州港。早期海上运输多是用沙船,港湾沿岸滩浅沙平,沙船易于停靠,各类船只运来的一些货物在烟台出售,烟台与沿海之间的贸易不断增多,带动了烟台当地经济的快速发展。

烟台作为南北货物中转贸易地的作用更加突出,自宁波、上海、广东,乃至东北和天津的船帮常常停靠这里,装卸交易货物,其品种除了粮豆、盐、鱼等传统商品外,还有棉布、糖、花生、豆货等。[1] 洋货也在烟台集散。国内外海运贸易促使烟台发展成为相当繁盛的港口。烟台最初是可以停靠帆船的自然港,港口水浅,并常年受到东北风的袭击,稍大的船只无法靠岸。开埠后利用原有的基础进行扩建,但此时海运依然以帆船为主,轮船数量有限,吨位不大,尚没有计划大规模修筑近代化港口。但是对外航线开始建立,对国内的海上运输航线也基本确定。20世纪前后,烟台港口逐渐改善,各个洋行的码头连接起来并形成了公共码头,开始向近代化港口演变。1915年起,烟台当局历时六年,耗资280万海关两兴建了东、西防波堤和长183米、宽44.89米的北码头。从此,烟台进出港口吞吐量由19世纪末的20万吨左右,增加到20世纪30年代初期的43万吨左右,进入了近代化港口的行列。[2]

（三）营口

营口地处辽河下游的入海口,是辽南的交通要道。早期营口是一片荒滩,直到乾隆中叶后才逐渐成为港口,并逐渐取代其他港口成为当时东北地区唯一的

---

〔1〕 张利民等:《近代环渤海地区经济与社会研究》,天津社会科学院出版社,2002年,第108页。
〔2〕 丁抒明:《烟台港史》,人民交通出版社,1988年,第65页。

海港。随着海运的增加和海上贸易的繁荣,营口商业的规模也越来越大。为了增加营口港的贸易税收,加强对航运的管理,政府在营口设立了税关。在第一次鸦片战争期间,营口优越的地理位置和自然条件引起西方列强的注意,各国也十分垂涎营口等港口的战略地位,因此营口成为西方列强占领东北市场的桥头堡和掠夺东北资源的跳板。他们很早就对山东北部沿海进行了大量的侦察活动,从小清河到威海等都绘制了详尽的沿海地形图。营口是在签订《北京条约》后正式开埠的。1861 年英国领事托马斯·密迪乐到牛庄勘查时,发现牛庄不如营口商业繁华,便以牛庄"海口淤浅,轮船出入不便"为借口,要求"移就营口,辟设商埠"。[1] 清政府准允,但条约文字不便改名字,营口也成为通商口岸。开埠后大批外国商品输入,又有大批东北的农产品输出,进出口贸易额迅速增长。开埠后进出口贸易量迅速增加,到民国时期,营口港口也有所改善。1907 年前后,由京奉铁路局在辽河北岸接近火车站修建了 75 米长的木质平台码头,可以停靠一艘 2 500 吨级轮船,并兴建了一些仓库、堆场等辅助设施。1919 年后,日本当局在牛家屯火车站码头原址修建了煤炭专用码头、生铁码头,经过以后的扩建,其成为栈桥式直接靠船码头,加之新建的煤场,提高了堆存能力。并且自 1929 年后又修建了有钢板桩护岸的一、二号码头和铁路桥,用于转运大豆、豆饼和杂货。到 1931 年营口共有 24 处码头,总长 7 560 米。[2]

（四）大连

20 世纪前,清政府为了加强北部沿海的防务和减轻西方坚船利炮对首都的威胁,开始组建北洋水师,在大连湾的旅顺修筑炮台、建设船坞,把旅顺建成近代化军港。外国列强对大连的港口建设,确立了港口设施和对外海运的基础,其他口岸的港口也随着轮船运输和外贸的发展进行改善,吞吐能力迅速增强。1898 年,沙俄迫使中国政府与其签订了《旅大租地条约》和《续订旅大租地条约》,由此开始了修筑港口的工程。沙俄在辽东半岛的大连湾兴建两个港口,一是旅顺口军港,另一个是大连港,为各国船舶均可出入的商港。在这一阶段,满铁对大连港口主要是兴建和改建码头、防波堤和辅助设施,进一步疏浚港内运输通道,增强近代化水平。另外,还兴建了一些辅助设施。如 1926 年 4 月,第一码头煤炭输送设施工程竣工,装船效率每小时 900 吨。1926 年建成豆油混合保管设施工程,有可容近 2 万立方米的 6 座油罐,2 条装船输油管道,及其铁路专用线、泵

〔1〕　参魏福祥《近代东北海运的"豆禁"与"解禁"》,《东北地方史研究》1984 年第 1 期。
〔2〕　邓景福:《营口港史》,人民交通出版社,1995 年,第 135 页。

房、化验室等。其港口吞吐量增为 1929 年的 901 万吨,比 1913 年增长了 321%。其客运量由 1918 年的 356 754 人次,增加到 1929 年的 853 650 人次,增长了 139.28%。[1]

从 1932 年 7 月至 1936 年 2 月,建成了以运输煤炭等散货为主的重力式突堤码头。这是当时最大的海港建设工程之一,西岸宽 100 米,水深最低潮为 9.5 米,可同时停靠 8 艘 6 000 吨级轮船,并有总贮煤能力达 18 万吨的 3 个存煤场。这时的小港吞吐能力增强,成为内贸专用港和外贸的辅助港。

二、腹地扩展

各港口城市在开埠以后,随着进出口贸易的发展和交通条件的改善,腹地的范围也在慢慢扩大,港口与腹地的关系日益紧密。港口发生改变时,各港口的腹地范围也发生了相应变化,从而对城市的经济发展产生重要的影响。港口腹地的大小与港口与腹地的经济联系有很大关系,即货物来源地和销售地的货物联系。经济腹地一般由出口货物的供货地和进口货物的销售地两大部分所组成。

(一)天津与腹地扩展

天津港口腹地的基本范围也就是产品供货地与货物销售地的主要范围。天津开埠以后,由于国内外市场对皮毛原料的需求,而蒙古有天然草原,牛羊遍地,盛产皮毛,皮毛开始作为出口商品,并通过天津港出售到国外市场。通过天津港而输出的皮毛类畜产品日益增多,皮毛的供货地范围不断扩大。京张铁路的修成,为蒙古的皮毛出口提供了方便。此外,京包铁路与正太铁路、京汉铁路、京奉铁路相连接,也使东北、西北等地的皮毛,可以通过现代化的运输方式抵达天津港。[2] 20 世纪初期,国内外市场对华北棉花的需求量都大大增加。天津棉花的来源地包括河北、山东、山西、陕西、河南、新疆吐鲁番等地。到了民国年间,天津已初步发展成为华北广大地区的棉花交易中心和出口港。国内外市场对腹地棉花越来越多的需求,促进了棉花运输业更为快速的发展。

进入 20 世纪以后,随着北方交通运输条件的改善,包括中药材在内的农副产品的市场化程度日益提高,越来越多的药材被运往内地较大的药材市场销售,

〔1〕 杜恂诚:《日本在旧中国的投资》,上海社会科学出版社,1986 年,第 90 页。
〔2〕 吴松弟、樊如森、陈为忠等:《港口—腹地与北方的经济变迁(1840—1949)》,浙江大学出版社,2011 年,第 101 页。

或经天津等港出口到海外,药材的流通范围进一步扩大了。绥远是甘草的主要产区,甘肃是当归、甘草、大黄等药材的重要产地。到20世纪30年代,天津的药材市场,初步形成了以各地中小药材集散地为基础,以各大专业性药材批发市场为枢纽,以现代铁路、轮船和传统陆运与内河航运相结合的较为完整的供销网络体系。[1] 干果作为天津港的重要出口货物,主要包括杏仁、红枣、黑枣、花生、核桃、瓜子、栗子等,主要产于河北平原,开埠以后,供货范围有所扩大,出口的干果数量和种类有了明显的增加。

随着天津港腹地对外来商品吸纳力的增强,纺织品的进口数量在缓慢增加。这些纺织品,经过各条运输路线,销售到河北、河南、山东、蒙古等地区,进入20世纪以后,随着铁路交通网的建设和腹地经济商品化程度的进一步提高,纺织品的进口数量和种类都较前增加了,纺织品的销售量和销售区域也进一步扩大。随着铁路的修建和工厂的开办,天津及内地对五金与机器的需求也大为增加,从而使得天津港五金产品的进口,种类与数量皆进一步扩大。五金、机器的销售地,主要是天津和其他铁路沿线的城市以及东部沿海省份。随着中外经济交流的发展,进口的日用洋杂货开始进入天津港腹地老百姓的生活之中,从而使其进口的数量和种类进一步增加。比如煤油、海菜、玻璃、火柴等洋杂货,主要销售地区包括山西、蒙古以及西北地区。

随着海陆运输方式的近代化、交通运输体系的逐渐完善,天津供货地和销售地的范围迅速扩大。到20世纪二三十年代,为天津港提供出口的地区,已包括河北、山东、山西、河南、陕西、甘肃、东北三省以及新疆、青海、宁夏、蒙古、西藏等省,直到1937前后,天津港依然是我国供货范围最广、出口量最大的皮毛出口港。综上观之,天津港的出口货物主要供货范围和进口货物的主要销售范围,已遍及华北、西北、蒙古的主要地区,以及相邻的东北的边缘地带。两者相加,所得的空间范围,即是天津的经济腹地。

（二）烟台与腹地扩展

到19世纪末,烟台港是山东省最主要的通商口岸,是山东经济的支柱。烟台港口进出口贸易覆盖整个山东的北半部,甚至沿着黄河进入河南和山西。青岛凭借胶济铁路,逐渐超过烟台贸易的发展水平。烟台的贸易地位由于青岛和大连的竞争逐渐下降,贸易的范围开始局限在胶东地区。烟台港洋货的销售市场主要在今山东北部的烟台、济南等地和胶东地区,土货的来源地远达河南、安

---

〔1〕　吴松弟、樊如森、陈为忠等:《港口—腹地与北方的经济变迁(1840—1949)》,第109页。

徽、直隶省等靠近山东的地区,甚至跨海远达奉天省,但主要还在山东北部。

胶济铁路修通以后,铁路沿线、小清河流域原属于烟台港的地区,开始转向青岛港。青岛港夺取了烟台的腹地,青岛港的贸易在 1907 年就赶上并超过烟台港。1935 年,烟台在山东出口贸易只占17.61%,而青岛占到 70.89%;在进口贸易中烟台仅占 9.3%,青岛占 87.2%。即使在胶东,龙口和威海的开埠,也分割了本属于烟台的贸易份额,龙口在山东出口贸易中占 6.19%,威海占 5.31%;在山东进口贸易中龙口占 2.16%,威海占 1.43%。[1]

由于大连、青岛、龙口、威海的竞争,烟台在胶东的腹地已变得很小,只有福山、牟平、栖霞、蓬莱四县以及烟台市本身。招远、黄县、掖县是烟台和青岛的共有腹地,文登、荣成是烟台、威海、青岛、大连的共有腹地。龙口港腹地范围主要局限在黄县等附近地区,威海港的腹地范围主要局限在港口附近地区。

(三) 营口及其腹地扩展

营口地处辽河下游,由于拥有位居辽河末端的地理区位优势,渐渐成为商人聚集之地,当地有山东、华南商人开设油坊和杂货店。由于国内外市场对豆油、豆饼的需求量极大,营口的油厂在东北各地最为发达,因之成为当时东北主要的工业中心。到1926 年,仍有油厂 23 家,资本 50 余万两。营口曾是东北的金融中心之一。营口贸易、工业和金融的发展,使之成为大连崛起之前的东北的进出口贸易的中心和重要的经济中心。而营口和沈阳的关系,如同青岛与济南的关系,海港城市营口是东北的贸易中心,位居东北中南部交通要冲的沈阳是营口联系北部广大腹地的枢纽。[2]

开埠前,营口是普通的市镇。开埠之后随着经济地位的上升,营口的政治地位也得到相应的提高。1860 年位于辽河河口的营口开埠,营口成为东北物资进出的主要通道,自营口通向东部的辽河成为港口联系内地的主要通道。随着交通和商业的发展,辽河沿岸的大小码头形成商品集聚和辐射中心,东北地区有别于传统时代的商业市镇在辽河沿线萌芽出现。辽河中游为平原农业区,农产品丰富,大多可供商品交换,相当一部分农产品顺着辽河而下,运到营口输往国内外。随着营口对外贸易的增长,辽河航运业日趋兴盛,辽河一线兴起了许多专业的商品集散市镇,形成了沿辽河发展的带状市镇群。

营口腹地农产品丰富,人口较多。有的城镇,因河流和陆路在此相交,水陆

---

〔1〕 《中国实业志(山东省)》第一册,第 104 页。
〔2〕 吴松弟、樊如森、陈为忠等:《港口—腹地与北方的经济变迁(1840—1949)》,第 130 页。

交通极其方便,既便于集中附近甚至远方的农产品,又便于运输外地货物到此。由于在交通运输方面有着较大的区位优势,近岸码头成为一定地理范围内的商品集散中心。同时,随着大量的商人和劳动力汇聚于此,码头所在城镇的交通、贸易和经济的辐射力亦随之增强。辽河沿岸新兴城市的崛起,得益于辽河航运的兴盛,而当辽河航运衰落之后,或河流改道、码头迁移之后,这些市镇也都随之衰落了。

（四）大连及其腹地扩展

大连自1906年成为自由港后,1910年超越营口迅速成为东北最大的货物进出口贸易中心。1910—1931年,大连港的贸易额占到东北地区贸易总额的60%以上。随着贸易的发展,到1930年,大连市成为东北地区最大的贸易中心、东北南部地区最大的工业、商业和金融中心,也是当时东北南部现代化程度最高的港口城市。

东北地区土壤肥沃,气候适宜,适合各种农作物生长。20世纪初大连港开放以后,大量农产品通过铁路与海港运销国外。东北南部大豆、柞蚕等商品作物的大规模生产,同时商品农业也出现区域发展集中化趋势。20世纪后随着大豆及大豆制品热销国际市场,大豆种植超过高粱、谷子、玉米等作物而居第一位。20世纪初,大豆产地开始向中部松辽平原扩展,20世纪20年代东北北部进一步扩大大豆种植面积,东北大豆的主产地遂由南向北推移。由于距离铁路越近,运输成本越低,收益也越高,东北大豆的种植率又以南满铁路和中东铁路沿线地区为最高,长春到开原及沈阳以南的铁路周边地区大豆种植面积最广,产量最多。

由于东北农产商品区的出现,在此基础上的初级产品的加工制造业也逐渐繁盛。大连港以及南满铁路沿线的城镇都以外向型的加工业为主,油坊、酿酒以及缫丝等轻工业兴旺。1907年大连开港之初,当地有18家油坊,1908年增加到35家,1919年增加到82家,大连成了东北大豆加工和出口的中心。大连的油坊多采用机器榨油,规模大,产量高。油坊的投资者多是粮商、货栈主或洋货批发商,资本一般在数万元至十几万元之间。大连油坊工业的机械化推进了内地行业技术和设备的进步,沿线和盛产大豆的市镇都出现了机器榨油的油坊。

大连与沈阳、哈尔滨并列为东北的三大城市。沈阳是东北地区的政治中心,也是连通东北各地的重要交通枢纽,政治和交通的重要地位,使其发展成为东北的商业中心。20世纪大连开埠和南满铁路修建后,沈阳因其重要的地理位置又成为东北南部的铁路枢纽。由此发生了两个方面的变化：一方面,随着大连海港的崛起,沈阳商业逐渐以大连为出入门户;另一方面,由于是东北南部的铁路枢纽,沈阳成为人口最多且商业繁荣的东北第一大都会。

第三节　航路扩展与交通近代化

随着对内对外经济联系的扩大,地处环渤海交通要道的各港口繁忙起来,不仅和上海、香港的联系得到加强,国内航路不断扩展,而且通达东亚、东南亚、欧美地区重要港口的贸易航路也有新的开辟。同时,陆路交通也有较大改善。

一、航路扩展

环渤海地区各港口开埠前,就与上海、香港展开了贸易,"关东豆、麦,每年至上海者千余万石,而布、茶、南货至山东、直隶、关东等,亦由沙船载而北行",[1]但此时环渤海地区各港口不具备直接对外贸易的能力,其对外进出口还需到上海、香港中转,与上海、香港形成了密切的外贸转运关系。19世纪后半叶到20世纪初,是环渤海地区各港口与上海外贸埠际转运最紧密的时期,这段时期内,上海自开埠以来已迅速发展为全国外贸中心,但是上海未能包揽北方沿海全部外贸额的中转任务,仍有小部分要经过香港等港口中转,香港也是北方口岸的重要中转港口之一。这种关系也不是一成不变的。民国时期,各港口相继发展对外贸易,与上海、香港外贸埠际转运渐渐疏离,开始了直接对外贸易,上海在全国外贸转运的地位发生了重大转变。

（一）环渤海港口与上海的贸易关系

天津地理位置优越,位于海河、大运河与渤海交汇点,借助优越的交通便利条件,开埠以后很快成为北方最大的洋货集散地,但"天津乃中国进口货之最大销场之一,虽纳有所进洋货之大部,却非直接取给于生产国,而系经由上海转来"。[2]不但进出需要到上海中转,还有大量土货由天津运往上海,经上海转运出口。因此,在对外贸易上依赖上海转运的程度非常高。进入20世纪后,天津与上海间的洋货转运发生了改变,"本年特别之事,系商人向外洋交

---

[1]　（清）包世臣：《海运南漕议》,《安吴四种》卷一〇。
[2]　吴弘明：《天津海关年报档案汇编》上册,《1866年天津贸易报告》,第15页。

易,并不经过上海"。这样,到民国时期天津直接出口发展速度加快,天津的贸易,由经上海的间接贸易发展到从原产地直接进口。随着天津独立进口能力的提高,天津的直接出口能力也得到了发展,对外贸易直接对口美洲、欧洲和日本等地。1930 年的天津无论在进口,还是在出口上,均已达到一定的独立性,对上海的外贸转运依赖性已经很小了。

烟台港前期对上海外贸转运依赖性也非常强。棉制品是烟台进口的主要货物,烟台和天津同是上海进口棉制品转运的主要对象,因为"(布匹和棉纱)这些货物在上海转运,上海是轮船的终点港。这些货物可能是相当多的"。[1] 烟台出口货物主要有丝绸、草帽辫,出口依赖于上海,同样,进入 20 世纪后,烟台逐渐减少对上海的依赖,不再是"上海实际上是烟台货物出口国外的最大转口港,除了日、俄之外,烟台输往英、美各国的货物都经由上海运出"的状况,逐渐发展独立对外贸易。

营口自开埠后,与上海间外贸转运商品往来频繁,对外贸易增长速度很快。营口进口洋货"率多由上海转运而来"。营口也是上海进口棉制品的重要市场,营口出口货物主要是豆和豆饼等土货,野蚕丝后来也成为营口运往上海的大宗土货,主要是经上海转运往国外。民国以来,北方市场出口对上海的依赖程度降低,而营口港也逐渐被大连港所替代。

进入 20 世纪,大连逐渐取代营口成为东北最大的对外贸易港口,在环渤海港口中优势突出。1919 年大连已超过汉口、天津,一度成为仅次于上海的全国第二大港,其进出口方主要为日本。[2] 这一时期,大连与日本直接贸易频繁,并成为日本对东北贸易的主要港口,从而削弱了上海在东北对外贸易中的转运功能,大连与上海的关系,已与 19 世纪后半期营口与上海的关系大为不同了。

(二)环渤海港口与香港的贸易关系

香港也是环渤海地区重要的贸易中转港口之一,但是民国以后,随着环渤海地区港口直接对外贸易快速发展,香港的此项功能大为缩减。

民国以前,香港也是天津比较重要的贸易伙伴,天津港的糖、药材等很多特色商品经香港转运至南洋等地区;而金属作为香港的一种大宗进口货,主要供应天津及邻近地区重工业发展。和上海相比,香港与天津的联系显得相对单一。天津主要依靠军火、金属和机械设备进口贸易的扩大,推动香港在天津进口贸易

[1]《光绪七年烟台口华洋贸易情形论略》,《中国旧海关史料》第 9 册。
[2] 吴松弟、樊如森、陈为忠等:《港口—腹地与北方的经济变迁(1840—1949)》,第 326 页。

额中所占的比重的缓慢增加。考虑到在进口贸易总额增长超过三倍的情况下，香港所占比重尚能保持7%左右，说明香港仅凭这几大类特货转口贸易就对天津的洋货进口产生重要影响。[1] 早期天津洋货进口结构比较单一，棉纺织品所占的比例较大，后期直接进口染料、铜纽扣、香烟、美国面粉等欧美货，夏布、胡椒、槟榔、苏木等华南货、南洋货。此外还有钟表、望远镜等奢侈品。

烟台在晚清时期开埠，对外贸易有了较大发展，民国之前是大宗商品进出山东的主要通道，后随着青岛的兴起而相对衰落。青岛开埠以后，与外国的直接进出口贸易所占比重较大，与香港的联系不多，而烟台与香港的贸易关系不断。香港与烟台的贸易也集中在少数几类洋货和土特产品上，但也有一些独特之处，比如对朝鲜的转口贸易，使烟台成为对朝贸易转口港，中朝贸易关系由先前的陆上边境贸易转变为海路贸易。烟台与香港两地的贸易关系日渐密切，香港输送朝鲜的商品，也多经过烟台中转，贸易规模较前扩大。

营口开埠以后，除对日本、朝鲜、俄国直接贸易外，还通过上海和香港转口贸易，其中香港在洋货进口中占有较大的比例，香港为营口重要的贸易伙伴。出口的扩张拉动了整个贸易规模的扩大，使香港得以在营口洋货进口贸易领域逐渐占有一席之地。

香港虽不是环渤海地区港口早期最重要的贸易对象，但在几大类主要商品贸易中占有相对突出地位。香港在这些港口的进出口贸易中发挥了四种功能：即五大类大宗洋货的采购市场、特货的走私中心、大宗土货的输出地和精加工地，以及对国外贸易的重要转口港。[2] 因此，香港对环渤海地区经济的兴起发挥了有益的影响。但是民国以来，随着大连、青岛等新口岸的开辟，环渤海地区港口的直接对外贸易兴起，香港转口贸易的辐射范围收缩到华南、西南、闽台等地区，与环渤海地区的贸易关系开始减弱。

总之，环渤海地区港口与上海、香港的贸易关系经历了由紧密到疏远的过程。环渤海主要港口前期对上海、香港的依赖程度非常高，转口贸易兴盛，后期由于港口自身建设、交通条件的改善，开始了直接对外贸易。

二、交通近代化

环渤海地区港口对外贸易的发展，无论是海上运输条件还是陆路运输条件的改善，都起着至关重要的作用。开埠以前，环渤海地区的交通运输，为以人力

---

〔1〕 吴松弟、樊如森、陈为忠等：《港口—腹地与北方的经济变迁（1840—1949）》，第 332 页。
〔2〕 吴松弟、樊如森、陈为忠等：《港口—腹地与北方的经济变迁（1840—1949）》，第 341 页。

和畜力为主的陆路运输和以人力、风力为主的内河或沿海航运。民国时期,火车、轮船和汽车这些近代交通工具逐步代替传统的交通工具,环渤海地区的交通环境起了很大的变化,不仅各经济区域基本形成了具有近代意义的交通运输体系,而且整个环渤海地区内交通也初步形成了通达的局面,环渤海各地经济联系得到加强。

(一)陆路交通条件改善

陆路交通条件改善的主要表现是铁路和公路的修建。环渤海地区近代交通运输体系是在传统运输条件的基础上建立的。环渤海地区第一条铁路是津唐铁路,它揭开了环渤海地区近代化交通运输的新时代。铁路开通是交通运输史上的深刻变革,改变了陆路运输方式,为商品流通提供了便利的运输工具。尤其是对于运送价值低且体积大的农产品,廉价快捷的铁路运输降低了运输成本,提高了运输效率,对经济的发展起到不可低估的作用。因此铁路开通后即显示出其优越性,各铁路沿线客货运输规模都有大幅度的提高。[1]

民国时期,环渤海地区铁路建设的速度大大加快。胶济铁路、京汉铁路、京奉铁路、正太铁路、京张铁路、津浦铁路等相继通车。环渤海铁路网中,天津不仅成为京奉、津浦两条铁路的交会点,而且可以通过津浦铁路在济南与胶济铁路相接,通过京奉铁路在丰台与京汉、京张铁路相接,通过京汉铁路在石家庄与正太铁路相接、在新乡与道清铁路相接。环渤海铁路网的逐步建成,使各港口与腹地之间的交通运输有了很大的改善。

铁路修筑以后,以其量大速快的运输方式,对各港口与其腹地的货物运送产生了重大的影响。铁路的兴修,虽然不能使火车通达腹地的每一个地区,但却使得广大区域内的人们,可以先用传统的水陆运输方式,将货物集结到沿线的车站,再借助火车比较快捷地运往天津港。因此,铁路大大加强了天津港和广大腹地之间的经济联系,而且也使天津港的腹地范围进一步扩大。[2]

近代化的陆路运输,除铁路之外,还有公路。环渤海地区近代陆路运输体系是在传统运输条件的基础上建立的,铁路和公路的修建在很大程度上利用了原有驿道,尤其是20世纪初期开始兴建的铁路更是如此。在一段时间内环渤海地区开启了兴修公路的热潮,公路的修建为汽车运输企业的建立提供了可能。汽车运输为城乡间的人员和物资交流提供了较牛马大车快捷得多的运输方式。汽

〔1〕 张利民等:《近代环渤海地区经济与社会研究》,第196页。
〔2〕 吴松弟、樊如森、陈为忠等:《港口—腹地与北方的经济变迁(1840—1949)》,第164页。

车虽然不如火车的运载量大,却远远超过传统的运输工具,而其便捷程度则超过火车,又由于公路的修筑远较铁路的修筑方便,容易深入农村和边远地区。因此,随着公路的修建,汽车运输便得到发展,成为铁路运输的延伸和补充,同样促进各港口与腹地之间进出口贸易的发展。

环渤海地区铁路和公路得到修建,并没有完全取代传统的运输工具,因为陆路运输的成本比较昂贵,传统运输工具与火车、汽车比较,运量少,速度慢,但运输费用要低廉得多,所以传统运输工具不可能一下子被完全取代。[1]

(二)海上交通条件改善

海上交通条件改善的主要表现是航路扩展和港口建设。近代以后,港口建设和海上航运的发展,既是对外贸易发展的先决条件,也是在对外贸易的推动下逐步完善的,港口的近代化建设与各口岸开埠通商往往同步进行。

早期的港口建设,主要是利用原有的基础进行修建,因为此时海运中依然以帆船为主,轮船数量有限,吨位不大,也不具备大规模修筑近代化港口的能力。19 世纪末 20 世纪初是开始建设近代化港口的时期,奠定了港口设施和对外海运的基础,其他口岸的港口也随着轮船运输和外贸的发展得到改善,各个港口的吞吐能力得到增强。例如大连港,"经过日本对港口设施的建设,大连港的吞吐能力从 1907 年的 323 万吨,提高到 1929 年的 2 767 余万吨"。[2]

港口建设与海上运输业的发展是同步的。早期海上运输主要是帆船为主的沿海运输,轮船的广泛使用改变了传统海运的格局,缩短了沿海与世界各港口的距离,加之港口设施的改善和铁路的开通,带来了各港口航运业的兴起和国内外航线的增加,也促使港口吞吐能力日见增强。20 世纪前是建立以轮船为主的国内外海上航线的初始阶段,各通商口岸轮船运输的发展虽不一致,但外国轮船为主的海运逐渐取代传统的帆船运输的格局已经形成。

天津开埠以后,轮船逐渐成为进出口商品运输的主要工具。轮船不仅承运货物载重量大,手续简便,节省时间,而且比帆船风险小。烟台进出口轮船总数小于天津。进入 20 世纪后,青岛为主要对外贸易港,超过烟台。营口轮船运输要晚于天津和烟台。营口开埠初期进出港的外籍船只仍以帆船为主,后轮船数量逐年增加,至民国时期完成海运由帆船到轮船的转换。

〔1〕 吴松弟、樊如森、陈为忠等:《港口—腹地与北方的经济变迁(1840—1949)》,第 168 页。
〔2〕 顾明义等:《大连近百年史》,辽宁人民出版社,1999 年,第 1278 页。

20 世纪前后进入轮船航运的发展阶段。随着各口岸港口建设的完善,轮船运输已经成为各口岸与世界市场联系的主要方式,在大连、天津和青岛的远洋运输几乎完全是轮船载运。中外航运公司迅速在各港口建立机构,开展远洋、近海和驳运等业务,出现了不同公司控制不同运输航线的情况。环渤海地区最突出的特征,是日本各航运公司的迅速发展。在外国近代远洋航运进入环渤海地区的同时,中国的航运企业也有所发展。20 世纪初期,只有一些从事海运的商人投资购买吨位较小的轮船进行沿海不定期客货运输。民国以后,华商开始成立船行,购置轮船,经营沿海及近海货运业务,与外商开展航运竞争。华商公司的轮船吨位小,航速慢,不仅在远洋航运中没有竞争力,即便在沿海航运中也只能占到很小的份额。

环渤海地区港口的国内、国外航线和外国船只不断增加。在众多的航线中,日本占绝对优势。例如在大连,1908 年只有 12 条航线,进出港轮船为 2 796 艘。到 1926 年,以大连为基点的定期和准定期航线有 33 条,其中 13 条是远洋航线,连通北美、欧洲和南洋,其他的都是大连到日本、大连到国内沿海的航线。此时进出港口轮船增加到 7 628 艘。[1] 在天津,从 1892 年至 1910 年进出口船舶中英国船只数量由 300 艘增到 678 艘,增加了一倍以上。1913 年各国到达的船只共有 998 艘,到 1924 年增加到 1 521 艘。[2] 在青岛,德、英船舶公司开辟了 15 条以青岛为中心的航线,民国时期,青岛至北美的航线大约有 7 条,通欧洲的航线大约有 8 条,国内航线大约有 11 条。1913 年来往青岛的外国船只为 1 805 艘,总吨位 264.5 万吨,1931 年增至 3 004 艘,634.7 万吨。[3]

在环渤海地区的交通运输体系中,由于各地经济发展和自然环境的差异,交通运输的主要方式不同,例如在沿海地区铁路线密集,海运、水运和公路都比较发达,在比较荒僻的内陆地区和自然村落,传统运输工具仍然发挥主要作用。在环渤海地区,铁路修建的时间早、线路多,公路建设也在全国居领先地位,政府和民间都十分注意创建近代运输方式,以改变环渤海地区交通运输的局面。此外,帆船根据海运、铁路的发展不断改变其业务的范围,使其得以生存。因此,环渤海地区的近代交通运输体系,是在充分利用传统条件基础上形成的,在不同的自然和经济环境下,各种交通运输方式有一定差异,分工也有所不同,呈现出多层次、多样化的特征。

---

〔1〕　张利民等:《近代环渤海地区经济与社会研究》,第 190 页。
〔2〕　李华彬:《天津港史》,人民交通出版社,1986 年,第 126、146 页。
〔3〕　青岛市史志办公室:《青岛市志·交通志》,新华出版社,1995 年,第 379 页。

第四节　商贸兴盛与环渤海网络形成

近代西方列强通过坚船利炮打开中国的大门,逼迫羸弱的清政府签订了一系列大大小小的不平等条约。在诸多的不平等的条约之中,西方列强为了扩大本国商品倾销地和掠夺原料,往往会要求开埠通商。这一经济掠夺的方式,在客观上也为通商口岸及其腹地带来了发展的机遇。自然经济虽然受到冲击,但各通商口岸及其腹地在被迫卷入世界贸易体系中时,也获得了相应的行业发展,促进了地区的商业繁盛,这一切在民国时期的渤海港口发展中得到了很好的体现。各通商口岸及其腹地的商业呈现出繁荣态势,这使得传统的环渤海经济网络更加紧密,各地区间的经济交流增强,各港口间的经济渗透也进一步加深。

一、商贸兴盛

民国时期,环渤海地区商贸兴盛与本地区各港口的发展、交通近代化是密不可分的。港口城市往往成为各区域的经济和贸易中心,近代生产力首先主要发端于沿海港口城市,然后带动腹地经济贸易的发展。随着口岸城市自身工业、金融、商业的发展以及城市的成长,首先是外向型经济的兴起。

(一)天津商贸兴盛

天津商贸的兴盛主要得益于天津的开埠,进出口贸易迅速发展,促进了商业的繁荣,使天津逐渐发展为北方进出口贸易的主要港口。区域经济从传统内向型转向外向型,不再局限于本地区贸易,进出口贸易开始兴盛。主要表现一方面是进口国外商品与出口本地区商品双向增多,另一方面表现在传统商人的转型。

从国外进口的商品主要是一些手工业产品,例如洋纱洋布,这些商品比国内质量好又便宜,物美价廉的商品受到民众的青睐。洋纱洋布的大量进口,使传统手工业产品很难与之竞争,"前时妇女纺花,比户皆然,颇为出产之大宗。自洋布、洋线盛行,人竞趋之,纺织均辍业,邻里过从,不复闻轧轧声矣"。[1] 当然进口国外商品的同时,"收购和运销出口土货的商人日益增多,土货出口业也就很快繁荣起来"。[2] 出口品主要有皮毛、棉花、药材和干果等。

〔1〕 陈桢等修纂:《文安县志》卷一《物产》,民国十一年铅印本。
〔2〕 吴松弟、樊如森、陈为忠等:《港口—腹地与北方的经济变迁(1840—1949)》,第204页。

　　传统商人的转型，是天津商贸兴盛的重要因素。传统商人的转型并不意味着商人不再从事原来的工作，而是一部分商人继续从事传统贸易，一部分商人经营进口洋货和出口土货，经商结构和管理方式上发生了较大的变化。随着国内外市场的日益扩大，原来的商业会馆不再适应新的商业活动，新式天津商会应运而生，形成联系紧密、管理垂直的商业组织网。商会的经济和社会功能进一步加强。

　　（二）烟台商贸兴盛

　　随着烟台开埠通商，进出口贸易迅速扩大，经济发展水平大幅提高。烟台商贸兴盛主要表现为传统手工业的转型和采用机器生产和企业管理的现代工业的兴起。烟台以轻纺工业为主，这些产业的发展大多基于出口贸易的需要，例如大豆榨油业，利用大豆生产豆油、豆饼的榨油业日渐发展，豆油、豆饼大量出口国外，带动了出口贸易发展。粉丝业是烟台特色的家庭手工业，其中粉丝以龙口粉丝最为著名。20 世纪 30 年代，烟台发展成为山东半岛的粉丝制造中心，所产的粉丝大量出口国外。织布业和丝绸业也获得不同程度的发展。随着贸易的发展，织布业和丝绸业首先在胶东半岛一带得到发展，生产工具得到改良的同时，产品的质量亦得到提高，生产规模得到扩大，在烟台甚至出现了机器缫丝厂。山东省缫丝工业主要集中在胶东半岛的烟台、牟平、栖霞三地，尤以烟台为盛，工厂有 400 处，机械多达 15 000 台，年加工蚕丝约 1.5 万担。[1]

　　此外，草帽辫、花边、绣花、发网等外来手工业在烟台地区迅速成长起来。它们是烟台出口贸易的重要组成部分，不仅部分解决了农村多余劳动力的问题，而且增加了农民的收入，使农村经济得到发展。

　　烟台的现代工业，主要有棉布、棉纱、面粉、葡萄酒酿造业等轻工业部门，棉纱业主要是日商投资，雇用中国工人，逐渐形成了庞大的日资机器纺纱工业体系。面粉业在民国初年处于成长期，但"自外粉入境，以其品质较优，于是稍富者相率摒弃土面，改用洋面"。之后资本和生产规模都扩大，设备齐全，面粉公司多采用股份有限公司制，广泛吸收民间资本入股，初步实现了资本与经营权的分离，逐渐发展成规模较大的现代工业。烟台的葡萄酒酿造企业首推张裕葡萄酒公司。广泛引进国外优良葡萄品种，并从国外购进设备，聘请中外酿酒名师提高酿酒水平，经过多年经营，张裕葡萄酒风行全国，远销海外。到民国年间，张裕

────────────

〔1〕　吴松弟、樊如森、陈为忠等：《港口—腹地与北方的经济变迁（1840—1949）》，第 269 页。

公司开创了中国酿酒业的新时代,也为烟台果品业的发展带来了新的机遇。[1]

(三)营口商贸兴盛

营口位于辽河末端,在交通运输方面有着较大的区位优势,是一定地理范围内的商品集散中心。自开埠之后随着城镇的交通、贸易和经济的辐射力的不断增强,营口成为众多商人聚集之地,当时由山东、华南商人开设的各种商号和榨制豆油的油坊相继出现。至1925年,营口先后建立了福建、三江、粤东、直隶、山东五大商人会馆。营口商人"自立市场于天后宫内,每晨各商人入市场,操其盈朒,不复听命于锦(州)市"。[2]由于国内外市场对豆油、豆饼的需求量极大,从事榨油业有利可图,营口曾一度成为当时东北重要的工业中心。除榨油业外,营口还有其他一些工厂,例如有罐头食品厂、玻璃厂、火柴厂、印刷厂、烛皂厂、烟草厂等。营口的现代化工业以中、日商势力最大,有些产业如烟草行业则几乎为英、美烟草公司和日本的东亚烟草会社所垄断。营口亦曾是东北的金融中心之一。时人评论:"奉天(今沈阳)位于辽东平野之北部,满洲货物集散之要冲也……而营口又有辽河以民船与奉天相联络。自商业上观之,奉、营两地实有密切之关系也。凡营口货物悉必经过奉天而后分布吉林、黑龙江、长春一带地方,即生产于满洲中部之物亦必经奉天商人之手而后由营口输出。然论东省商务,奉天固为中枢,而论上海奉天间之商务,营口又其中枢也。"[3]

(四)大连商贸兴盛

民国时期,大连也是成为东北货物进出口贸易中心,大量农产品通过铁路与海港运销国外,东北南部大豆、柞蚕等商品作物的大规模专业化生产趋势明显,大豆及大豆制品走俏国际市场,其贸易额占到东北地区贸易总额的60%以上。随着贸易、生产的发展,大连市的金融业也逐渐兴起,全市开设了日本、美国、英国、中国所属银行十几家,钱庄几十家。到1930年,大连已成为东北地区最大的贸易中心、东北南部地区最大的工商业和金融中心。

这一时期轻工制造业也获得长足发展。由于东北农产商品区的出现,在此基础上的初级产品的加工制造业也逐渐繁盛。例如大连港以及南满铁路沿线的城镇都以外向型的加工业为主,油坊、酿酒以及缫丝等轻工业兴旺。大连的油坊

〔1〕 吴松弟、樊如森、陈为忠等:《港口—腹地与北方的经济变迁(1840—1949)》,第279页。

〔2〕 杨晋源、王庆云修纂:民国《营口县志》上卷,辽宁民族出版社影印民国十九年稿本。

〔3〕 熊希龄:《奉天上海间商品集散调查表》,《满洲实业案》,明志阁版,1908年。

多采用机器榨油,规模大,产量高,大连成了东北大豆加工和出口的中心,这是大连油坊业发展的顶峰。

以上地区的商贸兴盛只是环渤海地区的代表,其兴盛主要原因是港口开放和铁路开通,有利于它们对外联系和发展商业,这说明了新式交通在发展城市经济中的重要性,港口和铁路已成为改变经济地理布局的重要因素。

二、环渤海网络形成

民国时期,环渤海地区在经济发展的基础上,逐渐形成了发达的交通运输网络、产品齐全的特色工业网络、健全的商业组织网络以及多层次的对外贸易网络等环渤海网络。

（一）发达的交通运输网络

海上运输、陆路运输、河运运输等运输方式共同形成了环渤海地区发达的交通运输网络。

海上运输主要是以轮船为主的国内外海上航运。民国时期,轮船逐渐取代传统的帆船,成为进出口商品运输的主要工具。同时,国外远洋航运进入北方沿海,刺激了中国航运业的发展。

而中国航运业的发展,一方面表现在各口岸的国内、国外航线不断增加,另一方面则表现在货运量的增加。

陆路运输是指铁路和公路。环渤海地区最早兴建了铁路,逐渐形成了比较稠密的铁路交通网络。到20世纪20年代基本形成了以北京、天津为中心,以济南、太原为辅的铁路网络,而且这个网络通过中国南北的铁路大动脉,沟通了与东南沿海、华中、华南内地的联系,也通过京奉铁路等加强了环渤海地区,乃至关内与关外的联系。

铁路修建是交通运输史上的深刻变革,改变了陆路运输方式,为商品流通提供了便利的运输工具。铁路运输降低了运输成本,提高了运输效率,铁路还推动了进出口贸易的迅速发展,对经济的发展起到不可低估的作用。铁路网络化的形成是近代以后环渤海地区商品市场发展和城市化不可或缺的链条,对该地区经济发展和布局调整以及农村农产品商品化起到了巨大的推动作用。陆路运输的开拓和发展,在环渤海地区可以说是交通运输方式的巨大变革。

传统的运输工具和道路,已不能满足社会对运输的要求,必须修建近代公路和发展汽车运输。在环渤海地区,积极修筑公路,开办汽车公司,从事货物集散和商旅运输,以弥补铁路运输的不足。民国以后,随着经济的发展和新法筑路技术的使用,各地掀起了兴修公路的热潮。道路和设备条件的逐步改善,以及商品市场的扩大,大大促进了汽车运输的发展,进而形成了以城市为中心、长途汽车为主要工具的公路运输网络。公路建设和长途汽车运输与地区经济发展是相互依存,相互促进的。

（二）产品齐全的特色工业网络

环渤海地区的工业从无到有,产品种类由少到多,到 20 世纪 30 年代,各经济区域均形成了能源和食品加工业、轻纺和化工业、手工业等有一定特点的工业体系。

东北工业体系以能源和食品加工业为代表。东北有丰富的矿藏,特别是铁矿、煤炭的蕴藏量在全国占有很大的比重。在拥有矿藏优势和对外贸易的基础上,近代工业在 20 世纪以后迅速兴起,其产品大部分出口到日本,为日本军事工业提供原料。1922 年大连出口煤炭 168.8 万吨,其中有一半出口到日本。大连生铁和铁矿石的出口是从第一次世界大战后开始的,1919 年出口生铁不过 6 万吨,到 30 年代多在 20 万吨以上,几乎全部出口日本。[1]

盐业和林业也属于能源行业。20 世纪初大连、营口每年出口原盐三四万吨,1911 年增至 7.7 万吨,1918 年出口达 13.3 万吨,1928 年为最高峰达 20 万吨。安东各木材厂的产品,除了作为薪材或木炭供本地消费外,有相当部分出口到日本、朝鲜以及关内京津和山东等地。1925 年安东输出 193.3 万连、23.4 万尺,到 1927 年增到 229.2 万连、47.5 万尺。[2]

食品加工业主要有榨油业、酿酒业、面粉业等,也在一定程度上发展起来。能源行业几乎完全被日本控制,其特点是起点较高、规模大,以出口日本或供应日本统治当地的需要为主。食品加工业、纺织业有所发展,其特点是华商投资集中,规模小。

天津工业体系以轻纺和化工业为主。该区域近代工业主要集中在纺织、化工、面粉、火柴、制革等轻工业上。天津每年有大量的羊毛出口,但市场上的毛呢几乎完全依靠进口,一些商人开始投资毛纺织业。

纺织业一般是散布在农村城镇的手工作坊、工场,其产品以低廉的价格在农

〔1〕 历年海关年报,参见张福全《辽宁近代经济史(1840—1949)》,中国财政经济出版社,1989 年,第 297 页。
〔2〕 东北文化社:《东北年鉴》,东北文化社出版,1931 年,第 1373 页。

村仍有一定的市场,进而有所发展。到 20 世纪 20 年代从日本又进口各种针织机器,这样纺织厂变成使用动力的中型工厂,先后建立了针织工厂和作坊数百家。

天津邻近渤海,有便利的盐业生产,在此基础上兴建了一批化工企业,在全国处于领先地位。民国时期,天津名人范旭东在天津塘沽创立久大精盐公司、永利碱厂、渤海化学公司等。久大精盐公司是中国第一家大型精盐企业,"初期年产精盐 3 万担,十年后增加至 50 万担"。"永利碱厂设备大部分从美国购置,采用最新工艺生产,制出的纯碱品质优良,在美国博览会上获金奖"。[1] 此外,化学制品厂、化妆品公司、中国漂白粉厂等化工企业先后在天津遍地开花。于是,天津的化工业在全国名声大振。

(三)健全的商业组织网络

民国时期,环渤海地区对外贸易发展迅速,除了中国商人,还有大批的外国商人来经商,并控制了进出口贸易和一些行业,反映了外国经济势力的渗入。一般外资建立的商业组织包括洋行、商社和商店等,经营范围广,洋行控制着进出口商品的品种、数量、价格、收购和销售方式。外商能够在中国市场上这么活跃,这与买办阶层的出现是分不开的。所谓买办,即受雇于外商并协助其在中国进行贸易活动的中间人和经理人。买办最早出现在开埠口岸,随着洋行数量的增多和经营规模的扩大,逐渐形成了一个买办阶层。由于语言不通,与外商交易只能靠买办在中间沟通,所以买办在进出口贸易中占据一定的地位。

洋行作为西方资本主义的商业组织,利用世界市场推销工业制成品,收购工业原料和土特产品,从而促进了内外贸易的发展,使一些商品成为世界性商品,参与世界市场的流通。受洋行影响,华商也积极创办适应世界市场的商店或公司。而原来经营粮食、布匹等商店也在伺机调整改组,力图在愈发繁盛的市场占据一席之地。

这一时期,新的商业组织形式开始出现。传统商业的组织形式多是独资或合资的无限经营,与传统经营方式不同,新的商业组织形式采用股份制,成立股份有限公司,体现了经营管理等方面的转变。

(四)多层次的对外贸易网络

民国时期,环渤海港口设施的不断完善和远洋运输的发展,特别是铁路的修

---

〔1〕　张利民等:《近代环渤海地区经济与社会研究》,第 227 页。

建,不仅改变了口岸与内地的陆路交通条件,而且也使该地区与世界市场的联系更加紧密,推进了进出口贸易的发展,逐渐形成多层次的对外贸易格局。

这一时期,环渤海地区进出口贸易总额在全国的比重不断上升。"环渤海地区在全国所占比重,从 20 世纪初的近 23%到 1925 年以后竟然达到 50%以上"。[1] 20 年代以后,环渤海地区进出口贸易总的发展趋势呈现迅速增长的态势,进出口商品种类增多。

各进口商品主要是从国外直接进口的洋货,大致可以分为两类:一类是食品、日用品等生活所需的消费品;另一类是机器设备和近代工业、手工业所需材料等生产资料。20 世纪初,环渤海地区进口的商品主要是生活资料,但是进口商品的种类增多,逐渐采矿和铁路、器材、民用五金、机械和建筑材料等机器设备进口不断增加,这反映了各地区近代经济的发展。

20 世纪以后,环渤海地区的出口商品中开始出现近代工业的机器制成品。但是以农业生产中的农副产品、矿产品、手工业产品等商品还是出口的大宗货物。环渤海地区大宗出口商品,可以分为农产品、手工和机采矿产品的原料,主要包括大豆、豆饼、豆油、花生、花生油、杂粮、煤、铁、棉花等;手工业工场和作坊的半成品、制成品主要有皮毛、草帽缏、发网、花边、粉丝等;近代工业制成品包括面粉、棉布、棉制品、地毯、水泥、纯碱、纸烟、精盐、棉纱等。

20 世纪 20 年代以后,环渤海地区进出口商品的种类不断增加,范围与规模不断扩大,出口总值也逐年上升。这一时期,环渤海地区除了农产品、手工和机采矿产品以外,还生产和出口精盐、纯碱、水泥、地毯、棉纱、棉制品、纸烟等近代工业制成品,且多集中在天津、青岛、大连等近代工业比较发达的城市。工业制成品的出口体现了环渤海地区进出口贸易中商品结构的变化,工业制成品虽然在整个出口贸易中所占比重较小,但一定程度上可以看出出口商品开始由低级农副土特产品向工业制成品转化,从侧面反映出环渤海地区经济发展水平提高。

第五节　渤海区域的人口持续增长

民国时期的渤海地区,社会各层发生了巨大变化,主要表现在人口持续增长和渤海区域社会文化的变迁,影响社会各层发生巨大变化的原因有经济、文化教

---

[1]　张利民等:《近代环渤海地区经济与社会研究》,第 153 页。

育、科学技术、医疗卫生、人口迁移、宗教、习俗、人口政策、战争等社会经济因素和自然灾害、自然环境、年龄性别结构、人体生理素质等自然因素。经济因素通常是主要的、起决定性的因素。

经济发展是民国时期渤海地区人口持续增长的最重要的原因。民国渤海地区已有天津、烟台、营口、青岛、大连等港口,特别是海运条件和港口设施的改善,促进了港口贸易的迅速发展,带动了渤海地区经济实力增强。商业的逐步繁荣,推动了家庭手工业和商品流通的发展。

随着经济的不断发展,人口的繁衍增长是必然趋势。外来人口迁入也是渤海地区人口持续增长的重要原因,渤海地区人口流动的主要原因有以下几点:

一、自然环境的限制

地少人多的矛盾越来越突出。人口增长直接的后果是人均耕地面积减少,据统计,1913 年人均耕地面积为 3.31 亩,1933 年仅仅为 2.98 亩。[1] 地少人多的压力和土地占有不均使许多农民缺少土地,为了生存只能离开农村,到城市务工,造成了城市人口增加。

人均耕地面积的减少,还迫使人们不断毁林开荒,破坏植被,造成农业生态环境不断恶化,水旱灾害频繁发生。民国时期,自然灾害几乎连年不断,受灾的面积小则数县,多则遍及全省。在巨大天灾的打击下,减产和绝收成为普遍现象,“二麦既寸粒未获,秋禾亦收获无望,米价昂贵,民苦艰食,饿莩遍野,逃亡载道”,[2] 加上苛捐杂税,农民生活状况急剧恶化,他们“始则采摘树叶,参杂粗粮以为食,继则剥掘草根树皮和秕糠以为生”。[3] 在灾害面前,对农民民来说,被迫迁移是他们谋得生存唯一出路。《荣成县志》载:“地瘠民贫,百倍勤苦,所获不及,下农拙于营生,岁歉则轻去其乡,奔走京师辽东塞北。”[4]

人口主要是从关内向关外流动,即所谓“闯关东”。进入民国以后,天灾人祸更为频繁,农民“闯关东”的规模越来越大。“闯关东”多是华北地区的农民,并且从季节性移民发展到永久性迁居,形成移民潮。到了 20 世纪随着海上交通的发展,渤海沿岸之间运输便利,烟台和龙口等沿海港口几乎成为华北

---

〔1〕 [美]德·希·帕金斯:《中国农业的发展(1368—1968)》,上海译文出版社,1984 年,第282 页。

〔2〕 中国第二历史档案馆:《中华民国史档案资料汇编》第三辑,江苏古籍出版社,1991 年,第377 页。

〔3〕 《赈务通告》第 6 期《公牍》,1920 年 12 月 25 日,第 38 页。

〔4〕 (清)李天骘修,岳赓廷纂:道光《荣成县志》卷三《食货志》,清道光二十年刊本。

移民的转接点,每年都有大量的移民从这里前往东北。铁路也为华北农民赴东北提供了更为便利的交通工具,移民的规模逐年扩大。民国《胶澳志》记载:"每逢冬令,胶济铁路必为移民加开一二次列车。而烟潍一路,徒步负戴,结队成群,其熙熙攘攘之状,亦复不相上下。综计一往一来,恒在百万以上。"〔1〕

另外,渤海地区经受到第二次鸦片战争、甲午战争等的破坏,民生极为艰难。加之匪患层出不穷,百姓多走投无路,不得不远走他乡。

二、城市社会条件的吸引

城市生存生活条件的优越对农村人口有莫大吸引力。天灾人祸使许多农民破产,失去土地和家园的农民许多被城市的发展条件所吸引,抱着改变生活的愿望涌入城市。民国时期,渤海地区的城市发展进入了一个新的时期,许多半殖民地色彩的城市崛起,环渤海地区的天津、青岛、大连等城市工业、贸易迅速发展,吸引了大量农村人口。农村人口进城一般成为从事体力劳动的搬运工、店铺伙计、各种手艺人、小贩等各行各业的谋职者。

由农村向城市的移民趋势近代以后迅速增强。中国传统时期的城市大都是各级行政中心,城市化水平低。环渤海地区在第二次鸦片战争以后被外国打开大门,天津、烟台等口岸开埠通商,城市发展的原有轨迹发生重大变化。一批具有半殖民地色彩的城市涌现,城市内出现了外国租界,外国商品、资本大量涌入,城市人口急剧增长。

环渤海城市人口主要来自本地区的农村人口,这一点从城镇人口结构失调现象可以佐证。由于城市的移民中许多是农民流民,他们多为单身进城谋职,其收入用来养活仍在农村的家人,这样,城市的性别比例和年龄结构就出现失调现象。〔2〕

三、小农经济受到资本主义的冲击

西方资本主义打开中国市场以后,不断地向中国倾销工农业商品,冲击了中国原有的小农经济格局,沿海地区则首当其冲。大量廉价农产品的流入,使渤海地区的农民深受其害。1929—1933 年间,中国每年进口小麦均呈上升势头,平均每年进口小麦达 1 700 余万担,较 1912 年增长 5 800 倍,使中国生产的小麦在

---

〔1〕 赵琪修,袁荣等纂:民国《胶澳志》卷三《民社志》,民国十七年铅印本。
〔2〕 张利民等:《近代环渤海地区经济与社会研究》,第 470 页。

市场上受到沉重打击。在国外小麦输入的冲击下,小麦价格不断跌落,许多无法维持生计的小农只得忍痛卖掉土地。进入民国以后,这种情形尤为严重。与此同时,传统的手工业也受到洋货的冲击。中国农村自然经济的基本特点是农业与手工业的紧密结合,家庭手工业是农民维持生活的重要手段。当价廉物美的洋货的冲击来临时,传统手工业就面临灭顶之灾。以棉布这一中国传统手工业为例,在外来棉布的排挤下,以传统手工棉纺为生的河北数十万户农民收入骤减,生计无法维持,许多人不得不出外谋生。

国外人口向渤海地区的流动规模不大,但对渤海地区社会生活的影响却不小,因此更具有时代特征。民国时期,到渤海地区的外国人主要是传教士、商人、新闻记者、军人、无业游民等。天津是中国城市中租界最多的一座城市,是渤海地区最大的工商业城市,工商业发达,交通条件便利,吸引了不少外国人前来投资定居,1910 年为 6 304 人,1936 年为 19 785 人,1945 年达到 101 502 人。[1]大连和青岛以日本人最多,且逐年增加,日本人来这里投资建厂设店,从事贸易、实业和金融业等,也有一部分是来旅游。30 年代后,随着日本政治、经济势力的不断扩张,渤海地区日本人的数量迅速增加,在各地甚至一些中小城镇也可看到日本居民的身影。渤海地区侨民与母国经济、文化、政治势力成正比,除日本外,英国、美国、法国的侨民在此时期也占有一定的规模。

此外,商人经商流动也是环渤海地区人口流动的一个方面。民国时期东北也有许多商人到关内来经商投资,从而形成了商人对流现象。传统时期环渤海地区之间也有一定规模的商人流动,但是限于海禁政策与交通运输、商品经济的水平,多是华北商人向辽宁流动,是经济比较发达地区商人赚取落后地区的利润。在传统时期,他们有较为固定的销售网络,用小型商船来往于辽宁和山东及直隶等之间,向东北主要贩运粮食、布匹、线带、鞋、羊皮、五金、丝绸、染料、瓷器等货物,返程时装载柞蚕、大豆、杂粮、山货等,以供应本地之需,也有一部分进而销往河南或江南。[2]民国时期环渤海地区的商人经营范围有了扩大,涉及工商、金融及矿山业,而且不再是华北商人到辽宁的单向流动,一些东北的商人也到华北各地经商办厂,原在东北经商者也有回乡开办工商企业的,这样环渤海地区的商人流动更加频繁,形成了一定规模的商人对流。近代以来,环渤海地区各区域之间商人流动的规模和经营范围更为扩大,其销售网络和流向也随之有所改变,开始向具有近代意义的商品流通转变。

〔1〕 李竟能:《天津人口史》,南开大学出版社,1990 年,第 104 页。
〔2〕 张利民等:《近代环渤海地区经济与社会研究》,第 473 页。

第六节　渤海区域社会文化变迁

文化变迁是多种因素造成的,环渤海地区地理环境优越,交通便利,商业繁荣的同时,文化水平也相对较高。无论是本地区的人口流动,还是国外与国内的交流,都影响环渤海地区社会文化变迁。

随着经济的发展和人口的持续增长,西方资本主义渗透到中国市场,渤海地区商品流通空前活跃,本地区经济、市场发生了质的变革,表现在社会文化方面则是区域文化的繁荣和复杂化。区域间日益频繁的人口流动和地缘上种种联系的便利也带来了文化在空间上的交流,人口流动也是一种文化传播路径,作为文化载体的移民,便充当了不同地域文化之间交流的媒介。

地域文化有许多差异,诸如风俗习惯、方言等。区域性是社会文化的特征之一,区域文化的差异影响着社会发展的各个方面。环渤海区域社会文化的变迁主要表现在以下几个方面:

一、多元化的宗教信仰

民国时期,环渤海地区的宗教信仰不仅有本土信仰,也深受外来宗教信仰影响。尽管外来宗教如天主教、基督教等开始在中国扩散,但尚未形成主流,环渤海地区主要还是道教、佛教、伊斯兰教及民间宗教占主体地位。宗教是人类社会发展到一定历史阶段出现的一种文化现象,属于社会意识形态,也是人们主要精神生活内容之一,在民众中发挥着精神寄托和心灵慰藉的社会功能。由于民族和地域的不同,所产生的宗教也不同,即便是同一种宗教,由于地域不同也显示出相对的特异性和独立性。

道教是中国本土宗教,由道家思想发展而来,影响深远。在河北、山东、辽宁、京津地区,道教的影响较为广泛。佛教在环渤海地区信徒较多,影响很大。一定程度上说,佛教在环渤海地区占主导地位。伊斯兰教在环渤海地区也是信徒众多、影响较大的宗教之一。伊斯兰教在自身发展、保留自己宗教特色的同时,也越来越贴近民众生活,在一定程度上融入到了当地社会中。此外各种民间宗教在农村影响很大,进入了一个新的历史发展期。

民国时期,西方的宗教在环渤海地区迅速发展,其在教育、医疗、传媒等方面加大了宗教的影响力,使基督教文化在环渤海地区社会的影响日益广泛。随着《天津条约》的签订,西方传教士可以自由地到中国内地游历和传教。这为基督教在中国的大肆传播提供了绝佳的机会。环渤海地区由于地处沿海,在接受基督教影响方面从全国特别是北方地区来看起步早,影响面大,基督教对社会的影响也广泛。

此外,传教士通过给予信徒政治上的庇护和物质上的恩惠,使得不少贫困的中国人接受了基督教的洗礼,并口耳相传,逐渐形成了较大规模的传教局面。基督教的影响扩大,使得环渤海地区的宗教信仰结构发生了很大变化,呈现出了宗教信仰近代化的趋势。

二、西式简约风气盛行

民国时期环渤海地区受到西方风气影响,在婚姻风俗、社会风尚等各个方面发生了一些变化。尤其是通过官员、留学生、传教士等群体的传播,社会上兴起了效仿西式礼仪的风潮。

自由恋爱之风盛行。受西方风气的影响,自由恋爱的社会风气在社会上兴起,有情人终成眷属,"父母之命,媒妁之言"的观念渐行渐远。在婚姻方面,社会上出现婚姻自主,突破门当户对的框框,正如民国《盐山新志》所说,"民国以来,蔑古益甚","男女平权之说倡,而婚配自择"。传统婚姻观念在一定程度上受到冲击,人们对待婚姻的态度有追求自由恋爱、婚姻自主的倾向。

此外,婚礼也渐摆脱传统的繁文缛节而趋于简约,文明婚礼开始盛行。特别是辛亥革命以后,留学生和新式学堂学生足迹所至,将文明婚礼普及到各地。

丧礼中也出现了西方的风俗形式。民国时期,家人去世后,其子女或亲属往往登报讣告。中国传统的丧礼隆重、庄严,厚葬之风盛行,有的贫穷人家为了所谓"尽孝"不惜倾家荡产来使丧礼"风光一时",造成财力、人力的浪费,因此,旧式丧葬礼俗受到人们的质疑,一些有识之士开始接受并宣扬西式文明葬礼。

总的来说,礼俗在渤海沿海通商口岸城市中变化比较大,而农村地区受影响较小,许多地区仍是旧礼俗一统天下。经济发展的差异,造成礼俗变化的地区不平衡。这一现象并非环渤海地区独有,全国各地皆然。

三、娱乐方式多样化

民国时期,西方文化日益深入而广泛地影响着中国社会,致使中国城乡的社会风貌发生了不小的变化。表现在娱乐方式上,是多样化更为明显,传统娱乐方式之外不断增多新式娱乐,反映着地区的生活水平有一定提高。

在传统娱乐方式方面,环渤海地区最具影响的是京剧和评剧。京剧前身是徽剧,清朝乾隆后期,徽班进京,与来自湖北的汉调艺人合作,同时吸收昆曲、秦腔的部分剧目、曲调和演唱方法，通过长期的融合交流，最终形成具有独特风格的京剧。京剧形成后，经艺人们的努力创作，越来越成熟，并走向平民大众，成为民众生活中最重要的娱乐形式。

除京剧外，环渤海地区的一些地方剧种也在民国时期形成并成熟起来，如评剧等。评剧流行于农村地区，后来向城市发展，并成为一大戏种，其关键原因就是城乡人口流动，进城的农村艺人将这种艺术形式带入城市，并逐渐使之成为城市娱乐活动的重要组成部分。源于农村的艺术形式进入城市后，虽然融入了许多适于城市风味的东西，但也保留了浓厚的农村社会文化气息。河北梆子、山东吕剧、河南的豫剧等戏曲在环渤海地区也有相当的观众，相声、评书、杂技也是环渤海地区民众喜闻乐见的娱乐艺术形式。

西方国家在输出商品的同时，西方的娱乐方式也源源不断地传入中国。电影和话剧两种艺术形式，完全是从西方传入的艺术形式，它在给中国带来一种新的艺术形式的同时，也给社会生活带来了多方面的影响。电影自诞生后不久即传到中国沿海地区，很快就传遍沿海地区的大城市，拥有了越来越多的观众，城市中相继建起了影院，并逐渐传入内地。最初时期，放映的都是外国影片，这些影片向环渤海地区观众直观地介绍了西方世界的风土人情，国外的生活方式、服装样式、礼节习俗等对中国人的生活产生了潜移默化的影响。话剧是由具有革新精神的戏剧家和进步学生引入的，表演的内容多具有革命和进步的倾向。环渤海地区各大城市，话剧的演出颇为流行，也深受青年的喜爱。

四、文化教育现代化

近代中国在学习西方先进技术的同时，也开始接受西方现代化的教育理念和培育体制。在这方面，环渤海地区也走在全国前列，清末即有大量新式学堂兴建，为本地区乃至全国的发展奠定了基础。

中华民国继承清政府的教育遗产，继续推进新式教育。各地陆续创办新学堂，或继续发展原有的学堂。蔡元培主持下，北京大学成为中国新文化、新思想的传播重镇。之后，曹锟兴办河北大学，张学良创办东北大学，张宗昌下令组建山东大学。在公办大学兴办之时，私立大学也有较好的发展，尤以教会大学为突出。如燕京大学、齐鲁大学、沈阳文会书院、北京协和医学院、天津工商学院（津沽大学）、辅仁大学等一批教会大学陆续成立，为近代中国培养了大批优秀人才。此外，民国建立后，师范教育奉行免费政策，故此时师范教育也发展较快。

教育为革命运动和近代化建设培养人才。环渤海地区的教育事业，在开启民智、促进革命发展上发挥了重要作用。北京大学、清华学堂、山东大学等成为民国时期历次文化运动和革命运动的发源地。1915 年新文化运动的发起者陈独秀、李大钊、胡适等人都是北京大学的教师。1919 年，巴黎和会上中国政府的外交失败，北京学生掀起反帝爱国运动，得到环渤海地区学生的广泛支持，成为中国新民主主义革命的开端。1935 年华北事变后，这一地区的学生愤然走上街头，组织示威游行，推动抗日民主运动的发展。

　　以上对环渤海地区宗教信仰、礼俗习俗、生活娱乐、教育等不同层面的分析，是对民国时期环渤海地区社会文化领域变迁的一个粗线条的勾勒，从中我们可以看出环渤海地区社会文化中一些带有规律性的发展轨迹。这其中，既有全国普遍存在的规律性，也有环渤海地区本身或更小区域内的个性特点。环渤海地区社会文化变迁的主要特征是西方文化的渗入和影响逐渐增强。西方文化的渗入是给环渤海区域文化带来变化的最重要因素之一。环渤海地区地理位置优越，在政治、经济上占有不可或缺的地位和作用，当西方列强用军舰大炮打开北方沿海大门后，环渤海地区成为北方受西方文化影响最大的地区。

　　环渤海区域文化变迁涉及社会各个层面，而西方文化对环渤海地区的影响是多方位和多层次的。例如西方的宗教影响日益广泛，外来宗教信徒越来越多，造成基督教与中国传统宗教分庭抗礼的格局；在娱乐方式上，西式的娱乐项目纷纷传入，并与传统娱乐项目并驾齐驱。西方文化的影响已成为不可逆转的潮流。这种潮流是由多种因素形成的。一方面是众多通商口岸开放的结果。帝国主义挟船坚炮利之威，签订不平等条约，因而列强得以拥有设立租界、自由传教、在华设厂、经商等特权。西方文化得以在通商口岸等地立足，向中国人展示西方的科学技术、管理经营、建筑特色、娱乐活动和生活方式等。另一方面，西方文化本身具有许多积极因素，西方的生产生活方式不得不承认更先进，更加适应不断发展的人类的需求，因此中国在抵御这些外来文化的同时也逐步找到了其中的许多认同点。环渤海地区是接受外来文化较多和较普遍的地区之一。特别是新式教育的出现和发展，留学生队伍的增大，使西方文化在中国社会的传播更为顺畅。环渤海地区是中国新式教育最发达的地区之一，新式知识分子队伍迅速增加的同时，社会认同西方文化的态势也在增强。所以，该地区包括政府各级官员在内的越来越多的中国人主动学习与吸收西方的优点，如建设铁路、电报、电话、办报纸等，尽管其目的不尽相同，但客观上都促使社会生活领域的西方文化影响日益加强，社会生活领域里的变革更为剧烈与深刻。

五、社会文化发展的历史意义

　　环渤海地区地理环境优越，交通便利，自古就是交通要道，陆路、海路和内河航运比较通畅,海内外、南北方商品交易繁盛,民众的思想较为开放,接受新鲜事物的能力较强,对西方认识上的转变比较迅速。无论是政治、经济上,还是文化和生活上,环渤海地区移植西方的烙印较为显著。在中国北方相对封闭的大环境下,环渤海地区尤其是沿海一带民众精神生活中宗教信仰和思想观念的转变就显得更为突出,物质生活中西化程度也更为深刻。中国作为一个历史悠久的古国,传统文化根深蒂固,强大的文化惯性及生命力,使之在受到冲击时仍能按原有轨道继续运行。在社会生活领域,以本土文化支撑的传统生活方式仍在城乡社会广泛存在。

在文化领域,西化和传统这两个轨迹不可避免地发生冲突、对抗和撞击,但引人深思的是中西文化也在相互并存、融合和共同发展。中西文化融合,中国传统生活方式和西方生活方式都在很大程度上成为相辅相成的统一体。

文化的交汇即意味着不同质的文化的相互吸收和相互排斥。中国的文化排异现象也是非常显著的,在环渤海地区,由于西方的政治、经济、文化势力较强,在社会上的影响力也大,因此中西文化的冲突比起中国内地来要剧烈得多和深刻得多,中西文化的交融和文化的多元化、近代化也同样要明显和深刻得多,其影响不容忽视。

第一,多元化宗教信仰,改变了原有的宗教信仰格局。特别是基督教影响的扩大,带来一系列相关的变化。环渤海地区遍布西方传教士的足迹,基督教信徒众多。基督教迅猛发展不仅冲击了中国原有宗教格局,而且越来越多的中国民众信仰西方神祇,潜移默化地接受了西方文化和社会习俗。随之,以宗教为媒介的西方思想文化等也更加顺理成章地传播到环渤海地区,给本地区民众的生产生活带来巨大影响。

第二,新事物层出不穷,给环渤海地区社会生活带来一系列变化。受西方文化的影响,传统的生活方式逐渐融入了异质文化的色彩,民风民俗也开始发生变革。话剧、电影、交响乐和歌咏的引进与发展,打破了由京剧和地方戏一统天下的局面。

第三,区域社会文化变迁,也带来思想上的解放。西方文化的传播和影响,促使人们的思想观念、价值观念发生改变,一些新的社会风气与潮流开始形成。特别是西方的教育机构和理念的引进促进了环渤海地区新式教育的起步和发展。教会学校在本地区的兴办对环渤海地区教育的发展起了一定的促进作用,为中国的教育改革提供了借鉴。

第四,中西文化所受重视程度迥然不平衡,城乡水平差异拉大。民国渤海地区,是继东南沿海与长江领域,中国较早受西方影响的地区。在政治与军事上的

失败,导致近代中国对传统文化总是保持一种批判与贬低的态度,这一趋势
在 1915 年新文化运动和 1919 年五四运动之后,变得更为严重。新文化运动倡
导民主与科学,打倒孔家店,严重地冲击传统文化,出现片面追求西化的问题。
这虽是仁人志士为反对袁世凯的复辟帝制和抗议北洋政府腐败统治的举措,意
在矫正弊端,然容易矫枉过正,形成崇洋媚外的思潮。开埠通商的沿海港口城
市,经济发展迅速,文化现代化也较为明显。乡村受到对外经济发展的影响,经
济作物种植增加,以服务于外贸的手工业发展起来,但现代化工业阙如,现代教
育也较为落后,发展程度明显落后于城市。

参 考 文 献

一、古籍

（汉）司马迁：《史记》，中华书局，1974 年。

（晋）陈寿：《三国志》，中华书局，1982 年。

（北齐）魏收：《魏书》，中华书局，1974 年。

（梁）沈约：《宋书》，中华书局，1974 年。

（梁）萧统：《昭明文选》，上海古籍出版社，1986 年。

（唐）杜佑撰，王文锦等点校：《通典》，中华书局，1988 年。

（唐）房玄龄等：《晋书》，中华书局，1974 年。

（唐）李百药：《北齐书》，中华书局，1972 年。

（唐）李吉甫撰，贺次君点校：《元和郡县图志》，中华书局，1983 年。

（唐）欧阳询撰，汪绍楹校：《艺文类聚》，上海古籍出版社，1999 年。

（唐）魏徵等：《隋书》，中华书局，1973 年。

（后晋）刘昫：《旧唐书》，中华书局，1975 年。

（宋）郭茂倩：《乐府诗集》，中华书局，1979 年。

（宋）李焘：《续资治通鉴长编》，中华书局，1979 年。

（宋）李昉等：《太平广记》，中华书局，1961 年。

（宋）欧阳修等：《新唐书》，中华书局，1975 年。

（宋）司马光：《资治通鉴》，中华书局，1956 年。

（宋）苏轼：《苏东坡全集》，中国书店，1986 年。

（宋）苏轼撰，孔凡礼点校：《苏轼文集》，中华书局，1986 年。

（宋）王钦若等：《册府元龟》，中华书局，1960 年。

（宋）薛居正：《旧五代史》，中华书局，1976 年。

（元）脱脱等：《宋史》，中华书局，1977 年。

（元）脱脱等：《辽史》，中华书局，1974 年。

（元）脱脱等：《金史》，中华书局，1975 年。

《明太祖实录》，中研院史语所 1962 年校印本。

《明宣宗实录》，中研院史语所 1962 年校印本。

《明英宗实录》，中研院史语所 1962 年校印本。

《明世宗实录》，中研院史语所 1962 年校印本。

《明神宗实录》，中研院史语所 1962 年校印本。

《明熹宗实录》，中研院史语所 1962 年校印本。

（明）毕自严：《饷抚疏草》，《四库禁毁书丛刊》本，北京出版社，2001 年。

（明）陈邦瞻：《元史纪事本末》，中华书局，1979 年。

（明）李邦华：《文水李忠肃先生集》，清乾隆七年徐大坤刻本。

（明）李开先：《李开先全集》，文化艺术出版社，2004 年。

（明）李开先：《李中麓闲居集》，明刻本。

（明）李昭祥：《龙江船厂志》，《续修四库全书》第 878 册，上海古籍出版社，1995 年。

（明）刘邦谟、王好善：《宝坻政书》，《北京图书馆古籍珍本丛刊》第 48 册，书目文献出版社，1998 年。

（明）陆深：《俨山外集》，《景印文渊阁四库全书》第 885 册，台湾商务印书馆，1986 年。

（明）任洛：嘉靖《辽东志》，《辽海丛书》第 1 册，辽沈书社，1985 年。

（明）申时行：万历《大明会典》，《续修四库全书》第 792 册，上海古籍出版社，2003 年。

（明）沈啓：《南船记》，《续修四库全书》第 878 册，上海古籍出版社，1995 年。

（明）宋濂等：《元史》，中华书局，1976 年。

（明）王世贞：《弇州山人四部稿》，《景印文渊阁四库全书》第 1281 册，台湾商务印书馆，1986 年。

（明）邢玠：《经略御倭奏议》，《御倭史料汇编（五）》，全国图书馆文献缩微复制中心，2004 年。

（明）严从简：《殊域周咨录》，中华书局，1993 年。

（明）佚名：《天津卫屯垦条款》，《北京图书馆古籍珍本丛刊》第 47 册，书目文献出版社，1998 年。

（明）余继登：《淡然轩集》，《清文渊阁四库全书补配文津阁四库全书》本。

（明）袁黄：《两行斋集》，《袁了凡文集》第 11 册，线装书局，2006 年。

（明）郑汝璧：《由庚堂集》，《续修四库全书》第 1357 册，上海古籍出版社，2002 年。

（明）郑若曾撰，李致忠点校：《筹海图编》，中华书局，2007 年。

（明）郑晓：《吾学编·四夷考上》，《北京图书馆古籍珍本丛刊》第 12 册，书目文献出版社，1998 年。

《清实录》，中华书局，1985 年。

（清）董诰等：《全唐文》，中华书局，1983 年。

（清）谷应泰等：《明史纪事本末》，中华书局，1977 年。

（清）顾炎武：《天下郡国利病书》，上海书店出版社，1986 年。

（清）顾炎武：《肇域志》，《续修四库全书》第 589 册，上海古籍出版社，2004 年。

（清）顾祖禹：《读史方舆纪要》，中华书局，2005 年。

（清）光绪敕编：《大清会典事例》，中华书局，1991 年。

（清）柯劭忞：《新元史》，中国书店出版社，1988 年。

（清）李光地：《榕村语录》，中华书局，1995 年。

（清）彭定求：《全唐诗》，中华书局，1960 年。

（清）蒲松龄：《蒲松龄全集》，学林出版社，1998 年。

（清）齐召南：《水道提纲》，《文渊阁四库全书》本。

（清）乾隆官修：《清朝通志》，浙江古籍出版社，2000 年。

（清）乾隆官修：《清朝文献通考》，浙江古籍出版社，2000 年。

（清）孙承泽：《天府广记》，北京古籍出版社，1984 年。

（清）西周生：《醒世姻缘传》，齐鲁书社，1980 年。

（清）徐松：《宋会要辑稿》，中华书局，1997 年。

（清）岳濬：《山东通志》，《影印文渊阁四库全书》本。

（清）张廷玉等：《明史》，中华书局，1974 年。

（清）赵尔巽等：《清史稿》，中华书局，1976 年。

二、方志

（明）杜思修，冯惟讷纂：嘉靖《青州府志》，《天一阁藏明代方志选刊》第 41 册，上海古籍书店，1982 年。

（明）杜应芳修，陈士彦纂：万历《河间府志》，万历四十三年刻本。

（明）郜相修，樊深纂：嘉靖《河间府志》，《天一阁藏明代方志选刊》第 1 册，上海古籍书店，1981 年。

（明）李光先修,焦希程纂:嘉靖《宁海州志》,《天一阁藏明代方志选刊续编》第57册,上海书店出版社,1990年。

（明）龙文明修,赵燿、董基纂:万历《莱州府志》,民国二十八年铅印本。

（明）陆钺等纂修:嘉靖《山东通志》,《天一阁藏明代方志选刊续编》第51册,上海书店出版社,1990年。

（明）吴傑修,张廷纲、吴祺纂:弘治《永平府志》,《天一阁藏明代方志选刊续编》第3册,上海书店出版社,1990年。

（明）徐准修,涂国柱纂:万历《永平府志》,万历二十七年刻本。

（明）詹荣纂修:嘉靖《山海关志》,嘉靖十四年刻本。

（清）毕懋第修,郭文大续修,王兆鹏增订:乾隆《威海卫志》,《中国地方志集成·山东府县志辑》第44册,凤凰出版社,2004年。

（清）蔡培等纂修:道光《文登县志》,道光十九年刻本。

（清）蔡志修等修,史梦兰纂:光绪《乐亭县志》,光绪三年刻本。

（清）陈国器、边象曾修,李荫、路藻纂:道光《招远县续志》,《中国地方志集成·山东府县志辑》第47册,凤凰出版社,2004年。

（清）方汝翼、贾瑚修,周悦让、慕荣榦纂:光绪《增修登州府志》,《中国地方志集成·山东府县志辑》第48册,凤凰出版社,2004年。

（清）韩文焜纂修:康熙《利津县新志》,乾隆二十三年刻本。

（清）洪肇懋修,蔡寅斗纂:乾隆《宝坻县志》,《中国地方志集成·天津府县志辑》第4册,上海书店出版社,2004年。

（清）胡德琳修,李文藻等纂:乾隆《历城县志》,乾隆三十八年刻本。

（清）李卫等纂修:雍正《畿辅通志》,雍正十三年刻本。

（清）李熙龄纂修:咸丰《滨州志》,咸丰十年刻本。

（清）李祖年修,于霖逢纂:光绪《文登县志》,《中国地方志集成·山东府县志辑》第54册,凤凰出版社,2004年。

（清）林溥修,周翕鐄纂:同治《即墨县志》,《中国地方志集成·山东府县志辑》第47册,凤凰出版社,2004年。

（清）路遴修,宋琬纂,常文魁续纂修:康熙《永平府志》,康熙二年修,十八年续修刻本。

（清）毛永柏修,李图、刘耀椿纂:咸丰《青州府志》,《中国地方志集成·山东府县志辑》第31册,凤凰出版社,2004年。

（清）倪企望修,钟廷瑛、徐果行纂:嘉庆《长山县志》,嘉庆六年刻本。

（清）盛赞熙修,余朝菜纂:光绪《利津县志》,《中国地方志集成·山东府县志辑》第 24 册,凤凰出版社,2004 年。

（清）施闰章修,杨奇烈纂:顺治《登州府志》,康熙三十三年刻本。

（清）王河等纂修:乾隆《盛京通志》,乾隆元年刻本。

（清）王树楠等纂修:《奉天通志》,《东北文史丛书》编委会,1983 年。

（清）王文焘修,张本、葛元昶纂:道光《重修蓬莱县志》,《中国地方志集成·山东府县志辑》第 50 册,凤凰出版社,2004 年。

（清）王赠芳、王镇修,成瓘、冷烜纂:道光《济南府志》,道光二十年刻本。

（清）吴璋修,曹懋坚纂:道光《章丘县志》,道光十三年刻本。

（清）严文典修,任相纂:乾隆《蒲台县志》,《中国地方志集成·山东府县志辑》第 28 册,凤凰出版社,2004 年。

（清）严有禧修纂:乾隆《莱州府志》,乾隆五年刻本。

（清）阎甲胤修,马方伸纂:康熙《静海县志》,《中国地方志集成·天津府县志辑》第 5 册,上海书店出版社,2004 年。

（清）尹继美纂修:同治《黄县志》,《中国地方志集成·山东府县志辑》第 49 册,凤凰出版社,2004 年。

（清）永泰纂修:乾隆《续登州府志》,乾隆七年刻本。

（清）岳濬、法敏修,杜诏、顾瀛纂:雍正《山东通志》,《景印文渊阁四库全书》第 539 册,台湾商务印书馆,1986 年。

（清）张鸣铎修,张廷寀等纂:乾隆《淄川县志》,乾隆四十一年刻本。

（清）张上龢修,史梦兰纂:光绪《抚宁县志》,《中国地方志集成·河北府县志辑》第 23 册,上海书店出版社,2006 年。

（清）张思勉修,于始瞻纂:乾隆《掖县志》,《中国地方志集成·山东府县志辑》第 45 册,凤凰出版社,2004 年。

（清）张耀璧修,王诵芬纂:乾隆《潍县志》,《中国地方志集成·山东府县志辑》第 40 册,凤凰出版社,2004 年。

（清）郑锡鸿、江瑞采修,王尔植等纂:光绪《蓬莱县续志》,《中国地方志集成·山东府县志辑》第 50 册,凤凰出版社,2004 年。

（清）周来邰纂修:乾隆《昌邑县志》,《中国地方志集成·山东府县志辑》第 39 册,凤凰出版社,2004 年。

（清）周壬福修,李同纂:道光《重修博兴县志》,道光二十年刻本。

（清）朱奎扬等纂修:《天津县志》,民国十七年刻本。

侯荫昌修,张方墀纂:民国《无棣县志》,《中国地方志集成·山东府县志辑》第 24 册,凤凰出版社,2004 年。

李钟豫修,亓因培等纂:民国《续修莱芜县志》,民国二十四年铅印本。

毛承霖:民国《续修历城县志》,民国十五年历城县志局铅印本。

宋宪章修,邹允中、崔亦文纂:民国《寿光县志》,《中国地方志集成·山东府县志辑》第34册,凤凰出版社,2004年。

孙毓琇修,贾恩绂纂:民国《盐山新志》,民国五年铅印本。

王荫桂修,张新曾纂:民国《续修博山县志》,民国二十六年铅印本。

袁葆修,张凤翔、刘祖培纂:民国《滦县志》,民国二十六年铅印本。

周钧英修,刘仞千纂:民国《临朐县续志》,民国二十四年铅印本。

山东省长岛县志编纂委员会:《长岛县志》,山东人民出版社,1990年。

山东省利津县地方史志编纂委员会:《利津县志》,东方出版社,1990年。

山东省莱州市史志编纂委员会:《莱州市志》,齐鲁书社,1996年。

三、近人著作

安作璋:《山东通史·魏晋南北朝卷》,人民出版社,2009年。

安作璋:《山东通史·隋唐五代卷》,人民出版社,2009年。

安作璋:《山东通史·宋金元卷》,人民出版社,2009年。

安作璋:《山东通史·明清卷》,人民出版社,2009年。

安作璋、朱绍侯等:《徐福故里考辨》,山东友谊出版社,1996年。

滨县地名委员会:《山东省滨县地名志》(内部资料),1984年。

陈可馨:《渤海》,天津人民出版社,1977年。

陈懋恒:《明代倭寇考略》,人民出版社,1957年。

陈振汉等:《清实录经济史资料:顺治—嘉庆朝(1644—1820)》,北京大学出版社,1989年。

陈智勇:《中国海洋文化史长编·先秦秦汉卷》,中国海洋大学出版社,2008年。

邓景福:《营口港史》,人民交通出版社,1995年。

丁抒明:《烟台港史》,人民交通出版社,1988年。

杜荣泉:《河北通史·隋唐五代卷》,河北人民出版社,2000年。

杜恂诚:《日本在旧中国的投资》,上海社会科学院出版社,1986年。

樊铧:《政治决策与明代海运》,社会科学文献出版社,2009年。

樊如森:《天津与北方经济现代化(1860—1937)》,东方出版中心,2007年。

范文澜:《中国通史简编(修订本)》,人民出版社,1964年。

高艳林:《天津人口研究(1404—1949)》,天津人民出版社,2002年。

葛剑雄：《中国移民史·明代卷》，福建人民出版社，1997年。

龚关：《近代天津金融业研究：1861—1936》，天津人民出版社，2007年。

顾明义等：《大连近百年史》，辽宁人民出版社，1999年。

顾嗣立：《元诗选》，中华书局，1987年。

韩嘉谷：《"用边脚料做时装"——温习苏秉琦先生对天津考古的一项教导》，《苏秉琦与当代中国考古学》，科学出版社，2001年。

河北省文物研究所：《河北省新近十年的文物考古工作》，《文物考古工作十年（1979—1989）》，文物出版社，1991年。

华文贵：《大连近代史研究》，辽宁人民出版社，2006年。

黄景海：《秦皇岛港史（古、近代部分）》，人民交通出版社，1985年。

纪丽真：《明清山东盐业研究》，齐鲁书社，2009年。

济南市社会科学研究所：《济南简史》，齐鲁书社，1986年。

蒋非非等：《中韩关系史·古代卷》，社会科学文献出版社，1998年。

蒋铁民、谢宗墉：《渤海开发与保护》，海洋出版社，1991年。

金渭显：《高丽史中中韩关系史料汇编》，食货出版社，1983年。

金显仕等：《黄、渤海生物资源与栖息环境》，科学出版社，2005年。

来新夏：《天津历史与文化》，天津大学出版社，2013年。

劳榦：《两汉户籍与地理之关系》，《劳榦学术论文集甲编》，艺文印书馆，1976年。

李华彬：《天津港史（古、近代部分）》，人民交通出版社，1986年。

李竞能：《天津人口史》，南开大学出版社，1990年。

梁二平、郭湘玮：《中国古代海洋文献导读》（古代中国的海洋观），海洋出版社，2012年。

刘德增：《山东移民史》，山东人民出版社，2011年。

刘敦愿、逄振镐：《东夷古国史研究》第二辑，三秦出版社，1990年。

刘容子：《中国区域海洋学——海洋经济学》，海洋出版社，2012年。

逯钦立：《先秦汉魏晋南北朝诗》，中华书局，1983年。

马洪路：《远古之旅——中国原始文化的交融》，陕西人民出版社，1989年。

牛润珍：《河北通史·魏晋北朝卷》，河北人民出版社，2000年。

彭德清、杨熺：《中国航海史》（古代部分），人民交通出版社，1988年。

齐继光、丁剑玲：《渤海宝藏》，中国海洋大学出版社，2014年。

青州市地名委员会办公室：《青州市地名志》，天津人民出版社，1992年。

山东省地方史志编纂委员会：《山东省志·海洋志》，海洋出版社，1993年。

山东省徐福研究会、龙口市徐福研究会：《徐福研究》，青岛海洋大学出版社，1991年。

沈光耀：《中国古代对外贸易史》，广东人民出版社，1985年。

史念海：《秦汉时期国内之交通路线》，《河山集》第四集，陕西师范大学出版社，1991年。

孙光圻：《中国古代航海史》，海洋出版社，1989年。

孙祚民：《山东通史（上卷）》，山东人民出版社，1992年。

谭其骧：《长水集》，人民出版社，1987年。

唐长孺：《北魏的青齐士民》，《魏晋南北朝史论拾遗》，中华书局，1983年。

天津市地方志编修委员会：《天津通志·港口志》，天津社会科学院出版社，1999年。

《天津市文物考古工作三十年》编写组：《天津市文物考古工作三十年》，《文物考古工作三十年》，文物出版社，1979年。

田汝康：《中国帆船贸易和对外关系史论集》，浙江人民出版社，1987年。

万明：《中国融入世界的步履：明与清前期海外贸易政策比较研究》，社会科学文献出版社，2000年。

王绵厚：《古代东北交通》，沈阳出版社，1990年。

王日根：《明清海疆政策与中国社会发展》，福建人民出版社，2006年。

王赛时：《山东海疆文化研究》，齐鲁书社，2006年。

王赛时：《山东沿海开发史》，齐鲁书社，2005年。

王颖：《中国海洋地理》，科学出版社，2013年。

王云、李泉：《中国大运河历史文献集成·大元海运记》，国家图书馆出版社，2014年。

翦伯赞：《先秦史》，北京大学出版社，1990年。

吴晗：《朝鲜李朝实录中的中国史料》第1册，中华书局，1980年。

吴松弟、樊如森、陈为忠：《港口—腹地与北方的经济变迁1840—1949》，浙江大学出版社，2011年。

萧致治、杨卫东：《鸦片战争前中西关系纪事（1517—1840）》，湖北人民出版社，1986年。

徐景江、郭云鹰：《禹贡碣石考》，人民出版社，2014年。

许檀：《明清时期山东商品经济的发展》，中国社会科学出版社，1998年。

严文明：《史前考古论集》，科学出版社，1998年。

杨国桢：《明清中国沿海社会与海外移民》，高等教育出版社，1997年。

杨金森、范中义:《中国海防史》,海洋出版社,2005 年。

杨立敏:《渤海印象》,中国海洋大学出版社,2014 年。

杨强:《北洋之利: 古代渤、黄海区域的海洋经济》,江西高校出版社,2005 年。

杨寿宾:《登州古港史》,人民交通出版社,1994 年。

袁晓春、朱龙、隋凤美:《山东蓬莱贝丘遗址研究》,《中国海洋文化研究》第 4、5 合卷,海洋出版社,2005 年。

曾仰丰:《中国盐政史》,商务印书馆,1937 年。

张彩霞:《海上山东: 山东沿海地区的早期现代化历程》,江西高校出版社,2004 年。

张利民:《近代环渤海地区经济与社会研究》,天津社会科学院出版社,2003 年。

张利民等:《近代环渤海地区经济与社会研究》,天津社会科学院出版社,2002 年。

张炜、方堃:《中国海疆通史》,中州古籍出版社,2003 年。

张耀光:《中国边疆地理(海疆)》,科学出版社,2001 年。

张震东、杨金森:《中国海洋渔业简史》,海洋出版社,1983 年。

章巽:《我国古代的海上交通》,商务印书馆,1986 年。

赵树国:《明代北部海防体制研究》,山东人民出版社,2014 年。

郑光:《原本老乞大》,外语教学与研究出版社,2002 年。

中国第二历史档案馆:《中华民国史档案资料汇编》第三辑,江苏古籍出版社,1991 年。

《中国国家地理精华》编委会:《中国国家地理精华》,吉林出版集团有限责任公司,2007 年。

中国科学院海洋研究所、海洋地质研究室:《渤海地质》,科学出版社,1985 年。

中国社会科学院考古研究所:《双砣子与岗上——辽东史前文化的发现和研究》,科学出版社,1996 年。

周永刚:《大连港史(古、近代部分)》,人民交通出版社,1995 年。

周振鹤、傅林祥、郑宝恒:《中国行政区划通史 · 中华民国卷》,复旦大学出版社,2007 年。

朱宝学:《简明大连港图史》,大连出版社,2009 年。

朱诚如:《辽宁通史 · 古代卷》,辽宁民族出版社,2012 年。

朱亚非:《古代山东与海外交往史》,中国海洋大学出版社,2007年。

朱亚非:《明清史论稿》,山东友谊出版社,1998年。

邹逸麟:《中国历史地理概述》,福建人民出版社,1993年。

[朝]郑麟趾:《高丽史》,西南师范大学出版社,2014年。

[美]德·希·帕金斯:《中国农业的发展(1368—1968)》,上海译文出版社,1984年。

[日]滨下武志:《香港大视野——亚洲网络中心》,商务印书馆(香港)有限公司,1997年。

[日]木宫泰彦,胡锡年译:《中日文化交流史》,商务印书馆,1980年。

[日]木宫泰彦著,陈捷译:《中日交通史》,商务印书馆,1935年。

[日]松浦章:《清代海外贸易史の研究》,京都朋友书店,2002年。

[日]圆仁:《入唐求法巡礼行记》,广西师范大学出版社,2007年。

[意]马可波罗著,冯承钧译:《马可波罗行纪》,上海书店,2001年。

四、学位论文

黄瑞芬:《环渤海经济圈海洋产业集聚与区域环境资源耦合研究》,中国海洋大学博士学位论文,2009年。

刘倩倩:《辽东半岛早期渔业研究》,辽宁师范大学硕士学位论文,2011年。

王军:《渤海资源、环境与海洋经济可持续发展研究》,北京交通大学硕士学位论文,2006年。

王苧萱:《妈祖文化在环渤海地区的历史传播与地理分布》,中国海洋大学硕士学位论文,2008年。

张磊:《天津农业研究》,南开大学博士学位论文,2012年。

张文瑞:《冀东地区龙山及青铜时代考古学文化研究》,吉林大学硕士学位论文,2003年。

赵红:《明清时期的山东海防》,山东大学博士学位论文,2007年。

五、学术论文

安志敏:《河北宁河县先秦遗址调查记》,《文物参考资料》1954年第4期。

北京大学考古实习队:《河北唐山地区史前遗址调查》,《考古》1990年第8期。

蔡克明:《鲁北平原自然环境的变迁》,《海洋科学》1988年第3期。

陈杰:《先秦时期山东半岛与东北亚地区海上交流的考古学观察》,《中国海洋文化研究》第 6 卷,海洋出版社,2008 年。

陈雍:《渤海湾西岸东汉遗存的再认识》,《北方文物》1994 年第 1 期。

陈雍:《渤海湾西岸汉代遗存年代甄别——兼论渤海湾西岸西汉末年海侵》,《考古》2001 年第 11 期。

大连市文物考古研究所:《辽宁大连大潘家村新石器时代遗址》,《考古》1994 年第 10 期。

大连市文物考古研究所、辽宁师范大学历史文化旅游学院:《辽宁大连大砣子青铜时代遗址发掘报告》,《考古学报》2006 年第 2 期。

樊如森:《环渤海经济区与近代北方的崛起》,《史林》2007 年第 1 期。

傅仁义:《大连郭家村遗址的动物遗骨》,《考古学报》1984 年第 3 期。

高梁:《中国古代渔业概述》,《农业考古》1992 年第 1 期。

郭大顺、马沙:《以辽河流域为中心的新石器文化》,《考古学报》1985 年第 4 期。

韩嘉谷:《西汉后期渤海湾西岸的海侵》,《考古》1982 年第 3 期。

韩嘉谷:《再谈渤海湾西岸的汉代海侵》,《考古》1997 年第 2 期。

郝寿义:《环渤海沿海经济带发展趋向及政策建议》,《发展研究》2010 年第 2 期。

何德亮、颜华:《山东广饶新石器时代遗址调查》,《考古》1985 年第 9 期。

河北省文物管理处:《河北迁安安新庄新石器遗址调查和试掘》,《考古学集刊(四)》,中国社会科学出版社,1984 年。

河北省文物管理委员会:《河北唐山市大城山遗址发掘报告》,《考古学报》1959 年第 3 期。

河北省文物研究所:《河北滦南县东庄店遗址调查》,《考古》1983 年第 9 期。

河北省文物研究所、唐山市文物管理处、迁西县文物管理所:《迁西西寨遗址 1988 年发掘报告》,《文物春秋》1992 年增刊。

黄尊严:《明代山东倭患述略》,《烟台师范学院学报》1996 年第 3 期。

吉林大学考古学系、辽宁省文物考古研究所、旅顺博物馆、金州博物馆:《金州庙山青铜时代遗址》,《辽海文物学刊》1992 年第 1 期。

蒋英炬:《山东胶东地区新石器时代遗址的调查》,《考古》1963 年第 7 期。

乐佩琦、梁秩燊:《中国古代渔业史源和发展概述》,《动物学杂志》1995 年第 4 期。

李步青等:《胶东半岛发现的打制石器》,《考古》1987 年第 3 期。

李步青等：《山东省长岛县出土一批青铜器》，《文物》1992 年第 2 期。

李燕、程航、吴杞平：《渤海大风特点以及海陆风力差异研究》，《高原气象》2013 年第 1 期。

辽宁省博物馆、旅顺博物馆：《大连市郭家村新石器时代遗址》，《考古学报》1984 年第 3 期。

辽宁省博物馆等：《长海县广鹿岛大长山岛贝丘遗址》，《考古学报》1981 年第 l 期。

辽宁省文物考古研究所：《辽宁绥中县"姜女坟"秦汉建筑遗址发掘简报》，《文物》1986 年第 8 期。

辽宁省文物考古研究所、吉林大学考古学系、大连市文物管理委员会办公室：《瓦房店交流岛原始文化遗址试掘简报》，《辽海文物学刊》1992 年第 1 期。

辽宁省文物考古研究所、吉林大学考古学系、旅顺博物馆：《辽宁省瓦房店市长兴岛三堂村新石器时代遗址》，《考古》1992 年第 2 期。

林仙庭、崔天勇：《山东半岛出土的几件古盐业用器》，《考古》1992 年第 12 期。

刘静华：《天津 4 万年前已有人烟》，《今晚报》2013 年 11 月 12 日。

刘俊勇、刘倩倩：《辽东半岛早期渔业研究》，《辽宁师范大学学报（社会科学版）》2010 年第 5 期。

刘俊勇、王璁：《辽宁大连市郊区考古调查简报》，《考古》1994 年第 1 期。

鲁北沿海地区先秦盐业考古课题组：《鲁北沿海地区先秦盐业遗址 2007 年调查简报》，《文物》2012 年第 7 期。

旅顺博物馆、辽宁省博物馆：《大连于家村砣头积石墓地》，《文物》1983 年第 9 期。

旅顺博物馆、辽宁省博物馆：《旅顺于家村遗址发掘简报》，《考古学集刊（一）》，中国社会科学出版社，1981 年。

潘桂娥：《辽河口演变分析》，《泥沙研究》2005 年第 1 期。

裴文中：《从古文化及古生物上看中日的古交通》，《科学通报》1978 年第 12 期。

曲金良：《中国北方沿海妈祖文化遗产：历史过程与空间辐射——以长岛"显应宫"及其黄渤海辐射圈为中心》，《妈祖文化国际学术研讨会论文集》，2005 年。

曲石、袁野：《我国古代莱夷的造船与航海技术》，《太平洋文集》，海洋出版社，1988 年。

山东省博物馆：《山东蓬莱紫荆山遗址试掘简报》，《考古》1973 年第 1 期。

山东省文物考古研究所、北京大学中国考古学研究中心、山东师范大学齐鲁文化研究中心、滨州市文物管理处：《山东阳信县李屋遗址商代遗存发掘简报》，《考古》2010 年第 3 期。

山东省烟台地区文物管理组：《山东蓬莱县发现打制石器》，《考古》1983 年第 1 期。

宋平章：《清代前期学者关于渤海周围地区海防地理形势的认识》，《信阳师范学院学报》2001 年第 1 期。

孙文良：《明代"援朝逐倭"探微》，《社会科学辑刊》1994 年第 3 期。

谭其骧：《历史时期渤海湾西岸的大海侵》，《人民日报》1965 年 10 月 8 日。

天津市历史博物馆考古部：《天津蓟县张家园遗址第三次发掘》，《考古》1993 年第 4 期。

天津市历史博物馆考古队、宝坻县文化馆：《天津宝坻县牛道口遗址调查发掘简报》，《考古》1991 年第 7 期。

天津市文化局考古发掘队：《渤海湾西岸古文化遗址调查》，《考古》1965 年第 2 期。

王昊：《环渤海区域经济发展的制约因素及对策思路》，《中国社会经济发展战略》2008 年第 6 期。

王青：《环渤海地区的早期新石器文化与海岸变迁·环渤海环境考古之二》，《华夏考古》2000 年第 4 期。

王庆普：《古代秦皇岛航海地位沿革概述》，《中国航海》1994 年第 2 期。

王日根：《清前期海洋政策调整与江南市镇发展》，《江西社会科学》2011 年第 12 期。

王守春：《公元初年渤海湾和莱州湾的大海侵》，《地理学报》1998 年第 5 期。

王一曼：《渤海湾西北岸全新世海侵问题的初步探讨》，《地理研究》1982 年第 2 期。

王子今：《秦汉时期渤海航运与辽东浮海移民》，《史学集刊》2010 年第 2 期。

吴剑雄：《中国海洋发展史论文集》第 4 辑，中研院中山人文社会科学研究所，1991 年。

吴汝祚：《开展史前时期海上交通的研究》，《中国文物报》1990 年 1 月 11 日。

谢景芳：《论清代奉天与内地间粮食海运贸易》，《辽宁师范大学学报》1989年第3期。

许明纲、刘俊勇：《大嘴子青铜时代遗址发掘纪略》，《辽海文物学刊》1991年第1期。

许檀：《清代前期的沿海贸易与天津城市的崛起》，《城市史研究》1997年第1期。

许檀：《清代前中期的沿海贸易与山东半岛的发展》，《中国社会经济史研究》1998年第2期。

许玉林：《我国辽东半岛、山东半岛及朝鲜半岛原始文化对东亚的影响》，《太平洋文集》，海洋出版社，1988年。

严文明、张江凯：《山东长岛北庄遗址发掘简报》，《考古》1987年第5期。

燕生东、田永德、赵金、王德明：《渤海南岸地区发现的东周时期盐业遗存》，《中国国家博物馆馆刊》2011年第9期。

杨强：《论明清环渤海区域的海洋发展》，《中国社会经济史研究》2004年第1期。

于临祥、王宇：《从考古发现看大连远古渔业》，《中国考古学会第六次年会论文集》，文物出版社，1987年。

臧珂炜：《十二五"环渤海港口发展分析》，《商场现代化》2011年第20期。

张利民：《略论近代环渤海地区港口城市的起步、互动与互补》，《天津社会科学》1998年第6期。

张树常：《下辽河平原第四纪地层划分》，《辽宁地质学报》1981年第1期。

张耀光等：《渤海海洋资源的开发与持续利用》，《自然资源学报》2002年第6期。

赵世瑜：《祖先记忆、家园象征与族群历史——山西洪洞大槐树传说解析》，《历史研究》2006年第1期。

赵希涛、耿秀山、张景文：《中国东部20000年来的海平面变化》，《海洋学报》1979年第2期。

周立群、罗若愚：《环渤海地区产业结构趋同探析及政策选择》，《改革》2006年第3期。

朱诚如：《清代辽宁海运业的发展及其影响》，《辽宁师范大学学报》1990年第2期。

朱亚非：《对徐福文化资源保护开发的思考》，《中国海洋文化研究》第6卷，海洋出版社，2008年。

朱亚非:《论明清时期山东半岛与朝鲜的交往》,《山东师范大学学报》2004年第5期。

朱亚非:《论早期北方海上丝绸之路》,《三条丝绸之路比较研究学术讨论会论文集》,2001年。

〔日〕大庭修撰,李秀石译:《日清贸易概观》,《社会科学辑刊》1980年第1期。

〔日〕大庭修撰,高洪译:《关于江户时代中国船漂流日本的资料》,《日本研究》1983年第1期。

后 记

　　《中国海域史·渤海卷》的主要内容包括从史前到中华人民共和国建立长达六千年渤海区域的社会发展史,包含政治、经济、文化、军事、教育、社会风俗、物产、海洋文化、中外交往等众多领域,可以说是一部比较系统的渤海区域史。

　　本书在撰写过程中,得到了《中国海域史》总主编张海鹏先生的悉心指导,张先生主持召开了多次编委会议,从本书的大纲制订、写作要求到撰写定稿,都提出了宝贵和中肯的意见,为本书的顺利完成奠定了基础。

　　本书作者大都是具有博士学位的高校教师和科研机构研究人员,在各自研究领域都积累了丰硕的研究成果。接到本书编写任务后,尽管时间紧迫,且没有前人类似的著作可供参考,但作者们不惧压力,积极查阅大量文献资料并结合实地考察,爬梳缕析,辛勤耕耘,表现出了勤奋严谨的治学态度。

　　各章作者分别是:

　　概　述　朱亚非

　　第一章、第二章　杜庆余

　　第三章、第四章　杨恩玉

　　第五章　张赫名、孙晓光

　　第六章　孙晓光、张赫名

　　第七章　赵树国

　　第八章　李俊颖

　　第九章　杨蕾

　　本书主编朱亚非、刘大可制订并修改完善了编写大纲,并对全书进行了统稿。

　　《中国海域史》是目前国内首部研究中国四大海域的历史著作,也是国内学术界进行海洋区域史研究的一次新的尝试。由于时间仓促,加之作者学术水平所限,书中缺点和错误在所难免,还望读者提出宝贵的批评意见,以便日后再版时加以修订。

本书在撰稿和出版过程中，还得到上海古籍出版社的大力支持，林斌先生、吴长青先生多次参加编委会议，并提出了许多宝贵的修改意见。责任编辑宋佳女士为本书的编辑出版也做了卓有成效的工作，在此一并致以感谢！